2-3	認識數位憑證		2-16
	2-3-1	什麼是 SSL	2-17
	2-3-2	HTTP V.S. HTTPS	2-17

03 Azure

3-1	認識 Azure		3-2
	3-1-1	什麼是 Azure?	3-2
	3-1-2	Azure 註冊教學	3-2
3-2	Azure 介面介紹		3-9
	3-2-1	Azure 入口網站	3-10
	3-2-2	儀表板	3-11
	3-2-3	資源群組	3-13
3-3	Azure 租用網站主機		3-14
	3-3-1	何謂虛擬主機	3-14
	3-3-2	架設 Azure 虛擬主機	3-14
3-4	Azure Wordpress 安裝工作		3-20
3-5	WordPress 基本操作介面		3-25

04 CSS

4-1	認識 CSS		4-2
4-2	CSS 基本語法		4-2
	4-2-1	通用選擇器	4-3
	4-2-2	類型選擇器	4-4
	4-2-3	ID 選擇器	4-5
	4-2-4	類別選擇器	4-6
	4-2-5	群組選擇器	4-7
	4-2-6	後代選擇器	4-8
	4-2-7	子選擇器	4-9

 目錄

	4-2-8 虛擬選擇器	4-10
4-3	進階語法	4-11
	4-3-1 網頁內部	4-11
	4-3-2 網頁外部	4-12
	4-3-3 繼承權	4-13
	4-3-4 優先權	4-14
4-4	常見樣式	4-16
	4-4-1 color	4-16
	4-4-2 background-color	4-17
	4-4-3 font-size	4-18
	4-4-4 font-family	4-19
	4-4-5 float	4-20
	4-4-6 text-align	4-21
	4-4-7 padding	4-22
	4-4-8 margin	4-26
	4-4-9 transform	4-28
	4-4-10 position	4-31

05 佈景主題

5-1	認識佈景主題（免費 + 付費）	5-2
5-2	使用免費 v.s. 付費的比較	5-7
5-3	佈景主題基本操作	5-9
5-4	自行新增佈景主題	5-19
5-5	自行修改佈景主題	5-38

06 關於 SEO

6-1	認識搜尋引擎	6-2
6-2	何謂 SEO	6-3

	6-2-1	認識 SEO	6-3
	6-2-2	SEO 免費 V.s. SEM 付費	6-4
6-3	SEO 行銷手法		6-4
	6-3-1	內容行銷	6-4
	6-3-2	Google 關鍵字行銷	6-5
6-4	SEO 工具		6-6
6-5	SEO 相關套件		6-9
	6-5-1	All in One SEO	6-9
	6-5-2	Yoast SEO – SEO 最佳化外掛	6-17

07 外掛

7-1	認識外掛		7-2
7-2	熱門六大外掛		7-6
	7-2-1	Contact Form 7 －管理多張聯絡表單	7-6
	7-2-2	Elementor －頁面編輯器	7-18
	7-2-3	Akismet Anti-Spam －過濾垃圾訊息	7-24
	7-2-4	WooCommerce －電子商務套件	7-25
	7-2-5	Really Simple SSL －加密的 HTTPS 通訊協定傳輸	7-27
	7-2-6	Wordfence Security － WordPress 防火牆和網站安全掃描外掛	7-30
7-3	Jetpack － WordPress 安全、效能和管理		7-37
	7-3-1	安裝 Jetpack	7-38
	7-3-2	Jetpack － 安全性	7-42
	7-3-3	Jetpack － 效能	7-55
	7-3-4	Jetpack － 撰寫	7-57
	7-3-5	Jetpack － 分享	7-60
	7-3-6	Jetpack － 討論	7-62
	7-3-7	Jetpack － 流量	7-64

 目錄

- 7-4 文章編輯、社群互動 7-72
  - 7-4-1 AddToAny Share Buttons －社群分享按鈕 7-72
  - 7-4-2 Yoast Duplicate Post －一鍵複製文章與複製頁面 7-77
  - 7-4-3 NextGEN Gallery －圖庫外掛 7-81
  - 7-4-4 Instant Images －免費圖片匯入 7-88
  - 7-4-5 Insert Headers and Footers by WPBeginner
    －嵌入 FB 聊天 7-92
  - 7-4-6 Profile Builder －會員註冊配置外掛 7-97
  - 7-4-7 Secondary Title －副標題 7-103
  - 7-4-8 TablePress －多功能表格 7-107
  - 7-4-9 Tawk －線上客服系統 7-112
  - 7-4-10 WordPress Social Login －社交網站帳號登入 7-119
  - 7-4-11 WordPress Popular Posts －熱門文章外掛 7-129
  - 7-4-12 WP Polls －投票問卷系統 7-134
  - 7-4-13 Popup Maker －彈跳視窗 7-140
  - 7-4-14 WP Smush －圖片瘦身 7-144
  - 7-4-15 Yet Another Related Posts Plugin －相關文章延伸閱讀 7-148
- 7-5 管理及維護 7-151
  - 7-5-1 All-in-One WP Migration －網站備份遷移 7-152
  - 7-5-2 Disable Comments －快速關閉留言 7-157
  - 7-5-3 WPS Hide Login - 更改後台登入網址 7-159
  - 7-5-4 Breeze -WordPress 快取外掛 7-161
  - 7-5-5 Sucuri Security －網站安全外掛 7-168
  - 7-5-6 WP Maintenance Mode - 網站維護模式 7-173
  - 7-5-7 WP PostViews － WordPress 統計文章瀏覽 7-178
  - 7-5-8 Polylang －多國語言網站外掛 7-180

08 範例

- 8-1 部落格 8-2
  - 8-1-1 認識部落格網站 8-2
  - 8-1-2 設定部落格首頁樣式 8-2
  - 8-1-3 新增、修改、刪除文章 8-17
  - 8-1-4 新增、修改、刪除留言 8-27
- 8-2 一頁式網站 v.s. 多頁式網站 8-44
  - 8-2-1 認識一頁式網站 8-44
  - 8-2-2 設定一頁式網站樣式 8-45
  - 8-2-3 設定互動 CSS 樣式 8-77
  - 8-2-4 認識多頁式網站 8-79
  - 8-2-5 設定主題首頁樣式 8-81
  - 8-2-6 設定網站選單 8-117
  - 8-2-7 新增網頁頁面 8-124
  - 8-2-8 Google Map 樣式教學 8-127
  - 8-2-9 什麼網站適合使用一頁式 8-130
  - 8-2-10 什麼網站適合使用多頁式 8-131
- 8-3 新聞與雜誌網站 8-132
  - 8-3-1 認識新聞與雜誌網站 8-132
  - 8-3-2 設定新聞與雜誌網站樣式 8-132
  - 8-3-3 設定新聞與雜誌類別 8-141
  - 8-3-4 設定共用文章樣式 8-145
  - 8-3-5 會員管理權限 8-148
  - 8-3-6 新增一篇新聞文章 8-152
  - 8-3-7 社群分享功能 8-157
- 8-4 電子商務網站 WooCommerce (商務網站 + 金流) 8-158
  - 8-4-1 實際演練 8-158
  - 8-4-2 建立主題外觀 8-159

目錄

　　　8-4-3　修改佈景主題外觀頁面..8-162
　　　8-4-4　設定商品..8-185

09　網頁轉 App

9-1　認識 App 9-2
　　　9-1-1　什麼是 App? 9-2
　　　9-1-2　Web 與 App 開發方式..9-2
　　　9-1-3　Web 與 App 不同之處..9-3
9-2　利用 Android Studio 將網站轉換 APP 9-4
　　　9-2-1　開發環境介紹、安裝..9-4
　　　9-2-2　轉換 Android APK 執行檔 9-12
9-3　Android App 上架流程 9-31
　　　9-3-1　註冊 Google Play 開發人員帳戶......................................9-31
　　　9-3-2　在商店創建一個屬於自己 App 9-34

CHAPTER 01

WordPress 入門

現今越來越講求低成本高效率的做事方法,常常每幾天就要完成一個網站的架設,但通常使用寫程式的方式架設的網站,往往都需要耗時一至二個月,但 WordPress 的出現使得網站的架設不但變得更簡單,時間的消耗也更少了,並且對於剛接觸的新手也可以快速駕馭的這點,讓不少人為之心動,因此本章節將講述關於 WordPress 的基礎知識與歷史。

1-1 WordPress介紹

此章節會先從介紹 WordPress 開始，一步一步讓大家更瞭解 WordPress 的一些基本知識。

1-1-1 認識 WordPress

WordPress 是一款採用開源協議的網站製作工具，所使用的程式語言為 PHP 和 MySQL，並且 WordPress 作為一套內容管理系統 (Content Management System)，對於管理網站或發表文章等功能，都可以輕鬆地完成。

WordPress 是目前網路上最流行的架站工具，不只可以利用 WordPress 來架設部落格，也有許多人會利用 WordPress 將網站架設成像是形象網站、多頁式網站、新聞網站…等，有非常多元的方式可以使用到 WordPress，並且對於程式完全不懂的新手 WordPress 是非常容易上手。

▲ 圖 1-1-1-1 WordPress

1-1-2 WordPress 的歷史

WordPress 的起源於 2003 年，剛開始時只有少數的使用者與開發者，但隨著時間的流逝，WordPress 漸漸地變成目前最流行的架設網站工具。

WordPress 是由一群主要的開發人員和分散在世界各地的人們所一同開發創作，由於 WordPress 是採用開源協議，所以大家都可以對程式碼進行更改，這也就代表你可以自由且免費的使用它，由於 WordPress 的核心開發人員對於爵士音樂的熱愛，所以你可以在 WordPress 的官方網站看到，他們所更新的版本號都是以爵士樂手所命名。

1-2 WordPress的優劣勢

此章節介紹了關於 WordPress 的優劣勢，從中可以更快速的瞭解關於 WordPress 的使用。

優勢

1. **開源且免費**

    由於 WordPress 採用 GPL 協定，所以使用 WordPress 開發網站是不需要付費，這應該也就是為什麼大多數人會採用 WordPress 作為開發網站的原因之一，不過在這裡所指的免費是指 WordPress.Org 的部分 (Org 與 Com 的部分將會在 1-4 做介紹)，當然架設起一個網站所需要的遠遠不止這些，還有許多需要準備的東西像是網域與主機這些也是需要付費，不過使用 WordPress 當作架站工具已經減少了不少費用的支出。

2. **擴充功能豐富**

    在 WordPress 的官方網站中收錄了上萬個外掛，主要是幫助你在架設 WordPress 網站中所需要的功能，並且有許多外掛都是免費，只有一些進階的功能需要付費，這也就大大的降低了費用的產生，不過尋找外掛的部分，還是找比較大的公司所寫的外掛這樣會比較有安全性 (詳細內容請查看第七章)。

3. **佈景主題樣式豐富**

    網站的形成除了需要功能完善以外，網站的外觀也是不容小覷，往往使用者第一眼所看到的就是網站的設計，如果網站設計的不美觀，也就無法吸引使用者做使用，所以擁有一個美觀的網站樣貌也是必須的，在 WordPress 的外觀中也可以找到許多漂亮的樣板，但會與大多數使用 WordPress 網站進行架設的人很相似，這樣就比較沒有區別性質，這時候可以做的事情就有，自己改寫網站外觀的 Css(詳細內容請查看第五章) 或者是購買一些商業公司創作的模板。

4. 對於 SEO 行銷友善

如果有想做 SEO 的讀者們更應該使用 WordPress 進行網站的架設，因為 WordPress 對於搜尋引擎是非常友好，使用 WordPress 所架設起來的網站它的結構是大致相同，這讓搜尋引擎可以更快速的查看網站內容，也由於此原因對於排名來說也是會相對靠前，並且在 WordPress 的外掛中也有許多 SEO 優化的外掛。

5. 擁有眾多的用戶

由於 WordPress 是開源軟體，這讓 WordPress 擁有許多的使用群體，所以你可以看到許多的社群，像是官方的 https://wordpress.org/support/ 討論區域，也有許多私人性質的社團，像是在 Facebook 中尋找 WordPress 等關鍵字就可以查詢到許多相關社團，如果遇到問題也可以及時在這些地方做詢問。

劣勢

1. 執行速度慢

對於 WordPress 最大的不足就是，它的資料太多需要執行時就會相對地比較慢一些，如果此時還加裝許多不需要使用到的外掛時，就會造成執行速度變得緩慢。

2. 不支援其他資料庫

對於 WordPress 來說它目前只有支援 MySQL 的資料庫，這相對於其他網站就顯得比較侷限。

3. 外掛的安全與相容性

由於外掛的部分很多不太完善，駭客就有可能會通過這些漏洞進行攻擊，所以選擇大公司或有持續在更新的外掛這點是非常重要，並且由於外掛是由許多公司或群體所撰寫，他們之間可能存在著程式碼互衝的問題，所以在安裝外掛時一定要時時注意外掛是否有不相容的情況發生。

1-3 WordPress對於程式初學者vs程式老手

程式初學者

對於程式初學者來說，WordPress 非常容易操作，幾乎不用撰寫程式就可以架設出一個美觀的網站出來，如果是完全的新手，可以使用 WordPress.Com 的部分，這樣就不用擔心主機需要如何架設、網域需要如何購買等問題，只需要付費一些基本的資金就可以快速架起一個網站。

程式老手

對於已經學過程式的大家，相信使用 WordPress 對於你們來說不是一件很困難的事情，已經擁有程式基底的你們可以嘗試自己開發屬於自己的外掛，或進行一些程式的修改，這都將讓你的 WordPress 更加地完整。

1-4 WordPress的兩種形式Com vs Org

對於 WordPress 來說它有區分為兩種形式分別為 WordPress.com 與 WordPress.org 此章節就是要講它們的差異。

WordPress.com

WordPress.com 為一種線上平台，可以快速建立一個屬於自己的網站，但是無法獲得網站的控制權，也就是說你在建立網站的時候有很多的地方會受到限制，但它的優點是如果你是付費會員，它可以幫助你快速建立起你的網站，WordPress.com 是由 Automattic 公司所創立的服務，同時也是 WordPress 的核心開發人員 Matt Mullenweg 所創建的公司。

WordPress.org

通常大家在講述的 WordPress 都是在講 WordPress.org，可以從 WordPress 的官方網站中下載安裝檔案，並將安裝檔案放置在你的主機中，不過有點要特別注意的是雖然 WordPress 強調他是開源軟體，但並不等於是免費軟體，所以並不能將 WordPress 作為商業用途。

1-5 WordPress 6.0

WordPress 6.0 對於用戶體驗進行幾項重大的改進，其中最為顯著的是網站編輯器 UI/UX 改進。WordPress 網站默認編輯器引入古騰堡(Gutenberg)插件，推出新的 WordPress Full Site Editing（FSE）功能，使得 WordPress 網站外觀自定義有全新的界面來操控，例如列表視圖上的可選功能與添加代碼編輯器以及提供更好的編輯區塊選擇。

什麼是 WordPress 中的古騰堡（Gutenberg）？

Gutenberg 是預裝在 WordPress 5.0 及更高版本中的新 WordPress 編輯器。它為內容創建過程引入了一種新方法，讓新手、非開發人員用戶可以更好的訂製網站所有呈現畫面，包括主題編輯頁面或文章創建等。

》 1-5-1 編輯區塊的核心概念

區塊是用於在 WordPress 帖子或頁面中創建和編輯元素的組件，在 Gutenberg 中，您內容中的每個元素都是一個區塊：每個段落都是一個區塊、每個圖像與按鈕也皆是一個區塊。WordPress 編輯器中提供了各種塊類型來添加文本、媒體文件和佈局元素，讓使用者更靈活地構建網站內容。

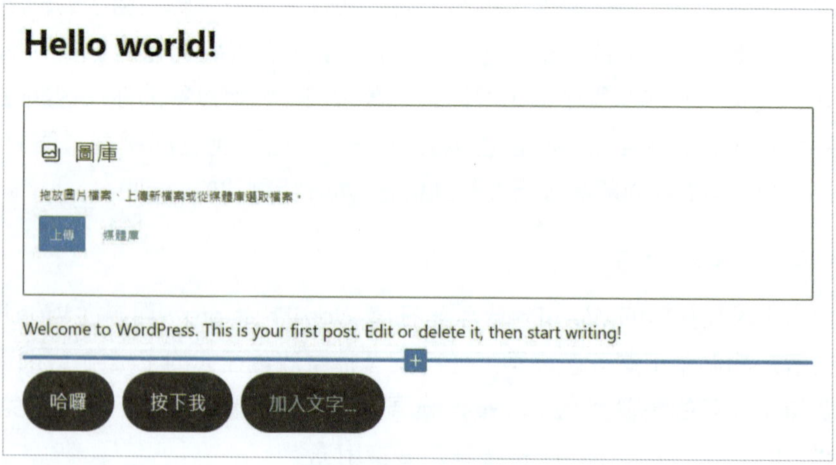

▲ 圖 1-5-1-1 編輯區塊

1-5-2 古騰堡區塊編輯器區塊

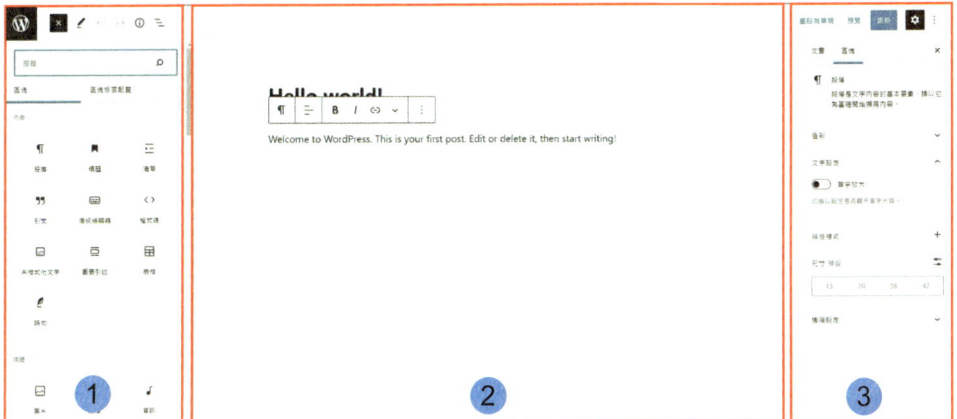

▲ 圖 1-5-2-1 古騰堡區塊編輯器區塊

區塊 1：新增區塊區

　　Gutenberg 編輯器讓使用者以「區塊」的概念建構文章內容，每個區塊插入的方式都一樣，目前 WordPress 版本中有超過 90 個預設區塊可用，它們涵蓋文本、媒體、小部件、主題元素和嵌入。

區塊 2：文章內容區

　　以所見即所得的方式，讓你像積木使用「區塊 Block」的內容將文章完成。文章內容至少需要標題，標題的命名方式即為文章的重點和中心思想，而內容區並沒有長度的限制。

區塊 3：文章設定區

　　除了能將文章的基礎結構調整外，會根據使用者在文章內容點選的不同「區塊 Block」進行不同設定，常見的為：調整版型、字型、大小、顏色、對齊、圖片、影片和 CSS 外觀設定等等。

1-5-3 區塊編輯器中有哪些類型的 WordPress 塊可用？

1. 內容區塊：可讓您向內容添加標題、段落和其他文本元素。
2. 媒體區塊：可讓您將各種文件上傳到媒體庫並將它們嵌入到內容中，七大個媒體塊：圖片、圖庫、音訊、封面、檔案、媒體和文字、視訊等。
3. 設計區塊：設計塊類型不會添加內容，但有助於使用者塑造自定義更優秀的網站內容布局，如：多重欄位布局設計、資料列與空白間隔等。
4. 小工具塊：可以將日曆、WPForms 或自訂 HTML 等插入網站頁面的任何位置，包括頁腳和側邊欄。
5. 佈景主題塊：如導覽列、網站標題與文章清單區塊等，布局更加完善的網站引導功能。
6. 嵌入內容塊：通過 URL 輕鬆嵌入外部影片、圖像、推文、音檔內容。

1-5-4 什麼是區塊版面配置？

　　區塊版面配置會放置許多可插入文章和頁面的預先定義區塊，使用者可以接著使用自己的內容進行自訂，更快速的在網站上建立內容。可點選圖 1-5-4-1 紅框即可看到圖 1-5-4-2 快速預覽找尋喜愛的設計。

▲ 圖 1-5-4-1 區塊配置

▲ 圖 1-5-4-2 瀏覽區塊版面配置

1-8

1-5-5 如何在文章內新增區塊使用

點選導覽列中的紅框按鈕來開啟或關閉區塊插入器，或是在文章內以 / + 區塊名稱，便可以任意選擇想要的區塊使用，

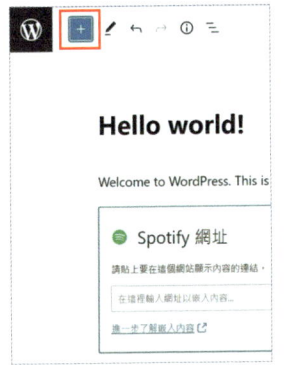

▲ 圖 1-5-5-1 新增區塊

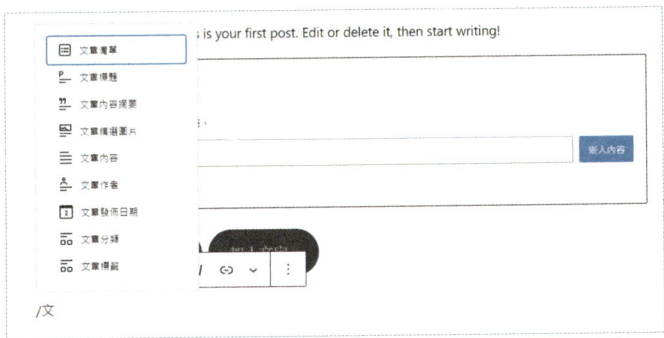

▲ 圖 1-5-5-2 新增區塊

> 小提示：
>
> WordPress 6.0 為了讓圖片有更好的傳輸效率，將預設所有上傳的圖片轉為 WebP 格式，WebP 圖像通常比 JPG 小。根據 https://caniuse.com/ 截至 2022 年四月份的統計，目前 79.2% 的瀏覽器支持 WebP 圖像格式，也就是並非所有瀏覽器都支持，而為了解決此問題，方法便是再另外儲存 PNG/JPG 檔案格式 的照片備份，但是創建一個完整的圖檔作為備份，有時會抵消使用 WebP 格式節省的所有額外儲存空間。如果你的網站會有許多圖片展示的需求並且儲存空間並不是很有餘裕，有可能會在更新到 WordPress 6.0 之後造成網站空間不足的情形。

▲ 圖 1-5-5-3 新增區塊

CHAPTER 01 WordPress 入門

	古騰堡	經典編輯器
編輯頁面設計	以區塊的概念添加到編輯畫面以創建內容佈局的內容元素。	有格式按鈕的文本編輯器，與 Microsoft Word 非常相似。
使用優點	更直觀的設計背景，可以自由的為網頁添加不同元素的功能。	使用體驗和辦公室的文書軟體相類似，降低新手的學習成本。
使用缺點	對於長篇文章段落，操作上可能有些困難，部分使用者更喜歡在另一個編輯器中編寫並在完成後將文本黏貼到 Gutenberg。	經典編輯器的生命週期接近完結，往後可能會有佈景主題或外掛相容性的問題。

1-6 古騰堡區塊編輯器實作範例

了解古騰堡編輯區塊的使用方式後，便可利用不同的區塊完成屬於自己的文章內容，為了讓讀者能夠更深入理解版面變化的可能性與數種區塊搭配的效果，本範例建立一個簡單的音樂歌詞分享文章，讀者也可以一起實作累積實戰經驗，成品如圖 1-6-1 所示。

▲ 圖 1-6-1 音樂網站

首先新增一篇文章，實作的步驟如下：

點選側邊欄的文章按鈕 / 新增文章。

1-6　古騰堡區塊編輯器實作範例

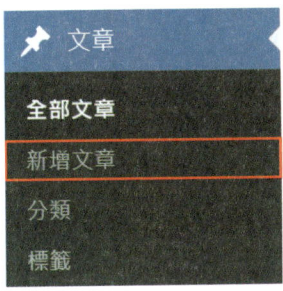

▲ 圖 1-6-2 側邊欄文章按鈕

　　進入編輯畫面後,輸入文章標題「音樂網站範例」,接著點選要插入段落區塊,並看到「輸入斜線(/)以選取區塊」的提示字後,點選紅框處「藍色按鈕」開啟區塊插入器。

▲ 圖 1-6-3 文章標題

　　點選設計區塊中的多重欄位,並選擇 / 30/70 的欄位配置如圖 1-6-4。

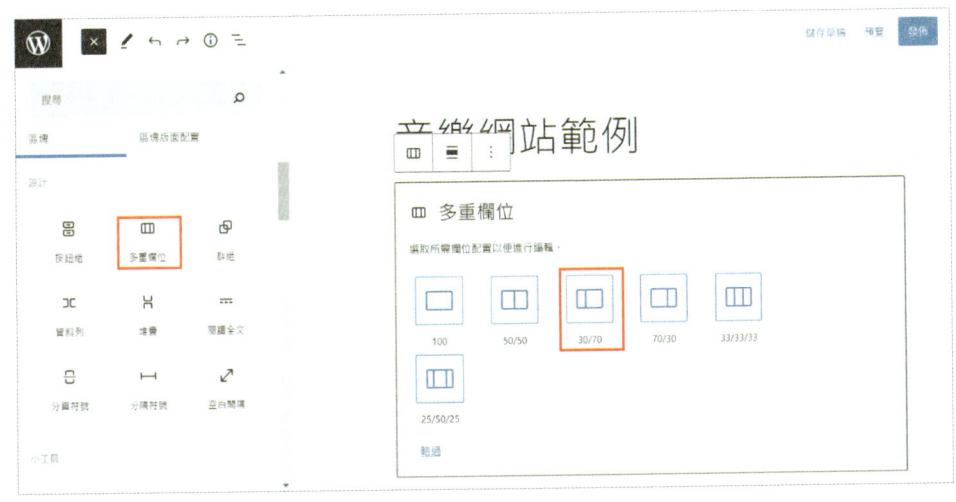

▲ 圖 1-6-4 新增多重欄位

1-11

點選左側欄位的紅框處,新增區塊 / 圖片。

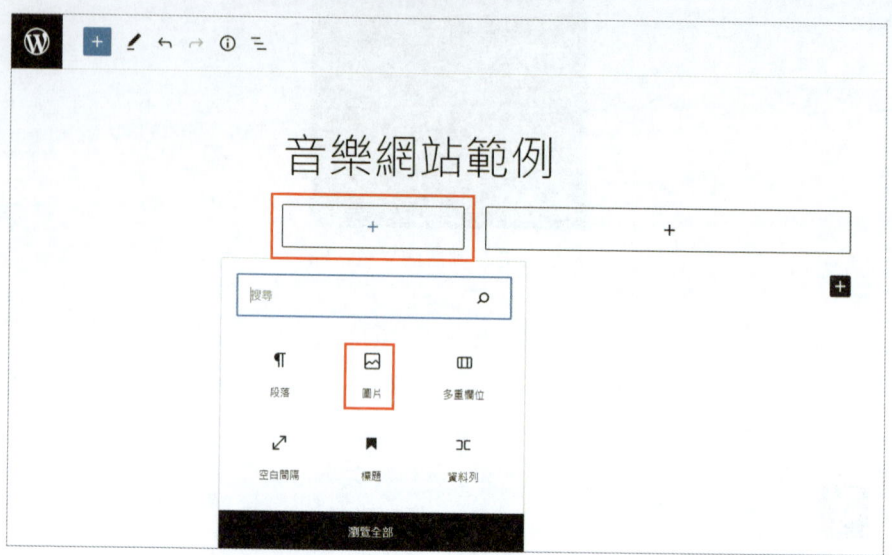

▲ 圖 1-6-5 新增圖片

圖片可透過電腦上傳、網站媒體庫或網址插入媒體三種方式匯入圖片,完成後開啟右上紅框處「設定圖示」。

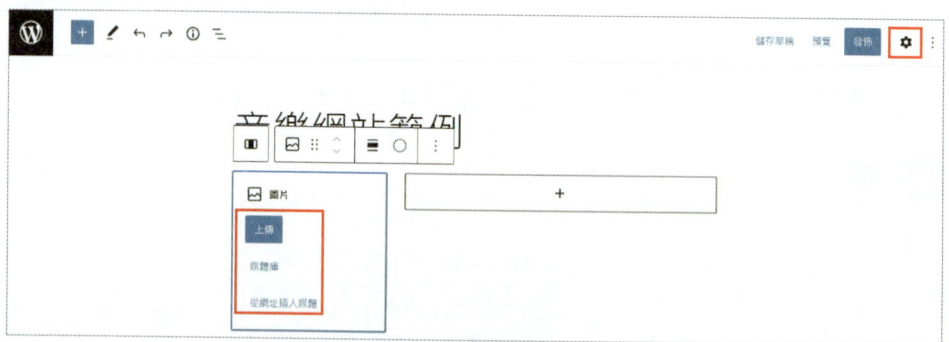

▲ 圖 1-6-6 選擇圖片

在區塊／框線／圓角半徑設定 25px,並在選取圖片區塊的狀態同時按下 Enter 鍵,左側欄位中的圖片區塊下方就會新增段落區塊,如圖 1-6-7。

1-6 古騰堡區塊編輯器實作範例

▲ 圖 1-6-7 圖片設定

輸入段落文字後，並點選右上設定圖示／區塊／排版樣式／尺寸（自訂）15px。

▲ 圖 1-6-8 輸入段落文字

接下來將每個項目文字加上特殊效果，選取紅框處後，在出現的功能列上點選顯示更多區塊工具 / 醒目提示，如圖 1-6-9。

▲ 圖 1-6-9 段落醒目提示

點選文字的自訂顏色 / 顯示詳細設定 / #8e8e8e，如圖 1-6-10。

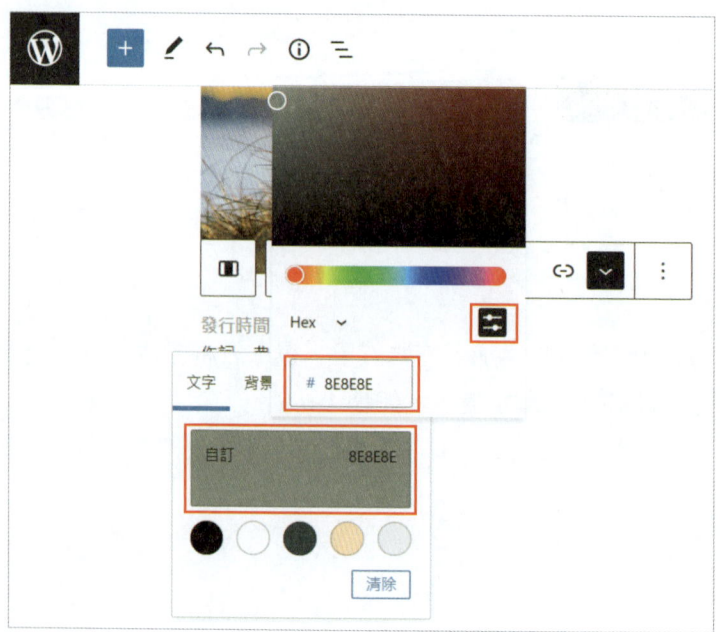

▲ 圖 1-6-10 文字顏色設定

依此類推將其他的標題文字也設定同顏色的醒目提示,如此一來左側欄位的畫面便完成了,如圖 1-6-11。

▲ 圖 1-6-11 左側欄位完成

接下來設定右側欄位,實作的步驟如下:

點選新增區塊 / 段落,接著點選上方紅框處清單檢視。

▲ 圖 1-6-12 新增段落

CHAPTER 01 WordPress 入門

透過清單檢視可以看到目前的所有區塊，接著依序按照前面方法新增區塊如下圖紅框處所示，如果新增到錯誤的位置，也可以在清單檢視直接拖曳。

新增區塊如下：

- 資料列 / 段落 / 文章發佈日期
- 社交網路服務圖示
- 按鈕組 / 按鈕
- 空白間隔
- 段落
- 分隔符號
- 詩句

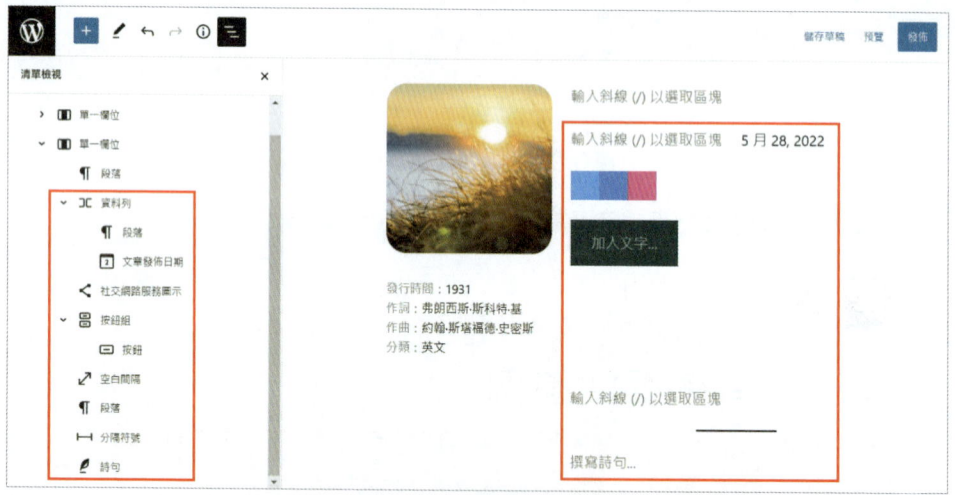

▲ 圖 1-6-13 清單檢視

將清單檢視關閉，點選右側欄位的第一個段落區塊輸入文字，接著點選設定圖示 / 排版樣式 / 尺寸大型 3，如圖 1-6-14。

▲ 圖 1-6-14 段落排版樣式

點選下方資料列的段落區塊輸入文字，並點選設定圖示 / 區塊 / 排版樣式 / 尺寸小型，如圖 1-6-15。

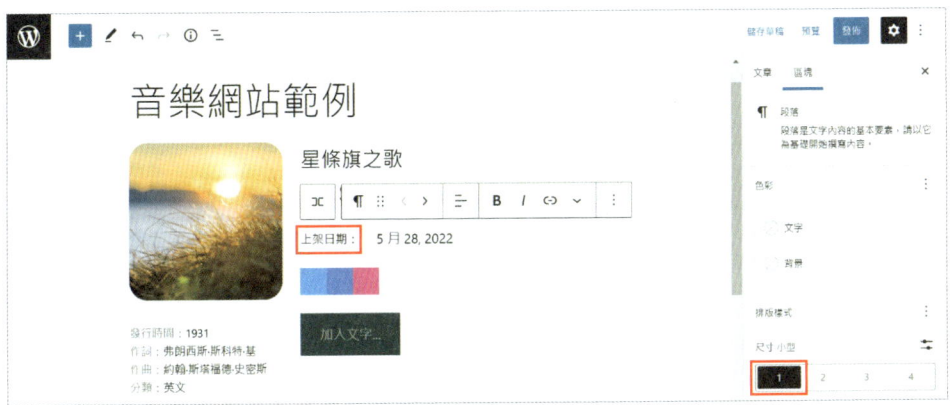

▲ 圖 1-6-15 段落排版樣式

點選資料列的文章上架日期區塊，點選設定圖示 / 區塊 / 設定 / 預設格式關閉 / 選取格式 / 20XX 年 XX 月 XX 日，如圖 1-6-16。

CHAPTER 01 WordPress 入門

▲ 圖 1-6-16 文章發佈日期格式

點選下方社交網路服務圖示，再點擊加號新增區塊，選擇 Facebook 和 Instagram，如圖 1-6-17。

▲ 圖 1-6-17 新增服務圖示

分別點選 Facebook 和 Instagram 圖示並各別輸入網址。

1-6 古騰堡區塊編輯器實作範例

▲ 圖 1-6-18 輸入網址

點選下方按鈕組的按鈕輸入文字，並設定圖示 / 區塊 / 背景 / 自訂顏色 / 顯示詳細設定 / #f2655c 以及框線 / 圓角半徑 100px，如圖 1-6-19。

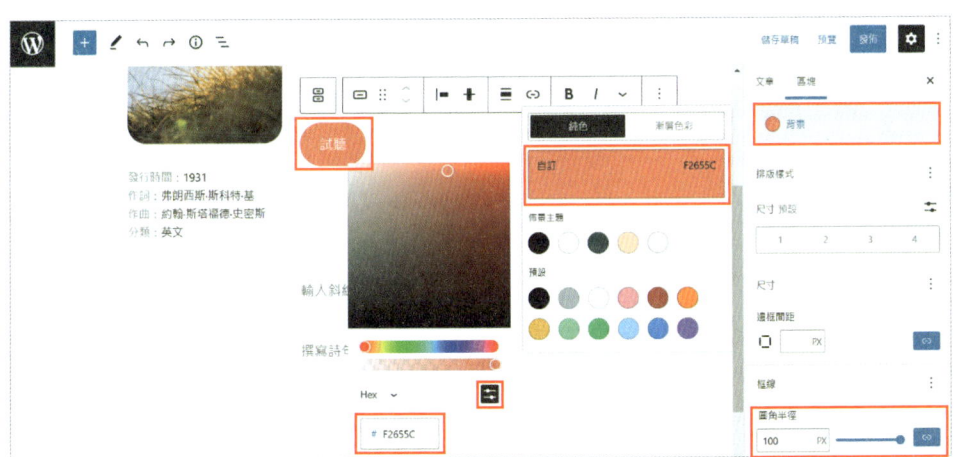

▲ 圖 1-6-19 按鈕設定

點選設定 / 再製，生成另外一個按鈕。

CHAPTER 01 WordPress 入門

▲ 圖 1-6-20 按鈕再製

> **小提示：**
> 再製與複製的差別在於前者是再製的區塊會直接出現在下一行；而複製則是將區塊複製到剪貼簿，可以稍後貼到想要的位置。

將按鈕輸入文字，並點選設定圖示 / 區塊 / 樣式 / 外框 以及色彩 / 檢視選項 / 背景，會將背景色彩重設。

▲ 圖 1-6-21 按鈕樣式

1-20

1-6 古騰堡區塊編輯器實作範例

點選設定圖示 / 區塊 / 色彩 / 文字 / 自訂顏色 / 顯示詳細設定 / #f2655c。

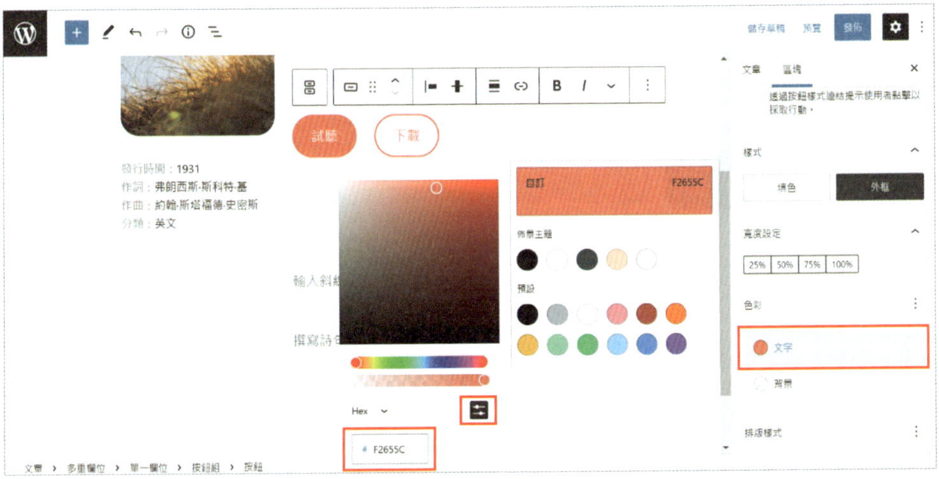

▲ 圖 1-6-22 按鈕文字色彩

點選下方空白間隔區塊，並選擇設定圖示 / 區塊 / 空白間格設定 / 高度 / 10px，如圖 1-6-23。

▲ 圖 1-6-23 空白間隔設定

點選下方段落區塊輸入文字並選取，在出現的功能列上點選粗體設定字型，並點選設定圖示 / 排版樣式 / 尺寸（設定）/ 25px，如圖 1-6-24。

CHAPTER 01 WordPress 入門

▲ 圖 1-6-24 段落設定

點選下方分隔區塊，並點選設定圖示 / 樣式 / 長線段 以及色彩 / 背景 / 自訂顏色 / 顯示詳細設定 / #f2655c，如圖 1-6-25。

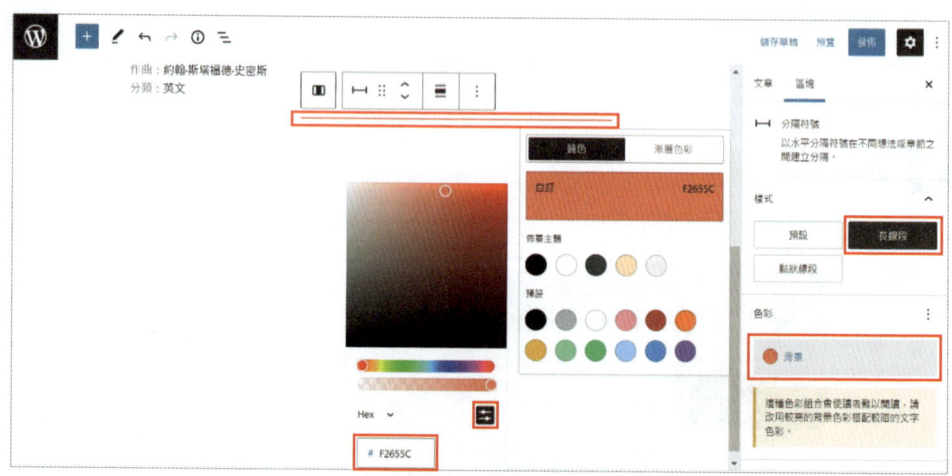

▲ 圖 1-6-25 分隔符號設定

點選下方詩句區塊輸入歌詞，在詩句區塊按下 Enter 鍵會使詩句內容換行，而不是產生新的區塊段落，如圖 1-6-26。

1-6 古騰堡區塊編輯器實作範例

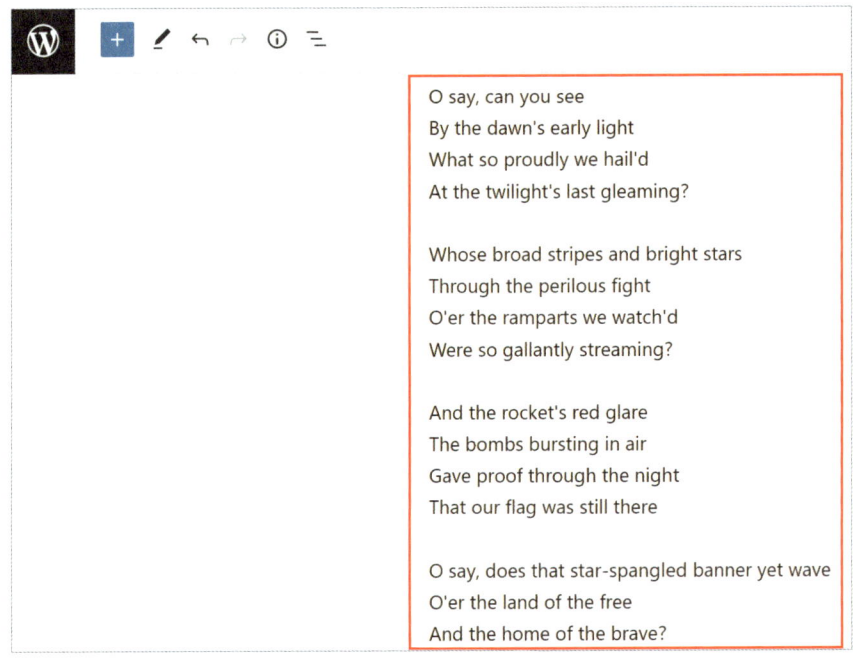

▲ 圖 1-6-26 詩句輸入文字

接下來進行文章切換設定，實作的步驟如下：

在多重欄位後新增空白間隔區塊，表示歌詞區域結束，並選擇設定圖示 / 空白間格設定 / 高度 / 10px，如圖 1-6-27。

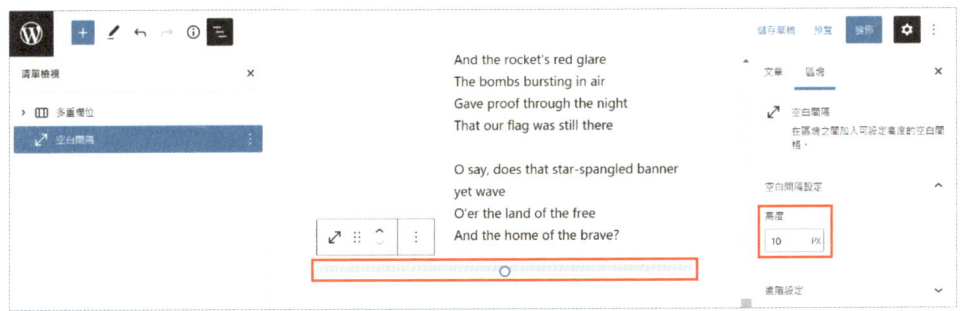

▲ 圖 1-6-27 空白間隔設定

新增多重欄位區塊，並點選 50/50 的欄位配置。

1-23

CHAPTER 01 WordPress 入門

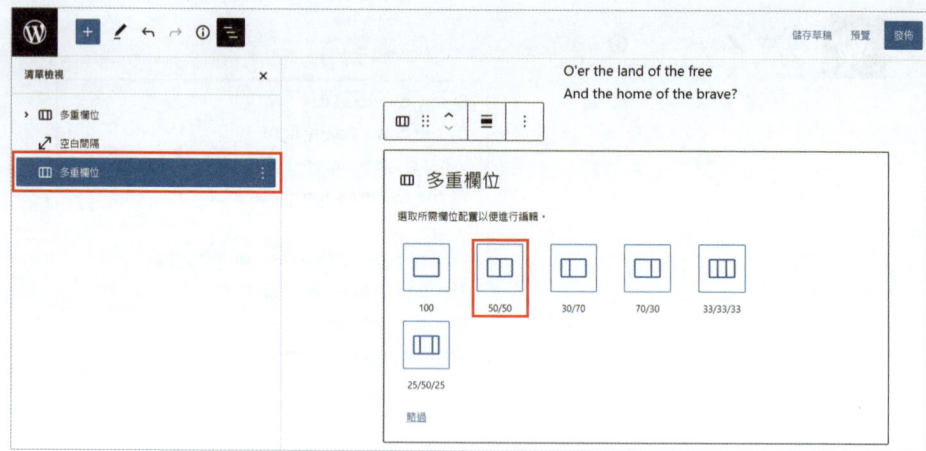

▲ 圖 1-6-28 多重欄位配置

點選左側欄位的新增區塊／搜尋關鍵字「上一篇」後，點選上一篇文章區塊，如圖 1-6-29。

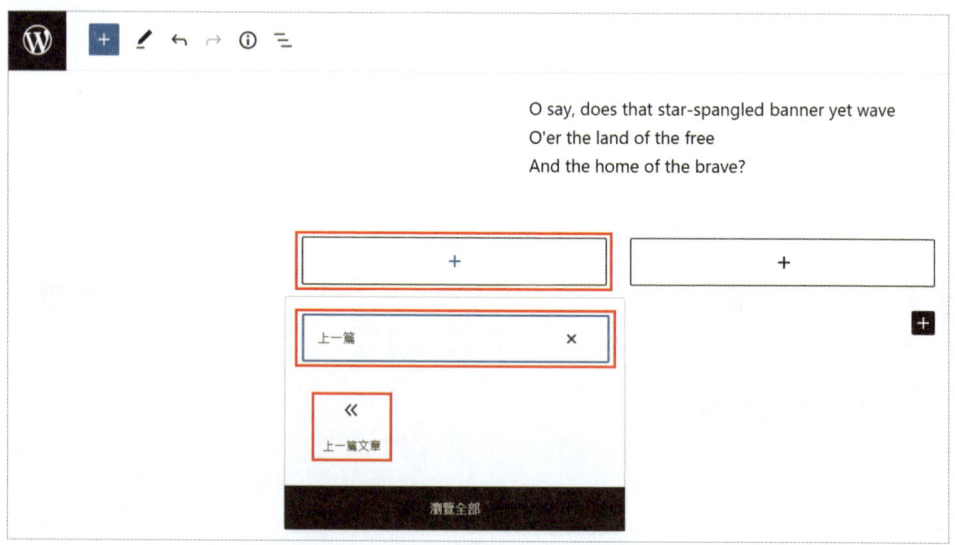

▲ 圖 1-6-29 新增上一篇文章

點選上一篇文章區塊，點選設定圖示／區塊／開啟「將標題顯示為連結」，一併開啟接續出現的「將標籤納入連結的一部份」，如圖 1-6-30。

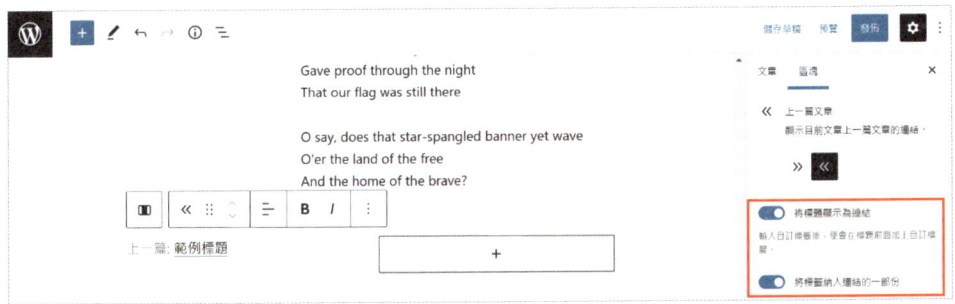

▲ 圖 1-6-30 上一篇文章設定

　　點選右側欄位的新增區塊 / 搜尋關鍵字「下一篇」後，點選下一篇文章區塊，如圖 1-6-31。

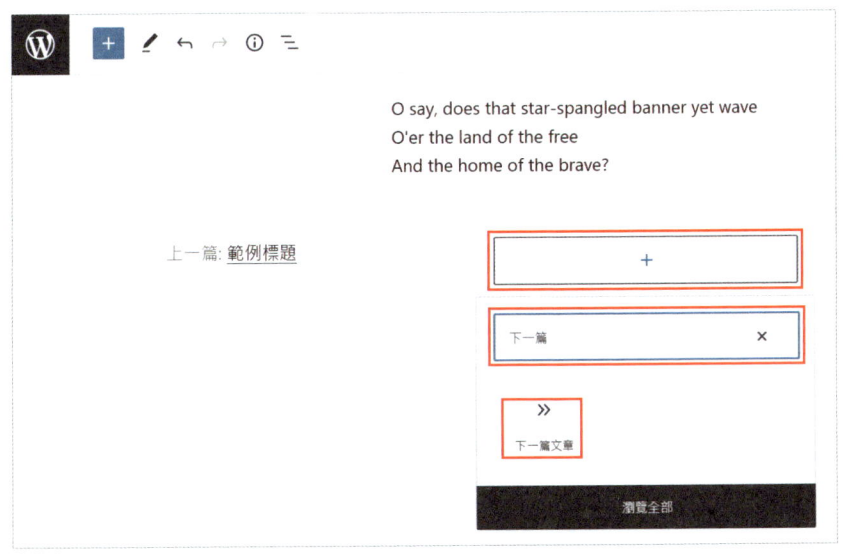

▲ 圖 1-6-31 新增下一篇文章

　　點選下一篇文章區塊，點選設定圖示 / 區塊 / 開啟「將標題顯示為連結」，一併開啟接續出現的「將標籤納入連結的一部份」，如圖 1-6-32。

CHAPTER 01 WordPress 入門

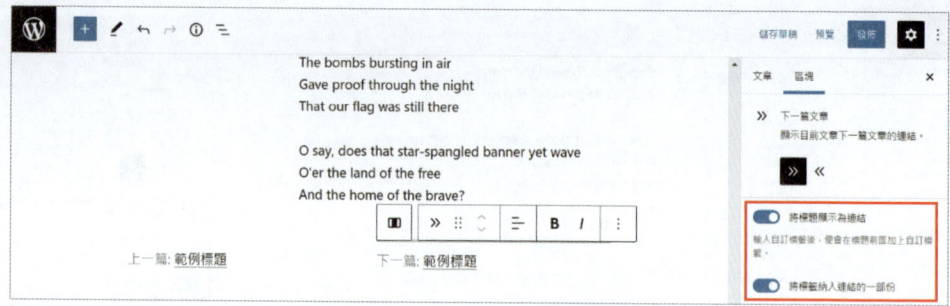

▲ 圖 1-6-32 下一篇文章設定

至此文章所有區塊皆已編輯完成，不過還要按下紅框處「發佈」才能讓訪客看到文章，點選發佈按紐。

▲ 圖 1-6-33 發佈按鈕

接著會出現各種檢查項目，再次確認無誤後點選發佈按紐即可完成發佈。

▲ 圖 1-6-34 確認發佈

最終成果展示如圖 1-6-35 所示。

▲ 圖 1-6-35 成果展示

CHAPTER 02
何謂網域

前面的章節已經了解到什麼是 WordPress 了，接著要帶領大家建立所屬自己的網站，建立一個網頁所需要的不外乎是網域和主機，此章節是統整國內外免費及付費的網域申請方式供大家參考，讓網站可以順利透過瀏覽器或手機瀏覽

CHAPTER 02 何謂網域

2-1 認識網域

網域名稱 (Domain Name) 主要是由主機 (Host) 及網域 (Domain) 構成，每一部電腦都各自擁有一個數字為基礎的地址，稱為 IP 位置，有了 Domain Name 以後, 搜尋一個網頁變成用輸入網址而不是難記的數字的方式，並且利用中間指向的 DNS (Domain Name System)，來返回查找 IP Address, 找到 IP Address 連到網頁服務，下面的章節將一一詳細介紹。

2-1-1 什麼是 IP、Domain

IP 為「Internet Protocol Address」的縮寫，中文為「網際網路協定位址」簡稱「IP 位址」，就如同家裡的地址一樣，需要知道對方的地址才可以到達對方的家中，在網路的世界中，每一位址就如同地址一樣是獨一無二的，是由 4 個 0-255 的數字所組成。當想透過網際網路到達其他網站時，就必須要輸入該網站的 IP 位址。

Domain 為「Domain Name」的縮寫，中文為「網域名稱」簡稱「域名」、「網域」是用點分隔字元組成的，可以直接使用 Domain 來代替 IP 位址，由於數字較為不好記憶，因此後來運用英文數字夾雜符號的方式當作位址，並以台中科技大學網頁為例，如圖 2-1-1-1 分析網址結構每個位置所代表的涵義。

www.nutc.edu.tw

主機名稱、子網域　　主網域　　網站性質識別　　申請國家機構

▲ 圖 2-1-1-1 網站結構圖

Domain 是一種樹狀架構可分為根網域 (Root domain)、頂層網域 (Top level domain)、第二層網域 (Second level domain)、主機網域（Host domain），架構說明如下：

1. **根網域 (Root domain)**

    根網域 (Root domain) 為樹狀結構的起點，以台灣的網域 (tw) 為例，如 xxx.net.tw、xxx.edut.tw 皆屬於該地區網域，全球共約 13 台，而這 13 台伺服器分別為「A」至「M」，其中 10 台設置在美國，另外各有一台設置於英國、瑞典和日本，可以指揮瀏覽器 (如 :IE、Chrome) 以控制網際網路通訊

2. **頂層網域 (Top level domain)**

    頂層網域 (Top level domain) 是由國際標準組織 (ISO) 所制定的國碼 (Country code) 來區分，如：台灣使用「tw」、美國使用「us」、日本使用「jp」，並非一開始就使用國碼，只利用 com(公司行號或營利單位)、edu(學術機構或教育單位)、gov (政府機關) 代表，所以沒有國碼的網域名稱一開始是美國所使用，而現今全球的網域名稱目前是由「網際網路名稱與號碼分配組織 (ICANN：Internet Corporation For Assigned Names and Numbers)」來管理

3. **第二層網域 (Second level domain)**

    第二層網域 (Second level domain) 是各單位向各國網址註冊中心申請的，以國內為範例，由台灣網路資訊中心 (TWNIC) 負責管理，不需要書面審核，採用線上註冊方式，可設定自己的伺服器位址，下方的章節將會一一介紹國內外知名網域申請業務的公司

4. **主機網域（Host domain）**

    主機網域（Host domain）是依照需求將主機劃分為許多功能使用，由網管人員負責管理，舉例來說，常用的有 www (英文為 World Wide Web 縮寫，中文為全球資訊網)、FTP (檔案傳輸協定)、 mailto (電子郵件傳輸)

CHAPTER 02 何謂網域

2-1-2 國內 V.S. 國外

使用者常常想說一定要註冊網域才可以使用網站嗎？答案是不一定，其實每個網站都有自己的「IP 位址」，在網址列上打上 IP 位址可以直接進入該網站，但因為使用者不可能一一地把 IP 位置記錄下來，且搜尋引擎不會記住 IP 數字位置，所以也較無法被排列於搜尋引擎當中。另外，有心人士會針對 IP 位置去攻擊網站或奪取網站中的資料，因此反而會讓網站暴露於危險當中。

國內與國外網域最大的差別在於「搜尋」，如果你的公司消費族群主要在台灣，那建議使用「com.tw」會較為方便，因為在台灣的搜尋網站主要會以「.tw」為優先，所以同時在台灣、日本兩個不同的地方搜尋的結果會是不同的，搜尋引擎會「優先」顯示於網域所在地，但還是會另外顯示於其他地區，只是在知名度、SEO 需要花費較多功夫。另外使用者看見「.com.tw」的網域就會了解是一家註冊於台灣商業性質的公司，對於使用者較不會產生疑慮。

台灣網路資訊中心 (TWNIC) 主要管理 .tw 網域名稱，其授權註冊單位如下：

- ✓ 協志聯合科技股份有限公司 (https://www.tisnet.com.tw)
- ✓ 亞太電信股份有限公司 (https://emanager.aptg.com.tw)
- ✓ 中華電信股份有限公司數據通信分公司 (https://domain.hinet.net)
- ✓ 網路中文資訊股份有限公司 (https://www.net-chinese.com.tw)
- ✓ 網路家庭國際資訊股份有限公司 (http://myname.pchome.com.tw)
- ✓ 新世紀資通股份有限公司 (https://rs.seed.net.tw)
- ✓ 台灣固網股份有限公司 (https://domains.tfn.net.tw)
- ✓ 馬來西亞商崴勝網路服務股份有限公司台灣分公司 (https://www.webnic.cc)
- ✓ 中華國際通訊網路股份有限公司 (https://itn.tw/index.php)
- ✓ GANDI SAS(https://www.gandi.net/zh-Hant/domain)
- ✓ 捕夢網數位科技有限公司 (https://www.pumo.com.tw/www/domains/)
- ✓ Topnets Group Limited(https://www.1198.cn)
- ✓ Key-Systems GmbH(https://www.key-systems.net)

- Ascio Technologies Inc.(https://www.ascio.com)
- Dynadot LLC(https://www.dynadot.com)

  國外網域申請推薦單位如下：

- Namecheap(https://www.namecheap.com/)
- GoDaddy(https://tw.godaddy.com/)
- Name.com(https://www.name.com/zh-cn/)
- Domain.com(https://www.domain.com/)
- Alibabacloud.com(https://tw.alibabacloud.com/)
- Google Domains(https://domains.google/)

2-1-3 免費 V.S. 付費

　　免費網域申請主要都是用於提供練習的時候使用，如果是要建立正式網站，建議不要使用免費的網域，不僅會讓自己的網站暴露在危險當中，服務供應商也會為了從中獲取廣告利潤，將你的網站導入到廣告網站中，這樣會非常傷害網站形象。因此如果是想要練習或有預算考量，不想花錢租主機或買網址的話，可以直接使用網路上的免費「主機 + 網域」，不需要花費任何費用，可以很方便的將網站架好，但如果要是要長久經營網站的話，是百分之百不推薦使用免費的。

　　免費推薦網域申請如下：

- freenom.com(https://www.freenom.com/)
- 000webhost(https://www.000webhost.com/)
- noip(https://www.noip.com/)

  付費推薦網域申請如下：

- Domcomp (https://www.domcomp.com/)
- GoDaddy(https://tw.godaddy.com/)
- NameCheap(https://www.namecheap.com/

CHAPTER 02 何謂網域

2-1-4 網域挑選重點

1. 網域越短越好，簡單好記：越短的網域越容易在電腦上輸入，方便使用者記憶，建議最好控制於 14 英文字母內。
2. 品牌名稱可塑性高：網域名稱盡量以品牌名稱或與產品名稱相關，簡單、易記，另外可以運用關鍵字工具來測試網域名稱排行。
3. 避免使用連接符號：使用連接符號會打斷網域的連貫性，不但輸入網址較為麻煩困難，也不容易記憶。另外，目前的新網址大部分都不會在前面加上 www，這是較為舊式的用法。
4. 勿使用中文：網域網址主要以英文為主，如果網址有中文的話，會變成特殊符號 + 數字，除了較不容易記憶以外，對於網頁搜尋排行榜也會有影響。

2-2 網域申請教學

2-2-1 GoDaddy 國外付費網域註冊

　　GoDaddy 是全世界最大的網域註冊公司，除了註冊網域外，另外也有提供主機租借服務，價格相對優惠很多，像是主流用的 .com 網域，針對兩年份方案，第一年只需要 104 元，接著第二年將會恢復原價，很適合作為入門 WordPress 專用機，另外有支援中文化界面，因此購買網域的流程變得淺顯易懂。

Step 1 選擇網域名稱

　　搜尋 GoDaddy 官網 (https://tw.godaddy.com/) 如圖 2-2-1-1，輸入自己想要的網域名稱，並確認目前有無其他人使用如圖 2-2-1-2，若有其他人使用該網域，會出現相關的域名跟價格，還可以進一步做查詢設定

▲ 圖 2-2-1-1　GoDaddy 官網

▲ 圖 2-2-1-2　GoDaddy 查詢結果

Step 2 購買網域

　　選擇好要購買的網域後可點選「加入購物車」，接著點選「前往購物車」結帳，首先會詢問是否有加入其他方案功能如圖 2-2-1-3，可選擇另外添加「全方位網域保護」或「旗艦版網域保護」，以及是否建立符合網域的 email 地址，或是 Linux 虛擬主機，選擇完成後可點選紅框處「前往購物車」，接著畫面會出現如圖 2-2-1-4，為該網域需要付的費用，確認完成後可點選紅框處「我準備好付款了」，沒有帳號會要求建立帳號如圖 2-2-1-5。

CHAPTER 02 何謂網域

每年 170,000 次。

這就是犯罪分子試圖竊取網域的頻率。如果您的事業都建築在網域上，那您就需要防護。我們非常推薦您使用**全方位網域保護**。²

○ **全方位網域保護**   NT$199/每網域每年
- 推薦   ~~NT$299~~
- 防止駭客竊取網域或進行其他未授權變更。
- 刪除或轉移網域等重大變更需透過兩步驟驗證徵求您的核准。

○ **旗艦版網域保護**   NT$499/每網域每年
- 全方位網域保護所有功能，外加：   ~~NT$899~~
- 即使信用卡或付款方式過期，依然可以**延長保留網域名稱 90 天**。

● **不，謝謝**
- 我們的 WHOIS 目錄將會隱藏您的個人資料

建立符合您網域的 email 地址。

打造專業形象並以自訂的電子郵件地址增加信任度，例如 You@wordpresstw.com

最低 NT$52/月起

○ **Email 精華版**   NT$52/月
- 物超所值   ~~NT$178~~
- 10 GB email 儲存空間
- 所有裝置的電子郵件、行事曆和聯絡人資料皆同步處理

○ **Email 超值版**   NT$136/月
- 50GB 電子郵件儲存空間   ~~NT$188~~
- 所有裝置的電子郵件、行事曆和聯絡人資料皆同步處理

○ **商務專業版 - 內附 Office 應用程式**   NT$293/月
- 50GB 電子郵件儲存空間   ~~NT$524~~
- 每位使用者皆可在最多 5 台 PC 或 Mac 與 5 台 iPad 或 Windows 平板電腦上使用完整的 Office 應用程式
- 可供智慧型手機使用和編輯的 Office 行動應用程式

● **不，謝謝**

Linux 虛擬主機

一鍵安裝 WordPress、Drupal、Joomla 及其他程式。可靠的 cPanel® 主機，適合功能完善的網站使用。

購買產品可得一個免費網域**。

最低只要 NT$152/月

| 不，謝謝   ⌄ |

[🛒 **前往購物車**]

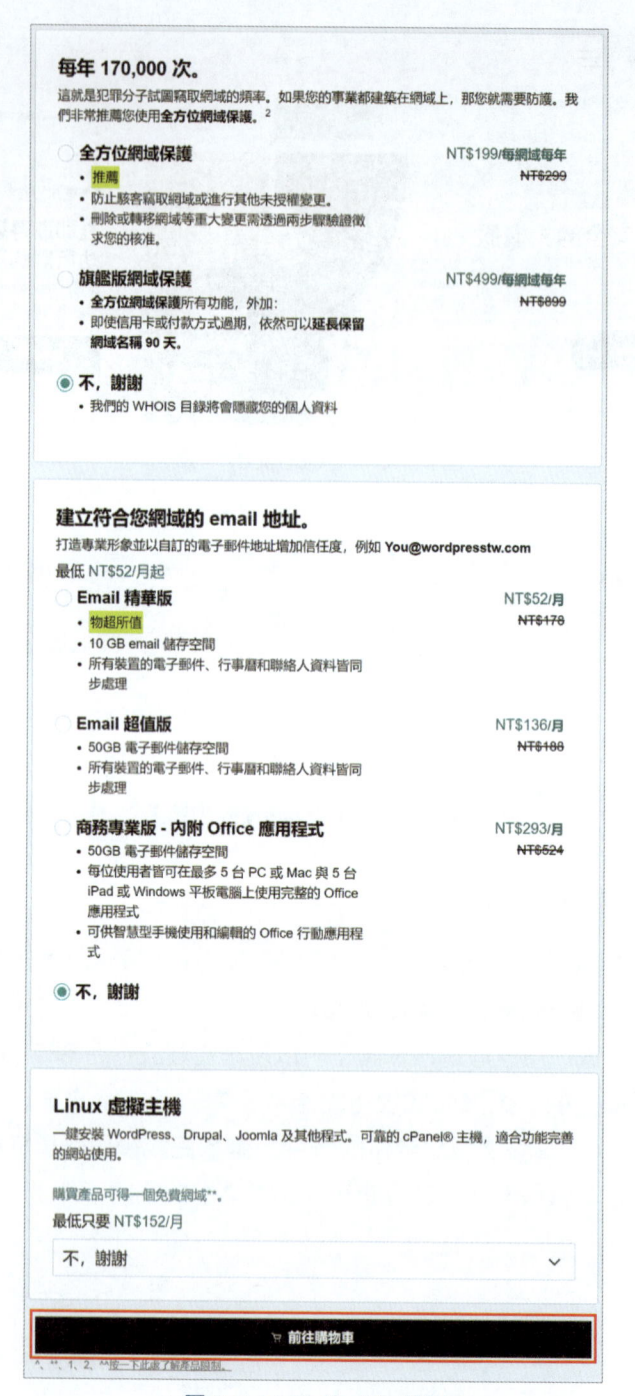

¹、²、^^按一下此連結/點擊原始回應

▲ 圖 2-2-1-3 GoDaddy 結帳 1

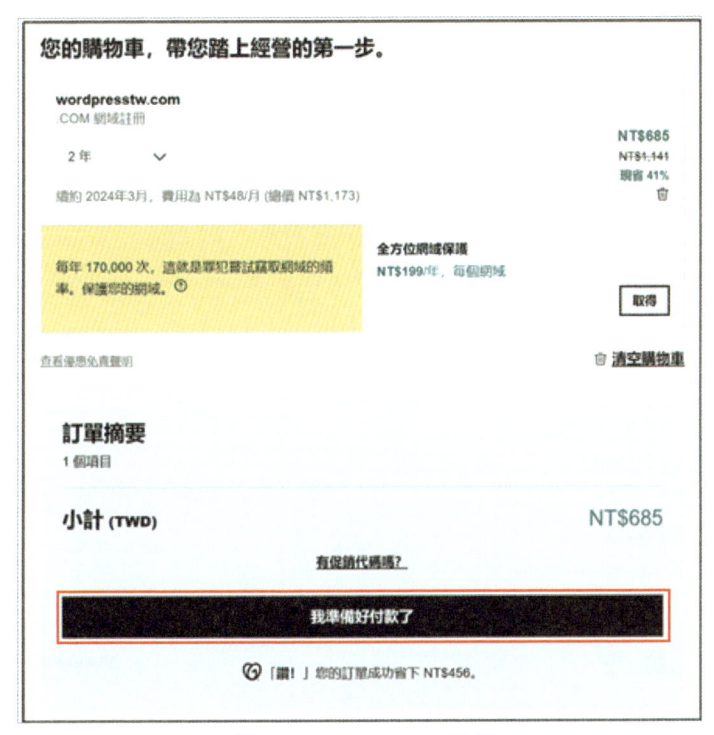

▲ 圖 2-2-1-4 GoDaddy 結帳 2

▲ 圖 2-2-1-5 GoDaddy 結帳 3

CHAPTER 02 何謂網域

Step 3 設定網域伺服器

完成結帳後，可至個人選單 / 我的產品就可以看到在 Godaddy 買的各項服務，如果有搭配主機購買的話，就可不用另外做設定，但是如果是另外租借的話，需進到 DNS 去做修改如圖 2-2-1-6，首先將伺服器類型設定為「自訂」，接著設定網域伺服器，可以由所租借主機處看見，以 Siteground 為例，可以在儀表板處看見 Name Server 如圖 2-2-1-7，可將 Name Server 貼入 Godaddy 網頁伺服器中，即可設定成功

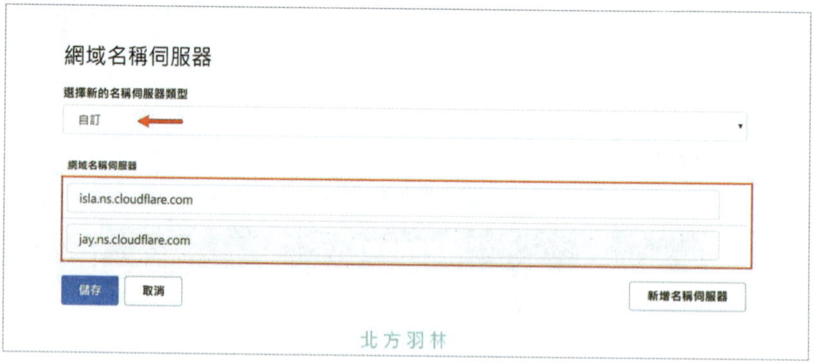

▲ 圖 2-2-1-6 GoDaddy 設定畫面

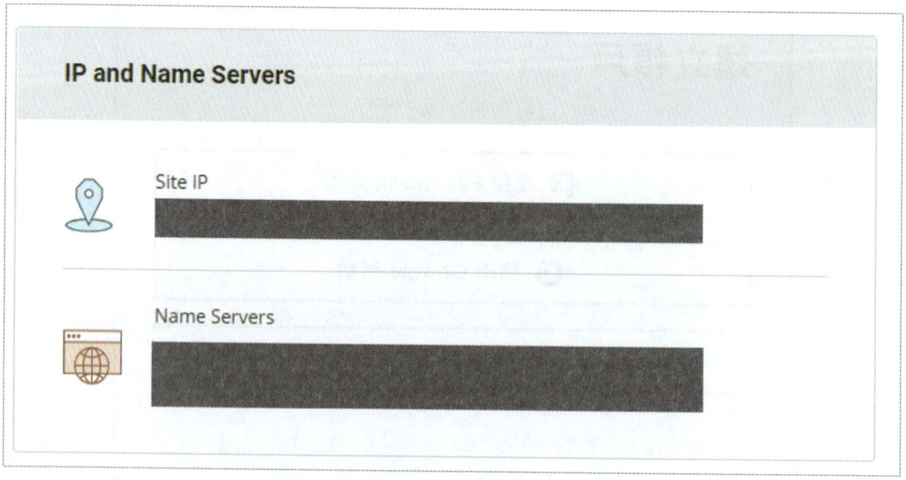

▲ 圖 2-2-1-7 Siteground Name Servers

2-2-2 Freenom 國外免費網域註冊

　　Freenom 是整合五家免費網域的註冊平台,只提供 .tk、.ga、.ml、.cf、.gq 這幾種網域,註冊一年是免費的,但如果要註冊到兩年以上就需要付費,對於想要嘗試上架的人來說,是一個很好的嘗試方式。只要選擇免費的網域註冊即可有 12 個月的免費使用期限,如果使用起來滿意的話,也可以申請付費的網域。

Step 1 搜尋網域名稱

　　搜尋 Freenom 官網 (https://www.freenom.com/zu/index.html?lang=zu) 如圖 2-2-2-1,輸入自己想要的網域名稱,並確認目前是否有無其他人使用如圖 2-2-2-2 會出現相關的域名跟價格,可選擇 USD0.0 的來當作練習用網域

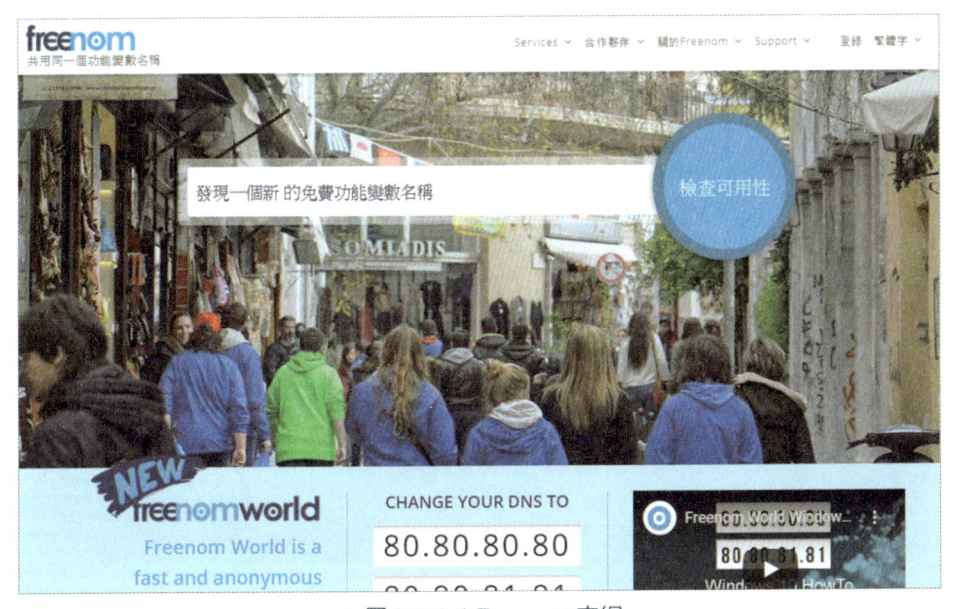

▲ 圖 2-2-2-1 Freenom 官網

CHAPTER 02 何謂網域

▲ 圖 2-2-2-2 Freenom 查詢結果 1

Step 2 選擇網域名稱與使用時間

出現搜尋結果後以 "mypressword" 為例，發現 mypressword.tk 為免費可獲取，並於搜尋列再次輸入「mypressword.tk」如圖 2-2-2-3，接著點選上方紅框處綠色按鈕「付款」，畫面跳轉如圖 2-2-2-4 付款畫面，預設為免費 3 個月，最長可更改為免費 12 個月。接著點選「Continue」按鈕，畫面跳轉如圖 2-2-2-5，可選擇驗證用電子郵件或登入註冊的信箱，需要在 24 小時內至電子郵件信箱收信

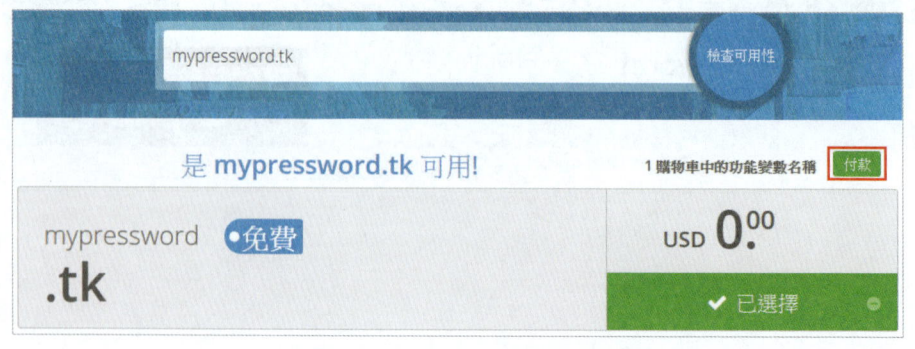

▲ 圖 2-2-2-3 Freenom 查詢結果 2

2-12

2-2　網域申請教學

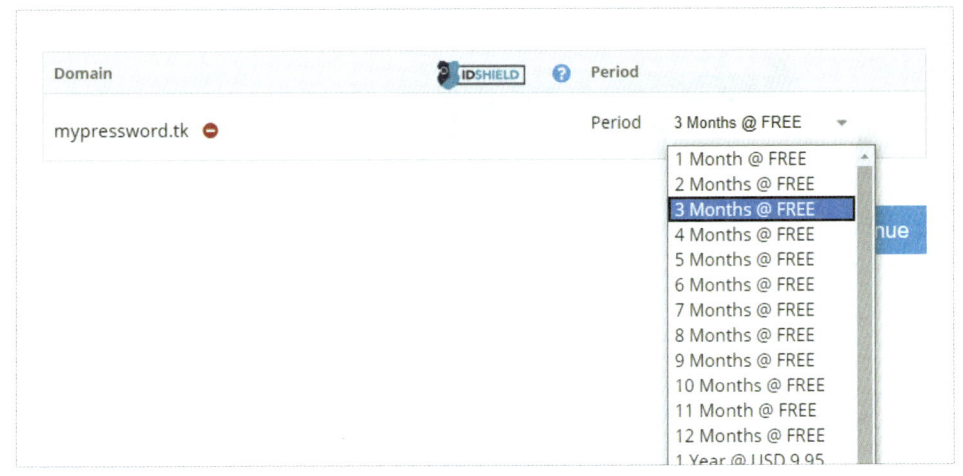

▲ 圖 2-2-2-4 Freenom 付費畫面 1

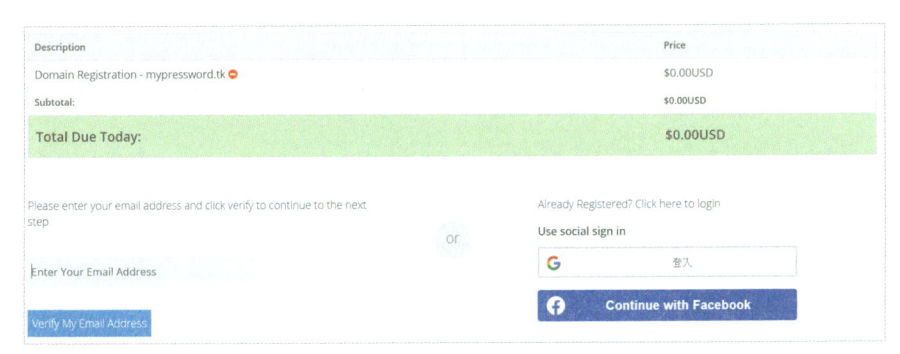

▲ 圖 2-2-2-5 Freenom 付費畫面 2

💡 **貼心小提醒：**

如果在輸入電子郵件時出現「A user already exists with that email address」，需直接用手動輸入電子郵件的方式，不可使用預設儲存的帳號。

Step 3 填寫基本資料並付費

　　至上一步所填寫的電子郵件信箱收有關 " Freenom " 的信如圖 2-2-2-6，點選下方紅框處超連結，接著畫面會出現如圖 2-2-2-7 填寫個人相關資料後點選「Complete Order」按鈕，最後出現如圖 2-2-2-8 代表註冊成功。

CHAPTER 02 何謂網域

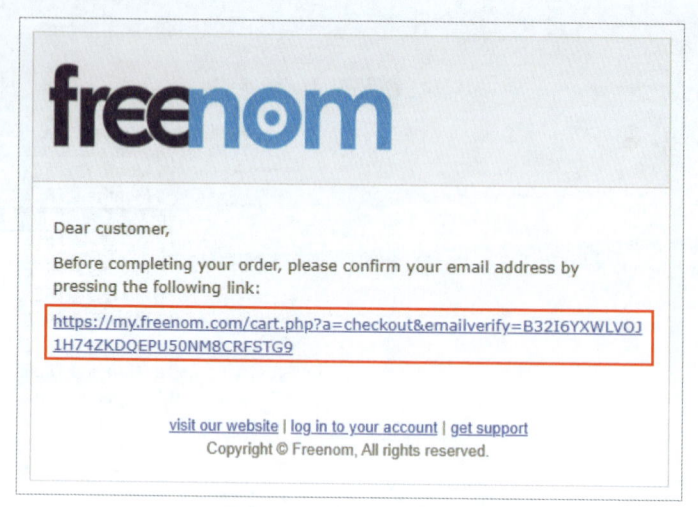

▲ 圖 2-2-2-6 Freenom 驗證信

▲ 圖 2-2-2-7 Freenom 付費畫面 3

2-14

2-2 網域申請教學

Thank you for your order. You will receive a confirmation email shortly.

Your Order Number is:

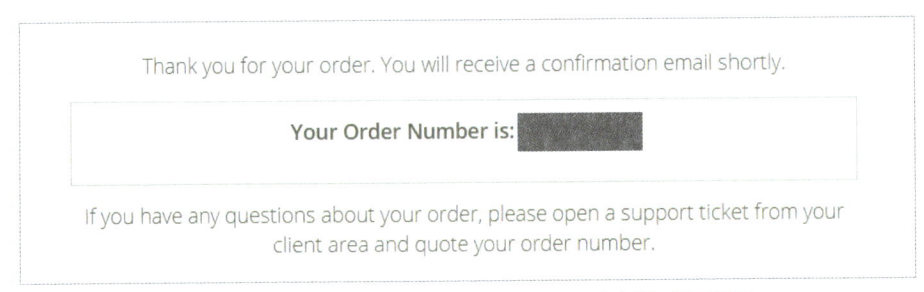

If you have any questions about your order, please open a support ticket from your client area and quote your order number.

▲ 圖 2-2-2-8 Freenom 註冊畫面 Step4 設定網域伺服器

完成結帳後，可從 Services/My Domains 頁面中看見之前所申請的網域如圖 2-2-2-9，點選後方紅框處「Manage Domain」可進入管理畫面，接著至 Management Tools/Nameservers 頁面設定網域伺服器如圖 2-2-2-10，可選擇使用「Use default nameservers(默認名稱的伺服器)」或「Use custom nameservers(自定義名稱伺服器)」，本書以選擇「Use custom nameservers(自定義名稱伺服器)」及 Siteground(伺服器)為例，可以在儀表板處看見 Name Server 如圖 2-2-2-11，可將 Name Server 貼入 Freenom 網頁伺服器中，即可設定成功

My Domains
View & manage all the domains you have registered with us from here...

Domain	Registration Date	Expiry date	Status	Type	
mypressword.tk	2020-06-10	2021-06-10	ACTIVE	Free	Manage Domain

1 Records Found, Page 1 of 1

▲ 圖 2-2-2-9 Freenom 設定畫面 1

2-15

CHAPTER 02 何謂網域

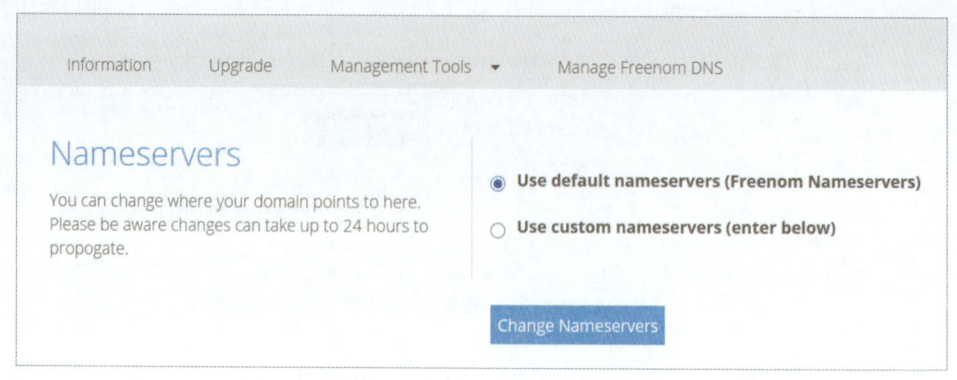

▲ 圖 2-2-2-10 Freenom 設定畫面 2

▲ 圖 2-2-2-11 Siteground Name Servers

2-3 認識數位憑證

　　數位憑證是由認證中心 Certificate Authority(CA) 所製發的，可以用來識別對方的身分，最簡單的憑證包含一個公開金鑰、名稱以及憑證授權中心的數位簽名，為存在於您的電腦內，最少的長度為 40 位元，最高的長度為 128 位元，為了避免第三者偽造金鑰頂替真正合法的使用者，利用數位憑證與加密技術相結合，提供更高級的安全性，進而保障線上交易的每一方，下面的章節將一一詳細介紹各個差別。

2-3-1 什麼是 SSL

　　Secure Sockets Layer 安全通訊端層，簡稱 SSL，是一種標準技術，使用於網際網路連線上的安全及防止傳送資料時被駭客讀取等等。舉例來說：在每次會話 (session) 時，SSL 連結可以保護信用卡資訊等機密資料不會受到第三方攔截，會以三把金鑰打造一個對稱式金鑰，再以此加密所有傳輸資料，傳送加密資訊流程如下：

1. 伺服器傳送自己的公鑰給瀏覽器
2. 瀏覽器創造 A 金鑰，並以伺服器公鑰加密 A 金鑰，再發送給伺服器
3. 伺服器利用私鑰解密，取得 A 金鑰
4. 伺服器與瀏覽器皆以 A 金鑰加密與解密所有傳輸資料

　　這個程序可以保障通道安全，因為只有這對瀏覽器和伺服器知道它們的對稱式金鑰，而這組金鑰只可用於這一段會話。若是瀏覽器隔日再連接同一部伺服器，則需要再產生一副新的金鑰。另外數位憑證的擁有者將需要保護數位憑證隸屬於公開金鑰的專用金鑰，如果專用金鑰被竊，將可以冒充數位憑證的合法者，但若沒有專用金鑰，數位憑證將不會被濫用

　　目前 SSL 技術已成為網路用來鑑別網站和網頁瀏覽者身份，並建立在所有主要的瀏覽器和 WEB 伺服器中，因此僅需要安裝數位憑證或伺服器憑證就可以啟動功能

> **貼心小提醒：**
>
> 會話 (Session) 是應用於網際網路中指當用戶在網頁跳轉時，儲存在 session 中的資訊並不會丟失，會一直存在於整個網頁當中。

2-3-2 HTTP V.S. HTTPS

　　HTTP 為「HyperText Transfer Protocol」的縮寫，中文為「超文本傳輸協定」，是一種用來讓瀏覽器與伺服器進行溝通，也就是網際網路資料通訊的基礎。最初的目的是為了提供一種發佈及接收 HTML 頁面的方法，並且通過 HTTP

CHAPTER 02 何謂網域

協定請求 URL 標識,也就是說 HTTP 就是瀏覽器與 Web Server 的通訊協議。由於每一個 Request 都會獨立處理,是使用 " 明文 " 的方式進行通訊,也就是沒有加密的資訊,且也不會針對雙方的身分進行驗證,以上這些原因一直是 HTTP 在安全性方面最大的缺陷

HTTPS 為「HyperText Transfer Protocol Secure」的縮寫,中文為「超文本傳輸安全協定」是一種透過網路進行安全通訊的傳輸協定,利用 SSL/TLS 加密封包,主要是為了保護資料隱私的安全性及完整性,最初是在 1994 年由 Netscape 首次提出,接著擴展至網際網路上。HTTPS 主要的功能是為了在不安全的網路上建立安全的渠道,透過加密套件和伺服器憑證驗證。HTTPS 信任主要是基於安裝在作業系統中的憑證頒發機構 (CA),可以防止中間人攻擊,確認目前的組態的安全性

HTTP 與 HTTPS 最大的差異在於網站的安全性,加入 SSL 協定做為安全憑證,網站可透過協定上的加密機制防止資料被竊取,就算被從中攔截也無法看見傳輸中的資料,因此較為大型企業在串聯信用卡相關服務時,都會使用這種方式,保障客戶在網站上的使用資訊

CHAPTER 03

Azure

現在如果想要架設自己的網站，設置自己的應用程式，使用 Azure 就不用另外租用或購買自己的伺服器、記憶體等去建置，而 Azure 也建立用多少付多少 (Pay-As-You-Go) 的消費方式，不用立即買斷，讓消費者可彈性依自己所需使用。

CHAPTER 03 Azure

3-1 認識Azure

3-1-1 什麼是 Azure？

　　Azure 是公用雲端服務（Public Cloud Service）平台，提供橫跨 IaaS 基礎設施即服務（Infrastructure as a Service）到 PaaS 平台即服務（Platform as a Service）的服務，甚至到 SaaS 軟體即服務（Software as a Service）的完整雲端平台。現今提供區域達 58 個據點，當需要設置時，可以把服務佈署到離客戶最近的據點，讓存取速度加快。

3-1-2 Azure 註冊教學

　　Azure 提供 12 個月熱門服務免費（有限制額度），跟 1 個月免費點數使用，另外也提供學生版帳號，不需要信用卡驗證，直接可以獲得 100 美金（效期 12 個月），還有多達 25 項免費服務，每月免費額度可使用，是學生做期末專題的好工具，以下部分將分為「一般帳號」與「學生帳號」介紹註冊步驟。

(1). 一般帳號註冊

Step 1 搜尋 Microsoft Azure 官網（https://azure.microsoft.com/zh-tw/free/），點擊「開始免費使用」，如圖 3-1-2-1。

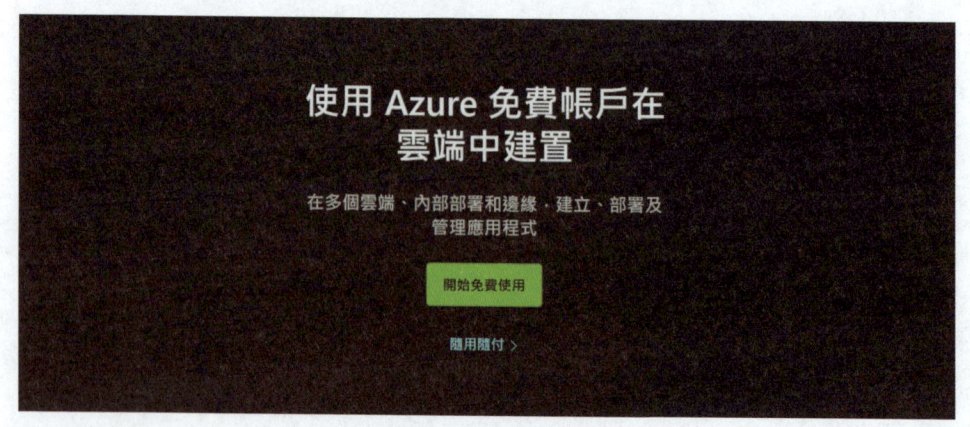

▲ 圖 3-1-2-1 Azure 官網

Step 2 登入或建立 Microsoft 帳戶，也可以使用 GitHub 帳戶，如圖 3-1-2-2。

▲ 圖 3-1-2-2 Azure 登入畫面

Step 3 輸入個人資料並選擇身分驗證的方法，如圖 3-1-2-3。

▲ 圖 3-1-2-3 Azure 註冊畫面 1

Step 4 進行稅務資訊的填寫,也可以選擇下一步跳過,如圖 3-1-2-4。

▲ 圖 3-1-2-4 Azure 註冊畫面 2

Step 5 填寫信用卡,並點擊「註冊」,如圖 3-1-2-5。

▲ 圖 3-1-2-5 Azure 註冊畫面 3

Step 6 註冊完成,可以開始使用 Azure,如圖 3-1-2-7。

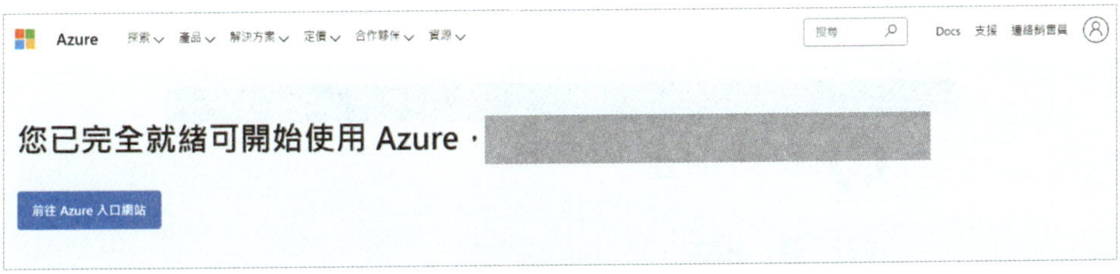

▲ 圖 3-1-2-7

CHAPTER 03 Azure

(2). 學生帳號註冊

Step 1 搜尋 Azure 學生版（https://azure.microsoft.com/zh-tw/free/students/），點擊「立即啟用」，如圖 3-1-2-8。

▲ 圖 3-1-2-8 Azure 學生版登入 1

Step 2 登入或建立 Microsoft 帳戶，可以用學校開通的 Microsoft 信箱，也可以使用 GitHub 帳戶，如圖 3-1-2-9。

▲ 圖 3-1-2-9 Azure 學生版登入 2

Step 3 登入／建立成功後，系統會自動跳轉到學術驗證的網址進行身分驗證，輸入手機驗證，如圖 3-1-2-10。

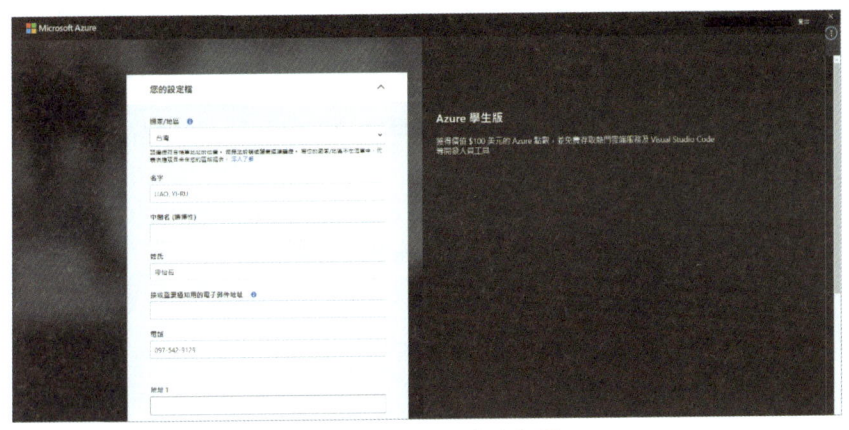

▲ 圖 3-1-2-10 Azure 學生版登入 3

Step 4 學生驗證，輸入含有 edu.tw 的學校信箱網址進行註冊，並點擊「驗證學術狀態」，如圖 3-1-2-11。

▲ 圖 3-1-2-11 Azure 學生版登入 4

CHAPTER 03 Azure

Step 5 系統會傳送驗證信到學校電子郵件,需去學校信箱查看,如圖 3-1-2-12。

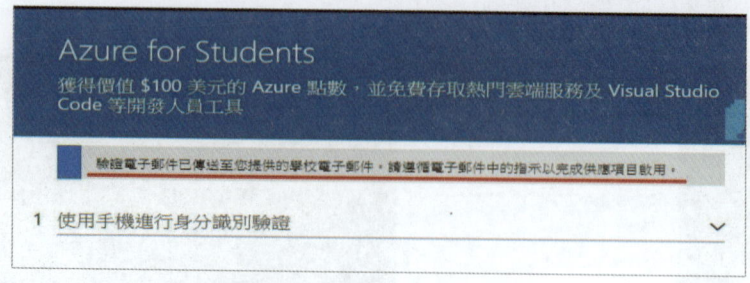

▲ 圖 3-1-2-12 Azure 學生版登入 5

Step 6 查看學校信箱,點下連結,如圖 3-1-2-13。

▲ 圖 3-1-2-13 Azure 學生版登入 6

Step 7 連結會導覽至個人資料,輸入個人資料完,點擊「下一步」,如圖 3-1-2-14。

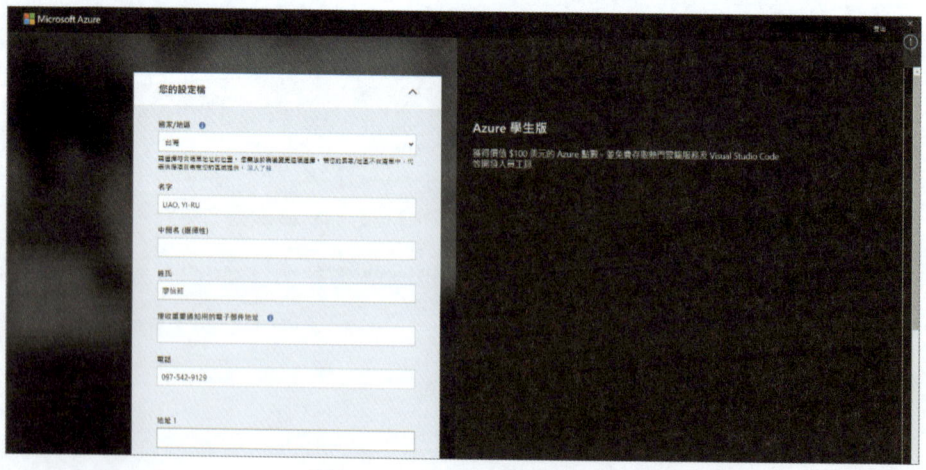

▲ 圖 3-1-2-14 Azure 學生版登入 7

3-8

3-2 Azure 介面介紹

Step 8 同意協定並點擊「註冊」，如圖 3-1-2-15。

▲ 圖 3-1-2-15 Azure 學生版登入 8

Step 9 註冊完成，Azure for students 帳戶已成功啟用，如圖 3-1-2-16。

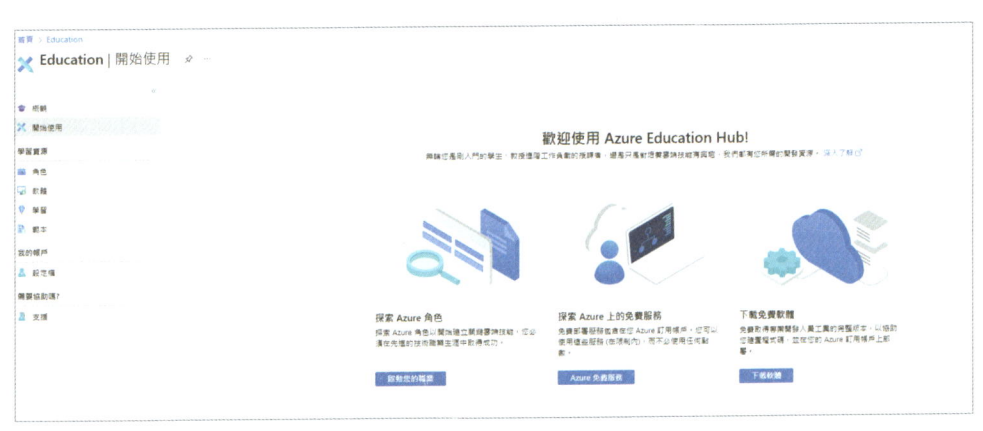

▲ 圖 3-1-2-16 Azure 起始畫面

3-2 Azure介面介紹

你可以使用各種工具與平台來設定 Azure，比較適用於日常管理的工具有：Azure 入口網站、Azure Power Shell、Azure Cloud Shell，除了以上較為常見的

3-9

CHAPTER 03 Azure

工具外,還有許多像是特定語言的軟體開發套件 (SDK)、開發人員工具等等,都可以用於管理 Azure。

3-2-1 Azure 入口網站

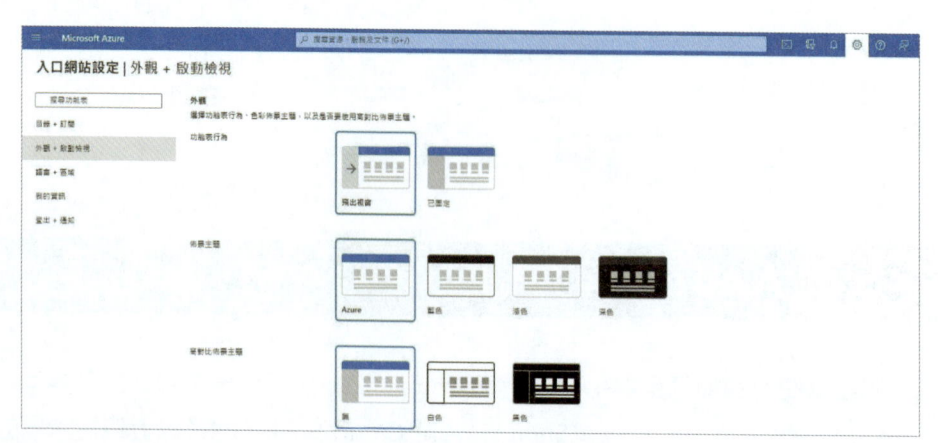

Azure 入口網站是使用圖形化使用者介面 (GUI),首頁的左側是資源窗格,列出的主要為我的最愛,可以自訂常用建立或管理的資源類型,在入口網站設定(紅框)可以更改語言與區域,如果一開始為英文版面,可以在這更改語言如圖 3-2-1-1,還有「一般」可以設置佈景主題顏色,如圖 3-2-1-2,更改為深色主題。

▲ 圖 3-2-1-1 Azure 入口網站 1

▲ 圖 3-2-1-2 Azure 入口網站 2

3-2-2 儀表板

儀表板在管理 Azure 方面提供了很大的彈性，可以自己新增、移除並設定圖格位置，以建立您所需的資源檢視，也可支援多個儀表板，而且您可視需要切換這些儀表板，甚至可以與其他小組成員共用儀表板。以下介紹如何創建新儀表板、刪除以及複製儀表板。

建立新儀表板

1. 點選「＋」新增儀表板，如圖 3-2-2-1。

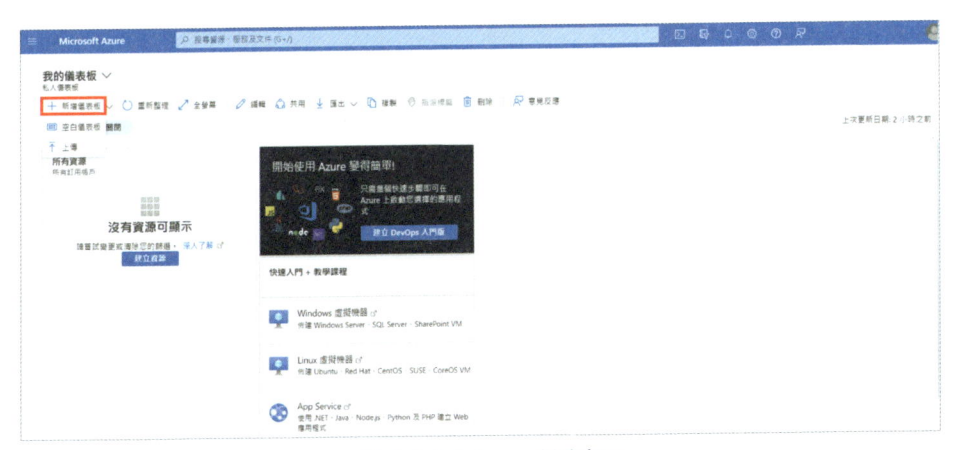

▲ 圖 3-2-2-1 Azure 儀表板 1

可在磚庫上選擇需要的窗格，移至空網格中。「我的儀表板」可自訂名稱，如圖 3-2-2-2。

▲ 圖 3-2-2-2 Azure 儀表板 2

可從頁面中選擇編輯圖示，編輯窗格大小，也可直接拉右下角圖示，允許讀者將磁貼拖動到所需的大小，如圖 3-2-2-3。

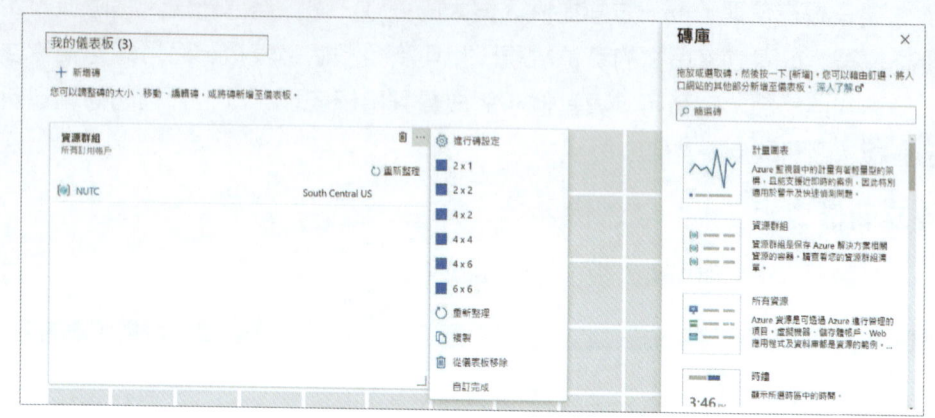

▲ 圖 3-2-2-3 Azure 儀表板 3

刪除資料窗格

要從儀表板資料窗格中刪除，可依照以下步驟操作（如圖 3-2-2-4）：

- 選擇資料窗格右上角的上下文菜單，然後選擇「從儀表板中刪除」。
- 選擇編輯圖示「編輯」，選擇刪除圖示，刪除圖示以從儀表板中刪除窗格。

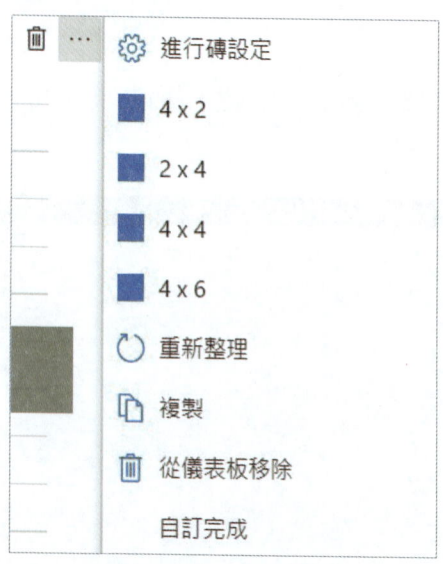

▲ 圖 3-2-2-4 Azure 儀表板 4

3-2　Azure 介面介紹

複製儀表板

確保儀表板檢視顯示要複製的儀表板中，點選「 」複製儀表板，如圖 3-2-2-5。

▲ 圖 3-2-2-5 Azure 儀表板 5

3-2-3　資源群組

如圖 3-2-3-1，當我們部署好資源後，能看到一整個需要的資源都在一個群組裡，而不是四處發散，讓您可以以群組的形式管理的資源，例如一個網站，可能會包含資料庫、網站、磁碟等等（如圖 3-2-3-2）。

▲ 圖 3-2-3-1 Azure 資源群組 1

▲ 圖 3-2-3-2 Azure 資源群組 2

3-3　Azure 租用網站主機

3-3-1 何謂虛擬主機

　　虛擬主機又稱為虛擬伺服器，是一種由實體主機劃分數十或是數百個獨立空間，實現多網域服務的方法，可以執行多個網站或服務的技術。虛擬主機之間完全獨立，並可由用戶自行管理這些空間，包含獨立的網域、網頁、資料庫、郵件伺服器、虛擬主機控制平台。

　　虛擬主機可以用來放置網頁空間，如果一般企業要自行架設單一實體主機與伺服器，需要高階電腦、網路、MIS 人員維護等等，架設成本極高，所以使用虛擬主機的好處，主要是來降低企業自行架設主機的成本，採用實體主機以雲端共用方式，將實體主機劃分為多個虛擬主機，以提供更多企業使用，當然依照使用等級劃分也會區分為不同規格。

3-3-2 架設 Azure 虛擬主機

Step 1　在搜尋欄輸入「虛擬機器」搜尋，點擊「虛擬機器」如圖 3-3-2-1。或在 Azure 服務下選取「虛擬機器」。

▲ 圖 3-3-2-1 Azure 虛擬主機 1

3-14

3-3 Azure 租用網站主機

Step 2 點擊「建立虛擬機器」如圖 3-3-2-2。

▲ 圖 3-3-2-2 Azure 虛擬主機 2

Step 3 在專案詳細資料新建資源群組如圖 3-3-2-3，點擊「新建」資源群組，輸入「myRG」作為群組名稱。

▲ 圖 3-3-2-3 Azure 虛擬主機 3

Step 4 在執行個體詳細資料底下如圖 3-3-2-4，輸入「myVM」作為虛擬機器名稱，選擇「美國東部」作為您的區域（也可依照自己所在區域，選擇適當區域），虛擬機器規格大小建立後也可更改，所以剛設置時可以先保留預設值。

3-15

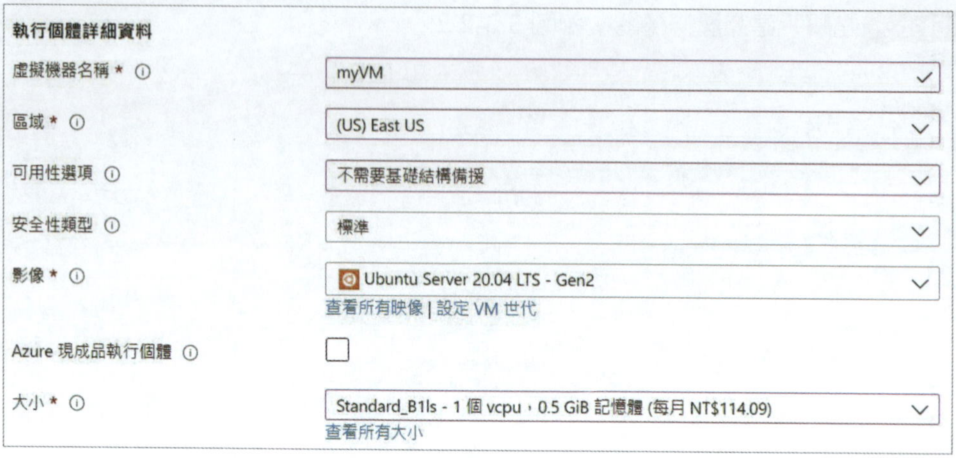

CHAPTER 03 Azure

執行個體詳細資料	
虛擬機器名稱 * ⓘ	myVM ✓
區域 * ⓘ	(US) East US ˅
可用性選項 ⓘ	不需要基礎結構備援 ˅
安全性類型 ⓘ	標準 ˅
影像 * ⓘ	Ubuntu Server 20.04 LTS - Gen2 ˅
	查看所有映像 | 設定 VM 世代
Azure 現成品執行個體 ⓘ	☐
大小 * ⓘ	Standard_B1ls - 1 個 vcpu，0.5 GiB 記憶體 (每月 NT$114.09) ˅
	查看所有大小

▲ 圖 3-3-2-4 Azure 虛擬主機 4

Step 5 在 Administrator 帳戶底下輸入使用者名稱「azuser」和密碼如圖 3-3-2-5，密碼長度至少必須有 12 個字元，且需符合複雜度需求。

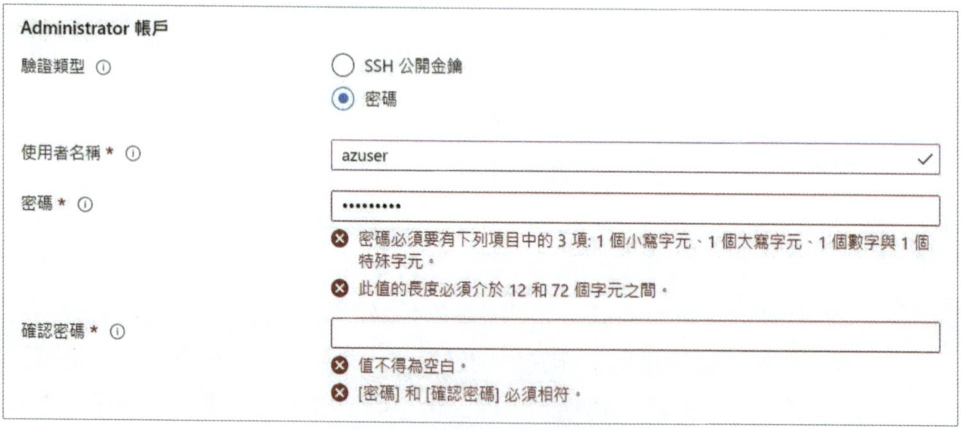

Administrator 帳戶	
驗證類型 ⓘ	○ SSH 公開金鑰 ⦿ 密碼
使用者名稱 * ⓘ	azuser ✓
密碼 * ⓘ	●●●●●●●●
	✗ 密碼必須要有下列項目中的 3 項: 1 個小寫字元、1 個大寫字元、1 個數字與 1 個特殊字元。
	✗ 此值的長度必須介於 12 和 72 個字元之間。
確認密碼 * ⓘ	
	✗ 值不得為空白。
	✗ [密碼] 和 [確認密碼] 必須相符。

▲ 圖 3-3-2-5 Azure 虛擬主機 5

3-3　Azure 租用網站主機

Step 6 在輸入連接埠規則底下如圖 3-3-2-6，選擇「允許選取的連接埠」，然後從下拉式選單中選取「SSH(22)」，或依自己需求選取，設定好點擊「下一步：磁碟＞」。

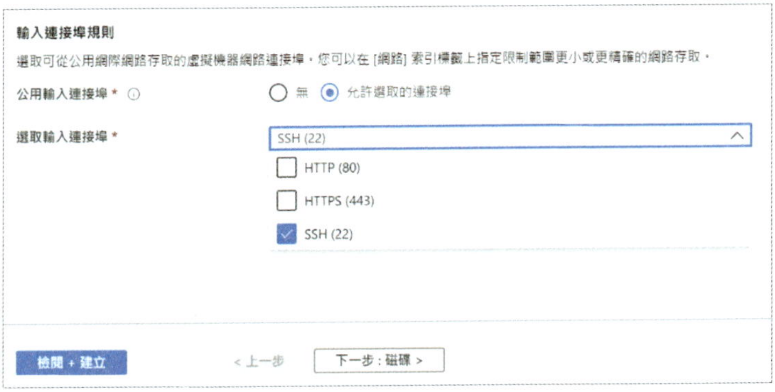

▲ 圖 3-3-2-6 Azure 虛擬主機 6

Step 7 選擇磁碟類型如圖 3-3-2-7，這個階段選擇類型其實沒有太大的意義，因為在建立完成後才能改磁碟大小，可直接點擊「下一步：網路＞」。

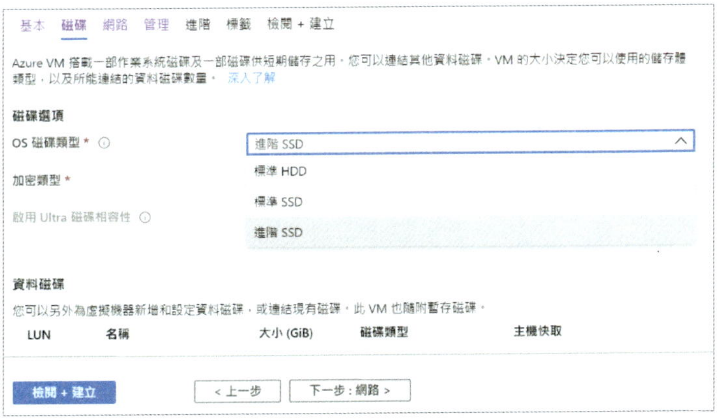

▲ 圖 3-3-2-7 Azure 虛擬主機 7

Step 8 選擇 NIC 網路安全性「進階」如圖 3-3-2-8，其餘保留預設值，點選「下一步：管理＞」。

▲ 圖 3-3-2-8 Azure 虛擬主機 8

Step 9 確認開機診斷「開啟」後，點選「建立新的項目」如圖 3-3-2-9。

▲ 圖 3-3-2-9 Azure 虛擬主機 9

3-3　Azure 租用網站主機

Step 10 都設置好後，就可點選下一步至檢閱＋建立，點選「建立」如圖 3-3-2-10。

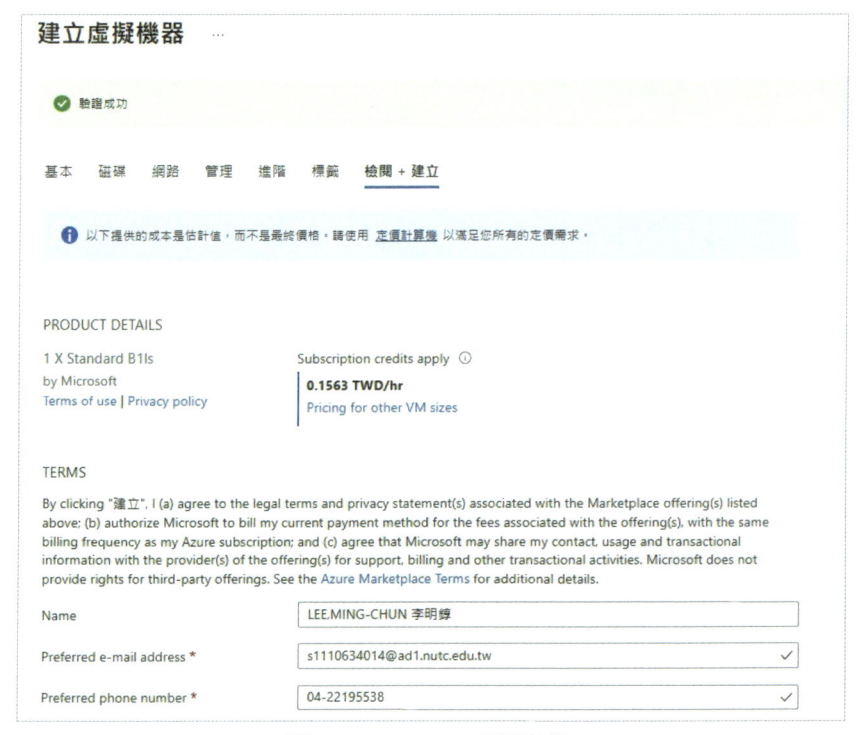

▲ 圖 3-3-2-11 Azure 虛擬主機 10

Step 11 虛擬主機部署完成，如圖 3-3-2-11。

▲ 圖 3-3-2-12 Azure 虛擬主機 11

CHAPTER 03 Azure

3-4 Azure Wordpress 安裝工作

在 Azure 上只要幾個步驟就能一鍵安裝好 Wordpress，不用再建立任何資料庫與 PHP 環境，簡單就能上手，。

Step 1 點選建立資源，如圖 3-4-1。

▲ 圖 3-4-1 Azure 安裝 WordPress 1

Step 2 進入 Marketplace，點選查看全部，如圖 3-4-2。

▲ 圖 3-4-2 Azure 安裝 WordPress 2

3-4　Azure Wordpress 安裝工作

Step 3 搜尋「Wordpress」，如圖 3-4-3。

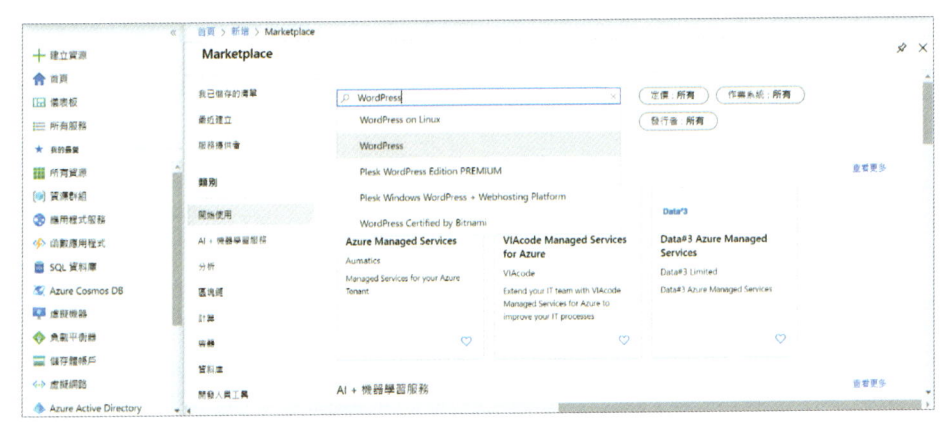

▲ 圖 3-4-3 Azure 安裝 WordPress 3

Step 4 點選「Wordpress 4.9.7」並建立，如圖 3-4-4、圖 3-4-5。

▲ 圖 3-4-4 Azure 安裝 WordPress 4

Step 5 資源群組可使用上節建立好的「myRG」，或者點選「新建」，如圖 3-4-5。

▲ 圖 3-4-5 Azure 安裝 WordPress 5

CHAPTER 03 Azure

Step 6 選擇資源所在地區、資源名稱與作業系統，如圖 3-4-6。

▲ 圖 3-4-6 Azure 安裝 WordPress 6

Step 7 驗證成功後，開始「建立」，如圖 3-4-7。

▲ 圖 3-4-7 Azure 安裝 WordPress 7

Step 8 部署完成後，可以查看新通知，點選前往資源，如圖 3-4-8。

3-4　Azure Wordpress 安裝工作

▲ 圖 3-4-8 Azure 安裝 WordPress 8

Step 9 進入到資源，複製公用 IP 位址，前往 IP 位址，如圖 3-4-9。

▲ 圖 3-4-9 Azure 安裝 WordPress 9

Step 10 接著選擇語言後，點選「繼續」，如圖 3-4-10。

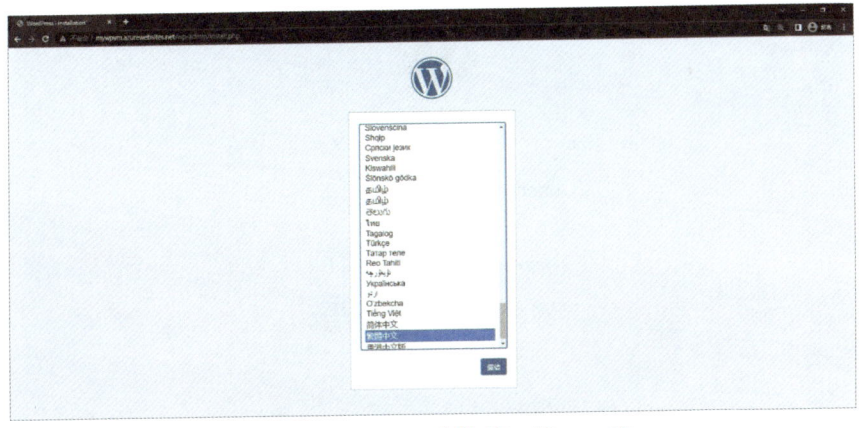

▲ 圖 3-4-10 Azure 安裝 WordPress 10

3-23

Step 11 再設定 WordPress 後台的帳號與密碼。阻擋搜尋引擎可見度,可以在您還未建置好網站時,讓其他人不會在搜尋引擎搜尋到這網站,之後也可再使用後台開啟,如圖 3-4-11。

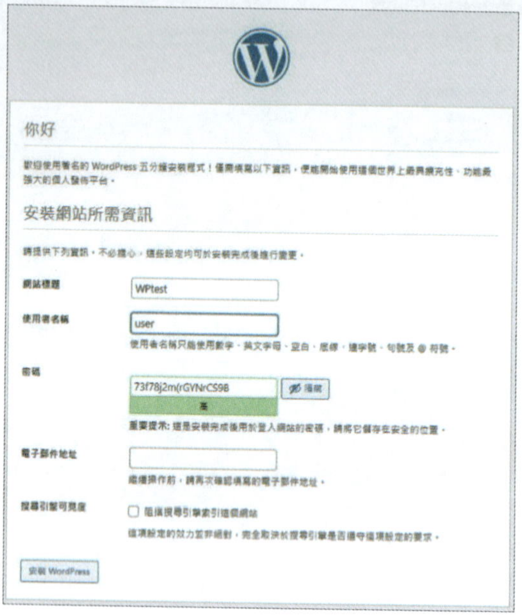

▲ 圖 3-4-11 Azure 安裝 WordPress 11

Step 12 完成後,登入即可進入 wordpress 控制台,如圖 3-4-12,讀者可以在圖 3-4-13 點選紅框升級版本。

▲ 圖 3-4-12 Azure 安裝 WordPress 12

3-5 WordPress 基本操作介面

▲ 圖 3-4-13 Azure 安裝 WordPress 13

Step 13 就可以開始設計自己的網站了,如圖 3-4-14

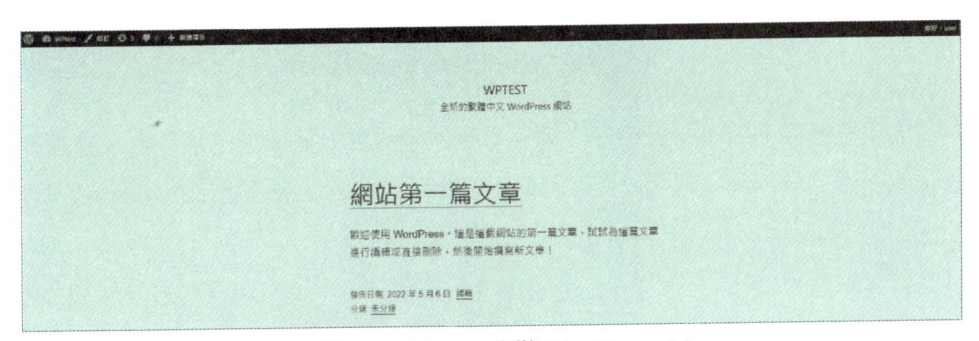

▲ 圖 3-4-14 Azure 安裝 WordPress 14

3-5 WordPress基本操作介面

在前面的章節中,我們介紹了如何在 Azure 平台上安裝 WordPress,而不需要額外建立 PHP 環境與 MySQL 資料庫。而在這個章節中,我們將介紹 WordPress 的基本操作介面。

WordPress 將大部分的設定、文章、留言內容都放在 MySQL 資料庫中,而執行網站的 PHP 程式碼和相關的媒體檔案(例如:圖片、網站圖示等等)則

是放在主機的資料夾當中。如果以使用 Azure 平台安裝 WordPress 來說，就是將 PHP 程式碼的資料夾放在 Azure 平台上的虛擬主機。圖 3-5-1 為剛安裝好的 WordPress 網站畫面，這邊我們所使用的版本為 5.9.3。

▲ 圖 3-5-1 WordPress 網站畫面

如果要編輯 WordPress 網站，第一步就是要先進入到網站的控制台。直接在網址後方加上 /admin，就可以進入到 WordPress 控制台的登入畫面，如圖 3-5-2。

▲ 圖 3-5-2 WordPress 登入介面

3-5　WordPress 基本操作介面

使用前面建立的使用者名稱和密碼，按下登入按鈕，就可以成功進入控制台，如圖 3-5-3。畫面上方為控制台的控制列表，右上角的部分會顯示目前登入的使用者名稱，左側為功能選單區域，右側的部分為設定功能的區域，這個區域的內容會根據點選的功能不同，而顯示不同的資訊，以下將逐一介紹每項功能以及操作流程。

▲ 圖 3-5-3 WordPress 控制台

每當 WordPress 有新的版本發佈時，或者是您安裝的外掛、佈景主題有發佈更新的時候，都會顯示在此處。後面的數字表示有多少可立即更新的項目，點選進入後如圖 3-5-4 所示。要特別注意的地方就是，有時候將 WordPress 的版本更新後，會與你安裝的外掛不相容，造成安裝的外掛無法正常使用的情況，因此在執行更新前，務必要確認使用中的外掛是否有支援新版本的 WordPress 更新，然後再進行 WordPress 的更新才會比較保險哦。

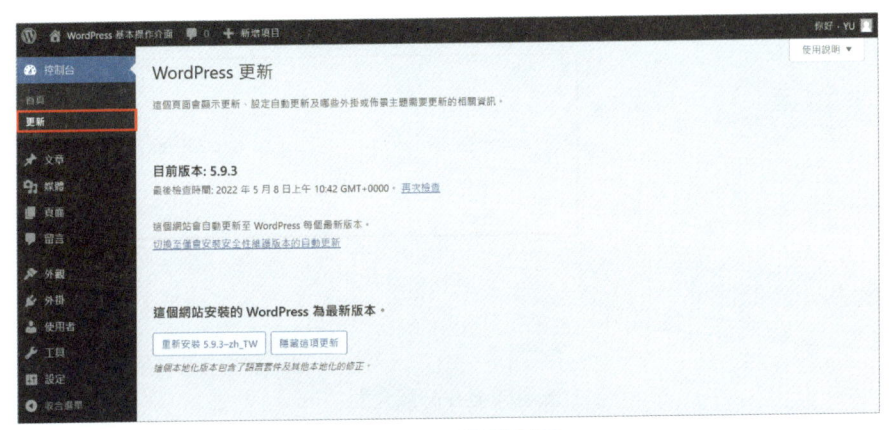

▲ 圖 3-5-4 更新介面

3-27

要查看網站所有發佈的文章，可以點選「文章」功能，進入後如圖 3-5-5 所示。在此功能當中，除了會顯示所有的文章之外，還可以新增「分類」和「標籤」。文章的「分類」具有垂直性的概念，也就是在分類的底下，還可以設定子分類，例如「鍵盤」、「機械式鍵盤」、「薄膜鍵盤」，如圖 3-5-6 所示。而「標籤」則比較偏向於平面的概念，可以對文章設定多個標籤，而這些標籤可以看作是文章內容的關鍵字。

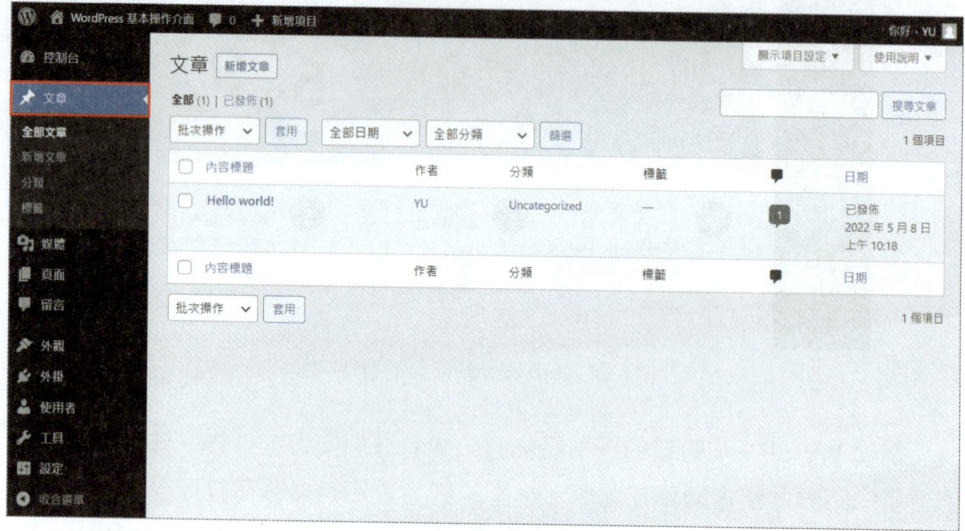

▲ 圖 3-5-5 文章介面

▲ 圖 3-5-6 分類介面

3-5　WordPress 基本操作介面

要查看網站中使用到的素材，例如：圖片、影片、音樂檔案，可以點選「媒體」功能，進入後如圖 3-5-7 所示。在這邊可以點選「新增媒體」，將日後建置網站或撰寫文章時，所需要使用到的素材，都先上傳到此處。

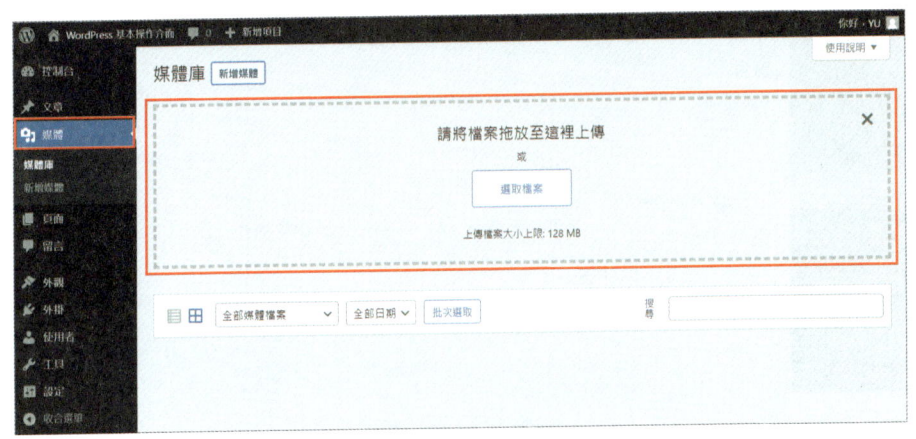

▲ 圖 3-5-7 媒體介面

要查看網站中所有的頁面，可以點選「頁面」功能，進入後如圖 3-5-8 所示。「頁面」和「文章」有幾分相似之處，同樣都可以放入圖片、輸入文字，功能和建立文章相同，而不同的地方在於，頁面不會依照時間順序排序在網站上，每一個頁面都會有屬於自己的連結網址。因此，在大部分的情況下，頁面通常用來作為網站的入口網頁。

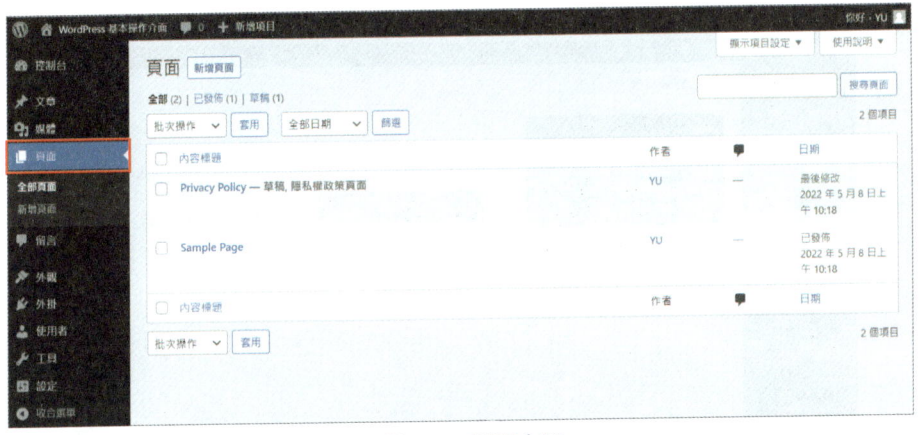

▲ 圖 3-5-8 頁面介面

要查看網站中所有的留言,可以點選「留言」功能,進入後如圖 3-5-9 所示。文章的留言可以視為和使用者的互動,但是網站的留言難免會出現廣告、惡意連結或是垃圾留言,因此這時候就需要一個介面來管理使用者的留言內容。

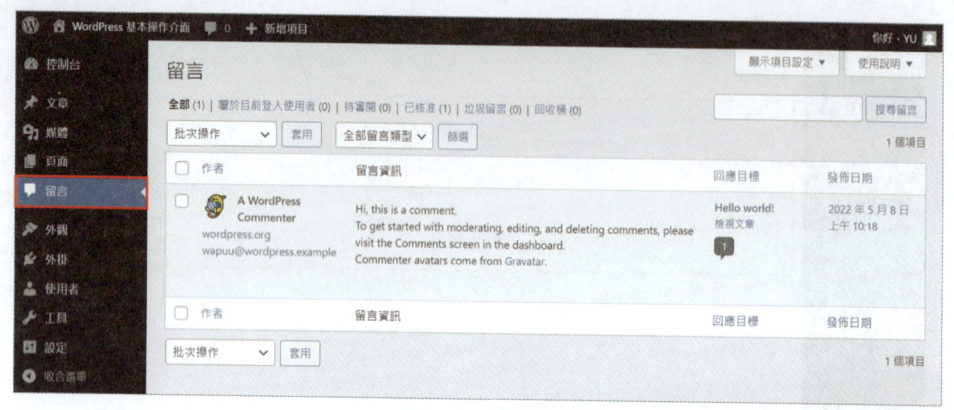

▲ 圖 3-5-9 留言介面

要查看網站中套用或安裝的佈景主題,或是外觀上的設定,可以點選「外觀」功能,進入後如圖 3-5-10 所示。網站的外觀設計,除了佈景主題的選擇之外,網站顏色的對比以及各區塊的排列方式,也對網站的外觀有所影響。

點選「編輯器」功能,畫面如圖 3-5-11 所示。這邊可以透過視覺化的編輯方式進行,無論是網站色彩的調整、區塊的拖曳⋯等等,都會即時顯示,對於更改網站的外觀也相對容易。

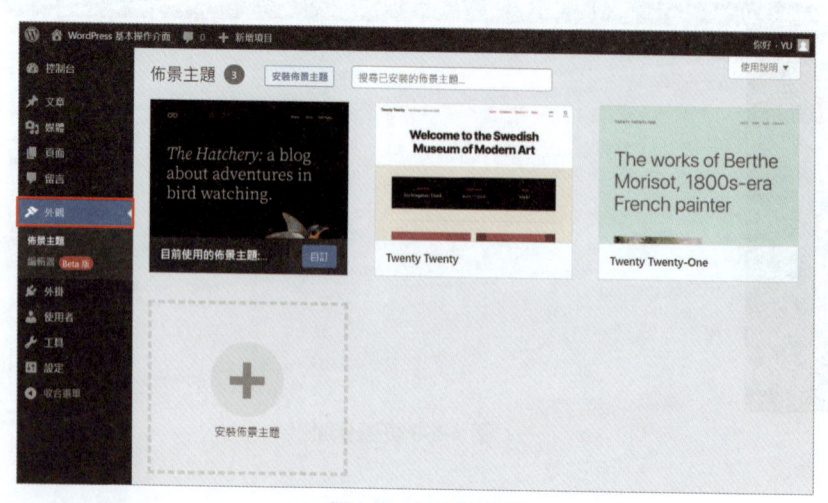

▲ 圖 3-5-10 外觀介面

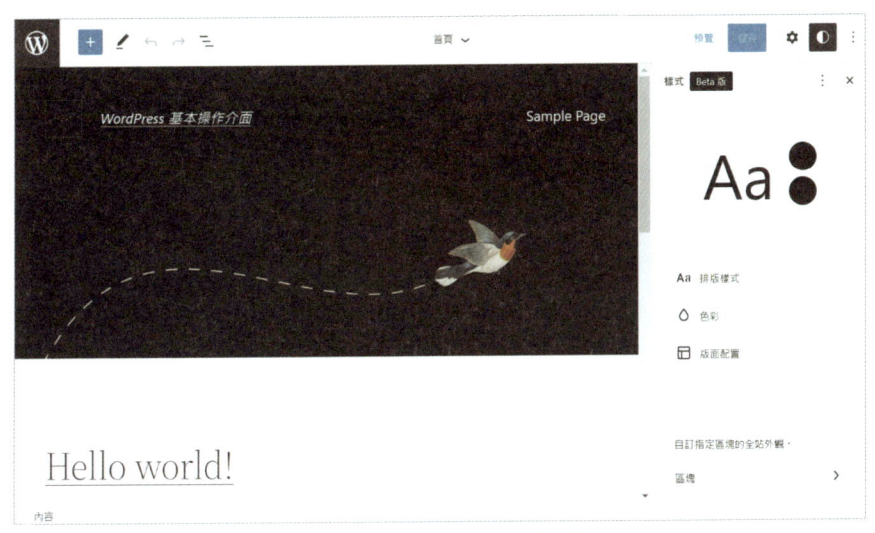

▲ 圖 3-5-11 外觀編輯器介面

要查看網站中安裝和啟用的外掛，可以點選「外掛」功能，進入後如圖 3-5-12 所示。在這個介面當中，只要點選「安裝外掛」，就可以進入外掛的搜尋頁面，如圖 3-5-13 所示，在這邊可以找到非常多實用的外掛，例如使用社群平台登入留言、社群分享等功能，只要透過幾個按鍵，就能將外掛引入網站中。需要特別注意的就是，外掛之間可能會相互影響，導致網站執行速度愈來愈慢，所以在使用前需要特別注意外掛提供的功能和評論。有關於外掛的介紹，將於 7-1 認識外掛 做詳細介紹。

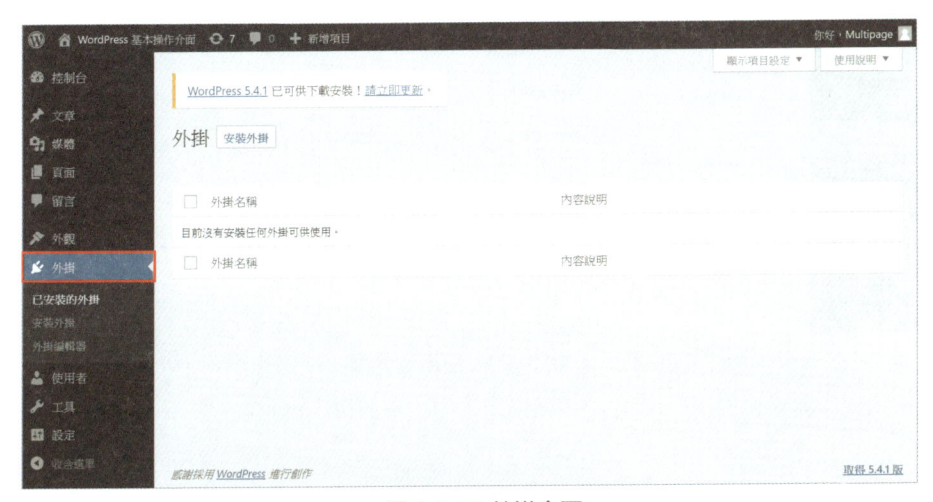

▲ 圖 3-5-12 外掛介面

▲ 圖 3-5-13 安裝外掛介面

要查看網站中所有帳號的使用者，可以點選「帳號」功能，進入後如圖 3-5-14 所示。一個網站的使用者包含網站管理員、訂閱者、投稿者、作者、編輯，而在這個介面當中，可以設定不同使用者帳號的角色，達到共同經營網站的目的。

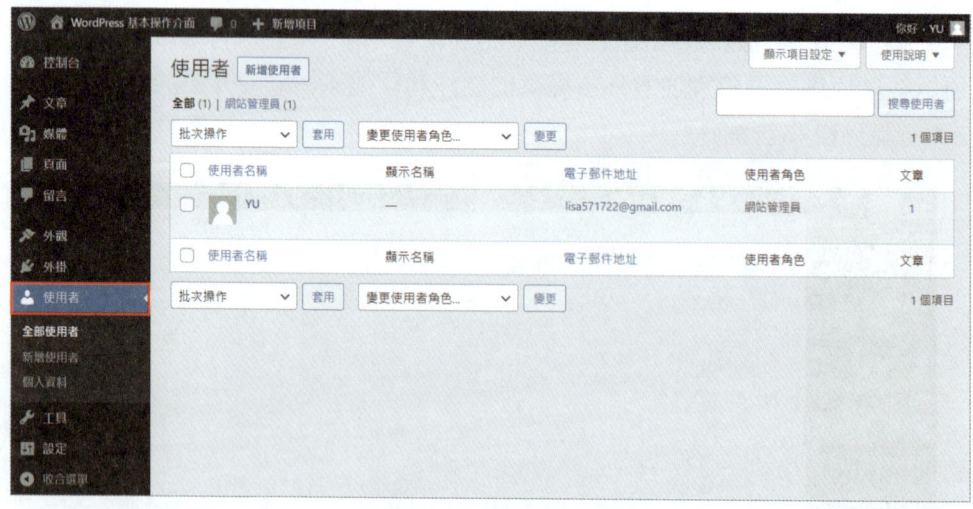

▲ 圖 3-5-14 使用者介面

點選新增使用者後,畫面如圖 3-5-15 所示,在這邊有五種使用者的角色可以選擇,個別使用者角色的權限如下:

- 訂閱者:權限數量最少,只能查看文章、修改個人基本資料,例如:暱稱、聯絡資訊、密碼等等。
- 投稿者:擁有訂閱者的所有權限。可以發佈文章,但發佈前需先經過審核,才能在網站上顯示出來。對審核中的文章可以進行編輯,但是對於審核通過的文章不能編輯。
- 作者:擁有投稿者的所有權限。發布文章,但不需要經過審核,並且可以編輯已審核通過的文章,也可以上傳檔案和使用媒體庫。
- 編輯:擁有作者的所有權限。可以對文章標籤、分類進行管理,可以新增、編輯頁面。也可以上傳檔案和使用媒體庫。擁有編輯系統功能以外的所有權限。
- 網站管理員:可以管理用戶文章、頁面、外掛、佈景主題,以及管理其他用戶的權限。管理員也可以透過控制台來更改用戶的角色權限。比較特別的地方就是,管理員可以刪除管理員,因此對於權限的管理需要特別注意。

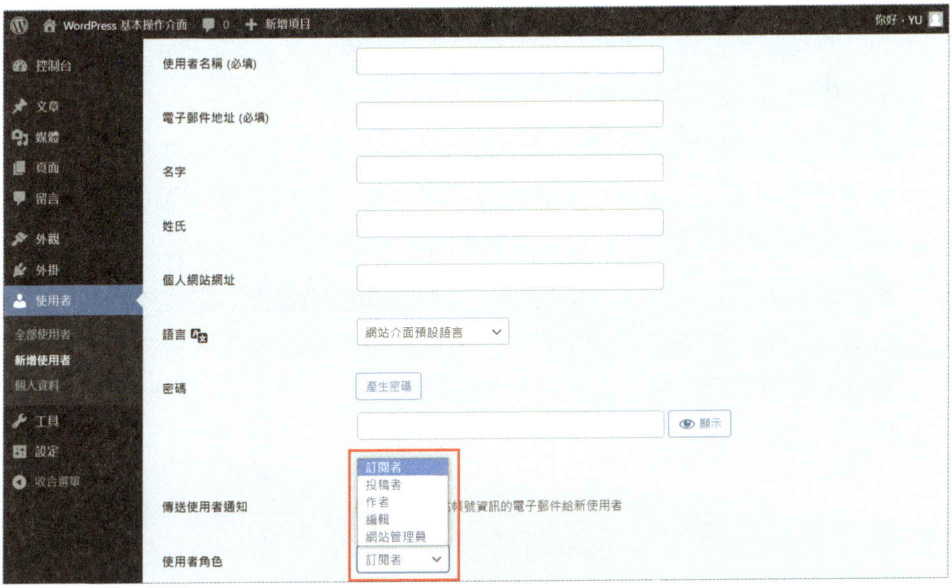

▲ 圖 3-5-15 新增使用者介面

要查看網站中的工具，可以點選「工具」功能，進入後如圖 3-5-16 所示。在這邊可以進行匯入和匯出程式的設定、查看網站狀態、匯出和清除個人資料設定，以及佈景主題、外掛檔案的編輯。個別的設定如下：

- 匯入程式：如圖 3-5-17 所示。可以將在其他 WordPress 撰寫的文章或留言，匯入到這個網站當中，只要透過安裝外掛，就可以將要匯入的內容類型匯入到網站當中。

- 匯出程式：如圖 3-5-18 所示。可以將整個網站的內容，包含文章、頁面、媒體，匯出成一個檔案，透過匯出的 XML 檔來做網站的備份，當網站出現問題時，可以透過備份的檔案來還原。

- 網站狀態：如圖 3-5-19 所示。可以查看目前網站的分數，WordPress 會偵測目前網站的狀態，並且提出建議的改進項目，管理員可以根據這些建議項目改進網站，使網站達到最佳狀態。

- 匯出個人資料：如圖 3-5-20 所示。透過輸入使用者名稱或電子郵件，WordPress 會搜尋這個使用者名稱或電子郵件，並會在頁面中提供該使用者相關資料的下載連結。

- 清除個人資料：如圖 3-5-21 所示。透過輸入使用者名稱或電子郵件，WordPress 會搜尋這個使用者名稱或電子郵件，並會在頁面中提供該使用者相關資料的刪除連結。

- 佈景主題檔案編輯器：如圖 3-5-22 所示。可以直接編輯佈景主題的程式碼，但直接修改佈景主題有可能會造成網站停擺，因此記得先備份，並且需要注意的是經由修改所得的全部變更均會在佈景主題更新後消失。

- 外掛檔案編輯器：如圖 3-5-23 所示。可以直接編輯外掛的程式碼，但直接修改外掛有可能會造成網站停擺，因此記得先備份，並且需要注意的是經由修改所得的全部變更均會在外掛更新後消失。

3-5　WordPress 基本操作介面

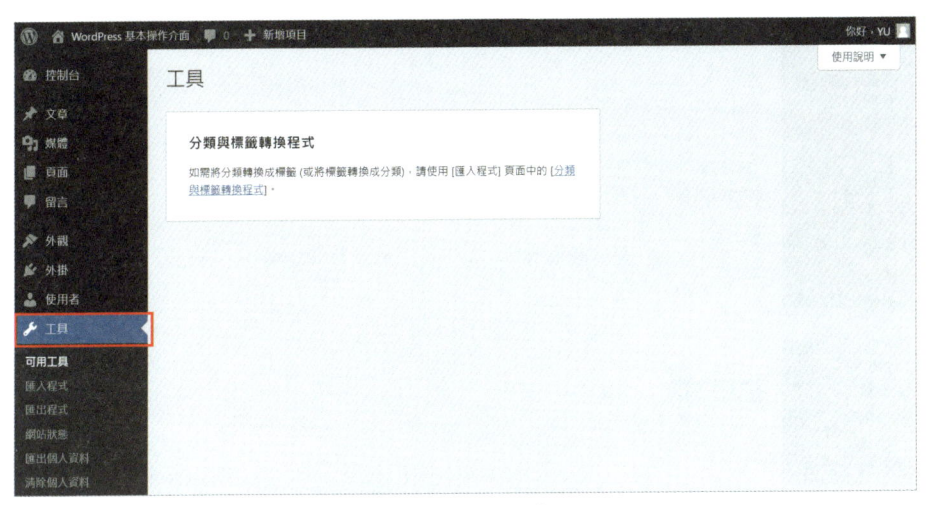

▲ 圖 3-5-16 工具介面

▲ 圖 3-5-17 工具介面 II

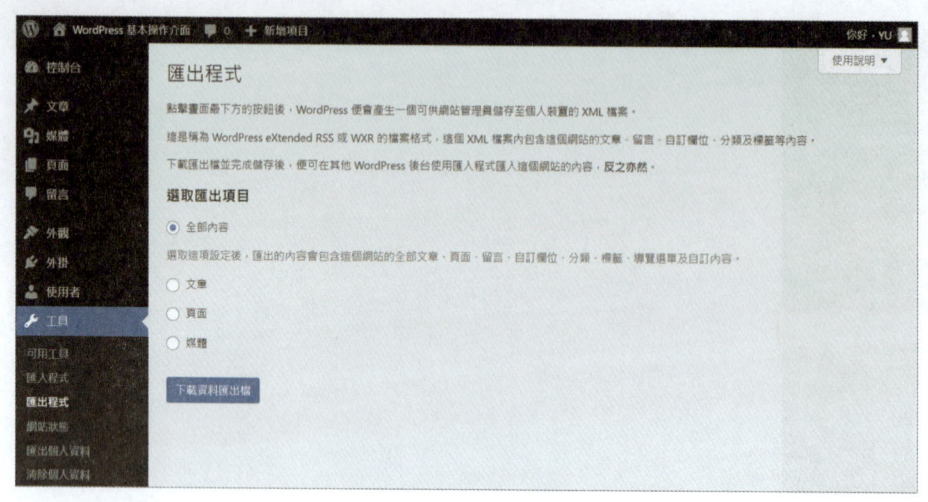

▲ 圖 3-5-18 工具介面 III

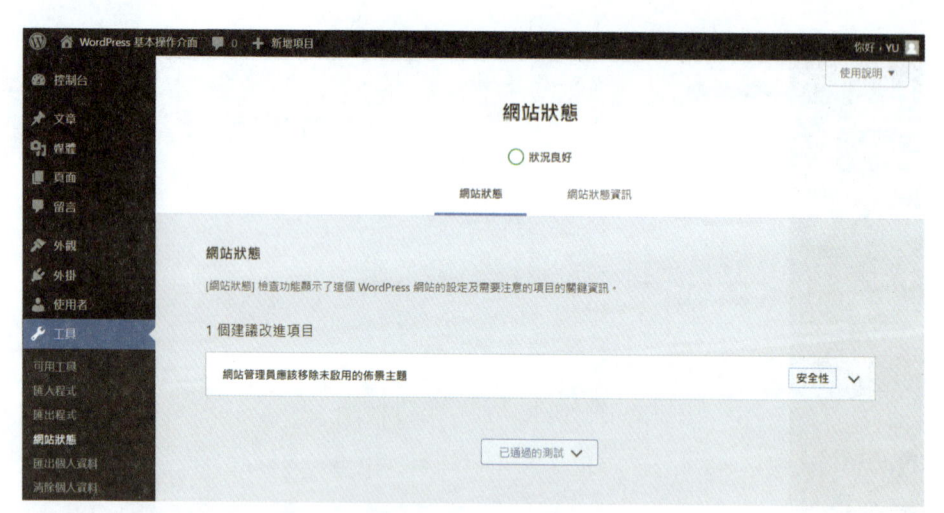

▲ 圖 3-5-19 工具介面 IV

▲ 圖 3-5-20 工具介面 V

▲ 圖 3-5-21 工具介面 VI

3-37

CHAPTER 03 Azure

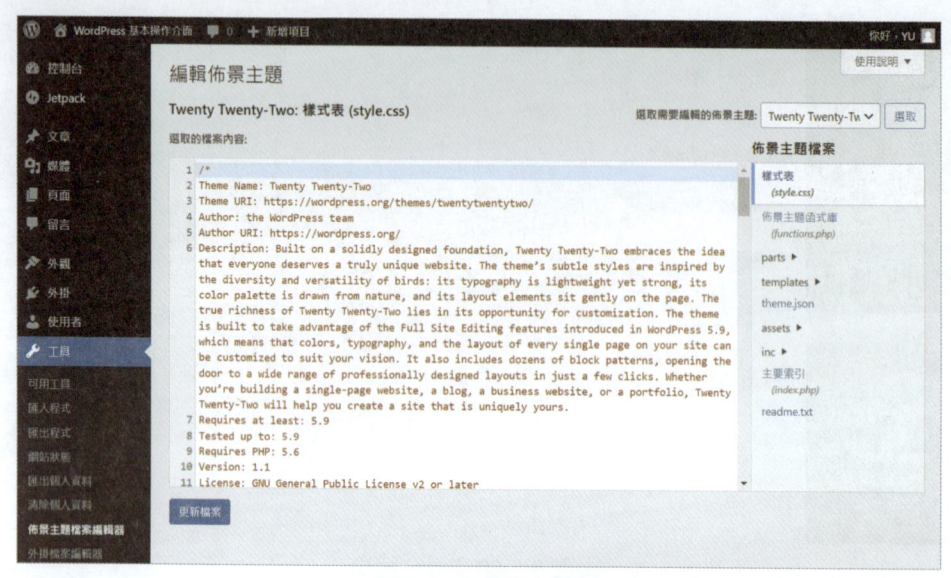

▲ 圖 3-5-22 工具介面 VII

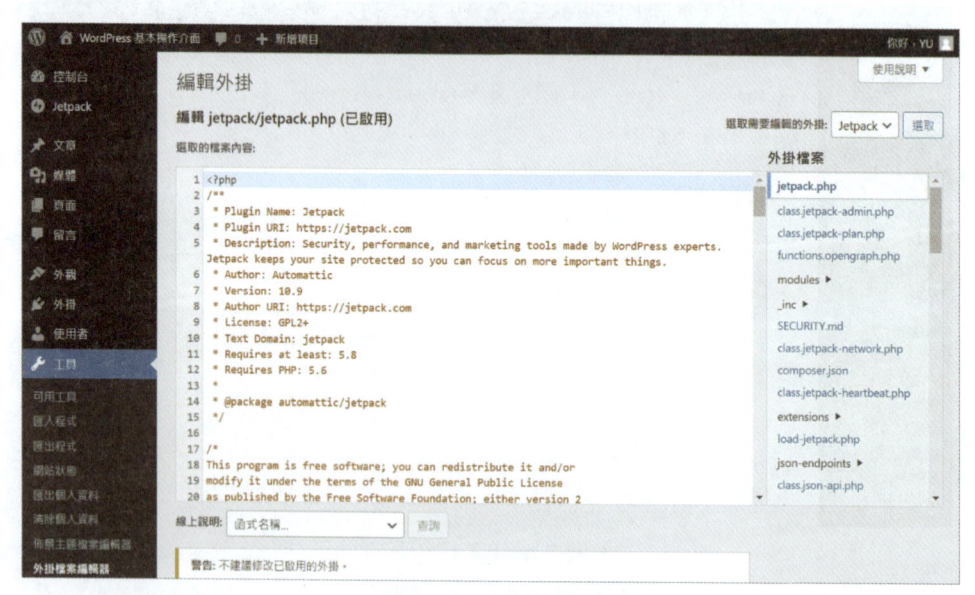

▲ 圖 3-5-23 工具介面 VIII

要查看網站中的設定，可以點選「設定」功能，進入後如圖 3-5-24、圖 3-5-25 所示。在這邊可以進行有關網站標題、時區、日期格式、網址等等的設定。

預設的情況下，WordPress 已經都幫我們設定完成了，如果要調整網站的設定內容，都可以在這個頁面當中，透過點選的方式來修改設定。個別的設定功能如下：

- 一般設定：如圖 3-5-24、圖 3-5-25 所示，此處可以設定網站標題、網站說明、網址、電子郵件、預設使用者角色、網站介面語言、時區和日期格式。這邊的網站介面語言並不會將網站的內容全部轉換，只會針對部分的文字進行轉換，如圖 3-5-26 所示。

- 寫作設定：如圖 3-5-27 所示，此處可以進行預設文章的分類與格式，以及透過電子郵件發佈文章。需要特別注意的就是，只要知道電子郵件伺服器的位址，就能將信件內容直接發佈成文章，因此對於這個電子郵件伺服器的位址需要小心保管。

- 閱讀設定：如圖 3-5-28 所示，此處可以設定網站首頁、每頁文章顯示的數量、資訊提供中的近期文章數量和顯示方式，以及搜尋引擎可見度。有關文章的顯示設定都可以在這邊進行設定。這邊的搜尋引擎可見度指的是，當網站還在建置階段時，可以阻擋搜尋引擎，讓建置中的網站暫時不會被搜尋到。

- 討論設定：如圖 3-5-29、圖 3-5-30 所示，此處可以針對留言做管理，以及留言條件和留言黑名單的設定，例如：出現某些關鍵字（如：優惠）、連結等等，這樣的設定可以避免文章的留言中出現的廣告訊息或是惡意連結。除此之外，頁面的下方，如圖 3-5-31 所示，可以針對個人頭像的顯示方式和預設個人頭像進行設定。

- 媒體設定：如圖 3-5-32 所示，此處可以預設在媒體庫上傳的圖片尺寸。圖片尺寸有縮圖、中型、大型三個尺寸可以設定，單位為像素。另外，還可以為上傳的檔案以「年份」和「月份」組成的資料夾名稱進行儲存。

- 永久連結設定：如圖 3-5-33、圖 3-5-34 所示，此處可以設定網址的顯示格式。具有可讀性的網址結構，對於網站頁面來說具有很重要的關聯性，例如：如果有一段的網址為 /product/book/，則顯示的頁面可能就會是有關於書籍的商品。下方的選用設定，是透過文章分類或標籤的方式，將網址彙總成為更具可讀性的結構。

CHAPTER 03 Azure

- 隱私權設定：如圖 3-5-35 所示，此處可以設定隱私權政策相關的顯示頁面。建置網站必須符合隱私權的法規，也就是需要提供會員資料的使用方式，以及確保個人資料的安全性。

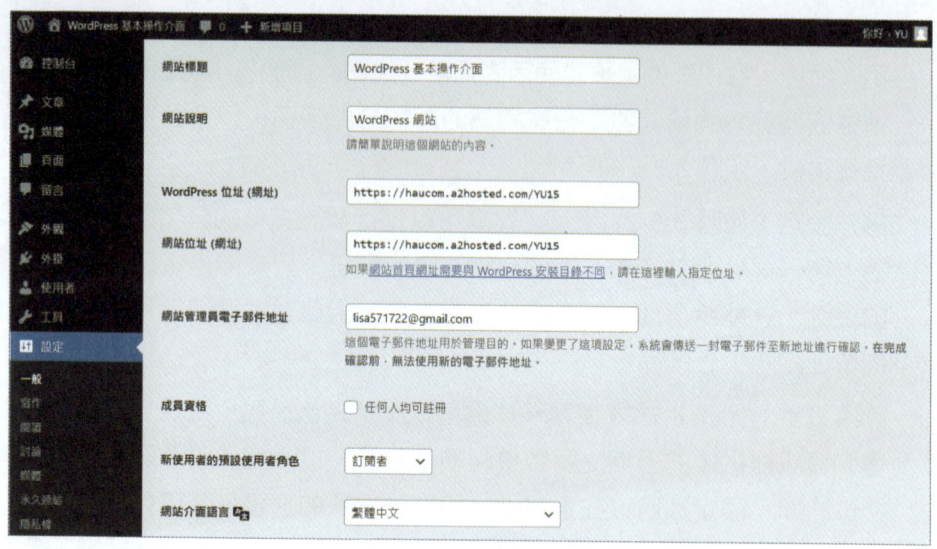

▲ 圖 3-5-24 設定介面

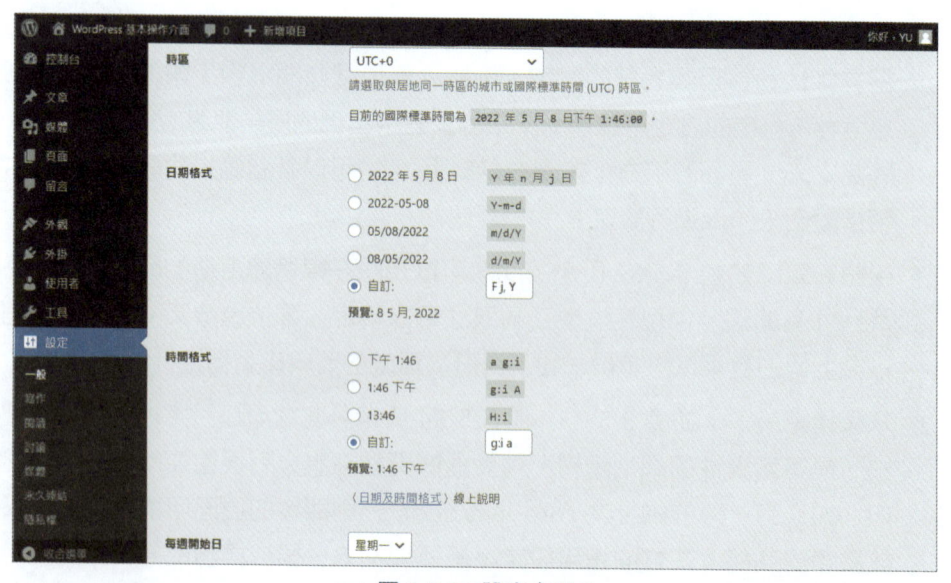

▲ 圖 3-5-25 設定介面 II

3-5　WordPress 基本操作介面

▲ 圖 3-5-26 網站介面語言

▲ 圖 3-5-27 寫作設定介面

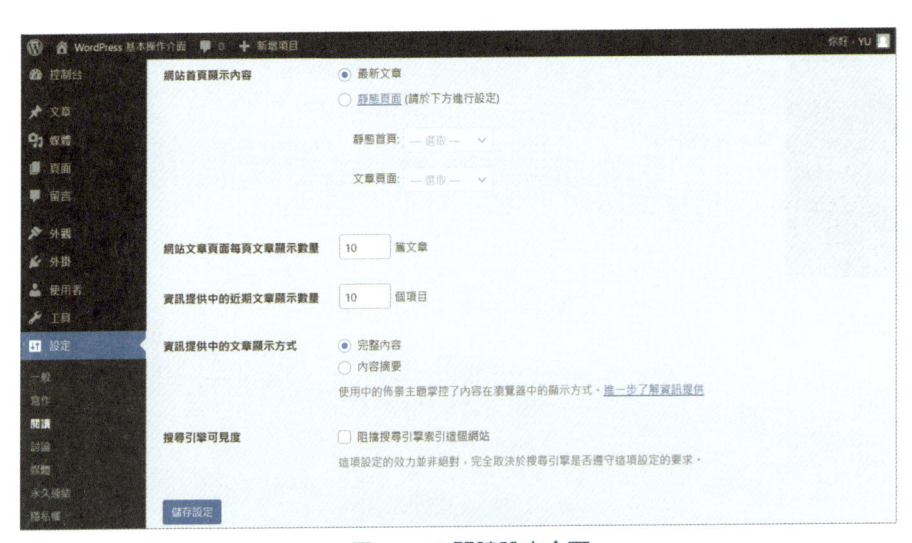

▲ 圖 3-5-28 閱讀設定介面

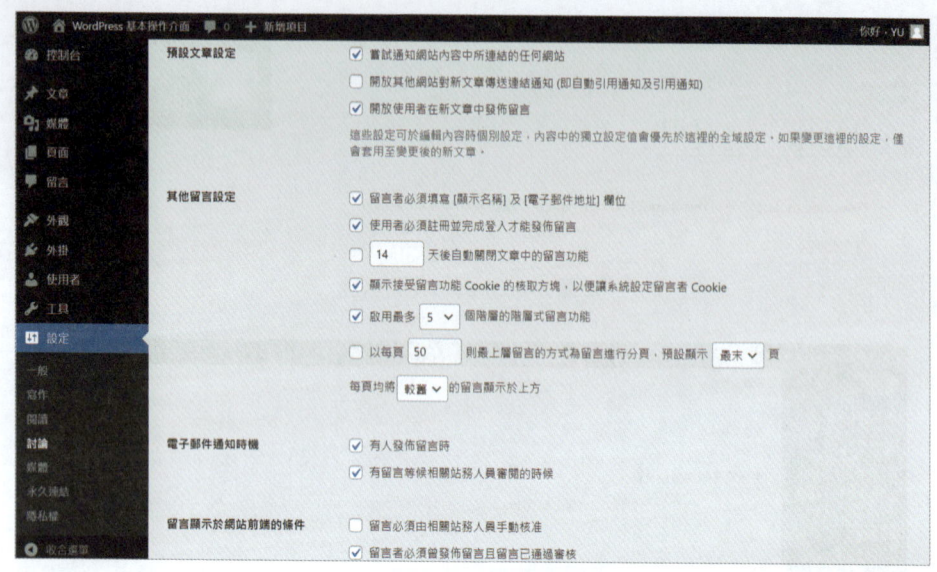

▲ 圖 3-5-29 討論設定介面

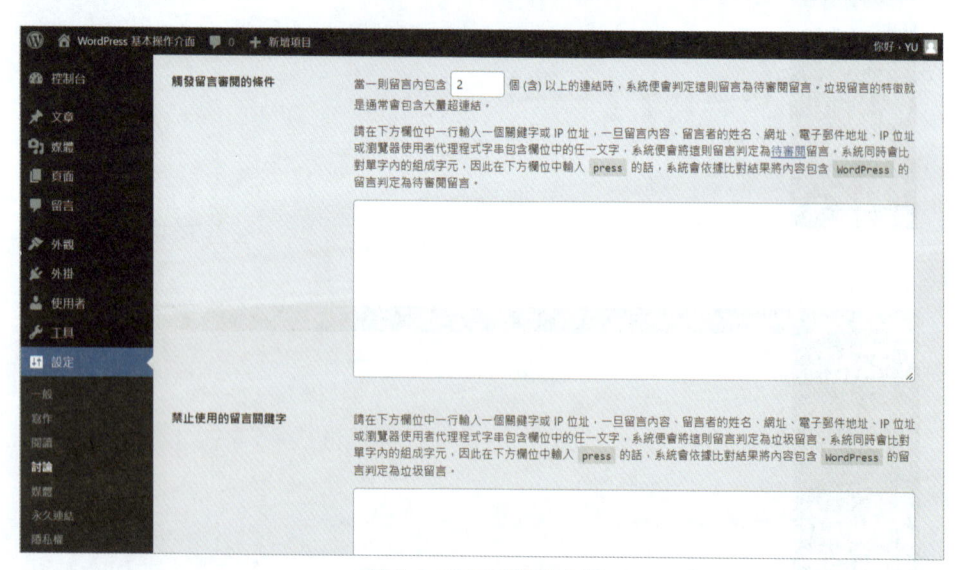

▲ 圖 3-5-30 討論設定介面 II

3-5　WordPress 基本操作介面

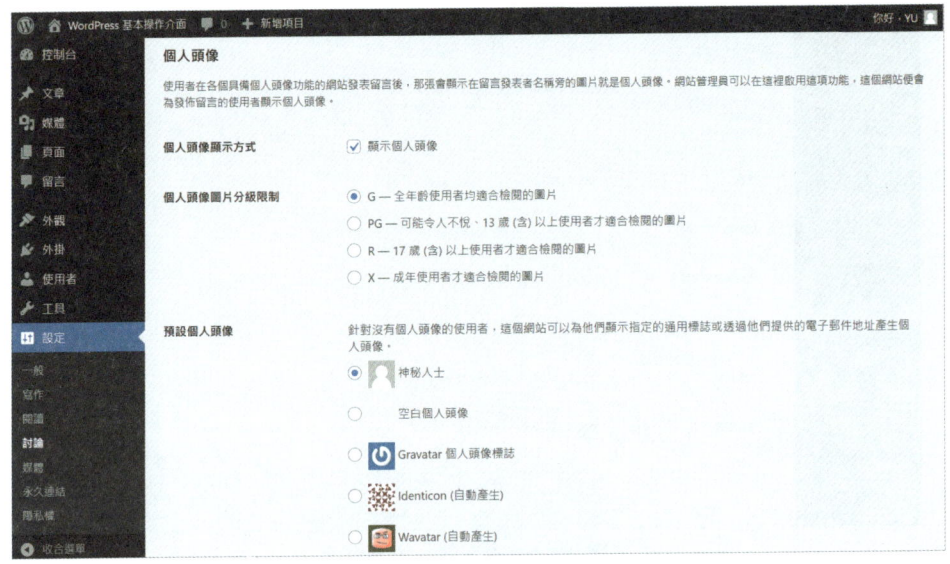

▲ 圖 3-5-31 討論設定介面 III

▲ 圖 3-5-32 媒體設定介面

3-43

▲ 圖 3-5-33 永久連結設定介面

▲ 圖 3-5-34 永久連結設定介面 II

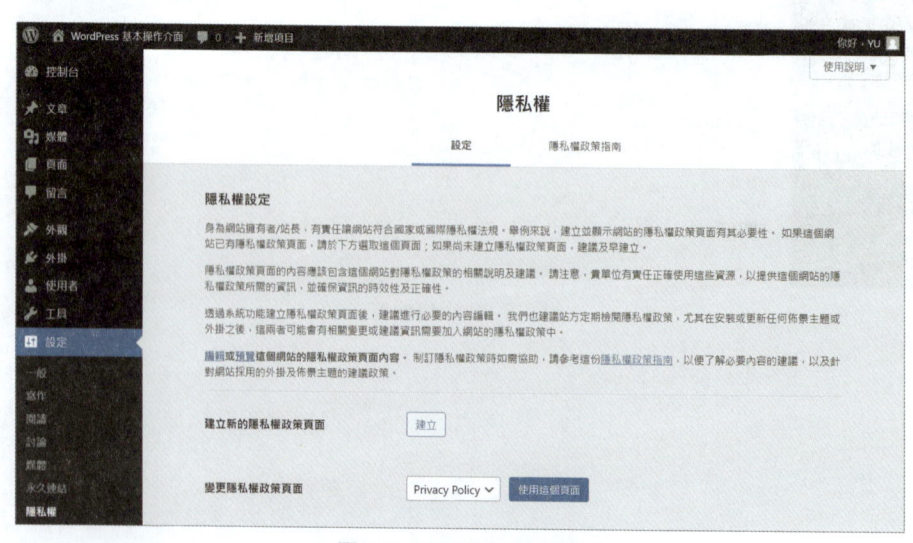

▲ 圖 3-5-35 隱私權設定介面

CHAPTER 04

CSS

CSS 在網頁開發中占有舉足輕重的地位，若網頁是商品，那麼 CSS 便是包裝設計，因為 CSS 可以美化網頁，使得網頁更加分、更吸引人、更能達到推廣的效果。舉凡文字、圖片、表格等等元素，皆能透過 CSS 為元素增添樣式，提升視覺效果，以獨樹一幟的網站樣貌，吸引使用者的目光。

CHAPTER 04 CSS

4-1 認識CSS

　　CSS（Cascading Style Sheets）的中文意思為「串接樣式表」，是一種電腦語言，由全球資訊網聯盟（World Wide Web Consortium，W3C）所定義和維護，用來為 HTML 文件或是 XML 應用等增添樣式。

　　CSS 如同網頁的美容師，其主要用途是美化網頁與編排版型。它能夠設定網頁的背景顏色、文字的大小、顏色或是表格的邊框等等樣式及排版。

　　就整體而言，CSS 與 HTML 雙方密不可分，是相輔相成的關係。使用者設定 CSS 樣式後，指定給 HTML 元素使用，而被指定套用的 HTML 元素，會依照其 CSS 樣式設定，改變外觀並顯示於網頁上。

4-2 CSS基本語法

1. DIV+CSS 排版法

　　普遍被大眾使用的網頁排版有兩種方式：表格與 DIV。

　　表格：以儲存格劃分區塊，並且能夠放置各式內容，但更改版型十分繁瑣、原始碼過於冗長等等問題。因此現今網頁開發者大多使用更具彈性的 DIV+CSS 進行編排網頁版型。

　　DIV+CSS：與表格同為方型容器，但 DIV+CSS 可塑性更大，可以切割出複雜且多變化的版型，首先，利用 DIV 元素將網頁分割成多個區塊，設計 CSS 樣式後，改變 DIV 元素的高度、寬度、對齊方式及位置等等，以進行網頁版型架構編排。

　　相較表格排版，使用 DIV+CSS 的排版方式優點包含如下：

(1) 網站結構簡單化、區分網頁內容和設計

　　使用 DIV+CSS 的排版方式可將網頁的設計部分與內容部分切割，CSS 文件中單純只存放獨立出來的網頁設計的樣式，而 HTML 文件中只存放網站的內容，進而達到簡化 HTML 文件結構，增加程式可讀性，豐富 HTML 文件的靈活度。

(2) 縮短開發時間、降低維護成本

由於 CSS 文件可以集中管理、設定網頁的視覺外觀，因此網頁開發者可以透過改變 CSS 文件，快速針對元素進行修改，而不必逐一重新設定、之後同步更新網站，樣式套用到所有的網頁，以迅速方便地整合網站格式，縮短開發與維護的時間。

(3) 提升網頁速度

表格侷限於自身結構的關係，建立一個表格必須使用一組 <table><tr><td> 標籤才可以，因此在製作複雜的版型時，勢必會需要許多巢狀表格，也就是表格裡又包著一個表格來達成。巢狀表格卻會導致 HTML 文件中的 <table><tr><td> 標籤過多，影響網頁瀏覽的速度。

然而，DIV 僅使用一組 <div> 標籤即可建立一個方框，與表格相比，DIV 能夠大幅減少網頁的大小、提高網頁的載入速度。

(4) 優化 SEO

運用 DIV+CSS 排版方式，可以使網頁程式碼變得有意義且清晰，不僅能讓搜尋引擎的爬蟲更加容易辨識網頁內容，更重要的是，能提高網站在各大搜尋引擎中的搜索排名。

2. CSS 選擇器

CSS 選擇器：即為「被 CSS 設定的元素」，設定的元素為網頁中所有的內容，ex：文字、圖片、DIV 元素等等。選擇器的種類繁多，以下本書將針對常用的選擇器做介紹。

4-2-1 通用選擇器

通用選擇器（Universal selector）：即為選擇「網頁中所有的元素」，包含 div、table、h1、p 等等元素，使用字元「*」表示。

EX：設定所有元素 padding（內距）為 0px，其語法即為 *{padding：0px;}。

CHAPTER 04 CSS

4-2-2 類型選擇器

類型選擇器（Type selectors）：由「HTML 元素」直接設定 CSS 樣式。

- 使用情境：將 p 元素的文字大小設為 20px。

1. body 元素中加入 p 元素。
2. 於 style 元素中設定 p 元素的樣式。

```
<!DOCTYPE html>
<html lang="en">
<head>
    <meta charset="UTF-8">
    <title>ch04 範例 </title>
    <style>
 2  p{
        font-size：20px;
      }
    </style>
</head>
<body>
 1  <p> 文字大小 20px</p>
</body>
</html>
```

執行結果如圖 4-2-2-1：

▲ 圖 4-2-2-1 類型選擇器範例

說明：

▸ style 元素：設定 HTML 元素的樣式

▸ p{font-size:20x;} 為設定文字大小是 20px

4-4

4-2-3 ID 選擇器

ID 選擇器（ID selectors）：以「#」開頭表示，在整份 HTML 文件中必須是「獨一無二」的專屬名稱，只能套用在一個元素中。

- 使用情境：將一個 id 名稱為 wrapper 的 div 元素內的字型大小設置 20px。

1. body 元素中放入一個 id 名為 wrapper 的 div 元素。
2. 於 style 元素中設定 id 為 wrapper 的 div 元素的樣式。

```
<!DOCTYPE html>
<html lang="en">
<head>
    <meta charset="UTF-8">
    <title>ch04 範例 </title>
 2<style>
        #wrapper{
            font-size：20px;
        }
    </style>
</head>
<body>
  1 <div id="wrapper"> 文字大小 20px</div >
</body>
</html>
```

執行結果如圖 4-2-3-1：

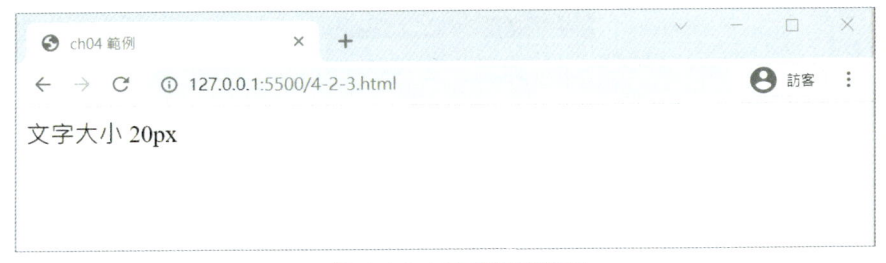

▲ 圖 4-2-3-1 ID 選擇器範例

說明：

> #wrapper：選取 id 為 wrapper 的元素

4-2-4 類別選擇器

類別選擇器（Class selectors）：以「.」開頭表示，利用 HTML 元素中的「類別」設定於 CSS 上，相較於 ID 選擇器，類別選擇器可以同時套用在多個元素。

- 使用情境：將 p 元素及 h1 元素的文字對齊方式皆設定為置中。
1. 於 body 元素中新增一個 p 元素和一個 h1 元素，兩個元素皆套用 center 類別。
2. 最後，於 style 元素中設定 center 類別的樣式。

```html
<!DOCTYPE html>
<html lang="en">
<head>
    <meta charset="UTF-8">
    <title>ch04 範例</title>
 2<style>
      .center{
         text-align: center;
      }
    </style>
</head>
<body>
1<p class="center"> 置中對齊 </p>
1<h1 class="center"> 置中對齊 </h1>
</body>
</html>
```

執行結果如圖 4-2-4-1：

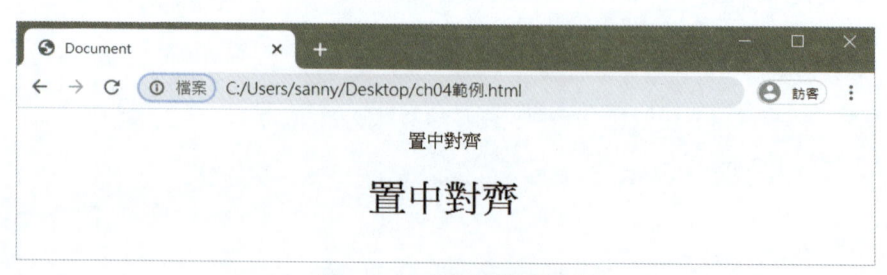

▲ 圖 4-2-4-1 類別選擇器範例

說明：

- center 類別：設定文字對齊方式為置中，其語法為 .center{text-align: center;}
- .center：選取類別名稱為 center 的元素

4-2-5 群組選擇器

群組選擇器（Groups of selectors）：使用「半形逗號」區隔元素，將多個 HTML 元素群組，一次性地設定為相同樣式。

- **使用情境：p 元素與 h1 元素的文字顏色皆設定為藍色。**
1. body 元素中放入一個 p 元素與一個 h1 元素。
2. 在 style 元素中，同時設定 p 元素與 h1 元素的樣式。

```
<!DOCTYPE html>
<html lang="en">
<head>
    <meta charset="UTF-8">
    <title>ch04 範例</title>
    <style>
    2 p,h1{
            color: blue;
        }
    </style>
</head>
<body>
 1 <p>字體為藍色</p>
 1 <h1>字體為藍色</h1>
</body>
</html>
```

執行結果如圖 4-2-5-1：

▲ 圖 4-2-5-1 群組選擇器範例

說明：

▶ p,h1{color：blue;} 為設定 p 元素、h1 元素文字顏色皆為藍色

CHAPTER 04 CSS

》 4-2-6 後代選擇器

後代選擇器（Descendant combinator）：以「空白」區隔元素，指定元素的「所有子元素」做屬性改變。

- 使用情境：將 footer 元素中的 p 元素字型大小皆設為 16px。

1. body 元素中放入一個 footer 元素，並在其內加入一個 p 元素。
2. 於 style 元素中，設定 footer 元素中的 p 元素的樣式。

```html
<!DOCTYPE html>
<html lang="en">
<head>
    <meta charset="UTF-8">
    <title>ch04 範例 </title>
2 <style>
        footer p{
            font-size:16px;
        }
    </style>
</head>
<body>
1 <footer>
        <p> 版權所有 </p>
    </footer>
</body>
</html>
```

執行結果如圖 4-2-6-1：

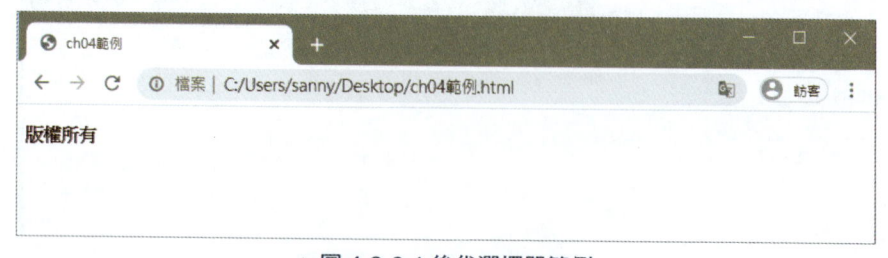

▲ 圖 4-2-6-1 後代選擇器範例

說明：

> footer p：選取 footer 元素中所有的 p 元素

> footer p{font-size:16px} 為設定 footer 中 p 元素的文字大小是 16px

4-8

4-2-7 子選擇器

子選擇器（Child combinator）：以「>」區隔元素，指定元素的「直屬子元素」，套用樣式，但不包括「子元素中的子元素」。

- 使用情境：將 h1 元素中的 span 元素的文字顏色設定為紅色。

1. body 元素中，加入以下的元素。
2. 於 style 元素中，設定 h1 元素中的 span 元素的樣式。

```
<!DOCTYPE html>
<html lang="en">
<head>
    <meta charset="UTF-8">
    <title>ch04 範例 </title>
    <style>
2 h1>span{
        color: #FEB04D;
    }
    </style>
</head>
<body>
 1 <h1>Hello,<span>World</span></h1>
 1 <h1>Hello,<em><span>World</span></em></h1>
</body>
</html>
```

執行結果如圖 4-2-7-1：

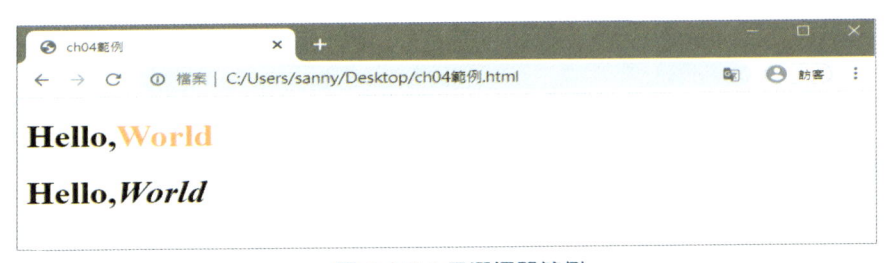

▲ 圖 4-2-7-1 子選擇器範例

說明：

- h1>span{color: #FEB04D;} 為設定 h1 元素中 span 元素的文字顏色是橘色
- 證明：為了驗證「選擇器只能對元素中的直屬子元素套用樣式」，因此藉由兩個 h1 元素來說明。

第一個 <h1>：<h1><span></span></h1>

第二個 <h1>：<h1><em><span></span></em></h1>

在第二個 h1 元素中，span 元素不是直接隸屬於 h1 元素之下，之間包含了 em 元素，因此 css 不會改變樣式，導致執行結果第二行 world 不會改變顏色，子選擇器只能對直屬子元素做設定，而不能針對子元素的子元素同時也做改變。

4-2-8 虛擬選擇器

虛擬選擇器（Pseudo-classes）：以符號「:」開頭表示，被指定的元素會在特定的情況做狀態的效果變化。

常見的虛擬選擇器

	格式	說明
錨點	:link	點擊連結前的樣式
	:visited	點擊連結後的樣式
	:hover	移動滑鼠到連結時的樣式
	:active	按下滑鼠時的樣式
狀態	:checked、unchecked	設定核選元素樣式變化
	:enabled、:disabled	設定元素啟用/停用的樣式
-child	:first-child	第一個子元素
	:last-child	最後一個子元素
	:only-child	只有一個子元素
	:nth-child(n)	第 n 個元素
	:nth-child(2n)	選取偶數子元素
	:nth-child(2n+1)	選取奇數子元素
	:nth-last-child(n)	從最後開始選取第 n 個子元素
-of-type	:first-of-type	同型態的第一個元素
	:last-of-type	同型態的最後一個元素
	:nth-of-type(n)	同型態的第 n 個元素
	:nth-last-of-type(n)	同型態從最後開始選取第 n 個子元素

Tip：若要同時設定錨點的四個屬性，順序須為 link / visited / hover / active，否則將導致，設定的樣式無法如期顯示，其順序的規定如下，a:hover 需放在

a:link 與 a:visited 後面,而 a:active 需放在 a:hover 之後。

4-3 進階語法

1. CSS 語法的放置位置

在 4-2 節我們有提到 DIV+CSS 的優點是讓網頁結構單純、方便網頁開發者維護網頁等,其實透過應用 CSS 語法的放置位置,就可以達成這樣的效果。

CSS 語法的放置位置分成「網頁內部」與「網頁外部」。網頁內部又可以分為「HTML 標籤內」與「style 元素內」,而網頁外部又可分為「link 連結」與「import 連結」,以下分別來為大家說明。

4-3-1 網頁內部

(1) HTML 標籤內

將 CSS 語法直接寫於 HTML 標籤內的 style 屬性裡,是最簡單的方式,但是當網頁內所有的元素都必須設定樣式時,使用此種方式會相對麻煩,因為要依序幫每個元素都設定樣式,此種方式比較不建議使用者運用。

```
<div>
    <h1 style="text-align:center;">WELCOME</h1>
    <p style="font-size:20px;">Hello!</p>
</div>
```

(2) style 元素內

將 CSS 語法寫於 head 元素的 style 元素內,能將 HTML 元素內的樣式集中並獨立於 style 元素中,此方式可以讓網頁開發者快速查看 CSS。

```
<head>
    <meta charset="UTF-8">
    <title>Document</title>
    <style type="text/css/">
        h1 {text-align:center;}
        p {font-size:20px;}
```

4-11

```
        </style>
    </head>
```

4-3-2 網頁外部

(1) link 連結

將設定的樣式獨立撰寫成一個 CSS 文件後儲存，然後在 HTML 文件中透過 link 的方式連結 CSS 文件，再將樣式套用至 HTML 元素上。

使用此種方式，可以達成方便維護網頁的功用，因為網頁開發者可以撰寫多個 HTML 文件，然後全部套用同一個 CSS 文件，這樣當要改變網頁樣式時，只需要修改一次 CSS 文件，就可以被多個 HTML 文件套用，不必再個別設定每個 HTML 文件的樣式。

link 連結的使用方式是在 head 元素中，加入 <link rel="stylesheet" href="css/style.css" type="text/css/">，其中「rel="stylesheet" type="text/css"」意義為「告訴瀏覽器要導入一個在外部的 CSS 檔案」，而「href」的意義為「導入名為 style 的 CSS 文件」。

```
<head>
    <meta charset="UTF-8">
    <title>Document</title>
    <link rel="stylesheet" href="css/style.css" type="text/css/">
</head>
```

(2) import 連結

import 連結與 link 連結的概念相似，不過連結的方式不同。

```
<head>
    <meta charset="UTF-8">
    <title>Document</title>
    <style type="text/css/">@import url("css/style.css");</style>
</head>
```

2. 繼承權與優先權

4-3-3 繼承權

繼承權是指元素依據「不同選擇器」設定的「不同樣式」時，由外至內層層套用的效果。以下舉例說明：

- 若我們於 body 元素中，加入以下的元素。

```
<!DOCTYPE html>
<html lang="en">
<head>
    <meta charset="UTF-8">
    <title>ch04 範例 </title>
</head>
<body>
    <p>Hello,<span>World!</span></p>
</body>
</html>
```

- 接著於 style 元素中，加入以下的樣式。

```
<!DOCTYPE html>
<html lang="en">
<head>
    <meta charset="UTF-8">
    <title>ch04 範例 </title>
    <style>
    body {
        color:blue;
    }
    p {
      font-size: 26px;
    }
    span {
      font-weight: bold;
    }
    </style>
</head>
```

說明：

- body {color: blue;} 表示將 body 元素的文字顏色設定為藍色。
- p{font-size: 26px;} 表示將 p 元素的文字大小設定為 26px。
- span{font-weight: bold;} 表示將 span 元素的文字粗細設定為粗體。

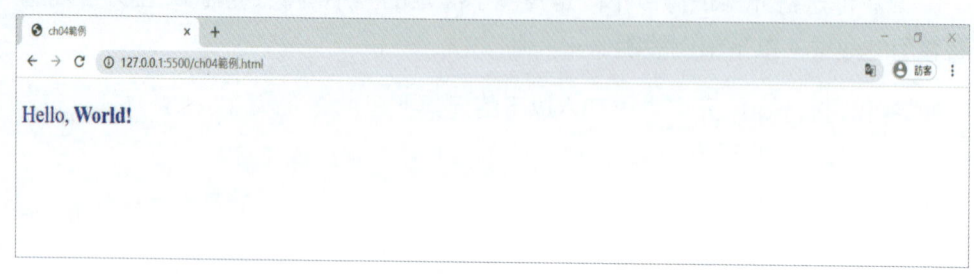

▲ 圖 4-3-3-1

- 儲存後，在瀏覽器中開啟文件，執行結果如圖 4-3-3-1。

說明：

　　網頁畫面顯示「Hello,World!」的字體顏色為藍色、字體大小為 26px，不過在 span 元素內的文字為粗體。造成此結果是因為元素在套用時，會由外至內層層套用，依序為 body → p → span。

4-3-4 優先權

　　優先權是指元素依據「不同選擇器」設定的「相同樣式」時，由外至內層層套用的效果。以下舉例說明：

- 若我們於 body 元素中，加入以下的元素。

```
<!DOCTYPE html>
<html lang="en">
<head>
    <meta charset="UTF-8">
    <title>ch04 範例</title>
</head>
<body>
    <p><span>Hello,World!</span></p>
</body>
</html>
```

- 接著於 style 元素中,加入以下的樣式。

```html
<head>
    <meta charset="UTF-8">
    <title>ch04 範例 </title>
    <style>
    body{
        color:red;
    }
    p{
        color: blue;
    }
    span{
        color: green;
    }
    </style>
</head>
```

▲ 圖 4-3-4-1

說明:

我們將 body 元素的文字顏色設定為紅色;將 p 元素的文字顏色設定為藍色;將 span 元素的文字顏色設定為綠色。

- 儲存後,在瀏覽器中開啟文件,執行結果如圖 4-3-4-1。

說明:

網頁畫面顯示「Hello,World!」的字體顏色為綠色。造成此結果是因為元素在套用時,會由外至內層套用,依序為 body → p → span。

4-4 常見樣式

CSS 的語法架構為：設定的對象 { 樣式：設定值 ;}。若要將 p 元素的文字顏色設定為紅色，就可以使用 p{color:red;} 這樣的語法，以下為大家列出幾個常用的 CSS 樣式，然後再詳細介紹每個樣式。

樣式	中文名稱	使用範例
color	文字顏色	color:#666666;
background-color	背景顏色	background-color: #666666;
font-size	文字大小	font-size:16px;
font-family	文字字體	font-family:" Microsoft JhengHei"
float	浮動	float:left;
text-align	文字對齊	text-align:center;
padding	內距	padding:20px;
margin	外距	margin:20px;
transform	變形特效	transform:rotate(x deg);
position	位置	position:fixed;

4-4-1 color

color 樣式可設定元素的文字顏色，其語法為 color: 設定值 ;，而設定值有以下三種可以使用，分別為：十六進位值、顏色名稱以及 RGB 碼。

設定值	語法	說明
十六進位值	color:#XXXXXX ;	X 為十六進位碼
顏色名稱	color: 顏色名稱 ;	顏色名稱應使用英文，ex：red、blue
RGB	color:rgb(X,Y,Z) ;	X、Y、Z 分別為介於 0~255 的數字

4-4-2 background-color

background-color 樣式可設定元素的背景顏色，其語法為 background-color: 設定值;，在設定值的部分則與 color 樣式相同，皆可以使用十六進位值、顏色名稱以及 RGB 碼三種方式，以下不再多贅述。

- 練習使用 background-color 樣式
1. 設定 background-color 樣式。

```
<!DOCTYPE html>
<html lang="en">
<head>
    <meta charset="UTF-8">
    <title>ch04 範例 </title>
 1 <style>
    .text1{
         background-color: palegoldenrod;
      }
    .text2{
         background-color: #EFD780;
      }
    .text3{
         background-color: rgb(219,161,89);
      }
    </style>
</head>
<body>
    <p class="text1"> 顏色名稱顯示 palegoldenrod </p>
    <p class="text2"> 十六進位顯示 #EFD780</p>
    <p class="text3">rgb 顯示 (219,161,89)</p>
</body>
</html>
```

執行結果如圖 4-4-2-1：

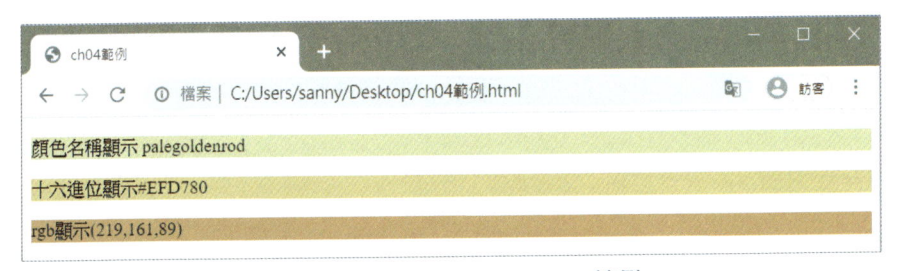

▲ 圖 4-4-2-1 background-color 範例

4-4-3 font-size

　　font-size 樣式可設定元素的文字大小，其語法為 font-size: 設定值;，經常使用到的單位為 px 和 em。

　　px（pixel）稱為「像素」，意即相對於螢幕解析度的長度單位，當製作好的版面在高解析度的螢幕上瀏覽時，字體大小可能會變得非常小。過去，網頁設計師經常使用 px 來設定文字大小，因為使用 px 的設定，可以滿足最小失真的一致性，但卻也造成瀏覽者無法在瀏覽器中隨意調整文字大小，因此也有許多的網站選擇使用 em 來設定文字的大小。

　　em 是 W3C 規定的文字單位，意即相對於網頁內的字體大小。1em 等於 16px，但若我們有設定網頁文字的初始大小的話，ex：body { font-size:75%;}，那麼 1em 就不會等於 16px，而是等於 12px，因為 16px*75% 會等於 12px。

　　由於 em 的彈性較大且其值並不是固定的，因此使用 em 經常會遇到一個問題：em 會繼承父元素的文字大小。

　　若我們將父元素的文字大小設定為 2em，而其子元素的設定為 0.5em，那麼子元素的文字大小就會被設定成 1em，因為 2x0.5=1。

　　設定文字使用 px 好？是 em 好？並沒有正確的答案，網頁開發者應根據自己的經驗選擇使用。

● 練習使用 font-size 樣式

1. 設定 font-size 樣式。

```
<!DOCTYPE html>
<html lang="en">
<head>
    <meta charset="UTF-8">
    <title>ch04 範例 </title>
    <style>
      1.text{
            font-size: 24px;
        }
    </style>
</head>
<body>
    <p> 一般字體 </p>
```

4-18

```
        <p class="text">字體大小 24px</p>
</body>
</html>
```

執行結果如圖 4-4-3-1：

▲ 圖 4-4-3-1 font-size 範例

4-4-4 font–family

　　font-family 樣式可設定元素的文字字體，其語法為 font-family: 設定值;，其設定值可以多個，不同的設定值之間使用「半形逗號」隔開，當瀏覽器不支援第一種字體時，會自動換成第二種字體，其順序是由左至右辨別。

　　常見的字體有：細明體（MingLiU）、標楷體（DFKai-sb）、微軟正黑體（Microsoft JhengHei）、微軟雅黑體（Microsoft YaHei）、宋體（SimSun）、serif、sans-serif、cursive、fantasy、monospace 等等。

- 練習使用 font–family 樣式

1. 設定 font-family 樣式。

```
<!DOCTYPE html>
<html lang="en">
<head>
    <meta charset="UTF-8">
    <title>ch04 範例 </title>
    <style>
      1.text{
            font-family: Microsoft YaHei;
        }
    </style>
```

```
</head>
<body>
    <p>一般字體 </p>
    <p class="text">字體 微軟雅黑體 Microsoft YaHei</p>
</body>
</html>
```

執行結果如圖 4-4-4-1：

▲ 圖 4-4-4-1 font–family 範例

4-4-5 float

　　float 樣式可設定元素的浮動位置，即為設定元素靠左或是靠右顯示，其語法為 float:設定值；，設定值包含 right（靠右）、left（靠左）以及 none（不浮動）。

- 練習使用 float 樣式

1. 設定 float 樣式。

```
<!DOCTYPE html>
<html lang="en">
<head>
    <meta charset="UTF-8">
    <title>ch04 範例 </title>
    <style>
      1.floatR{
            float: right;
         }
    </style>
</head>
<body>
    <p class="floatR">靠右浮動 </p>
</body>
</html>
```

執行結果如圖 4-4-5-1：

▲ 圖 4-4-5-1 float 範例

4-4-6 text–align

　　text-align 樣式可設定元素的文字對齊方式，其語法為 text-align: 設定值；設定值包含 center（置中）、left（置左）以及 right（置右）。

- 練習使用 text–align 樣式
1. 設定 text-align 樣式。

```
<!DOCTYPE html>
<html lang="en">
<head>
    <meta charset="UTF-8">
    <title>ch04 範例 </title>
  1<style>
        .textcenter{
            text-align: center;
        }
        .textright{
            text-align: right;
        }
        .textleft{
            text-align: left;
        }
    </style>
</head>
<body>
    <p class="textcenter"> 置中浮動 </p>
    <p class="textright"> 靠右浮動 </p>
    <p class="textleft"> 靠左浮動 </p>
```

4-21

```
</body>
</html>
```

執行結果如圖 4-4-6-1：

▲ 圖 4-4-6-1 text–align 範例

4-4-7 padding

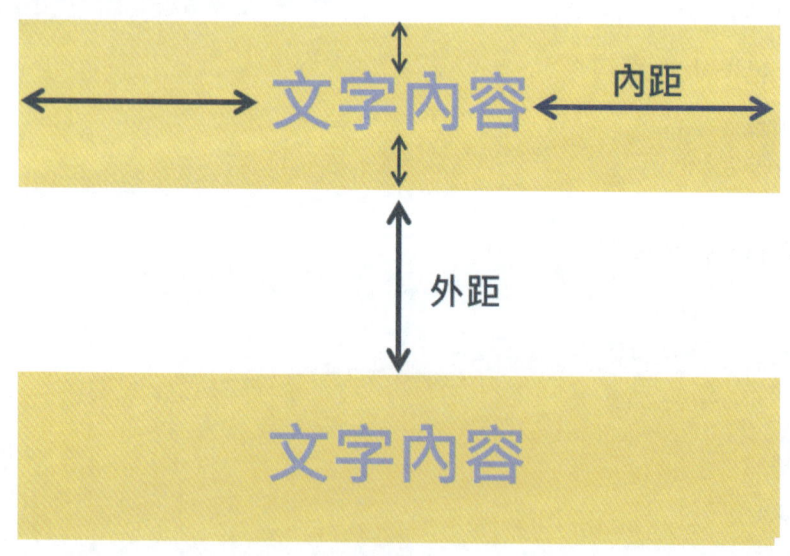

▲ 圖 4-4-7-1

每個元素都可以設定自己的邊框（border），而邊框與內容文字之間的距離就稱為內距，如圖 4-4-7-1。

4-4　常見樣式

padding 樣式即是用於設定元素的內距大小，其設定值不可小於 0，只能正數。

padding 樣式的設定有以下幾種方式：

設定值	語法	說明
padding	padding: 設定值；	設定上下左右內距相同
	padding: 上下設定值 左右設定值；	設定上下內距相同 左右內距相同
	padding: 上內距 右內距 下內距 左內距；	個別設定四個方位的內距
padding-top	padding-top: 設定值；	設定上內距
padding-left	padding-left: 設定值；	設定左內距
padding-right	padding-right: 設定值；	設定右內距
padding-bottom	padding-bottom: 設定值；	設定下內距

● 練習使用 padding 樣式 -1

1. 設定 padding 樣式。

```
<!DOCTYPE html>
<html lang="en">
<head>
    <meta charset="UTF-8">
    <title>ch04 範例 </title>
 1<style>
        div{
            width: 200px;
        }
        .paddingAll{
            background: #F3D9C8;
            padding: 5px;
        }
        .paddingTop{
            background: #F2B45E;
            padding-top: 10px;
        }
        .paddingRight{
            background: #F3D9C8;
            padding-right: 30px;
        }
        .paddingDown{
            background: #F2B45E;
            padding-bottom: 40px;
        }
```

4-23

```html
        .paddingLeft{
            background: #F3D9C8;
            padding-left: 10px;
        }
    </style>
</head>
<body>
    <div class="paddingAll">文字內容內距 5px</div>
    <br>
    <div class="paddingTop">文字內容上方內距 10px</div>
    <br>
    <div class="paddingRight">文字內容右邊內距 30px</div>
    <br>
    <div class="paddingDown">文字內容下方內距 40px</div>
    <br>
    <div class="paddingLeft">文字內容左邊內距 10px</div>
    <br>
</body>
</html>
```

執行結果如圖 4-4-7-2：

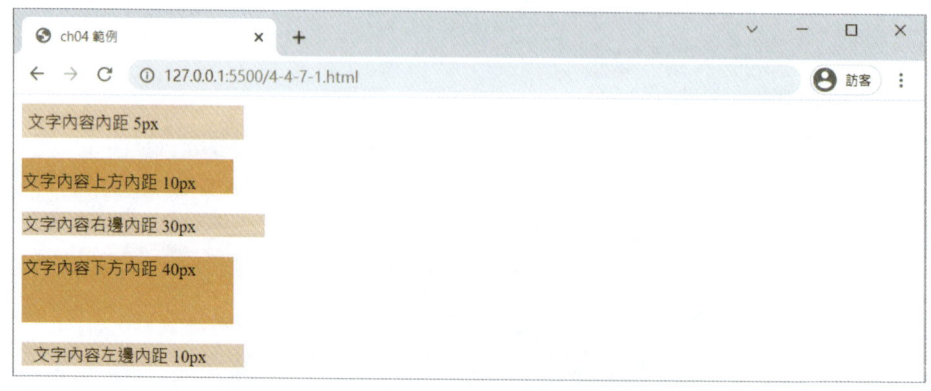

▲ 圖 4-4-7-2 padding 樣式 -1 範例

● 練習使用 padding 樣式 -2

1. 設定 padding 樣式。

```html
<!DOCTYPE html>
<html lang="en">
<head>
    <meta charset="UTF-8">
```

```
        <title>ch04 範例 </title>
1<style>
        div{
            width: 200px;
        }
        .paddingTRBL{
            background: #F3D9C8;
            padding: 10px 30px;
        }
        .paddingLR{
            background: #F2B45E;
            padding: 0px 50px;
        }
        .paddingTD{
            background: #F3D9C8;
             padding: 20px 0px;
        }
    </style>
</head>
<body>
    <div class="paddingTRBL"> 文字內容上下內距 10px 左右內距 30px</div>
    <br>
    <div class="paddingLR"> 文字內容左右內距 50px</div>
    <br>
    <div class="paddingTD"> 文字內容上下內距 20px</div>
</body>
</html>
```

執行結果如圖 4-4-7-3：

▲ 圖 4-4-7-3 padding 樣式 -2 範例

4-4-8 margin

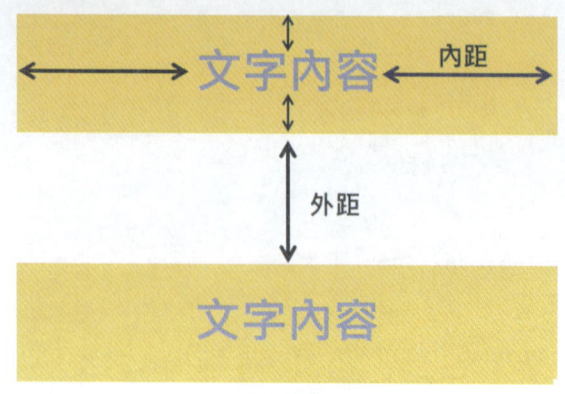

▲ 圖 4-4-8-1

如圖 4-4-8-1 所示，margin 與 padding 是相反的。padding 是內距，而 margin 是外距。

外距就是指邊框以外到相鄰元素之間的距離，其語法為 margin: 設定值;。

margin 的設定值可為正負數，margin 樣式的設定有以下幾種方式：

設定值	語法	說明
margin	margin: 設定值;	設定上下左右外距相同
	margin: 上下設定值 左右設定值;	設定上下內距相同 左右外距相同
	margin: 上內距 右內距 下內距 左內距;	個別設定四個方位的外距
margin-top	margin-top: 設定值;	設定上外距
margin-left	margin-left: 設定值;	設定左外距
margin-right	margin-right: 設定值;	設定右外距
margin-bottom	margin-bottom: 設定值;	設定下外距

● 練習使用 margin 樣式

1. 設定 margin 樣式。

```
<!DOCTYPE html>
<html lang="en">
<head>
    <meta charset="UTF-8">
    <title>ch04 範例 </title>
```

4-4 常見樣式

```
1<style>
    div{
        width: 200px;
    }
    .marginAll{
        background: #F3D9C8;
        margin: 20px;
    }
    .marginTop{
        background: #F2B45E;
        margin-top: 25px;
    }
    .marginRight{
        background: #F3D9C8;
        margin-right: 30px;
    }
    .marginDown{
        background: #F2B45E;
        margin-bottom: 30px;
    }
    .marginLeft{
        background: #F3D9C8;
        margin-left: 40px;
    }
</style>
</head>
<body>
    <div class="marginAll"> 文字內容外距 20px</div>
    <div class="marginTop"> 文字內容上方外距 25px</div>
    <div class="marginRight"> 文字內容右邊外距 30px</div>
    <div class="marginDown"> 文字內容下方外距 30px</div>
    <div class="marginLeft"> 文字內容左邊外距 40px</div>
</body>
</html>
```

執行結果如圖 4-4-8-2：

▲ 圖 4-4-8-2 margin 範例

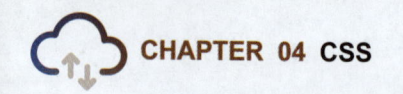

4-4-9 transform

transform 樣式可使元素做出旋轉、縮放、位移、傾斜等效果，以下各別介紹這四種效果：

1. rotate（旋轉效果）

rotate 的語法為「transform：rotate(x deg);」，x 為旋轉角度，deg 為單位，例如 transform：rotate(45deg);，即表示元素旋轉 45 度。

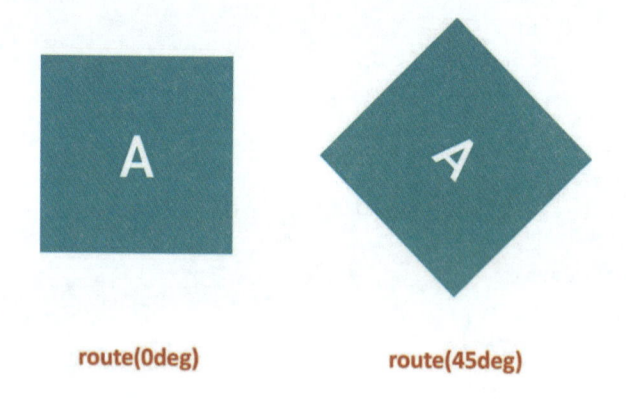

route(0deg)　　　　route(45deg)

2. scale（縮放效果）

scale 的語法為「transform：scale(x);」，x 為縮放倍數，例如 transform：scale(0.5);，即表示元素縮放 0.5 倍。

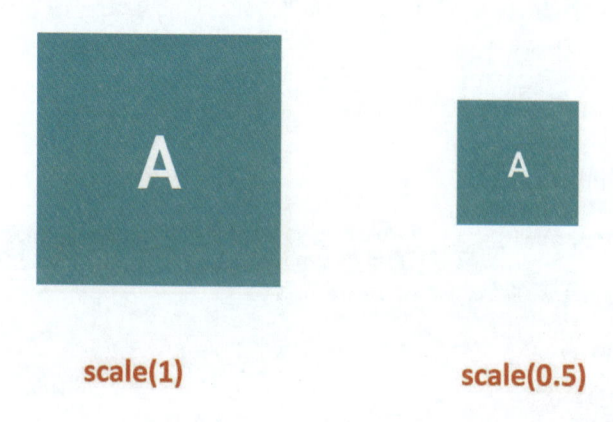

scale(1)　　　　scale(0.5)

3. translate（位移效果）

　　scale 的語法為「transform：translate(x,y);」，x 為 x 軸正向位移數，y 為 y 軸負向位移數，其單位為 px，例如 transform：translate(150px, 50px);，即表示為元素向 x 軸正向位移 150px，向 y 軸負向位移 50px。

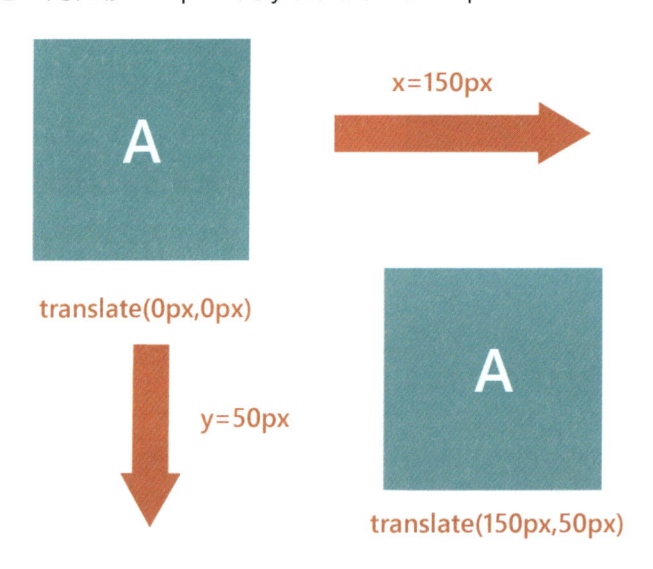

translate(0px,0px)

x=150px

y=50px

translate(150px,50px)

4. skew（傾斜效果）

　　skew 的語法為「transform：skew(x,y);」，x 為 x 軸傾斜度，而 y 則為 y 軸傾斜度，其使用單位為 deg，例如 transform：skew(20deg,20deg);，即表示為元素向 x 軸傾斜度 20 度，向 y 軸傾斜度 20 度。

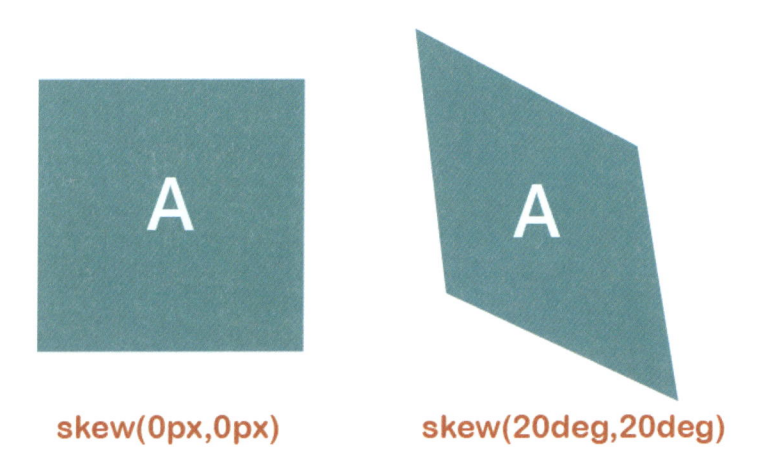

skew(0px,0px)　　　skew(20deg,20deg)

而若我們只想要設定單邊 x 軸傾斜 20 度，可以撰寫 transform：skewX(20 deg);

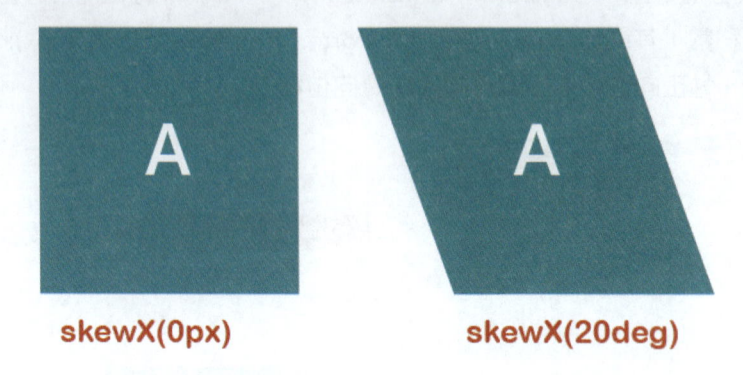

skewX(0px)　　　　　　skewX(20deg)

若我們只想要設定單邊 y 軸傾斜 20 度，可以撰寫 transform：skewY(y deg);

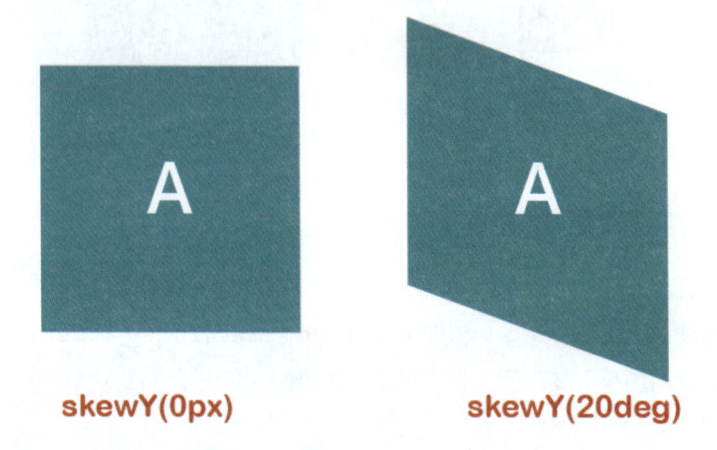

skewY(0px)　　　　　　skewY(20deg)

5. transition（動畫效果）

transition 的語法為「transition: 屬性 持續時間 變換效果 延遲時間;」。

transition-	說明
transition-duration:Xs	設定元素的持續時間，x 為數字，s 為秒數
transition-timing-function: 設定值	設定元素的變換效果
transition-delay:Xs	設定元素的延遲時間，x 為數字，s 為秒數

4-4-10 position

position 屬性用於設定元素的定位類型,其語法為 position: 設定值;,可設定的值包含 static(預設值)、absolute、relative、fixed。

1. static

static 為預設值,若元素的 position 設定為 static,意即為按照瀏覽器預設的位置自動排版於頁面上,則 top、bottom、left、right 屬性的值皆無意義。

● 練習使用 position:static

1. 設定 position: static。

```html
<!DOCTYPE html>
<html lang="en">
<head>
    <meta charset="UTF-8">
    <title>ch04 範例 </title>
    <style>
    *{
        margin: 0px;
        padding:0px;
    }
    div {
        width: 200px;
        height: 200px;
        text-align: center;
        line-height: 200px;
        border:3px solid #000;
        color:white;
    }

    .one {
        background: #d03027;
    }

    .two {
        background: #004977;
    }
    </style>
</head>
<body>
    <div class="one"> 區塊 1</div>
```

```
        <div class="two">區塊 1</div>
    </body>
</html>
```

說明：

▸ 在 style 元素中，若無設定 position 屬性，則 position 屬性為預設的 static。

▸ 「*」為通用選擇器，意思為選擇每個元素。為了解決不同瀏覽器中每個元素的 margin 和 padding 預設值不同的問題，因此我們透過通用選擇器，將所有元素的 margin（外距）與 padding（內距）皆設為 0px。

執行結果如圖 4-4-10-1：

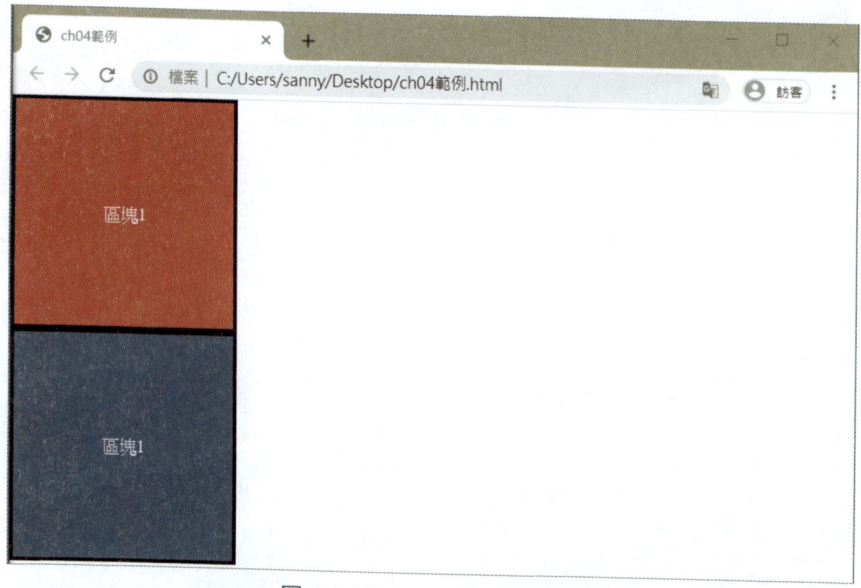

▲ 圖 4-4-10-1 position: static 範例

說明：

▸ static 會依照瀏覽器預設的位置自動將元素排列於頁面上。

6. relative

relative 用於產生相對定位的元素，若元素的 position 設定為 relative，則元素會相對地調整「原本元素應該出現的位置」，其位置的設定會依據 top、bottom、left、right 屬性設定的值而定。

4-4 常見樣式

● 練習使用 position: relative

1. 設定 position: relative。

```html
<!DOCTYPE html>
<html lang="en">
<head>
    <meta charset="UTF-8">
    <title>ch04 範例 </title>
    <style>
    *{
        margin: 0px;
        padding:0px;
    }
    div {
        width: 200px;
        height: 200px;
        text-align: center;
        line-height: 200px;
        border:3px solid #000;
        color:white;
    }

    .static {
        background: #00758f;
    }
    .relative {
        background: #f29111;
        position: relative;
        top: 50px;
        left: 100px;
    }
    </style>
</head>
<body>
    <div class="static">static</div>
    <div class="relative">relative</div>
</body>
</html>
```

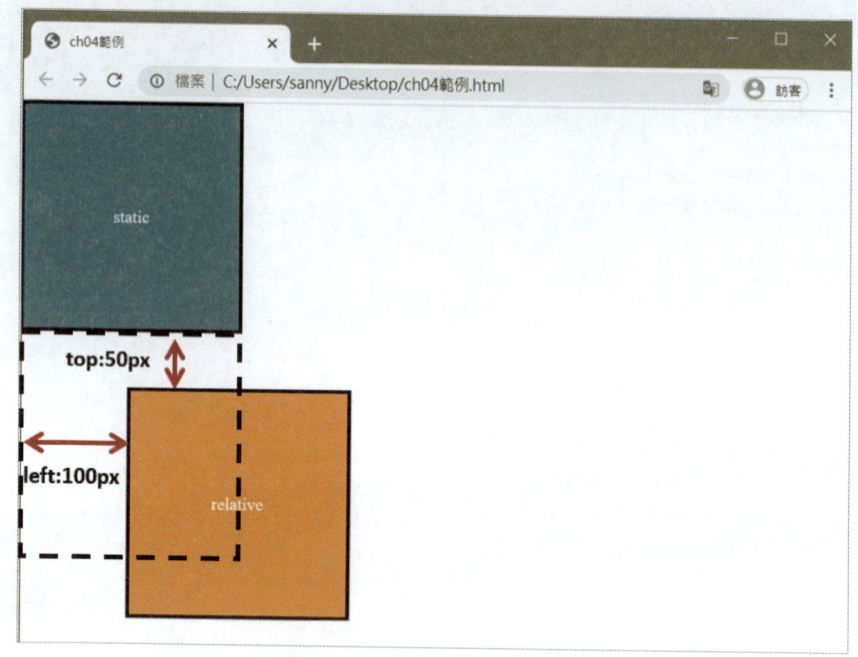

執行結果如圖 4-4-10-2：

▲ 圖 4-4-10-2 position: relative 範例

7. fixed

fixed 表示為「固定定位」，若元素的 position 設定為 fixed，則當網頁下拉時，元素的位置不會被改變，會一直固定於瀏覽器內的某個位置。

- 練習使用 position: fixed

1. 設定 position:fixed。

```html
<!DOCTYPE html>
<html lang="en">
<head>
    <meta charset="UTF-8">
    <title>ch04 範例 </title>
    <style>
    * {
        margin: 0px;
        padding: 0px;
    }
```

```
    #wrapper {
        background: #004977;
        height: 800px;
    }
    .fixed {
        background: #d03027;
        width: 200px;
        height: 200px;
        text-align: center;
        line-height: 200px;
        border: 3px solid #000;
        color: white;
        position: fixed;
    }
    </style>
</head>
<body>
    <div id="wrapper">
        <div class="fixed">fixed</div>
    </div>
</body>
</html>
```

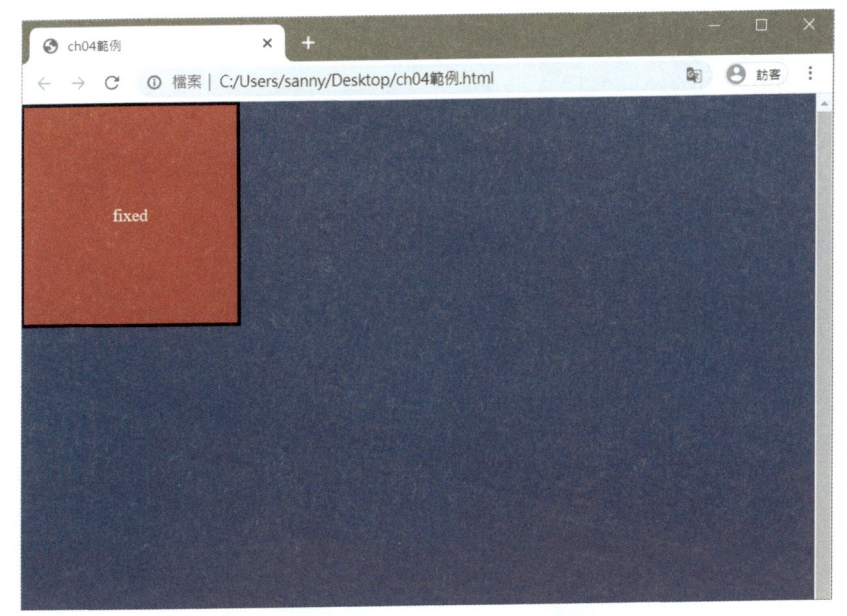

執行結果如圖 4-4-10-3：

▲ 圖 4-4-10-3 position:fixed 範例

8. absolute

absolute 用於產生絕對定位的元素，若元素的 position 設定為 absolute，則元素會依據「可定位的父元素」進行定位。可定位的父元素指的是 position 屬性被設定為 relative、absolute 或是 fixed 的父元素。倘若父元素為不可定位元素，那麼元素的定位點就是 body 元素中最左上角的位置，其位置的設定會依據 top、bottom、left、right 屬性設定的值而定。

- 練習使用 position: absolute-1

1. 設定父元素的 position 屬性為 relative、設定元素的 position 屬性為 absolute。

```html
<!DOCTYPE html>
<html lang="en">
<head>
    <meta charset="UTF-8">
    <title>ch04 範例 </title>
    <style>
    * {
        margin: 0px;
        padding: 0px;
    }
    div {
        text-align: center;
        border: 3px solid #000;
        color: white;
    }
    #relative {
        background: #004977;
        height: 400px;
        width: 500px;
        line-height: 350px;
        position: relative;
        top: 50px;
        left: 50px;
    }
    #absolute {
        width: 200px;
        height: 200px;
        background: #d03027;
        position: absolute;
        top: 197px;
```

```
            left: 297px;
            line-height: 200px;
        }
        </style>
    </head>
    <body>
        <div id="relative">
            藍色區塊為可定位的父元素
            <div id="absolute" class="absolute"> 紅色區塊的父元素可定位 </div>

        </div>
    </body>
</html>
```

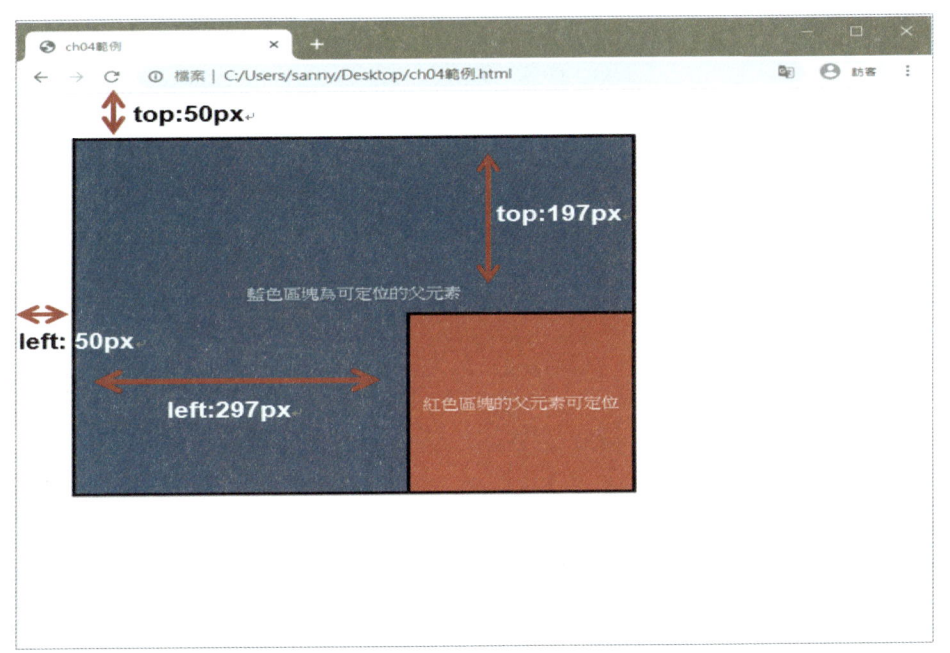

執行結果如圖 4-4-10-4：

▲ 圖 4-4-10-4 position:absolute-1 範例說明：

> 當父元素為可定位元素時，元素會依據父元素進行定位。

CHAPTER 04 CSS

- 練習使用 position: absolute-2

2. 設定父元素的 position 屬性為 static、設定元素的 position 屬性為 absolute。

```html
<!DOCTYPE html>
<html lang="en">
<head>
    <meta charset="UTF-8">
    <title>ch04 範例 </title>
    <style>
    * {
        margin: 0px;
        padding: 0px;
    }
    div {
        text-align: center;
        border: 3px solid #000;
        color: white;
    }
    #static {
        background: #004977;
        height: 400px;
        width: 500px;
        line-height: 400px;
        position: static;
    }
    #absolute {
        width: 180px;
        height: 180px;
        background: #d03027;
        position: absolute;
        top: 220px;
        left: 320px;
        line-height: 180px;
    }
    </style>
</head>
<body>
    <div id="static">
        藍色區塊為不可定位的父元素
        <div id="absolute" class="absolute">
紅色區塊依據 body 元素來定位
</div>
    </div>
```

```
</body>
</html>
```

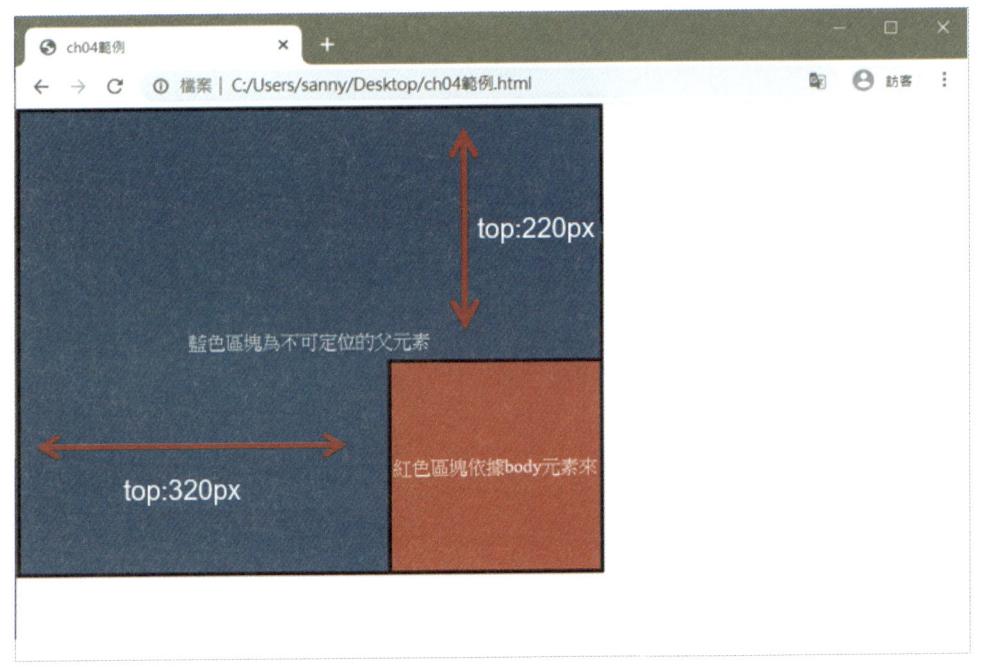

執行結果如圖 4-4-10-5：

▲ 圖 4-4-10-5 position:absolute-2 範例

說明：

> 當父元素為不可定位元素時，元素會依據 body 元素進行定位。

CHAPTER 04 CSS

CHAPTER 05
佈景主題

CHAPTER 05 佈景主題

5-1　認識佈景主題（免費 + 付費）

　　使用 WordPress 建置網站的好處就是，擁有豐富且具有多樣化的佈景主題可供使用者選擇與使用。隨著套用不同的佈景主題，網站的外觀也會有截然不同的風格，而且這些佈景主題可以隨時讓使用者更換，並不會影響到原本的網站內容（例如：文章、留言、頁面…等）。

▲ 圖 5-1-1 WordPress 官方網站

　　WordPress 的佈景主題是一個包裝成 .zip 壓縮檔的檔案，所以如果要安裝佈景主題時，可以選擇在 WordPress 的官方網站中搜尋，或是直接在 WordPress 佈景主題中的頁面搜尋。兩者的差別在於：在官方網站上搜尋的佈景主題，必須要透過下載檔案，並將壓縮檔上傳到 WordPress 才能套用該佈景主題；而在 WordPress 佈景主題頁面搜尋到的佈景主題，則是可以直接點選安裝，並且在安裝完成後，直接啟用，就可以佈景主題的套用，省去下載檔案和上傳壓縮檔的步驟。

5-1 認識佈景主題（免費 + 付費）

▲ 圖 5-1-2 官方網站頁面搜尋

在 WordPress 官方網站搜尋到的佈景主題，需要透過下載 .zip 壓縮檔，並且上傳到你的 WordPress 網站才能啟用。

▲ 圖 5-1-3 類型為 .zip 的壓縮檔

5-3

CHAPTER 05 佈景主題

▲ 圖 5-1-4 佈景主題頁面搜尋

WordPress 也提供以條件來篩選佈景主題的類型，幫助使用者能以版面配置、功能或是用途的不同，快速篩選出不同風格的佈景主題供使用者下載。

▲ 圖 5-1-5 篩選條件

假設建立的網站，是屬於部落格類型的，就可以只選取用途裡面的部落格條件，點選套用篩選條件，頁面上就會列出相關部落格設計的佈景主題供使用者挑選。如果是要以佈景主題提供的功能來篩選的時候，篩選條件也可以使用複選的條件來搜尋。

5-1　認識佈景主題（免費 + 付費）

▲ 圖 5-1-6 選擇條件

　　如果想要更換篩選條件，也可以透過上方工作列，點選編輯篩選條件，即可新增或移除搜尋的條件，對於快速瀏覽佈景主題有很大程度的幫助，也不會讓使用者花費太多的時間在搜尋佈景主題。

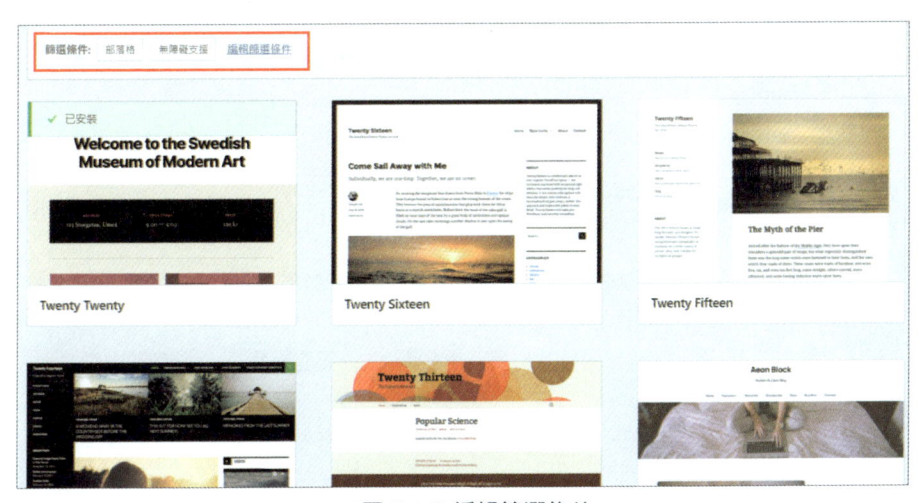

▲ 圖 5-1-7 編輯篩選條件

5-5

CHAPTER 05 佈景主題

而佈景主題有免費使用的，也可付費使用的。大部分的情況下，使用者都可以找到免費的佈景主題來建置網站，只是這些免費的佈景主題提供的功能通常比較簡約，因此如果有複雜的功能想要在網站上實現的時候，就需要額外花時間，尋找外掛來完成這些複雜的需求。因此，許多需要付費的佈景主題，就會整合客製化的功能和專屬外掛，讓使用者的網站套用以後，就能更進一步的呈現出想要實現的功能和效果。

▲ 圖 5-1-8 免費佈景主題

付費的佈景主題供應商非常多，對於剛入門的使用者在選擇上，可能會不知道該選擇什麼樣的版型。對於選擇供應商的版型來說，通常會優先選擇評分較高的供應商，因此，以下將列出 5 個評分較高供應商平台，供讀者參考。

表 1 供應商平台比較

供應商	THEMEFOREST	ELEGANT THEMES	STUDIOPRESS	THRIVE THEMES	MYTHEMESHOP
創立時間	2008	2008	2007	2013	2012
供應商類型	開放式交易平台	獨立開發商	獨立開發商	獨立開發商	獨立開發商
版型數量	12000+	80+	60+	10+	130+

費用 （美金）	約 $60	$89 -$249	$129.95 -$360	$99 -$299	$49
特色	全球最大	簡單易用	簡潔且安全性高 版型用戶數最多	齊全的行銷外掛工具	版型的執行效能高

以下為 THEMEFOREST 供應商的版型，可以看到每個版型上都會有評分的星星數，以及價格，也可以點選 Preview 來預覽該佈景主題的呈現效果，如果覺得該佈景主題的風格，適合你的網站建置風格，不妨可以嘗試使用付費的佈景主題。

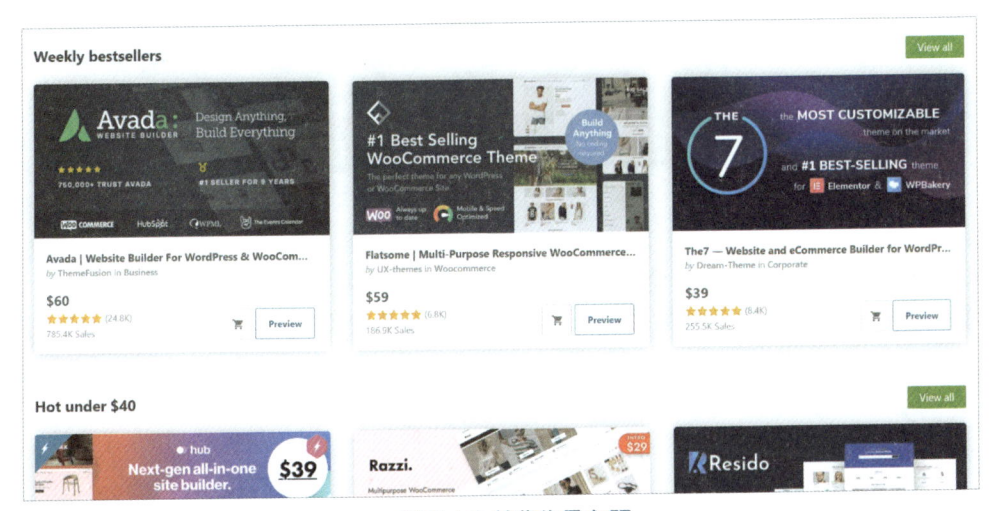

▲ 圖 5-1-9 付費佈景主題

5-2 使用免費 v.s. 付費的比較

如果你的 WordPress 網站架設時間不長，訪客數量也不多，對於選擇使用免費的佈景主題，大致上都可以滿足使用者的建置需求，但是如果想要增加網站外觀的質感或是更吸引人的功能，這時候就可以考慮使用付費的佈景主題。

因為在 WordPress 佈景主題頁面上所能夠搜尋到的免費佈景主題，都會經過 WordPress 官方審核通過才能夠上架的，因此，即使是使用免費的佈景主題，

CHAPTER 05 佈景主題

在外觀質感上,也會有一定的水準,所以許多佈景主題會提供使用者免費下載、免費使用,但是也會開放付費的功能,讓使用者透過付費來使用該佈景主題提供的進階功能。

▲ 圖 5-2-1 免費佈景主題

點選 Go Pro,即可進入佈景主題付費的頁面,透過點選 BUY NOW 來購買,進行使用功能的升級,並且取得該佈景主題的進階功能。

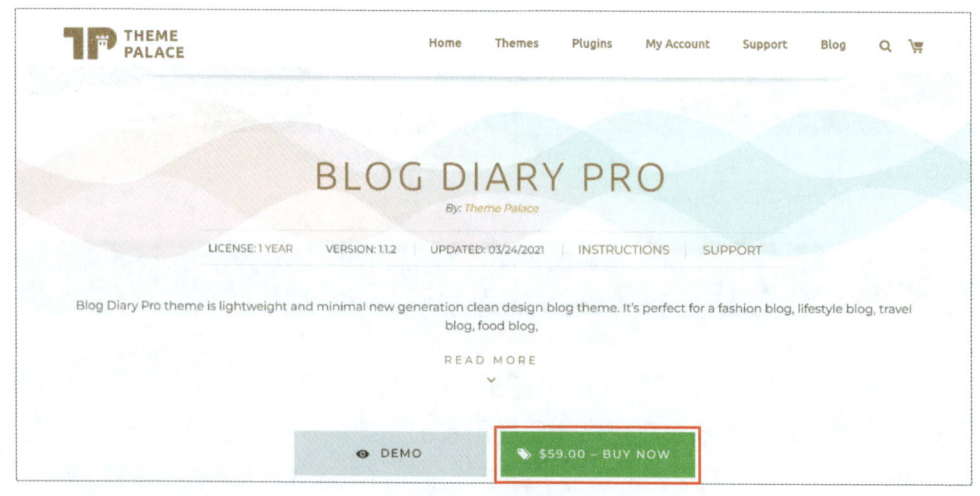

▲ 圖 5-2-2 購買頁面

對於剛開始使用 WordPress 的用戶來說,使用免費的佈景主題結合外掛功

能，就能完成大部分的需求，雖然這樣對於預算不多的網站建置需求，是一個很大的誘因，但是這些免費的佈景主題提供的功能通常比較少，而且因為佈景主題是免費的關係，任何人都可以下載使用，所以網站的獨特性相對來說比較差。

如果是使用付費的佈景主題版型，則可以選擇的功能具有多樣化。由於付費的佈景主題會有多樣化的外觀設計以及功能，可供使用者設定與選擇，因此，對於網站的獨特性來說，也會有比較好的呈現方式。因為付費的功能，供應商通常會定期做更新與維護，對於可能存在問題的功能也會做改良與修正，讓使用者不需要擔心當網站出現問題時，不知道該如何進行修正。最後，最重要的就是網站的執行速度，一個網站的回應速度通常會決定訪客的流量，對於付費的佈景主題來說，內部的程式碼一般都更為嚴謹，因此，對於網站的執行速度是有一定的重要性。

人不是完美的，付費的佈景主題也同樣有缺點，由於付費的佈景主題提供的功能五花八門，因此在設定功能時，不但會增加操作上的困難外，有許多功能可能也不需要使用到，而有些情況下，可能會影響網站的執行速度。再來就是，當使用者購買的佈景主題不只有一種的情況下，切換到不同的版型時，也可能會存在原有版型提供的功能失效的問題。

5-3 佈景主題基本操作

WordPress 在套用和使用佈景主題上，對於每項功能的操作都相當直覺，因為對於 WordPress 來說，設定的方式都是透過「滑鼠」點選來進行，如此一來就可以幫助你輕鬆完成大部分的網站設定。以安裝 WordPress 佈景主題的操作來說，只要使用特色篩選條件，依照網站建置風格來設定篩選條件，當搜尋到合適的佈景主題時，點選「安裝」來載入佈景主題，再點選「啟用」，將剛剛安裝好的佈景主題套用至網站就可以完成了。

CHAPTER 05 佈景主題

▲ 圖 5-3-1 特色篩選條件

▲ 圖 5-3-2 點選安裝載入佈景主題

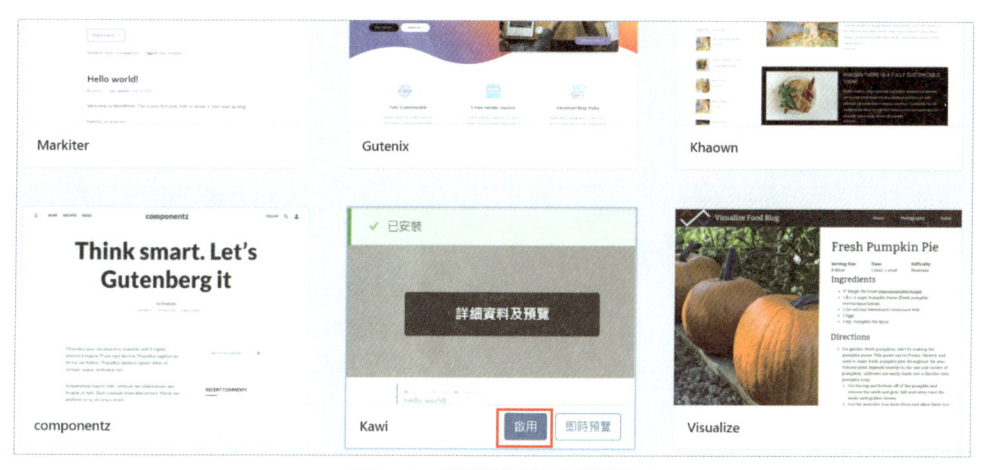

▲ 圖 5-3-3 點選啟用套用至網站

將佈景主題成功套用至網站時，就可以點選 外觀 / 自訂，來查看該佈景主題提供給使用者操作的項目。

以 Kawi 這個佈景主來為例子，提供使用者自行設定的部分如圖 5-3-5 所示，每個佈景主題提供的操作與設定功能，都會有些微的不同，但是基本上都可以透過「附加的 CSS」，來變更網站的外觀樣式。

▲ 圖 5-3-4 自訂　　　　　▲ 圖 5-3-5 佈景主題設定

CHAPTER 05 佈景主題

以下將會使用表格整理並列出，這個佈景主題（Kawi）所提供給使用者的設定功能與用途。

▼ 表 2 佈景主題功能

名稱	設定功能	用途
網站識別	1. 網站標題圖片 2. 網站標題 3. 網站說明 4. 網站標題和說明的顯示方式 5. 網站圖示	設定網站標題的顯示圖片和說明，以及該網站顯示於瀏覽器分頁的圖示。如圖 5-3-6、圖 5-3-7。
色彩	1. 網站標題文字色彩 2. 背景色彩	設定標題文字在頁面中的色彩，以及背景顏色。如圖 5-3-8。
頁首圖片	1. 網站標頭圖片設定 2. 標題文字與圖片顏色對比設定	設定網站標頭圖片顯示或設定標題文字色彩和圖片的對比。如圖 5-3-9
背景圖片	網站背景圖片設定	設定網站的背景圖片。如圖 5-3-10
Layout	1. 文章顯示的縮圖大小 2. 小工具的排版位置	設定顯示在網站文章上的縮圖大小以及小工具的顯示位置。如圖 5-3-11
選單	新增網站上方的選單列	設定網站各頁面的連結，或是設定以書籤的連結方式。如圖 5-3-12
小工具	新增 WordPress 內建的快捷按鈕或自定義的程式碼	設定網站的連結按鈕，功能類似於「選單」，但是顯示的位置會在網站的側邊。如圖 5-3-13
首頁設定	1. 首頁顯示的內容 2. 靜態、文章首頁的設定	設定網站首頁的顯示內容。如圖 5-3-14
附加的 CSS	以 CSS 語法覆寫原先的設定樣式	透過 CSS 語法，來更改原本網站設定的樣式。如圖 5-3-15

5-3 佈景主題基本操作

▲ 圖 5-3-6 網站識別

▲ 圖 5-3-7 網站圖示

▲ 圖 5-3-8 色彩

備註：頁面文字色彩為 #ff923f，背景色彩為 #ededa8。

Header image display

- Standard hero image：依照原本剪裁的圖片顯示在標頭區域。
- Full width hero image：以滿版圖片的方式顯示在標頭區域。

- Background image on hero section：將圖片以背景的方式顯示在標頭區域。
- Background image on whole header：將圖片以背景的方式填滿整個標頭區域。

Header image filter

- No filter on header image：不做任何過濾效果的設定在標頭圖片上。
- Light text on darker image：設定以明亮的文字色彩在暗淡的標頭圖片上。
- Dark text on lighter image：設定以暗淡的文字色彩在明亮的標頭圖片上。

需要注意的地方就是，紅框區域需要選擇「Background image on hero section」或「Background image on whole header」，藍框區域內的選擇才會有作用。這邊我們為了要讓標題文字呈現在圖片上，因此選取「Background image on hero section」和「Dark text on lighter image」。

▲圖 5-3-9 頁首圖片

如果網站同時設定背景色彩與背景圖片時，網站會以背景圖片的設定為優先進行。

5-3　佈景主題基本操作

　　這邊的背景圖片使用「填滿畫面」來顯示背景圖片，如此一來背景就會以同一張圖片顯示，而不會出現重複的部分。

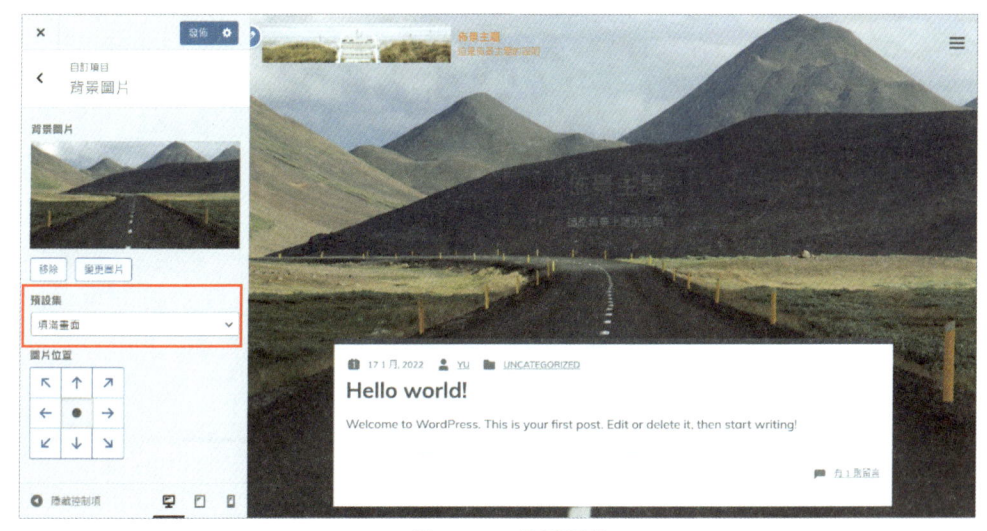

▲ 圖 5-3-10 背景圖片

　　預設的情況下，網站的文章縮圖會以大型特色圖片的方式顯示，而小工具的位置會顯示於右側。

▲ 圖 5-3-11 Layout

5-15

CHAPTER 05 佈景主題

透過點選「新增選單項目」建立選單項目,可加入自訂連結、頁面…等等,這邊我們使用「自訂連結」的方式加入選單項目。

▲ 圖 5-3-12 選單

> 💡 小提示:
>
> 在不確定連結的情況下,通常會使用 # 符號來取代連結,並在之後確認連結內容後,才會將網址貼入!

這邊我們將建立一篇文章,並將該篇文章的分類設定為「即時」,接著使用 WordPress 內建的小工具「分類」,加入之後就可以呈現出所有分類的標題,使用者可以透過點選「連結」,進入該「分類」的頁面,便可以直接以分類的方式查詢文章。「Uncategorized」是預設分類。

5-3 佈景主題基本操作

▲ 圖 5-3-13 小工具

　　網站首頁的顯示方式分為兩種，一種是以「最新文章」的方式顯示，另一種是以「靜態頁面」來顯示，簡單來說，前者的頁面呈現方式會是以文章為主，後者的頁面呈現方式，會是以一個你設計好的頁面來做呈現。這邊我們會使用預設的選擇，「最新文章」的方式來做呈現。

▲ 圖 5-3-14 首頁設定

　　以網站標題為例子，我們透過 CSS 的語法將網站標題的文字顏色更改為紅色（#f00），因為文字色彩在佈景主題內就可以直接操作了，所以我們以下加入一些基本 CSS 的設定元素。這樣一來就可以做到「覆寫」的目的，但是又不會因為改壞了造成不可逆的錯誤。

5-17

CHAPTER 05 佈景主題

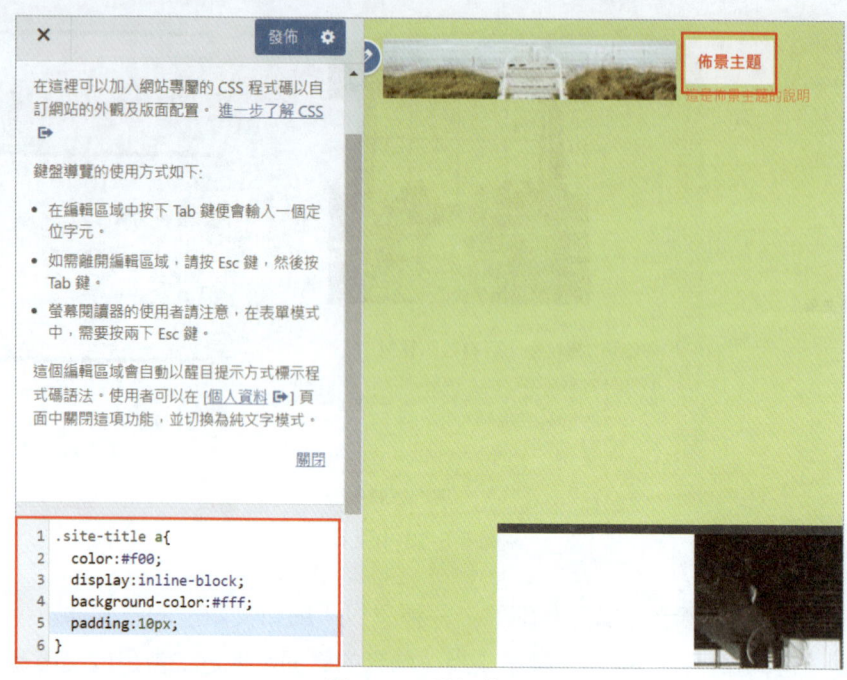

▲ 圖 5-3-15 附加的 CSS

每個佈景主題的 class 名稱或 id 名稱都會有部分的不同，因此更改前會先使用「開發人員工具」來查看要修改的位置。以修改圖 5-3-15 為例，我們先使用開發人員工具找到這個連結的 class 名稱後，在進入到「附加的 CSS」頁面，覆寫這個 class 的樣式。

▲ 圖 5-3-16 開發人員工具

> 💡 **小提示：**
>
> 開發人員工具可使用鍵盤快捷鍵「Ctrl+Shift+I」或「F12」開啟！

5-4 自行新增佈景主題

在 WordPress 當中，如果使用者要自行製作新的佈景主題，需要準備的檔案相當多。如圖 5-4-1 官方文件所示，製作 WordPress 佈景主題，需要 index.php 與 style.css 這兩份檔案。而 index.php 這個檔案是用來顯示首頁的模板，而 style.css 這個檔案主要是用來設定該佈景主題的樣式，例如：連結文字顯示的大小、色彩、位置等等…。

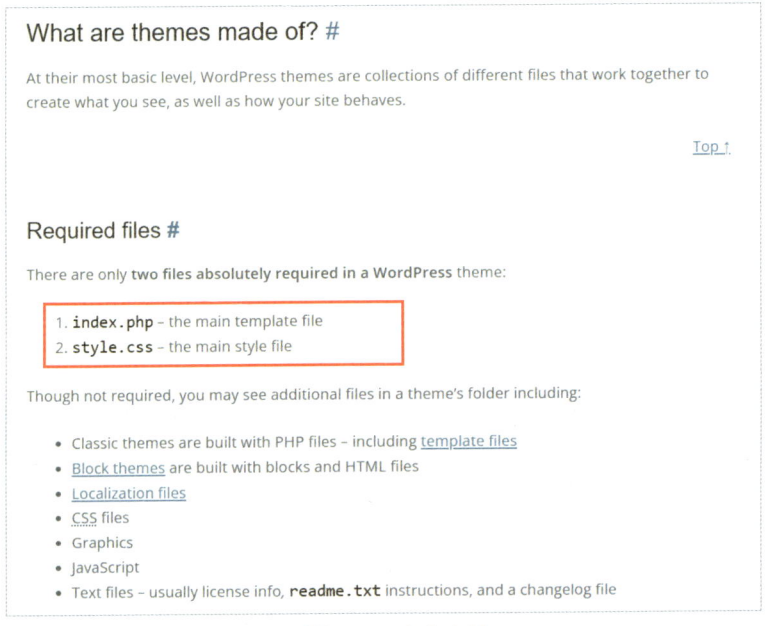

▲ 圖 5-4-1 官方文件

萬事起頭難，如果建立佈景主題，需要使用者從無到有一個一個將檔案製作出來並不容易。值得慶幸的是，已經有網站工具，可以幫助我們建立佈景主題需要的基本架構，只要將檔案下載下來，並放置在正確的 WordPress 目錄底下，即可正常運作。接下來，我們將一步一步的進行佈景主題的新增與安裝至我們的 WordPress 當中。

首先，我們要先取得佈景主題的基本架構，我們使用的佈景主題建立網站為 underscores，該網址為：https://underscores.me/，進入該網站如圖 5-4-2

CHAPTER 05 佈景主題

所示，可以看到一個文字輸入框，這個地方是讓我們輸入要建立的佈景主題名稱。輸入完成後，點選旁邊的「GENERATE」，即會顯示出一個佈景主題的壓縮檔供我們下載。

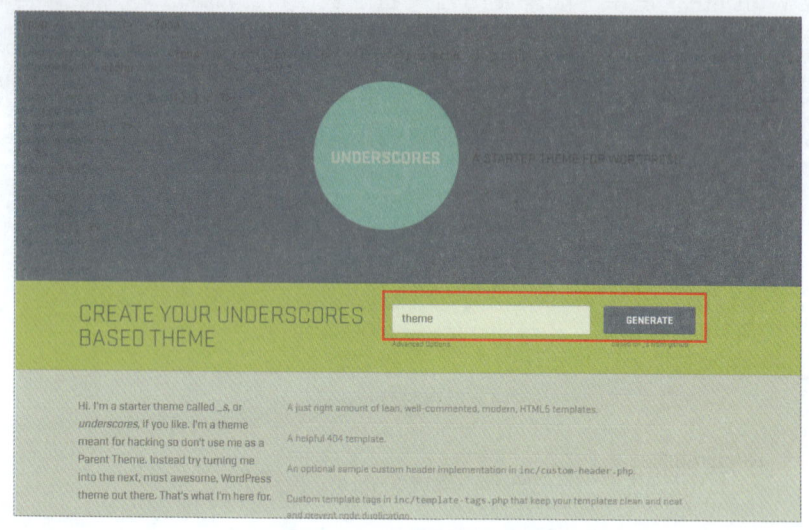

▲ 圖 5-4-2 underscores 網站

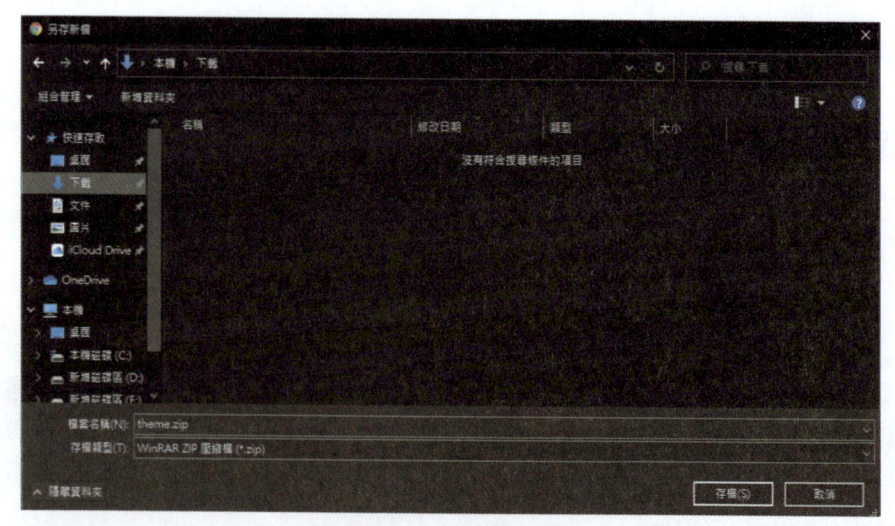

▲ 圖 5-4-3 下載佈景主題

從這個網站下載下來的檔案，是一個可以馬上使用的佈景主題檔案。只要回到 WordPress 控制台，點選 外觀 / 佈景主題 / 安裝佈景主題。

5-4 自行新增佈景主題

▲ 圖 5-4-4 安裝佈景主題

選擇剛剛從網站下載的佈景主題檔案上傳即可。

▲ 圖 5-4-5 上傳檔案

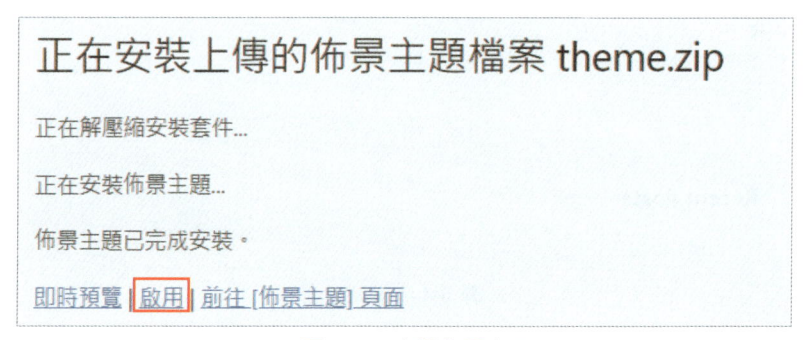

▲ 圖 5-4-6 安裝佈景主題

因為上傳的佈景主題壓縮檔中,只有基本的檔案結構,並沒有包含佈景主題的縮圖和樣式,所以顯示的畫面會如圖 5-4-7 和圖 5-4-8 這樣。

CHAPTER 05 佈景主題

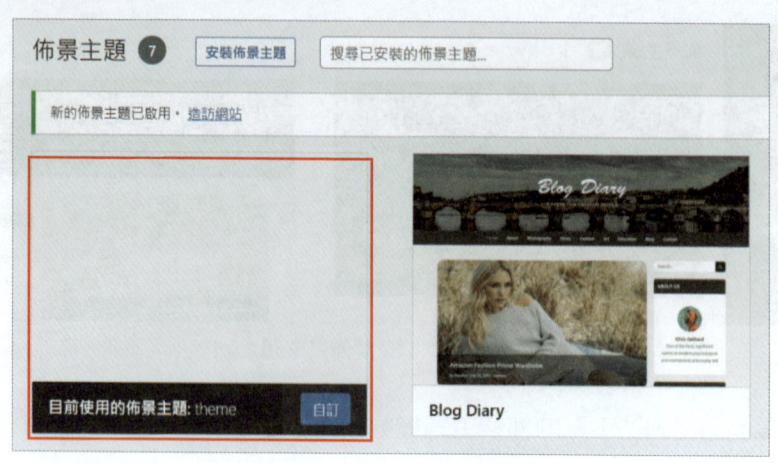

▲ 圖 5-4-7 佈景主題啟用畫面

▲ 圖 5-4-8 網站首頁

所以接下來，我們將會自行設計佈景主題，根據自身的需求來撰寫 CSS 語法。有關於佈景主題每一支的檔案介紹，可以查看 WordPress 官方文件。這邊用表格整理，並簡單介紹每一支檔案的用途。

官方文件的網址：https://codex.wordpress.org/Theme_Development。

5-4 自行新增佈景主題

▼ 表 3 檔案介紹

檔案名稱	用途
style.css	主要樣式表。網站設定樣式的地方。
style-rtl.css	若佈景主題當中,有從右到左的文字,則會自動讀取這份設定。
single.php	文章模板。
sidebar.php	側邊欄模板。
search.php	搜尋結果模版。
page.php	網頁頁面模版。
index.php	首頁模板。
header.php	網站頁首的區塊模板。
functions.php	功能模板。網站的程式邏輯都會存放在這邊。
footer.php	網站頁尾的區塊模板。
comments.php	留言模板。
archive.php	搜尋類別模版。
404.php	當網頁或搜尋內容找不到時呈現的模版。

首先,將剛才下載的檔案解壓縮後,並使用常用的編輯器來打開這份資料夾裡的檔案,筆者這邊使用 Visual Studio Code 來開啟這份資料夾,讀者也可以根據喜好,使用不同的編輯器開啟。

Visual Studio Code 的下載網址如下:https://code.visualstudio.com/download,點選紅框區域後,網站會跳轉至另一個頁面,等待幾秒鐘後,就會自動跳出下載視窗。

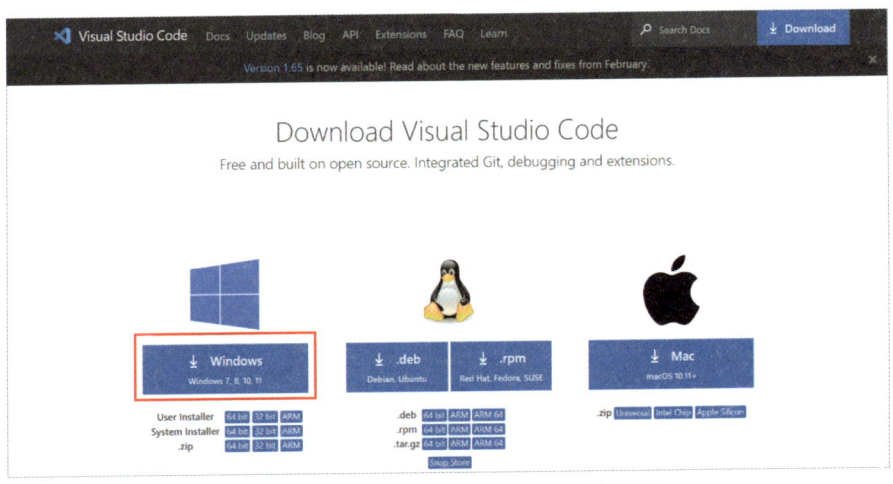

▲ 圖 5-4-9 Visual Studio Code 下載頁面

CHAPTER 05 佈景主題

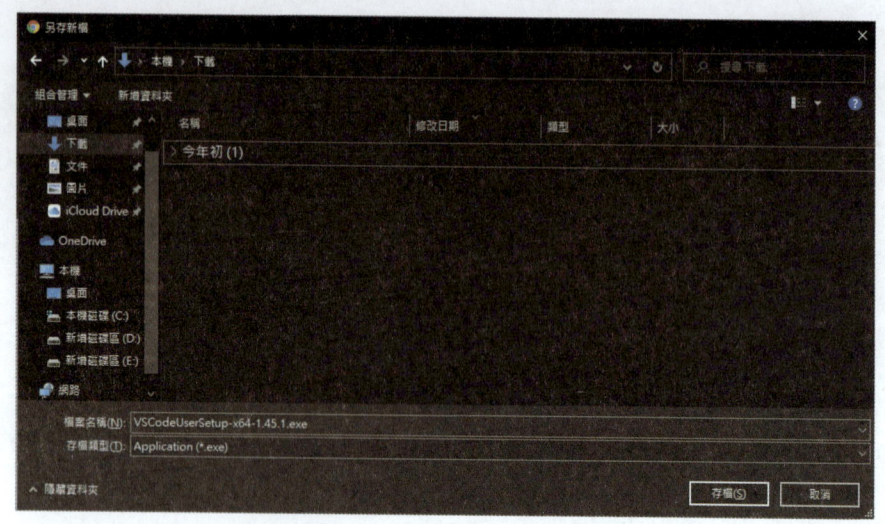

▲ 圖 5-4-10 Visual Studio Code 下載

找到下載的檔案,並進行安裝。勾選我同意接著點選下一步。

▲ 圖 5-4-11 Visual Studio Code 授權合約

這邊如果讀者沒有特殊需求的話,按照預設勾選的項目,就可以點選下一步了。

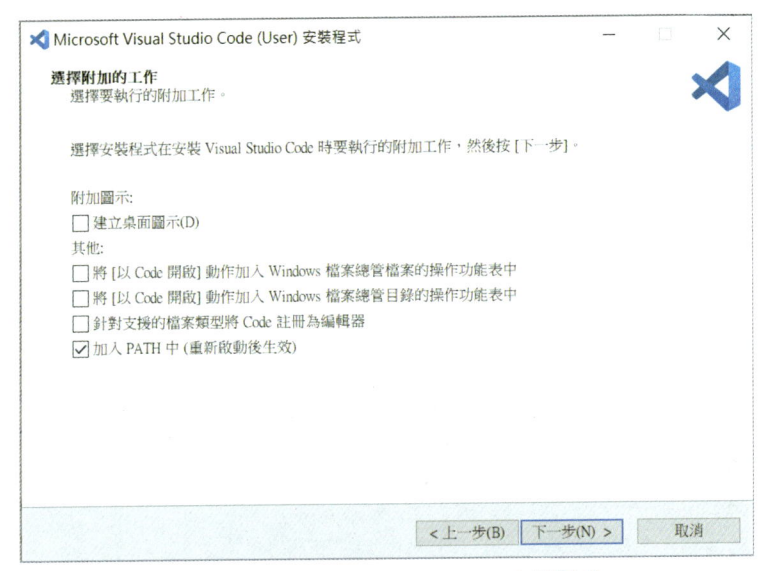

▲ 圖 5-4-12 Visual Studio Code 安裝程式

點選安裝，等待一段時間後，即可使用。

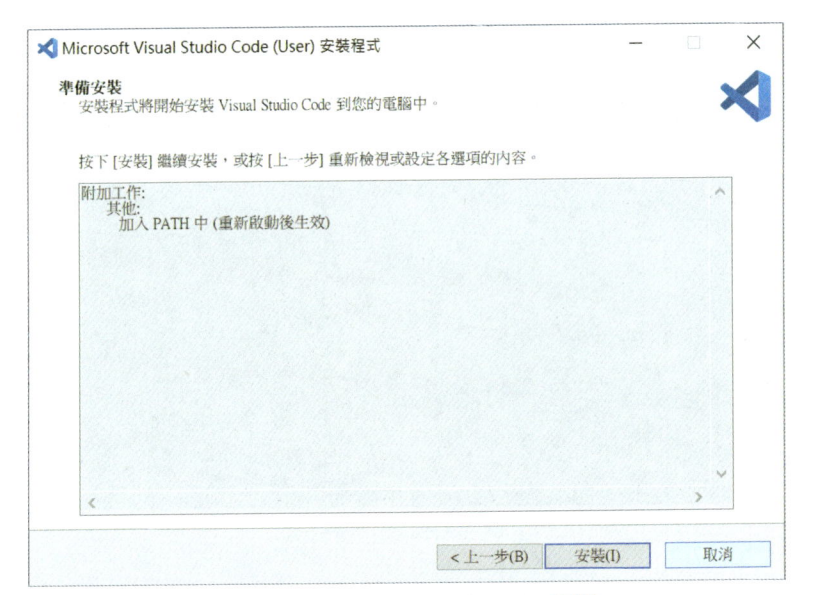

▲ 圖 5-4-13 Visual Studio Code 安裝

CHAPTER 05 佈景主題

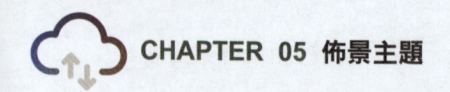

> **小提示：**
>
> Visual Studio Code 編輯器可以安裝好用的外掛，幫助我們在打程式碼的時候更為輕鬆便利，例如：自動排版、關鍵字提示…等等。

開啟 Visual Studio Code 編輯器，並使用佈景主題的資料夾開啟。

點選 檔案 / 開啟資料夾。

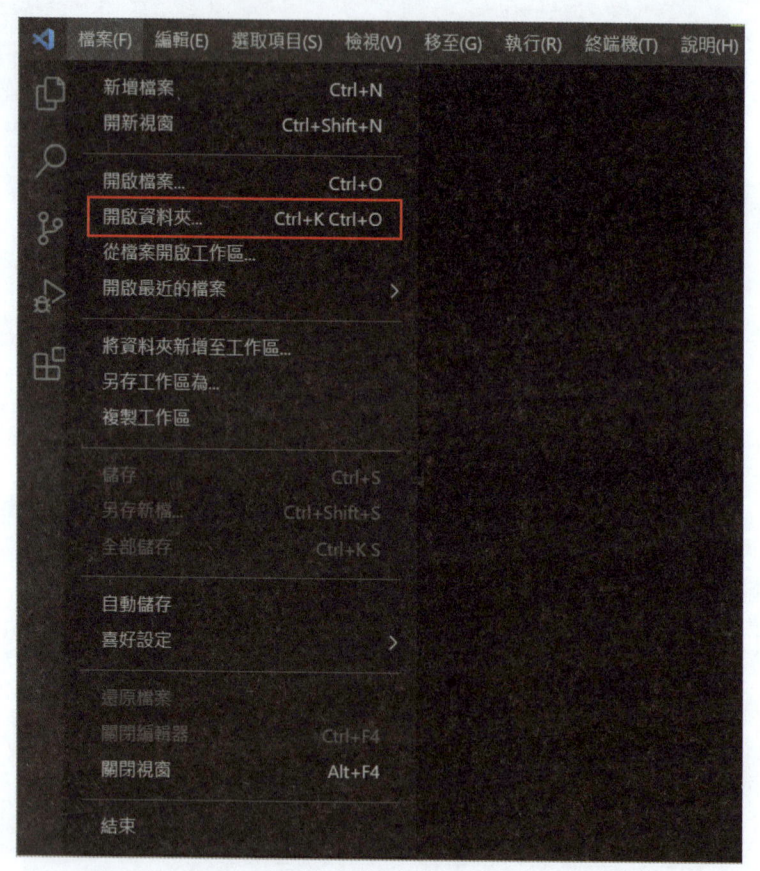

▲ 圖 5-4-14 開啟資料夾

打開資料夾後，會看到資料夾內的檔案結構，這邊我們主要會使用到 style.css 和 footer.php 這兩份檔案。

5-26

5-4 自行新增佈景主題

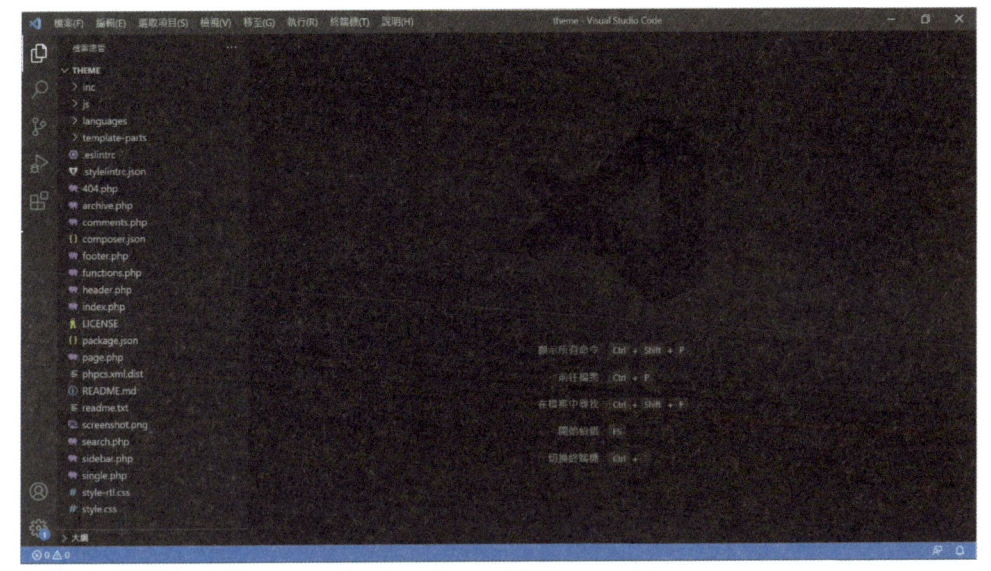

▲ 圖 5-4-15 佈景主題檔案結構

> 小提示：

因為開啟的佈景主題檔案，是從網站工具建立的，所以裡面會包含所有建立 WordPress 佈景主題必要的檔案！

> 小提示：

預設 Visual Studio Code 編輯器的介面會是英文的，如果讀者需要將介面轉換為中文時，可以使用快捷鍵 Ctrl+Shift+X 開啟延伸模組，並搜尋 Chinese，選取並安裝「中文（繁體）」的延伸模組，並且重新開啟編輯器即可！

開啟 footer.php 檔案，並更換紅框區域內的文字資訊，讀者也可以根據喜好更換文字。這裡的更動，只會影響到頁尾顯示的資訊，因此如果這個步驟省略，也不會影響到整體的樣式。

5-27

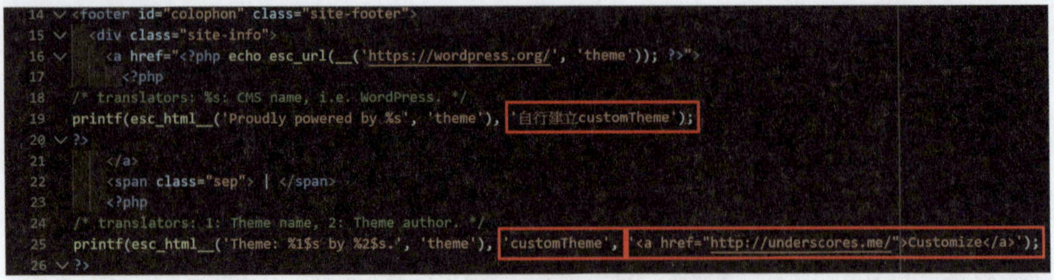

CHAPTER 05 佈景主題

▲ 圖 5-4-16 更換 footer.php 文字

開啟 style.css 檔案，可以看到裡面已經存在許多 CSS 語法，紅框區域的註解為告訴 WordPress，這個佈景主題的基本資訊，包含佈景主題名稱、作者、版本⋯等等，這邊將佈景主題名稱、作者更換為我們的資訊。接著，將畫面移至最下方，就可以開始進行我們佈景主題建立的流程了。

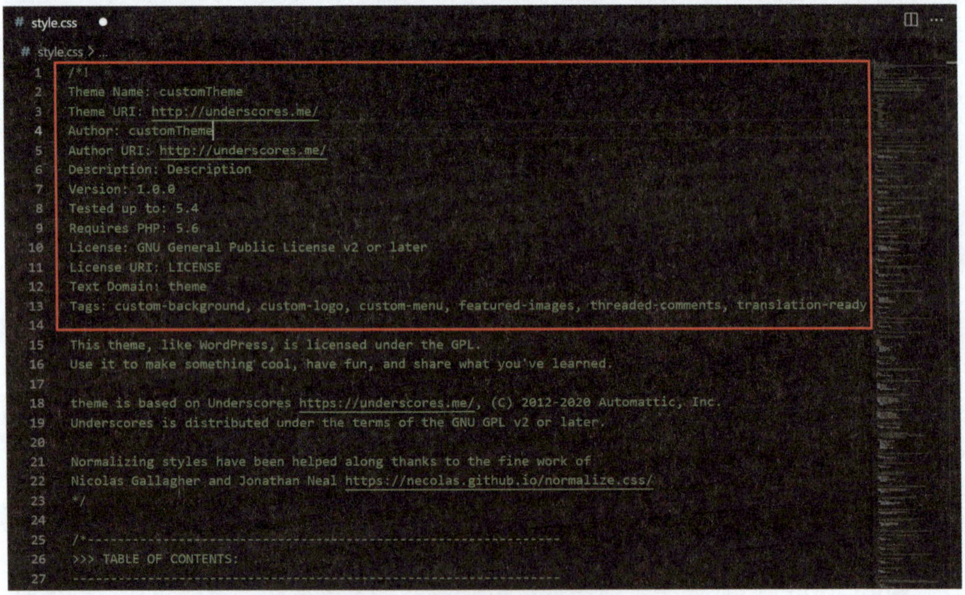

▲ 圖 5-4-17 更換佈景主題資訊

🔖 **備註**：這邊使用到的 CSS 語法，如果讀者不熟悉的話，可以參考本書第四章的內容！

設定整個頁面的字型為微軟正黑體。

5-4　自行新增佈景主題

```
*{
    font-family:微軟正黑體;    // 設定頁面的字體
}
```

▲ 圖 5-4-18 頁面字型設定

設定頁面主標題與副標題的顏色、位置、距離及大小。

```
.site-title a{
    font-size:48px;    // 設定字體大小
    color:#b63d32;    // 設定字體顏色
    text-decoration:none;    // 將連結文字的底線樣式取消
    display:flex;    // 設定為橫向排列
    justify-content:center;    // 設定置中對齊
}

.site-description{
    font-size:20px;    // 設定字體大小
    position:relative;    // 設定定位方式為相對定位
    display:flex;    // 設定為橫向排列
    justify-content:center;    // 設定置中對齊
    top:-1.5em;    // 設定與上方物件的距離,負的數值表示接近此物件
}
```

CHAPTER 05 佈景主題

▲ 圖 5-4-19 主副標題設定

設定導覽列位置、顏色、導覽列內的連結文字，以及當游標移至連結時，文字樣式的變換。

```css
#primary-menu{
    position:relative;    // 設定定位方式為相對定位
    top:-2.5em;    // 設定與上方物件的距離，負的數值表示接近此物件
    display:flex;    // 設定為橫向排列
    justify-content:space-around;    // 設定內容的對齊方式
    background-color:#B63D32;    // 設定背景顏色
}

.menu-item a{
    font-size:18px;    // 設定字體大小
    display:block;    // 設定為區塊顯示
    padding:10px 0;    // 設定上下的內距
    color:#FFFFFF;    // 設定字體顏色
}

// 設定當游標滑過時的效果
.menu-item a:hover{
    color:#FFC90E;    // 設定字體顏色
    font-weight:bold;    // 設定字體屬性為粗體
}
```

5-4 自行新增佈景主題

▲ 圖 5-4-20 導覽列設定

設定文章顯示區塊、位置、文章相關資訊的顯示樣式，以及當游標移至連結時，文字樣式的變換。

```
.site-main{
     float:left;    // 設定為浮動靠左
     width:900px;   // 設定寬度
}

.entry-title{
     display:flex;    // 設定為橫向排列
     justify-content:center;    // 設定置中對齊
}

.entry-title a{
     color:#b63d32;    // 設定字體顏色
     text-decoration:none;    // 將連結文字的底線樣式取消
}

.entry-meta{
     display:flex;    // 設定為橫向排列
     justify-content:center;    // 設定置中對齊
     text-transform: uppercase;    // 將文字轉換為大寫字母
}

.entry-meta a{
```

```css
        color:#000000;     // 設定字體顏色
        text-decoration:none;     // 將連結文字的底線樣式取消
}

.entry-meta .byline{
        margin-left:20px;     // 設定左邊的外距
}

// 設定當游標滑過時的效果
.entry-meta .byline a:hover{
        font-weight:bold;     // 設定字體屬性為粗體
        color:#FF3333;        // 設定字體顏色
}

// 設定當游標滑過時的效果
.entry-meta .posted-on a:hover{
        font-weight:bold;     // 設定字體屬性為粗體
        color:#FF3333;        // 設定字體顏色
}

.site-main a img{
        display:block;        // 設定為區塊顯示
        margin:auto;          // 設定為置中對齊
        padding-top:1em;      // 設定上方的內距
}

.entry-content{
        display:flex;         // 設定為橫向排列
        flex-wrap:wrap;       // 設定換行屬性
        justify-content:center;   // 設定置中對齊
}

.entry-content p{
        color:#000000;        // 設定字體顏色
        position:relative;    // 設定定位方式為相對定位
        top:-1.5em;           // 設定與上方物件的距離，負的數值表示接近此物件
}

.elementor-row{
        margin:auto;          // 設定為置中對齊
        padding:0 10em;       // 設定左右的內距
}

.entry-footer{
        display:flex;         // 依序設定上下內距、左右內距
        padding:10px 0;       // 設定上下的內距
```

```css
        justify-content:center;    // 設定置中對齊
        text-transform: uppercase;    // 將文字轉換為大寫字母
}

.entry-footer .edit-link a{
    text-decoration:none;    // 將連結文字的底線樣式取消
    color:#000000;    // 設定字體顏色
    margin-left:2em;    // 設定左邊的外距
}

// 設定當游標滑過時的效果
.entry-footer .edit-link a:hover{
    font-weight:bold;    // 設定字體屬性為粗體
    color:#FF3333;    // 設定字體顏色
}

.cat-links{
    color:#000000;    // 設定字體顏色
}

.cat-links a{
    color:#000000;    // 設定字體顏色
  margin-right:2em;    // 設定右邊的外距
    text-decoration:none;    // 將連結文字的底線樣式取消
}

// 設定當游標滑過時的效果
.cat-links a:hover{
    font-weight:bold;    // 設定字體屬性為粗體
    color:#FF3333;    // 設定字體顏色
}

.comments-link a{
    display:block;    // 設定為區塊顯示
    text-align:center;    // 設定文字置中對齊
    color:#000000;    // 設定字體顏色
    text-decoration:none;    // 將連結文字的底線樣式取消
}

// 設定當游標滑過時的效果
.comments-link a:hover{
    font-weight:bold;    // 設定字體屬性為粗體
    color:#FF3333;    // 設定字體顏色
}
```

CHAPTER 05 佈景主題

▲ 圖 5-4-21 文章顯示區塊設定

設定小工具顯示區塊、位置、連結文字，以及當游標移至連結時，文字樣式的變換。

```css
#secondary{
    float:right;   // 設定為浮動靠右
    position:relative;   // 設定定位方式為相對定位
    right:10em;   // 設定與右邊物件的距離
}

#secondary h2{
    background-color:#B63D32;   // 設定背景顏色
    color:#FFFFFF;   // 設定字體顏色
    padding:10px 10em 10px 10px;   // 依序設定上右下左的內距
    font-size:18px;   // 設定字體大小
}

#secondary ul{
    margin:auto;   // 設定置中對齊
    list-style-type:square;   // 設定項目符號為正方形
}

#secondary ul li a{
    color:#000000;   // 設定字體顏色
```

5-34

```
        text-decoration:none;    // 將連結文字的底線樣式取消
}

// 設定當游標滑過時的效果
#secondary ul li a:hover{
        color:#ff0000;    // 設定字體顏色
        font-weight:bold;    // 設定字體屬性為粗體
}
```

這邊因為文章和小工具的設定都是使用 float，造成高度不一致導致，因此需要在後面的樣式設定，解決高度不一致的問題。

▲ 圖 5-4-22 小工具顯示區塊設定

設定頁尾資訊、位置、連結文字，以及當游標移至連結時，文字樣式的變換。

```
.site-footer{
        clear:both;    // 清除左右兩邊的浮動
        display:flex;    // 設定為橫向排列
        justify-content:center;    // 設定置中對齊
        background-color:    #181818;    // 設定背景顏色
}
```

```css
.site-info{
    color:#FFFFFF;    // 設定字體顏色
    padding:20px;    // 設定上下左右的內距
    text-transform: uppercase;    // 將文字轉換為大寫字母
}

.site-info a{
    color:#FFFFFF;    // 設定字體顏色
    text-decoration:none;    // 將連結文字的底線樣式取消
}

// 設定當游標滑過時的效果
.site-info a:hover{
    font-weight:bold;    // 設定字體屬性為粗體
    color:#FF3333;    // 設定字體顏色
}
```

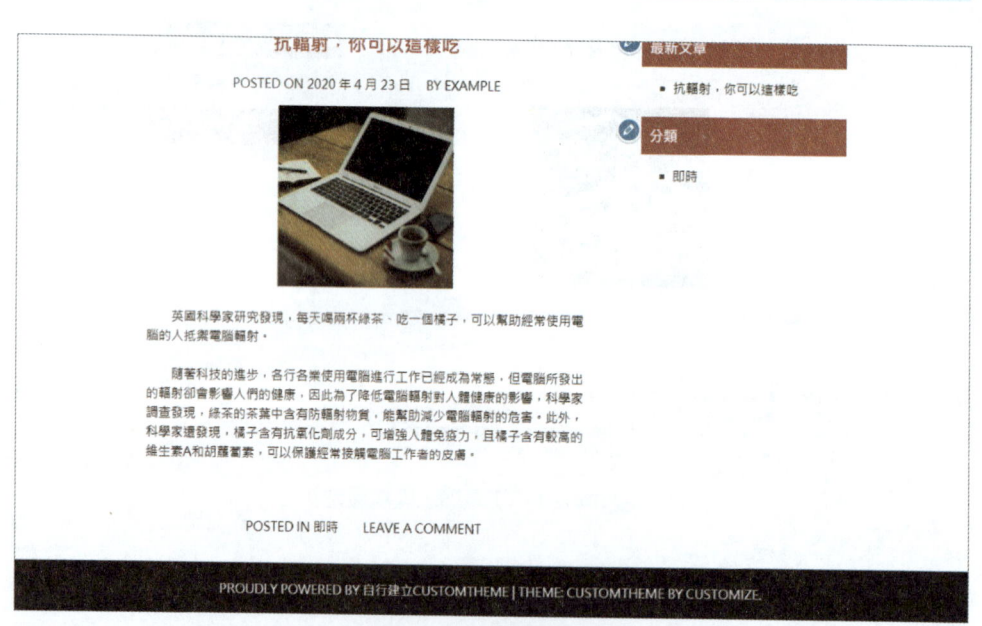

▲ 圖 5-4-23 頁尾資訊設定

　　最後，需要將佈景主題的資料夾，使用 ZIP 的格式加入壓縮檔後，就完成自行新增的佈景主題了。

　　對資料夾點選右鍵 / 加到壓縮檔 / 選擇 ZIP 壓縮檔格式。

5-4 自行新增佈景主題

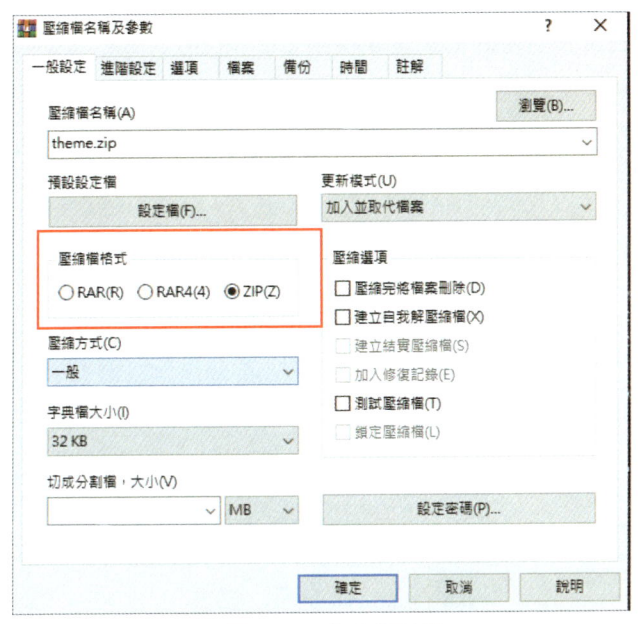

▲ 圖 5-4-24 加入壓縮檔

將壓縮檔上傳到 WordPress，點選安裝後，就完成套用自行建立的佈景主題了。

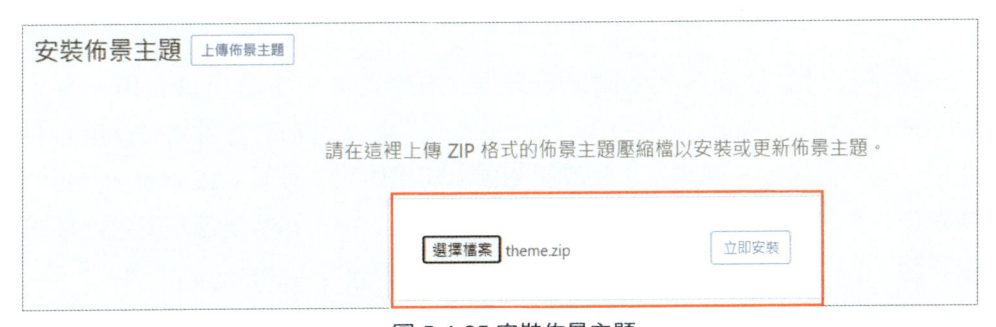

▲ 圖 5-4-25 安裝佈景主題

因為之前已經上傳過相同的佈景主題，所以會出現已安裝的提示，這裡選擇「使用已上傳版本取代現有版本」即可更新。

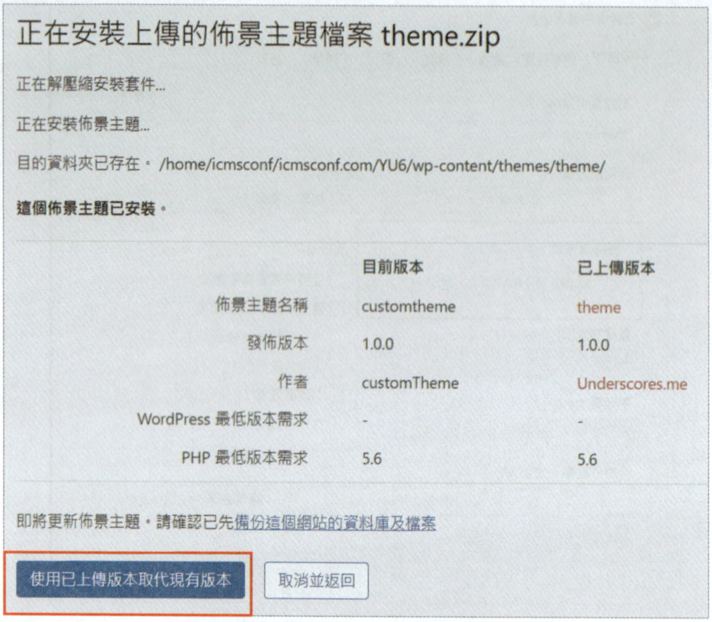

CHAPTER 05 佈景主題

正在安裝上傳的佈景主題檔案 theme.zip

正在解壓縮安裝套件...

正在安裝佈景主題...

目的資料夾已存在。/home/icmsconf/icmsconf.com/YU6/wp-content/themes/theme/

這個佈景主題已安裝。

	目前版本	已上傳版本
佈景主題名稱	customtheme	theme
發佈版本	1.0.0	1.0.0
作者	customTheme	Underscores.me
WordPress 最低版本需求	-	-
PHP 最低版本需求	5.6	5.6

即將更新佈景主題。請確認已先備份這個網站的資料庫及檔案

使用已上傳版本取代現有版本   取消並返回

▲ 圖 5-4-26 更新佈景主題

5-5 自行修改佈景主題

　　網路上可以找到各式各樣 WordPress 的免費佈景主題可供套用。由於 WordPress 是開放原始碼的系統，因此，所有的程式碼都被授權為可以自由的使用、複製或是以任何方式來修改原始碼。如果使用者瞭解 CSS 以及 HTML，或者是 PHP 程式碼，任何的佈景主題或網站內容，都可以根據自己的喜好修改或調整。

　　在修改佈景主題之前，有幾個需要特別注意的地方。首先，WordPress 對於直接修改佈景主題的程式碼是不建議的，如圖 5-5-1 所示，因為有些 PHP 的程式碼如果不小心修改錯誤，可能會造成網站停擺，嚴重的話有可能會影響到資料庫的操作（網站的文章、留言內容都是存放在資料庫中，如果影響到資料庫的操作，很有可能會造成文章或留言內容顯示失敗的情況）；最後，修改完的網站在多數的情況下，如果將原本的佈景主題進行更新時，很有可能將之前修改的部分覆蓋掉，造成每次更新後，所有的修改工作都要再重新來過一次。

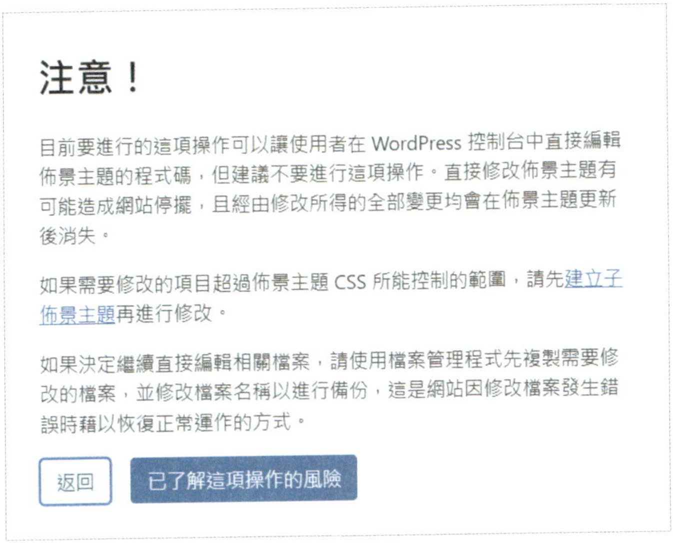

▲ 圖 5-5-1 WordPress 操作提醒

　　因此，直接修改佈景主題的主系統時，WordPress 是不建議你這樣做的。如果能在不修改主系統的程式碼情況下，以適合的外掛來實現你想要修改的想法是比較可行的做法。所以接下來，我們將使用最安全的方式，來完成我們修改的想法。

　　點選 外觀 / 自訂。

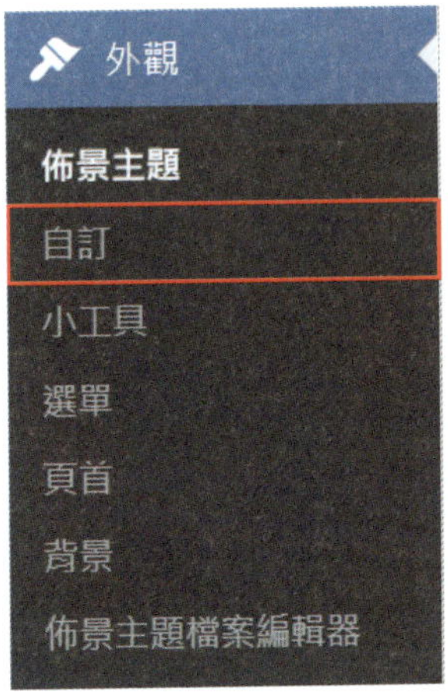

▲ 圖 5-5-2 自訂

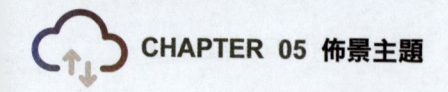

點選 附加的 CSS。

▲ 圖 5-5-3 附加的 CSS

　　此處的 CSS 語法擁有最高的優先權，也就是說，不論套用在佈景主題裡面的 CSS 語法是如何設定的，在這邊設定的 CSS 語法都可以把原本的設定覆蓋過去，如圖 5-5-5 所示。

5-5　自行修改佈景主題

▲ 圖 5-5-4 編輯 CSS 區域

▲ 圖 5-5-5 更改字型

> 💡 **小提示**：
>
> 詳細的 CSS 語法可參考本書第四章的內容。

CHAPTER 05 佈景主題

CHAPTER 06
關於 SEO

在資訊爆炸的環境下,網路行銷比起傳統行銷更能將訊息帶給消費者們,而行銷手法不外乎就是 SEO、社群媒體和廣告投放等,其中對於網站的宣傳又以 SEO 最有名氣,但講到 SEO 大多數人知道的都是它是一種行銷方法,很少人知道要如何實施,因此本章節將帶領大家由淺入深的了解何謂 SEO。

CHAPTER 06 關於 SEO

6-1 認識搜尋引擎

想做好 SEO 前,首先需要了解何謂搜尋引擎,才能更好的理解 SEO 的執行流程,接下來先來介紹搜尋引擎。

搜尋引擎 (Search Engine) 是一種幫助您搜尋網路上訊息的資訊檢索系統,簡單來說它會利用搜尋引擎算法,去擷取網頁中的資料放進資料庫,並提供使用者利用關鍵字做查詢,這類型的都可以被稱之為搜尋引擎,而按搜尋引擎的工作方式大約可以分為以下三種,其中又以全文搜尋引擎最為重要:

1. 全文搜尋引擎 (Full Text Search Engine):

此分類將網路上所擷取的資料,建立成資料庫,並將與使用者查詢最相近的資訊,依照規則排列好順序再返回給使用者,最具代表性的實例為:Google 和百度。而全文搜尋引擎可以依照 2 個面向做進一步的介紹。

A. 搜尋來源的角度:可以將此再細分為兩種,第一種為網路蜘蛛 (Spider) 又稱為網路爬蟲、機器人 (Robot),此軟體通過網路上的連結,來取得大量的網頁內容資訊,並按照所屬的搜尋引擎來進行規則的分析與整理,並將取得的資訊存進資料庫且擁有隨時調用資料的權限。第二種則是向其他搜尋引擎租用資料庫,然後按照自訂的排列方式呈現搜尋結果。

B. 自動蒐集訊息功能:共有兩種方式,第一種為定期搜尋,每隔一段時間就會派出網路蜘蛛進行查詢,如發現新網站,就會自動擷取新網站的訊息和網址放進自身的資料庫中。另一種則是主動提交網址給搜尋引擎做搜尋,則網路蜘蛛則會定向的朝您的網址進行搜尋並擷取相關資料進自身資料庫中,但儘管您主動提供了,但還是有機率性因為您的網站不符合規則,而無法進入搜尋引擎的資料庫中。

2. 目錄索引類搜尋引擎 (Search Index/Directory):

使用者可以依照分類的目錄找到所需要的資訊,而不用依靠關鍵字進行查詢,與全文搜尋引擎較為不同的地方在於,全文搜尋引擎是以自動網站搜尋的方式進行,而目錄索引則是仰賴手動的方式進行網站連結列表,所以嚴格上來說並不能稱之為真正的搜尋引擎,而目錄索引實際例子為 yahoo。

3. 元搜尋引擎 (Meta Search Engine)：

此分類為將使用者的查詢套用到數個其他的搜尋引擎進行搜尋，並將得知的結果顯示給使用者，實例為：Vivisimo。

6-2 何謂SEO

6-2-1 認識 SEO

SEO 是 (Search Engine Optimization) 搜尋引擎最佳化的縮寫，是一種利用「自然排序」的方式增加網站排名，簡單來說就是圖 6-2-1-1 的紅框處部分，在搜尋「Wordpress」關鍵字時網站出現的先後順序，利用這種先後順序就可以增加網站的能見度，網站越先出現使用者越容易看到此網站。

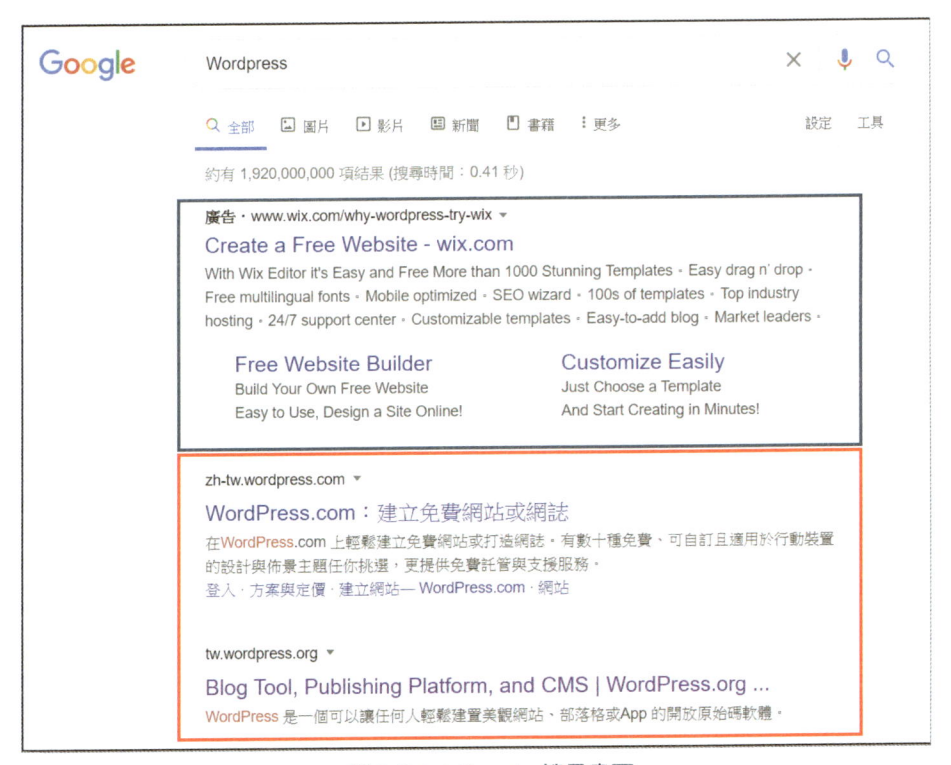

▲ 圖 6-2-1-1 Google 搜尋畫面

CHAPTER 06 關於 SEO

6-2-2 SEO 免費 V.s. SEM 付費

　　SEM(Search Engine Marketing) 是搜尋引擎行銷的簡稱，而 SEM 的定義就是利用付費的方式進行網路行銷以獲得網站排名，而大多數在講 SEM 時指的是 Google Adwords 廣告，像是圖 6-2-1-1 的藍框處，而 SEO 的部分則是圖 6-2-1-1 的紅框處，但是如果是利用 SEO 的方式去獲得自然搜尋排名的靠前，需要從很多方面下手，像是網站內容、網站速度、網站架構…等都是需要去進行優化的部分，只有做好這些才有可能將您的網站排名進行提升，而 SEM 和 SEO 這 2 者的區別只在於免費與付費的差別，當然 SEM 與 SEO 沒有哪個是比較好，在短期的時候當然是 SEM 會有比較顯著的差別，但是如果一個網站要長久，做好 SEO 才是維持一個網站的主要。

6-3　SEO行銷手法

　　與 SEO 常常搭配在一起的有內容行銷與 Google 關鍵字行銷這兩種行銷手法，此章節將分開介紹這兩項內容。

6-3-1 內容行銷

　　與 SEO 常常搭配在一起的就是內容行銷了，雖然它們看起來不太相似，但如果將它們分開將會大大降低行銷的效果，就像是如果您的網站功能非常的完善，被搜尋引擎推薦給了使用者，但網站的內容卻無法吸引使用者，這樣反而會造成反效果，所以唯有將 SEO 與內容行銷好好的搭配在一起才可以發揮它們最大的用處。

　　根據美國內容行銷機構 (Content Marketing Institute, CMI) 的定義：「內容行銷是一種策略行銷的方法，其重點在於創造與傳遞有價值性、相關性、一致性的內容去吸引和留住已被清楚定義的使用者，且在最終去驅動這些可能貢獻利潤的使用者去採取行動。」

也就是說，內容行銷可以透過各種情形來吸引對於網站內容有共同感的使用者，並且可以真正的表達使用者想要知道的訊息，讓使用者可以獲得它們想要得知的資訊，以此來漸漸培養起他們對於品牌的信任感。

SEO 與內容行銷需要相配合的執行，以下為他們合作時各自的分工：

1. 關鍵字優化：雖然利用關鍵字可以迅速找到想要搜尋的內容，但是目前塞滿都是關鍵字的內容，已經無法達到搜尋引擎的要求了，所以需要使用 SEO 找出哪些字詞是目前網站最需要的關鍵字，然後再搭配上內容行銷的功用，就可以達到目前所需求的關鍵字優化。
2. 網站連結優化：利用優良且高品質的內容，讓所有來到您網站的使用者都覺得這是值得被分享的內容，讓他們在自己的頁面放上您網站的連結，創造反向連結，就可以為您的網站創造流量，以此達到內容行銷與 SEO 的結合。

6-3-2 Google 關鍵字行銷

在 Google 上方主要的行銷手法分為 SEO 與關鍵字廣告 (Google Ads)，此處要特別介紹的就是第二種行銷方法，關鍵字廣告又稱之為 PPC，簡單來說就是利用某些關鍵字，讓使用者在搜尋設定好的關鍵字時就會產生廣告來進行的行銷手法，而 Google 這時就會根據使用者點擊廣告的次數來跟業主收費。

並且當您在設定關鍵字廣告時，必須先進行預算和出價的填寫，而在這裡的出價暗指的意思為當使用者點擊您的廣告頁面時，您必須支付給 Google 的費用，不過 Google 也不會是照單全收，以下是如何獲得 Google 廣告最大效益的如圖 6-3-2-1 Google 關鍵字廣告公式。

高品質的廣告 ＋ 價錢合理 ＝ 廣告曝光機會

▲ 圖 6-3-2-1 Google 關鍵字廣告公式

CHAPTER 06 關於 SEO

6-4 SEO工具

　　Google Search Console 是 Google 所提供的免費服務，可以監控與維持網站在 Google 中的排名結果，並且有助於您更加瞭解自己網站，以下是適合用此網站的人，如商家業主、搜尋引擎最佳化 (SEO) 專家或行銷人員、網站管理員、網站開發人員…等，可以從此網頁進入 https://search.google.com/search-console/，並且進行網址的認證，就可以從中知道網站最新的點擊率與曝光度，以下是 Google Search Console 認證步驟：

Step 1

　　首先先點選網址進入 Google Search Console 中如圖 6-4-1，此步驟是為了確認您是否擁有網站的所屬權，如確認您是網站的擁有者才會給予您進入到 Search Console 中的權限。

Step 2

　　點選圖 6-4-1 的紅框處，將網址填入到此方框中，點選下方的繼續按鈕，緊接著就會跳出圖 6-4-2 的驗證程序方框。

Step 3

　　本書將使用下方的其他驗證方法，並選擇第一個使用 HTML 標記方式，接著複製紅框處的程式碼如圖 6-4-3，並將該程式碼貼入到首頁的 <head>，然後點選下方驗證按鈕，緊接著就會出現「已驗證擁有權」的訊息提示視窗如圖 6-4-4。

Step 4

　　點選「前往資源」的按鈕，將會跳轉至 Google Search Console 的功能畫面。

▲ 圖 6-4-1 Google Search Console 歡迎畫面

▲ 圖 6-4-2 Google Search Console 驗證程序

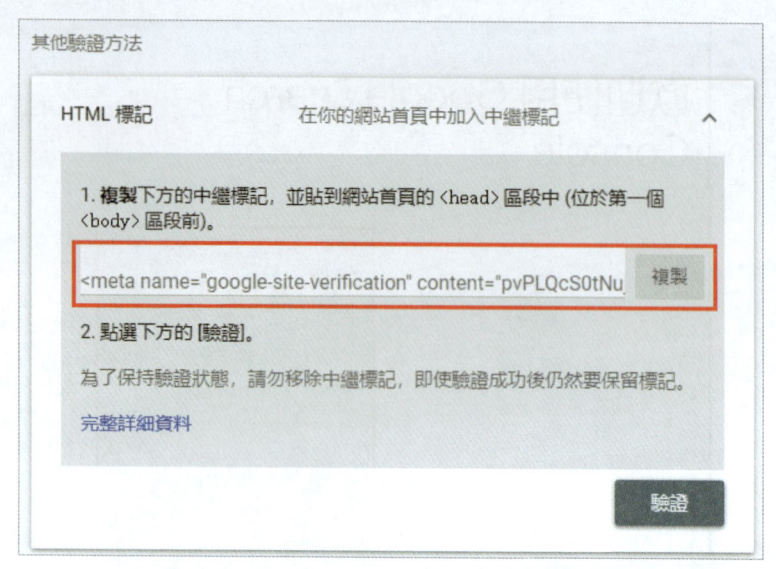

▲ 圖 6-4-3 Google Search Console 其他驗證程序

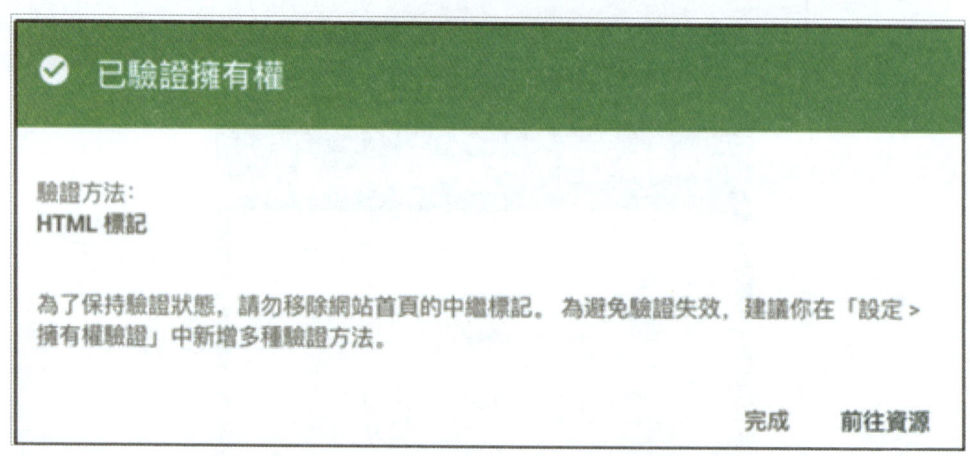

▲ 圖 6-4-4 Google Search Console 驗證成功

6-5　SEO 相關套件

▲ 圖 6-4-5 Google Search Console 控制台

6-5　SEO相關套件

雖然 WordPress 在 SEO 上有先天的優勢，但如果利用相關輔助外掛，再加上上方所提到的 SEO 注意事項，對於網站的排名一定會更有成效。

6-5-1 All in One SEO

All In One SEO Pack 對於 WordPress 和 SEO 的初學者是非常友善，因為此外掛非常容易安裝也不需要太多的設定，通常只要使用預設值，就可以擁有 SEO 優化的效果，不僅啟用安裝數已超過 300 萬次，並且也有持續在更新，在 SEO 外掛中也是非常有名。

CHAPTER 06 關於 SEO

▲ 圖 6-5-1-1 All In One SEO Pack 外掛畫面

Step 1 安裝步驟

可於控制台→外掛→安裝外掛頁面的搜尋框中輸入「All In One SEO Pack」，並在圖 6-5-1-2 紅框處點選「立即安裝」，安裝完畢後再次點選出現在同一位置的「啟用」按鈕，詳細安裝畫面可參考 7-1 章。

6-10

6-5　SEO 相關套件

▲ 圖 6-5-1-2 搜尋畫面

Step 2　進入 AIOSEO 操作介面

啟用完成後會直接跳至圖 6-5-1-3，在左方選單中也可以看到安裝好的外掛，這時點選紅框處跳轉至圖 6-5-1-4。

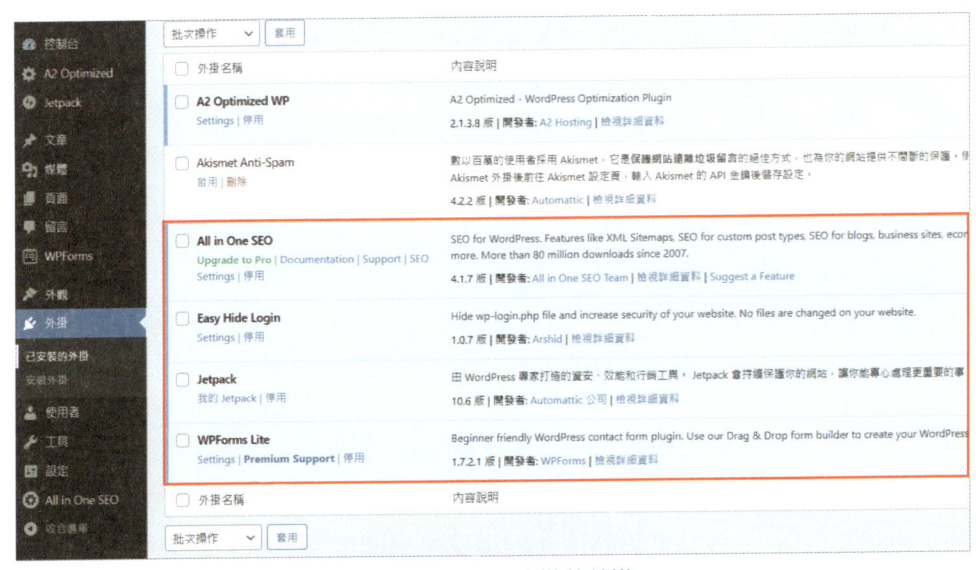

▲ 圖 6-5-1-3 已安裝的外掛

6-11

CHAPTER 06 關於 SEO

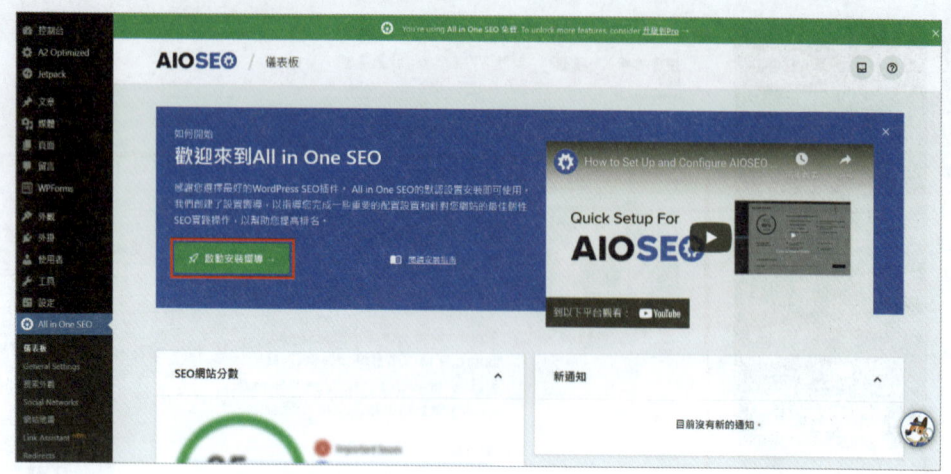

▲ 圖 6-5-1-4 All In One SEO Pack 外掛畫面

Step 3 啟動安裝嚮導完成重要配置

點選圖 6-5-1-4 上的紅框後畫面會轉到圖 6-5-1-5，點選紅框「讓我們開始吧」，並請讀者自行完成 AIOSEO 嚮導，下面的步驟將繼續介紹幾項重要的設定功能。

▲ 圖 6-5-1-5 All In One SEO Pack 安裝嚮導

Step 4 網站管理員工具驗證

左側選單 ALL IN ONE SEO ／ 一般設定，點選「網站管理工具」頁籤，在圖 6-5-1-6 任意點選服務填入驗證碼以獲得更深入得網站數據，欲使用 Google 網站站長驗證可參考 6-4 利用 Google Search Console 的 HTML 標記驗

證。驗證成功後，讀者可前往 Google 網站管理員 (Search Consolee) 分析網站搜尋資料、網站結構化、行動裝置（AMP）、網頁索引與檢索狀態、robot.txt 編輯、sitemap 提交等。

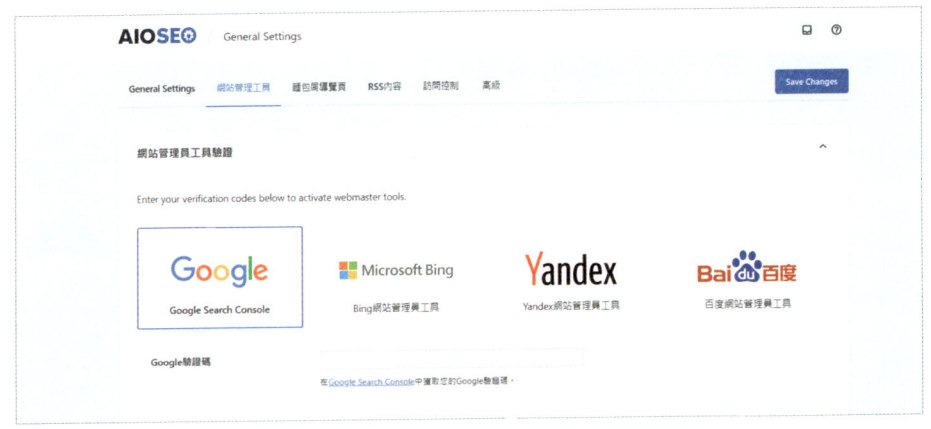

▲ 圖 6-5-1-6 All In One SEO Pack 首頁設定

Step 5 啟用網站地圖告訴搜尋引擎網站的內容列表

左側選單 ALL IN ONE SEO ／ 網站地圖，點選「常規站點地圖」頁籤，在圖 6-5-1-7 中，點選紅框 1 啟動「啟用站點地圖」，點選紅框 2「打開站點地圖」可查看網站目前擁有的 URL 索引內容。允許 All in One SEO 創建的 XML 站點地圖告訴搜索引擎在哪裡可以找到您網站上的所有內容，以及那些內容是重要的。

▲ 圖 6-5-1-7 All In One SEO Pack 網站地圖

CHAPTER 06 關於 SEO

Step 6 啟用麵包屑導覽頁

左側選單 ALL IN ONE SEO ／ 一般設定，點選「麵包屑導覽頁」，在圖 6-5-1-8 中，點選紅框啟動「啟用麵包屑導覽頁」，麵包屑能幫助訪問者和搜尋引擎了解網站，確保此功能是被啟用的，讀者也可以自行定義顯示方式，包含使用者訪問到不存在的頁面的顯示畫面。

▲ 圖 6-5-1-8 All In One SEO Pack 麵包屑導覽頁

Step 7 優化各網頁的 SEO

左側選單文章 / 全部文章，前往圖 6-5-1-9 全部文章頁面，讀者任意點選想優化 SEO 的文章，點開文章後如圖 6-5-1-10，在文章底部的紅框 1 處可依照 AIOSEO 設定文章的標題與描述，並根據頁面分析改善不足之處，盡可能讓網頁右上角的紅框 2 顯示為綠燈。

6-14

▲ 圖 6-5-1-9 All In One SEO Pack 前往全部文章

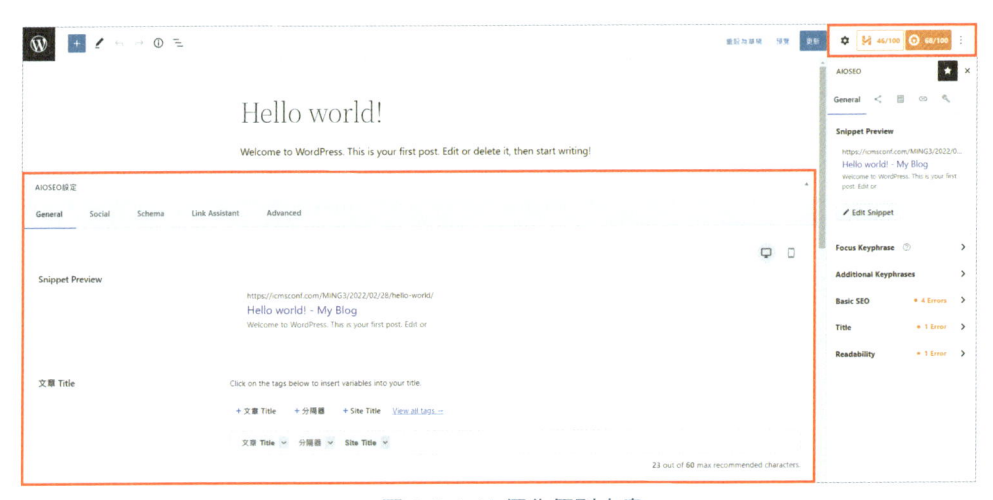

▲ 圖 6-5-1-10 優化個別文章

點選 AIOSEO 設定 / 一般頁籤旁的「社群」如圖 6-5-1-11，此功能能確保此篇網頁在社交媒體平台分享時，連結的圖像不會被損壞。讀者從預覽確認圖像與連結一起的完美顯示，也可針對臉書或推特平台撰寫網頁標題與描述。

CHAPTER 06 關於 SEO

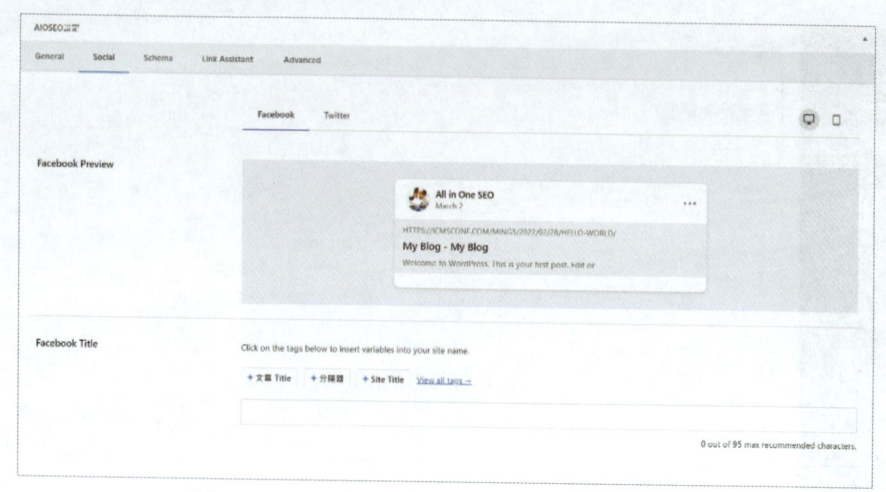

▲ 圖 6-5-1-11 All In One SEO Pack 個別文章社群設定

Step 8 了解網站總 SEO 評分

左側選單 ALL IN ONE SEO ／ SEO 分析，點選 SEO 審核清單查看網站整體分數，如圖 6-5-1-12，分數底下針對基本 SEO、進階 SEO、表現與安全性個別確認審核。在這裡您能看到網站整體的 SEO 表現，您能從完整的 SEO 清單看到需要改進的、建議優化與已做的好的 SEO 表現。

▲ 圖 6-5-1-12 All In One SEO Pack 網站整體分數

6-5　SEO 相關套件

Step 9 分析競爭對手的網站

在圖 6-5-1-12 上點選「分析競爭對手的網頁」頁籤後會轉到圖 6-5-1-13，在紅框處貼上研究對象的網址後，能看到競爭對手完整的 SEO 分析項目，包含關鍵字、有爭議的地方等等，讀者可以知道該網站的 SEO 表現並向他學習。

▲ 圖 6-5-1-13 All In One SEO Pack 分析競爭對手

6-5-2　Yoast SEO – SEO 最佳化外掛

在 SEO 外掛排名中 Yoast SEO 的使用量為第一名，目前總共有 500 萬的啟用安裝數，並且 Yoast SEO 是一款貼心的外掛，它以燈號的方式來提醒使用者輸入是否正確，在輸入錯誤時還會顯示提示文字。

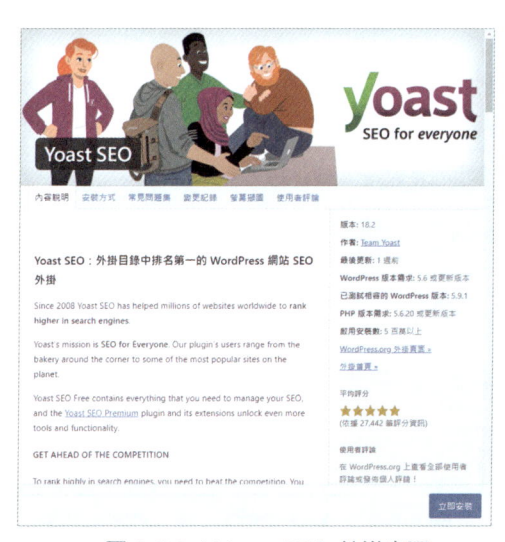

▲ 圖 6-5-2-1 Yoast SEO 外掛畫面

6-17

CHAPTER 06 關於 SEO

Step 1 安裝步驟

可於控制台→外掛→安裝外掛頁面的搜尋框中輸入「Yoast SEO」，並在圖 6-5-2-2 紅框處點選「立即安裝」，安裝完畢後再次點選出現在同一位置的「啟用」按鈕，詳細安裝畫面可參考 7-1 章。

▲ 圖 6-5-2-2 搜尋畫面

Step 2 一般頁面 - 功能介紹

啟用完成後點選左方選單中的 SEO 便會跳至圖 6-5-2-3。

▲ 圖 6-5-2-3 Yoast SEO 一般 - 控制台頁籤

6-18

6-5　SEO 相關套件

　　接下來點選圖 6-5-2-3 的紅框處跳轉至圖 6-5-2-4 特色頁籤中，在此頁面中可以依照個人規劃來選擇功能的啟用或關閉，大部分依照預設值不需做變動。

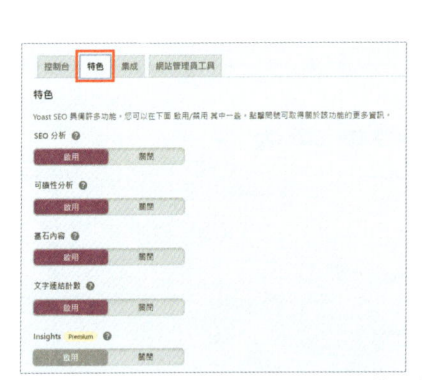

▲ 圖 6-5-2-4 Yoast SEO 一般 - 特色頁籤 (上)　　▲ 圖 6-5-2-5 Yoast SEO 一般 - 特色頁籤 (下)

　　點選圖 6-5-2-4 的紅框處跳轉至圖 6-5-2-6 網站管理員，此頁面是用來管理從搜尋引擎中得到的驗證碼，例如：以 Google 驗證碼為例，點選輸入框下方的超連結 (Google Search Console 網站)，進到網站後向 Google 驗證此網站的擁有權，驗證完畢後即可存取 Google 搜尋的資料，以此來增加網站的曝光度。

▲ 圖 6-5-2-6 Yoast SEO 一般 - 網站管理員頁籤

6-19

CHAPTER 06 關於 SEO

Step 3 搜尋外觀頁面 - 功能介紹

點選左方選單欄 SEO ／搜尋外觀，進入到搜尋外觀畫面，圖 6-5-2-7 此圖主要是設定網站首頁的標題與摘要，如果是靜態的頁面就需要到頁面的地方做設定，而如圖 6-5-2-8 的位置則是要輸入您的組織名字與 Logo。

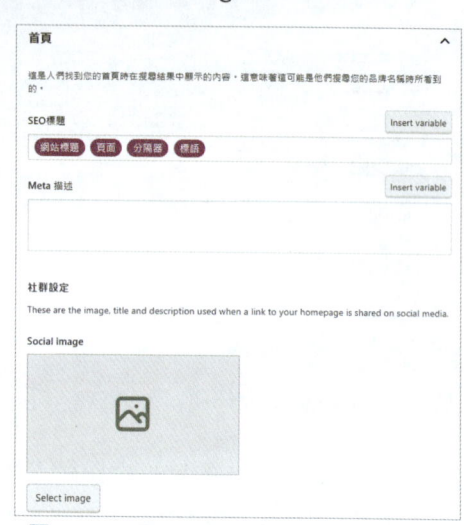

▲ 圖 6-5-2-7 Yoast SEO 搜尋外觀 - 一般 (上)　　▲ 圖 6-5-2-8 Yoast SEO 搜尋外觀 - 一般 (下)

點選圖 6-5-2-7 中的紅框處跳轉至媒體，此部分依照預設值就可以了，此動作可以有利於 Google 圖片的搜尋，但同樣在撰寫文章時加入的圖片也都需要替代文字，這樣可以幫助 SEO 的搜尋。

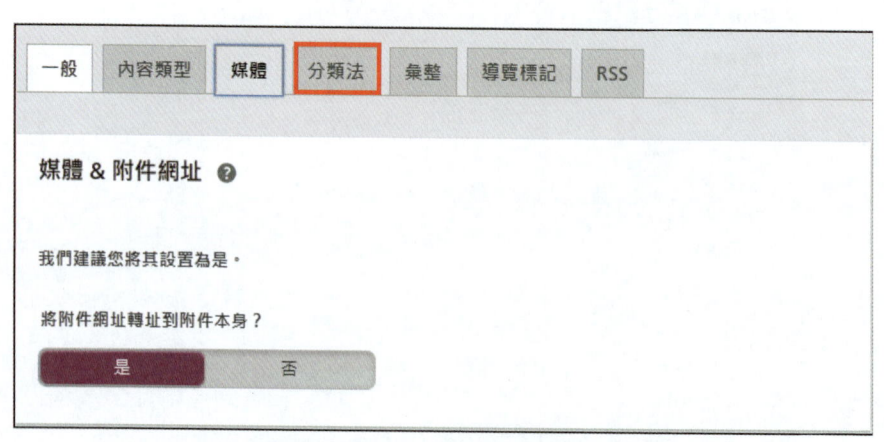

▲ 圖 6-5-2-9 Yoast SEO 搜尋外觀 - 媒體

6-20

6-5　SEO 相關套件

　　點選圖 6-5-2-9 中的紅框處跳轉至分類法，此部分可以依照自己的需求，選擇是否要將分類設置成可以被搜尋。

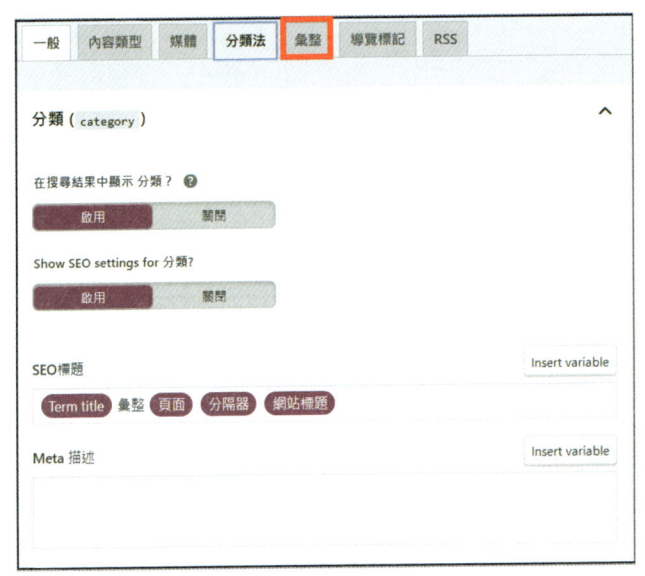

▲ 圖 6-5-2-10 Yoast SEO 搜尋外觀 - 分類

　　點選圖 6-5-2-10 中的紅框處跳轉至彙整圖 6-5-2-11，作者與時間的部分需要選擇停用，避免他人使用暴力破解法，而特殊頁面則使用預設值就好。

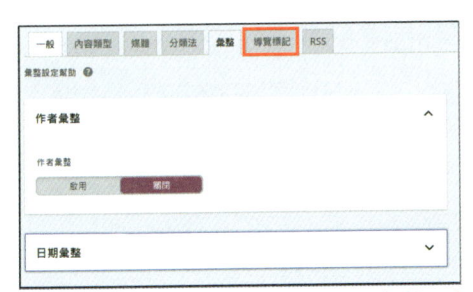

▲ 圖 6-5-2-11 Yoast SEO 搜尋外觀 - 彙整 (上)　▲ 圖 6-5-2-12 Yoast SEO 搜尋外觀 - 彙整 (下)

　　點選圖 6-5-2-11 的紅框處跳轉至導覽標記圖 6-5-2-13，導覽標記的部分可以選擇啟用，然後在圖 6-5-2-14 的紅框處將文章的下拉式選單選擇為分類，會做此目的是因為可以讓搜尋者更知道現在的位置與分類。

6-21

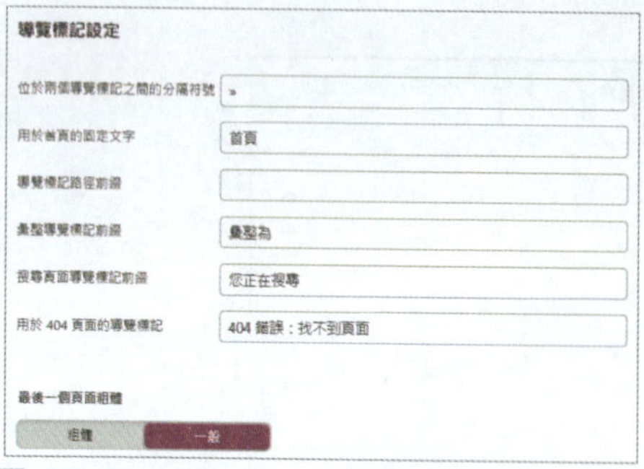

▲ 圖 6-5-2-13 Yoast SEO 搜尋外觀 - 麵包屑 (上 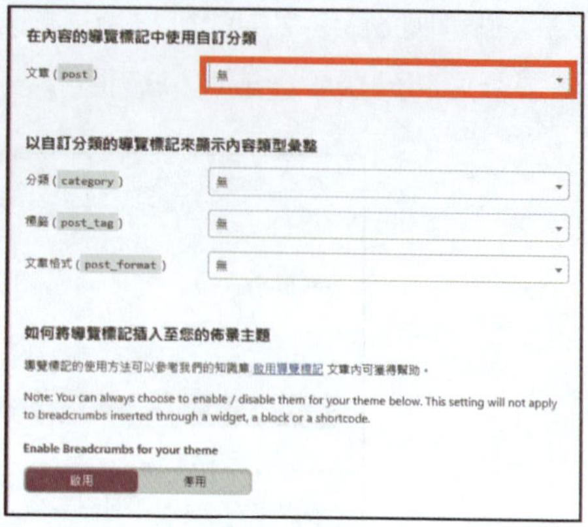) ▲ 圖 6-5-2-14 Yoast SEO 搜尋外觀 - 麵包屑 (下)

Step 4 社群網站頁面 - 功能介紹

點選左側選單 SEO ／社群網站，便會轉至圖 6-5-2-15 此頁面可以將組織的社群媒體網址填入，但如果前面在左側選單 SEO ／搜尋外觀，點選「一般」頁籤前往知識圖 和 Schema.org 中選擇為個人的話，此頁面將不會出現。

▲ 圖 6-5-2-15 Yoast SEO 社群網站 - 帳戶

由於頁籤有 Facebook、Twitter 和 Pinterest 等功能幾乎都相同，所以本書將以 Facebook 頁籤為例，點選圖 6-5-2-15 中的紅框處便會跳轉至圖 6-5-2-16，此部分可以連動 Facebook 應用程式，並且可以設置 Facebook 的預設圖片。

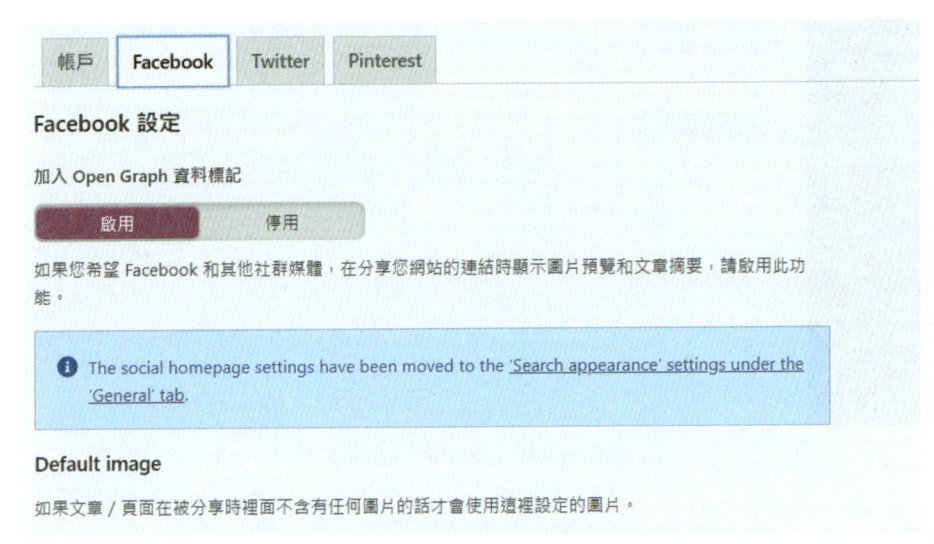

▲ 圖 6-5-2-16 Yoast SEO 社群網站 -Facebook

Step 5 Snippet Editor 摘要編輯器為文章設定良好的 SEO

　　在左側選單文章／全部文章，如圖 6-5-2-17，任意點選讀者想要優化的文章後，跳轉至圖 6-5-2-18，在文章底部的紅框處可依照 Yoast SEO 設定文章的。這個功能是用來編輯文章 / 頁面的摘要，包括標題 Title 與描述 Description（這兩者就是出現在搜尋結果頁的內容，合稱為 snippet 摘要）、Open Graph（用來控制分享到社群媒體的顯示內容）等內容，也可以調整網頁的 Meta Robots（阻止 Google 進行索引 Index）設定，如 nofollow（專門用來告訴搜尋引擎不要追蹤特定網頁網址，不要傳遞權重和錨文字）、noindex（標記能夠禁止 Google 為網頁建立索引，Google 搜尋結果便不會顯示該網頁）等、設定標準網址（canonical tag，可參考 Google 對標準網址的定義說明）。

CHAPTER 06 關於 SEO

▲ 圖 6-5-2-17 Yoast SEO 全部文章

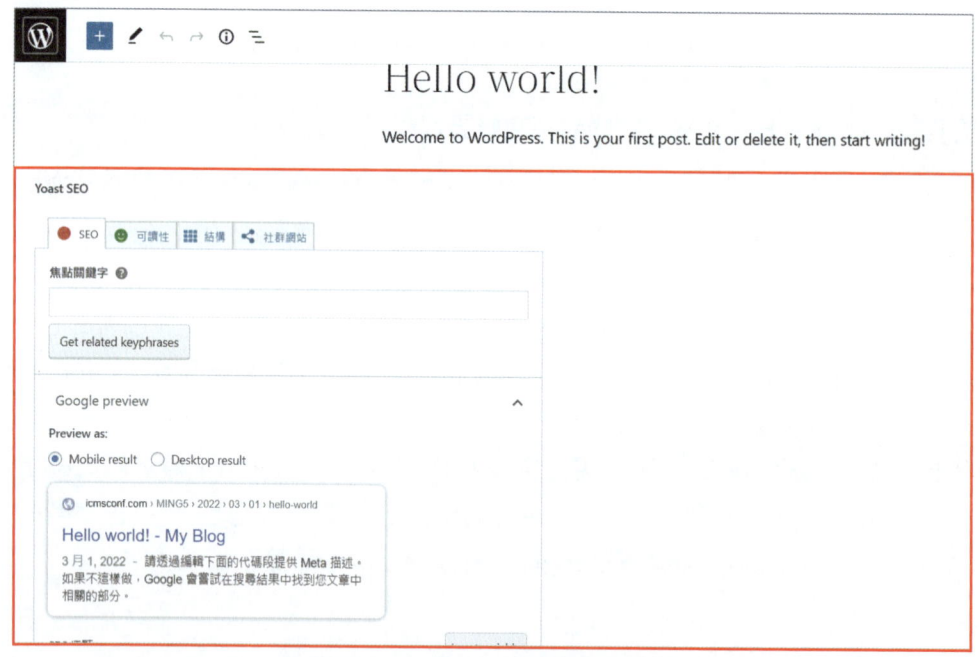

▲ 圖 6-5-2-18 Yoast SEO 優化個別文章

CHAPTER 07

外掛

現今越來越講求低成本高效率的做事方法，常常每幾天就要完成一個網站的架設，但通常使用寫程式的方式架設的網站，往往都需要耗時一至二個月，但 WordPress 的出現使得網站的架設不但變得更簡單，時間的消耗也更少了，並且對於剛接觸的新手也可以快速駕馭的這點，讓不少人為之心動，因此本章節將講述關於 WordPress 的基礎知識與歷史。

CHAPTER 07 外掛

7-1 認識外掛

　　WordPress 是最熱門的架站軟體，擁有眾多的免費佈景以外，也可以使用外掛來擴充網站功能。WordPress 的網頁除了一開始的原生功能，都是利用外掛添加至網頁中，以此讓製作的網頁更加多元、美觀與流暢，外掛也有區分為「免費」和「付費」兩種方案，可依照使用者需求來做選擇，大多數的外掛功能，都可以在圖 7-1-1 WordPress 官網外掛「https://tw.wordpress.org/plugins/」的頁面做搜尋，目前官網裡的外掛種類繁多，大約有將近 6 萬個外掛，平常需要使用的外掛皆可在官網中查詢到，雖然大多數的外掛都是免費，但是如果需要一些讓網頁較美觀的功能，通常需要進行付費的升級。

▲ 圖 7-1-1 WordPress 官網外掛

　　而付費外掛則是在圖 7-1-2 WordPress Plugins from CodeCanyon「https://codecanyon.net/category/wordpress」，網站中的外掛是依照功能去做區分，搜尋功能相較 WordPress 官網更好，目前大約有將近五千個外掛供使用者做使

7-2

用，不過如果實在搜尋不到與自己想法相同的外掛，也可以自行撰寫並將程式檔案匯入到 WordPress 更目錄中。

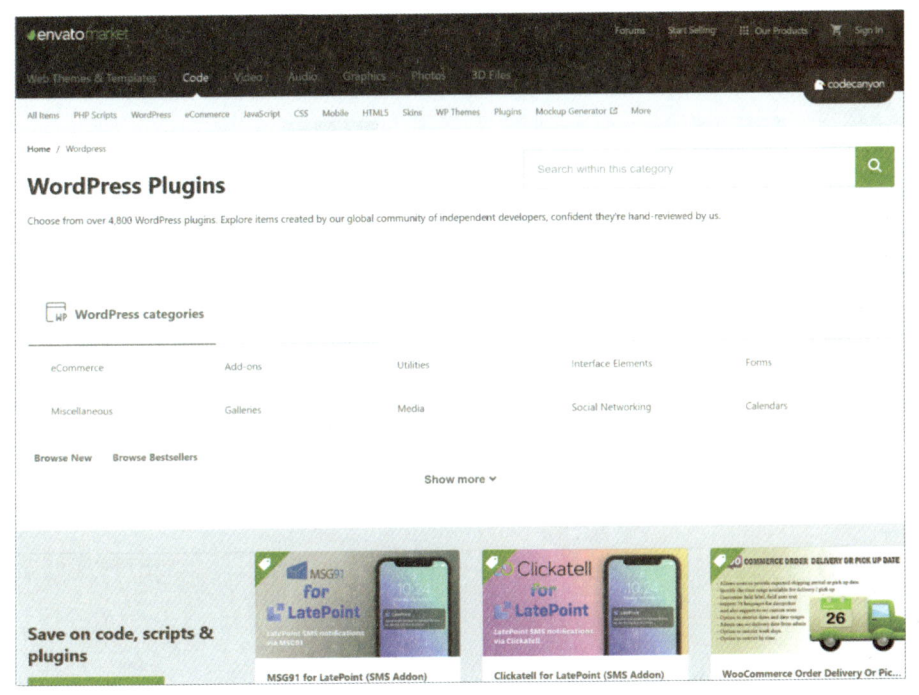

▲ 圖 7-1-2 WordPress Plugins from CodeCanyon

在上述也有提到現在外掛種類眾多，所以在挑選外掛方面也有幾點要特別的注意，敘述如下：

1. 外掛的啟用安裝數和評分的高低 (越高越好)。
2. 外掛公司是否有名→如果有些剛出的外掛還不知道好不好用，可以先查詢。
3. 外掛是否持續在更新。
4. 是否有與現在使用的 WordPress 版本相衝。

WordPress 外掛如何安裝

外掛安裝方式有 2 種，第一種最為常見也最方便，首先進入到 WordPress 控制台，點選外掛→安裝外掛 (圖 7-1-3 安裝外掛畫面)，在此頁面的右上角搜尋欄裡打上想要搜尋的外掛名稱 (Ex: Classic Editor) 或者是在上方點選精選、熱

CHAPTER 07 外掛

門、推薦、我的最愛等，之後點選立即安裝①→啟用②，便可以在圖 7-1-4 已安裝的外掛中找到剛安裝的外掛。

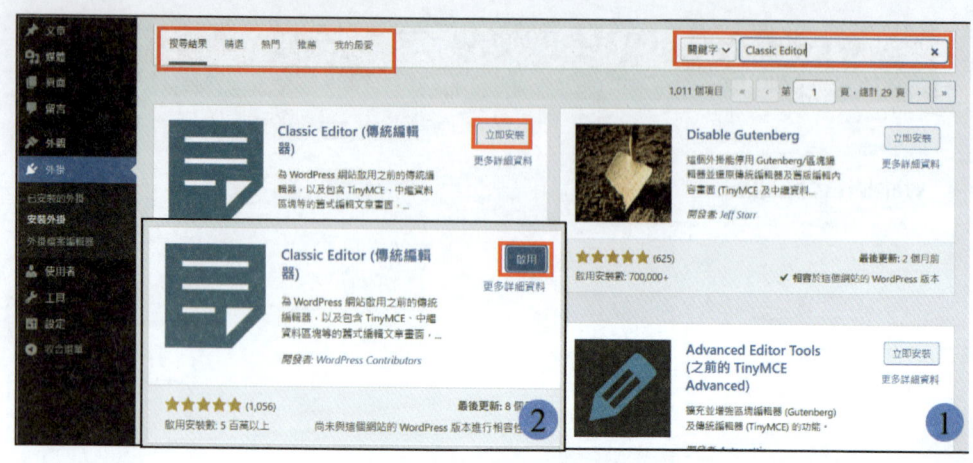

▲ 圖 7-1-3 安裝外掛畫面

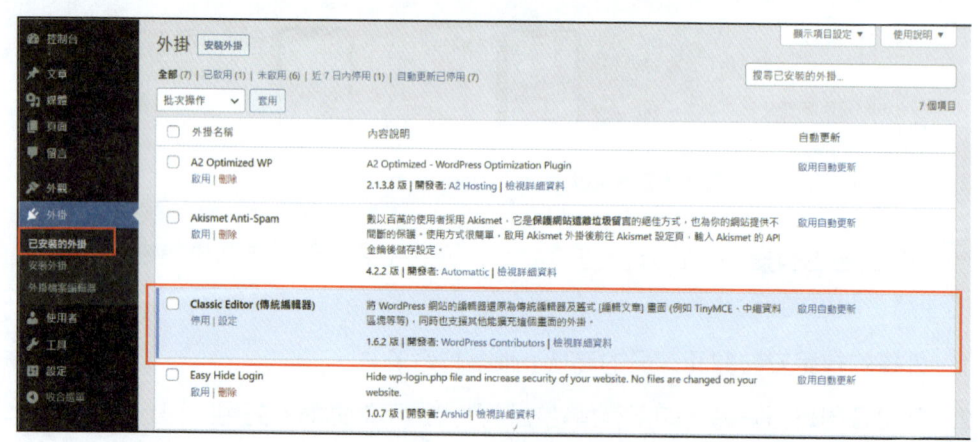

▲ 圖 7-1-4 已安裝的外掛

　　第二種方法則是在 WordPress.ORG 的官方首頁→點選外掛目錄頁面→搜尋外掛 (EX: Classic Editor)，並點選外掛名稱，進入外掛頁面後點選下載按鈕 (圖 7-1-5 WordPress 官網外掛下載流程)，下載完畢後回到控制台頁面，並點選外掛選單下的安裝外掛頁面，點選上傳外掛後，就會出現圖 7-1-6 安裝外掛中間的畫面→點選選擇檔案，將檔案匯入後點選立即安裝→安裝完畢後選擇啟用外掛→就可以在已安裝的外掛頁面中看到此外掛了。

7-4

▲ 圖 7-1-5 WordPress 官網外掛下載流程

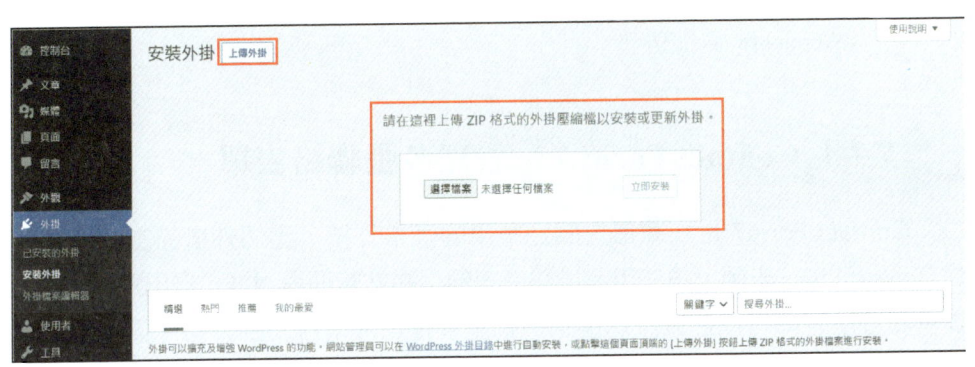

▲ 圖 7-1-6 安裝外掛

🧭 WordPress 刪除 / 停用

　　WordPress 外掛裡的停用與刪除按鈕之間的差別為，停用按鈕是將所安裝的外掛功能停止運作，可是它的資料還是存在於資料庫中，所以可以不用怕資料有消失的問題，反之刪除按鈕就是將一個外掛從資料庫做清除，此動作可以提升效能，減少資料庫讀取的時間，不過將外掛刪除會有風險，所以如果發生外掛之間有互相衝突的問題，建議是先將可能發生衝突的外掛停用。

CHAPTER 07 外掛

7-2 熱門六大外掛

繼 7-1 章後是否更加瞭解所謂的外掛了呢,接下來的章節將會分享 WordPress 中安裝數量高與好用的六個外掛給讀者們,讓讀者們除了外掛的功能,也可以知道一些基本的操作,以此瞭解如何應用在實務上,接下來會一一介紹表 7-2-1 熱門六大外掛總列表中的外掛。

▼ 表 7-2-1 熱門六大外掛總列表

Contact Form 7
Elementor Website Builder
Akismet Spam Protection
WooCommerce
Really Simple SSL
Wordfence Security

7-2-1 Contact Form 7 －管理多張聯絡表單

Contact Form7 是一款最為廣泛應用的表單外掛,這個外掛的主要功能是建立 WordPress 表單,讓使用者能夠有效的與網站管理員溝通、提出意見等等,提供每個訪客都可以透過該功能來與網站管理員取得聯繫的外掛,這個外掛設定相當快速,只用按的方式就可以設定表單內容,不需要另外撰寫程式碼,可自由定義表單、上傳檔案等等,另外 Contact Form7 擁有繁體中文的版本,使用起來非常方便,淺顯易懂。因此,下面的部分將一一介紹相關安裝步驟、功能及成果。

7-2 熱門六大外掛

▲ 圖 7-2-1-1 Contact Form7 外掛畫面

Step 1 安裝外掛

可於後台 外掛\安裝外掛，輸入搜尋關鍵字「Contact Form」，並針對圖 7-2-1-2 紅框處選擇「立即安裝」，安裝完成後選擇「啟用」，另外可以透過安裝外掛的方式上傳 zip 檔案來安裝，詳細外掛安裝教學請參考 7-1 章。

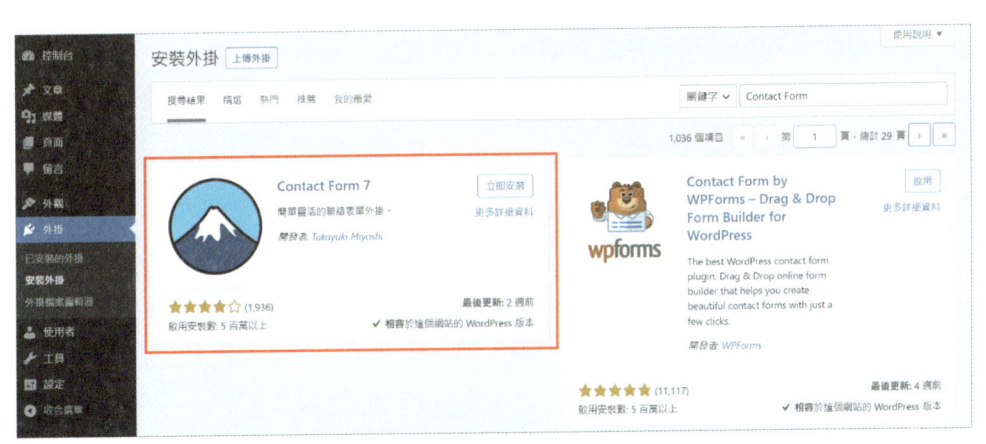

▲ 圖 7-2-1-2 Contact Form7 搜尋畫面

7-7

CHAPTER 07 外掛

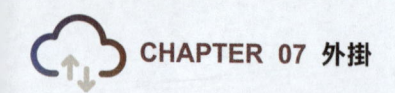

Step 2 進入操作介面

安裝完成後，左側選單將會多出一個聯絡表單項目如圖 7-2-1-3，點選後選擇紅框處「聯絡表單」，即可進入設定畫面如圖 7-2-1-4，上方「新增聯絡表單」按鈕，可新增聯絡表單。

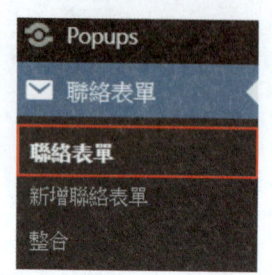

▲ 圖 7-2-1-3 Contact Form7 選單

▲ 圖 7-2-1-4 Contact Form7 設定畫面

Step 3 介紹設定畫面

點選按鈕後，進入聯絡表單設定畫面，可看到設定方框內有四個頁籤，分別是表單、郵件、訊息、其他設定，如圖 7-2-1-5。

1. 表單 →可設定聯絡表單上所要顯示的欄位、名稱等，可自行添加元素、改變樣式等等。

2. 電子郵件 →可設定發送聯絡表單後，顯示在電子郵件內的格式。

3. 訊息 →可設定填寫表單後，網頁彈跳的訊息，如：欄位未填寫，會有提示訊息提示該欄位不可留白。

4. 其他設定 →可撰寫程式語言設定聯絡表單。

表單上方紅框處可填寫表單名稱，下方藍框處為表單標籤、欄位內容及基本 html 語法，下方會一一介紹表單標籤相關設定。

7-2 熱門六大外掛

▲ 圖 7-2-1-5 Contact Form7 設定畫面 1

📍 文字

使用表單標籤的「文字」，如圖 7-2-1-6，紅框處可設定欄位類型是否為必填；藍框處設定欄位名稱、設定預設值等等後，點選「插入標籤」按鈕即插入標籤至表單設定畫面如圖 7-2-1-7 紅框處。並在前後加入 <label> 標題名稱 </label> 如圖 7-2-1-8 紅框處。設定完成後會顯示所設定的預設文字，如圖 7-2-1-9，若未填寫時會在下方顯示「此為必填欄位」。

▲ 圖 7-2-1-6 Contact Form7 標籤設定 1

```
<label> 你的全名
    [text* your-name] </label>

<label> 你的電子郵件地址
    [email* your-email] </label>

<label> 主旨
    [text* your-subject] </label>

<label> 你的訊息 (選填)
    [textarea your-message] </label>

[text* english "Mary"]

[submit "傳送"]
```

▲ 圖 7-2-1-7 Contact Form7 標籤設定 2

```
<label> 你的全名
    [text* your-name] </label>

<label> 你的電子郵件地址
    [email* your-email] </label>

<label> 主旨
    [text* your-subject] </label>

<label> 你的訊息 (選填)
    [textarea your-message] </label>

<label> 英文姓名
[text* english "Mary"]</label>

[submit "傳送"]
```

▲ 圖 7-2-1-8 Contact Form7 標籤設定 3

英文姓名

| Mary |

此為必填欄位。

▲ 圖 7-2-1-9 Contact Form7 標籤設定 4

🧭 數值

使用表單標籤的「數值」，如圖 7-2-1-10，紅框處可設定欄位類型為「微調方塊」或「滑桿」、設定欄位是否為必填；藍框處設定欄位名稱、預設值和範圍等等後，點選「插入標籤」按鈕即插入標籤至表單設定畫面如圖 7-2-1-11，並在前後加入 <label> 標題名稱 </label> 如圖 7-2-1-12 紅框處。如圖 7-2-1-13，設定完成後會顯示所設定的預設數值，且可自由調整數值大小，若未填寫時會在下方顯示「此為必填欄位」。

7-2　熱門六大外掛

表單標籤產生程式: 數值

為數值輸入欄位產生表單標籤。如需進一步了解，請參閱〈數值欄位〉。

欄位類型　　　微調方塊 ▼
　　　　　　　☑ 必填欄位

欄位名稱　　　age
預設值　　　　23
　　　　　　　☐ 使用預設值作為這個表單欄位的示範內容
範圍　　　　　最小值 15　-最大值 60

ID 屬性

類別屬性

▲ 圖 7-2-1-10 Contact Form7 標籤設定 5

```
<label> 你的全名
    [text* your-name] </label>

<label> 你的電子郵件地址
    [email* your-email] </label>

<label> 主旨
    [text* your-subject] </label>

<label> 你的訊息 (選填)
    [textarea your-message] </label>

<label> 英文姓名
[text* english "Mary"]</label>

[number* age min:15 max:60 "23"]

[submit "傳送"]
```

▲ 圖 7-2-1-11 Contact Form7 標籤設定 6

```
<label> 你的全名
    [text* your-name] </label>

<label> 你的電子郵件地址
    [email* your-email] </label>

<label> 主旨
    [text* your-subject] </label>

<label> 你的訊息 (選填)
    [textarea your-message] </label>

<label> 英文姓名
[text* english "Mary"]</label>

<label> 年齡
[number* age min:15 max:60 "23"]</label>

[submit "傳送"]
```

▲ 圖 7-2-1-12 Contact Form7 標籤設定 7

年齡
23
此為必填欄位。

▲ 圖 7-2-1-13 Contact Form7 標籤設定 8

CHAPTER 07 外掛

🔹 日期

　　使用表單標籤的「日期」，如圖 7-2-1-14，紅框處可設定欄位類型是否為必填；藍框處設定欄位名稱、預設值和日期範圍等等後，點選「插入標籤」按鈕即插入標籤至表單設定畫面如圖 7-2-1-15，並在前後加入 <label> 標題名稱 </label> 如圖 7-2-1-16 紅框處。如圖 7-2-1-17，設定完成後會顯示所設定的預設日期，且可限定選擇日期最大值及最小值，若未填寫時會在下方顯示「此為必填欄位」。

▲ 圖 7-2-1-14 Contact Form7 標籤設定 9

▲ 圖 7-2-1-15 Contact Form7 標籤設定 10　　▲ 圖 7-2-1-16 Contact Form7 標籤設定 11

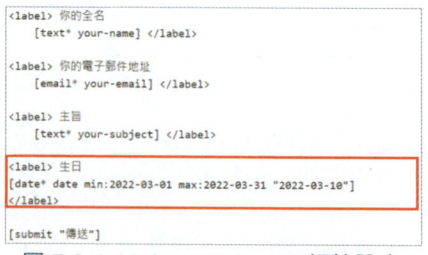

7-12

▲ 圖 7-2-1-17 Contact Form7 標籤設定 12

🧭 下拉式選單

使用表單標籤的「下拉式選單」，如圖 7-2-1-18，紅框處可設定欄位類型是否為必填；藍框處設定欄位名稱及下拉式選單選項等等後，點選「插入標籤」按鈕即插入標籤至表單設定畫面如圖 7-2-1-19，並在前後加入 <label> 標題名稱 </label> 如圖 7-2-1-20 紅框處。如圖 7-2-1-21，設定完成後會顯示所設定的下拉式選單選項，若未選擇時會在下方顯示「此為必填欄位」。

▲ 圖 7-2-1-18 Contact Form7 標籤設定 13

```
<label> 你的全名
    [text* your-name] </label>

<label> 你的電子郵件地址
    [email* your-email] </label>

<label> 主旨
    [text* your-subject] </label>

[select* menu multiple "台北市" "新北市" "桃園市" "新竹市" "台中市"]

[submit "傳送"]
```

▲ 圖 7-2-1-19 Contact Form7 標籤設定 14

```
<label> 你的全名
    [text* your-name] </label>

<label> 你的電子郵件地址
    [email* your-email] </label>

<label> 主旨
    [text* your-subject] </label>

<label> 地址
[select* menu multiple "台北市" "新北市" "桃園市" "新竹市" "台中市"]
</label>

[submit "傳送"]
```

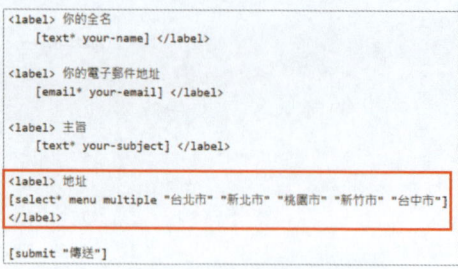

▲ 圖 7-2-1-20 Contact Form7 標籤設定 15

▲ 圖 7-2-1-21 Contact Form7 標籤設定 16

📍 核取方塊

　　使用表單標籤的「核取方塊」如圖 7-2-1-22，紅框處可設定欄位類型是否為必填；藍框處設定欄位名稱核取方塊選項等等後，點選「插入標籤」按鈕即插入標籤至表單設定畫面如圖 7-2-1-23，並在前面加入標題名稱如圖 7-2-1-24 紅框處。如圖 7-2-1-24，設定完成後會顯示所設定核取方塊選項，並且可以重複選擇，若未選擇時會在下方顯示「此為必填欄位」。

　　圖 7-2-1-22 的「將 label 元素套用至選項文字」選項，是為了讓 <label> 標籤一對一包裹每個複選框或單選按鈕，一個 <label> 標籤必須對應一個單一的選項，因此圖 7-2-1-24 就不需要在前後加上 <label> 標籤。

7-2 熱門六大外掛

▲ 圖 7-2-1-22 Contact Form7 標籤設定 17

▲ 圖 7-2-1-23 Contact Form7 標籤設定 18　▲ 圖 7-2-1-24 Contact Form7 標籤設定 19

▲ 圖 7-2-1-25 Contact Form7 標籤設定 20

如果使用核取方塊或選項按鈕並且加上 <label> 標籤，會有「單一標籤元素中包含多個表單控制項。」警告，如圖 7-2-1-26。

```
<label>興趣
[checkbox* checkbox use_label_element "運動" "繪畫" "唱歌" "跳舞"]</label>

[submit "傳送"]
```

❗ 單一標籤元素中包含多個表單控制項。

▲ 圖 7-2-1-26 Contact Form7 標籤警告

🧭 選項按鈕

使用表單標籤的「選項按鈕」如圖 7-2-1-27，藍框處設定欄位名稱及單選選項按鈕等等後，點選「插入標籤」按鈕即插入標籤至表單設定畫面如圖 7-2-1-28，並在前面加入標題名稱如圖 7-2-1-29 紅框處。如圖 7-2-1-30，設定完成後會顯示所設定的單選選項按鈕，並預設第一個為預設值。

▲ 圖 7-2-1-27 Contact Form7 標籤設定 21

```
<label> 你的全名
    [text* your-name] </label>
<label> 你的電子郵件地址
    [email* your-email] </label>
<label> 主旨
    [text* your-subject] </label>

[radio radio use_label_element default:1 "男" "女"]

[submit "傳送"]
```

▲ 圖 7-2-1-28 Contact Form7 標籤設定 22

```
<label> 你的全名
    [text* your-name] </label>
<label> 你的電子郵件地址
    [email* your-email] </label>
<label> 主旨
    [text* your-subject] </label>
性別
[radio radio use_label_element default:1 "男" "女"]

[submit "傳送"]
```

▲ 圖 7-2-1-29 Contact Form7 標籤設定 23

▲ 圖 7-2-1-30 Contact Form7 標籤設定 24

🛫 在頁面顯示表單

設定完表單標籤後，如圖 7-2-1-31 點選下方紅框處「儲存」按鈕，即可儲存成功。儲存成功後點選選單「聯絡表單」如圖 7-2-1-32，即可回聯絡表單首頁部分。在首頁的部分，可找尋到剛剛所建立的表單如圖 7-2-1-33，可以將後方紅框處短代碼貼至所屬頁面的短代碼小工具中如圖 7-2-1-34，即可在網頁上看見成果。

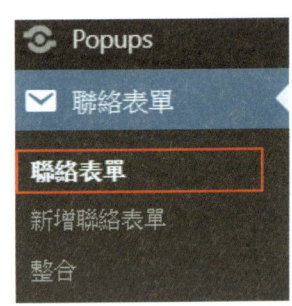

▲ 圖 7-2-1-31 Contact Form7 設定畫面 2　　▲ 圖 7-2-1-32 Contact Form7 設定畫面 3

▲ 圖 7-2-1-33 Contact Form7 設定畫面 4

▲ 圖 7-2-1-34 Contact Form7 設定畫面 5

CHAPTER 07 外掛

或是點選紅框處「Contact Form 7」小工具,並在藍框處選擇要顯示的表單如圖 7-2-1-35,也可達到一樣的效果。

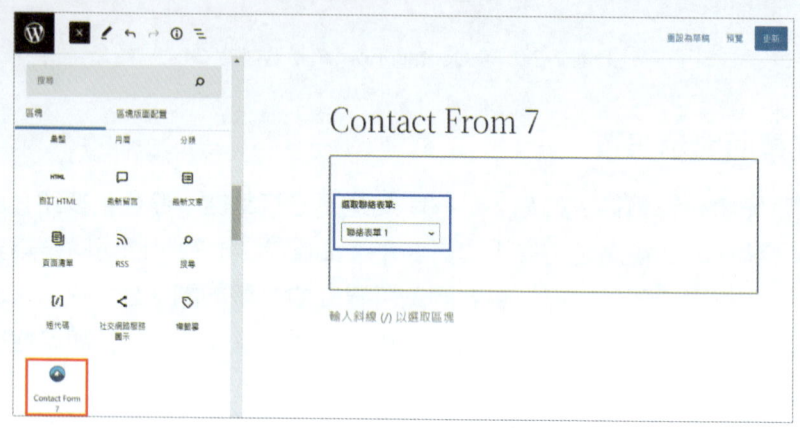

▲ 圖 7-2-1-35 Contact Form7 設定畫面 6

7-2-2 Elementor —頁面編輯器

Elementor 為目前 WordPress 中第三熱門的外掛,在日前啟用安裝數更是超過五百萬的啟用,並達到 6 千人次的評論,由此可知有越來越多人使用此外掛的趨勢。Elementor 在 WordPress 中扮演頁面編輯器的角色,它可以將全空的版型輕鬆地做成漂亮的頁面,也可以利用內建的模板去做更改,由於它是利用拖拉的方式去建立頁面,可以讓不會程式的人也能輕鬆編輯。

▲ 圖 7-2-2-1 Elementor 外掛畫面

7-2 熱門六大外掛

Step 1 安裝外掛

可於控制台 / 外掛 / 安裝外掛頁面的搜尋框中輸入「Elementor」，並在圖 7-2-2-2 搜尋畫面紅框處點選「立即安裝」，安裝完畢後再次點選出現在同一位置的「啟用」按鈕，詳細安裝畫面可參考 7-1 章。

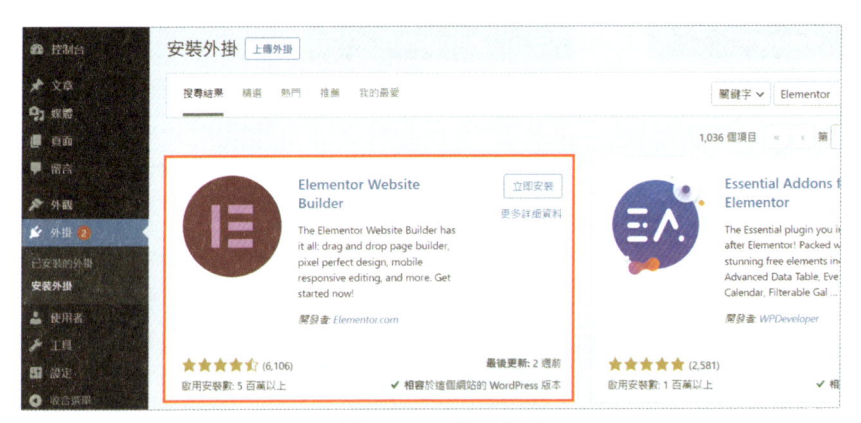

▲ 圖 7-2-2-2 搜尋畫面

Step 2 設定頁面介紹

啟用完成後可在左方選單中看到 Elementor 外掛，這時點選圖 7-2-2-3 的紅框，就可以在右方頁面看到 Elementor 設定畫面，接著看向畫面的藍框處，在這裡可以自行選擇要不要停用，大部分會選擇停用的人是希望自己的版面可以由自己全權決定，不讓 Elementor 的預設干擾，如果你沒有要自行創建版面，則可以不用做修改。

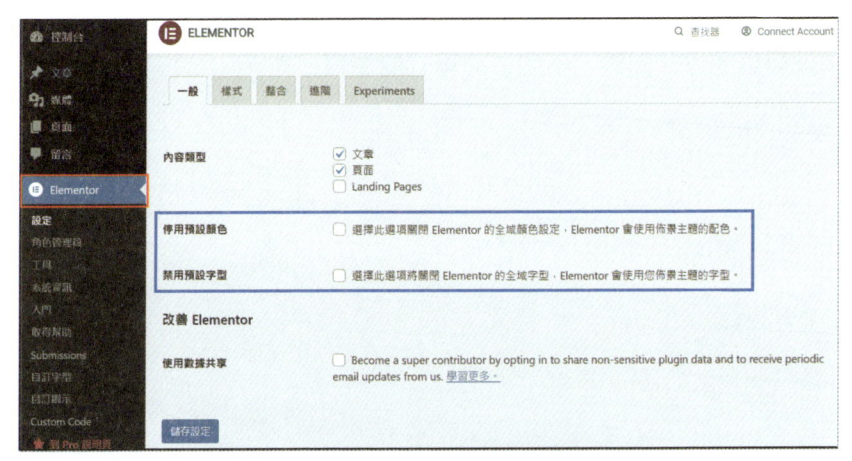

▲ 圖 7-2-2-3 設定 - 一般頁籤

CHAPTER 07 外掛

接著點選隔壁的 " 樣式 " 頁籤，發現這裡的設定移置 Elementor 編輯面板→漢堡選單→網站設定如下圖所示，也就是當創建頁面或文章並用 Elementor 編輯後，在頁面側邊的編輯面板這裡更動，在此設定中可以更改在使用 Elementor 中關於版面的樣式例如預設的字體樣式等等。

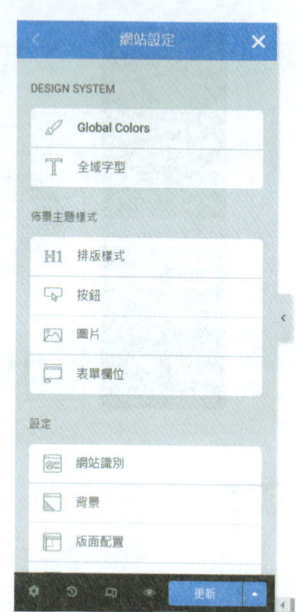

▲ 圖 7-2-2-4 設定 - 樣式頁籤 1　▲ 圖 7-2-2-5 設定 - 樣式頁籤 2　▲ 圖 7-2-2-6 設定 - 樣式頁籤 3

接著是圖 7-2-2-7 " 進階 " 頁籤，在此頁面中比較偏向一些如 Elementor 發生問題時先自行進行處理的配置，例如：如果在使用 Elementor 時發現 icon 不見時，可以點選下方的 Load Font Awesome 4 Support 將 " 否 " 的選單改成 " 是 "，就可以處理此問題，不用依靠程式的撰寫。

▲ 圖 7-2-2-7 設定 - 進階頁籤

Step 3 其他功能頁面介紹

在圖 7-2-2-3 的左方選單中，從設定下來的第一個頁面為角色管理員，之後介紹的順序則會從這個方式介紹下來，在圖 7-2-2-8 角色管理員頁面中，可以設定不同帳號編輯 Elementor 的權限，通常為多人使用時才會設定。

▲ 圖 7-2-2-8 角色管理員頁面

CHAPTER 07 外掛

在圖 7-2-2-9 工具 - 一般頁籤中分為四個頁籤，在 " 一般 " 頁籤中最常會使用到的為下面紅框處的安全模式，啟用安全模式可以將 WordPress 與 Elementor 和可能導致錯誤的外掛、主題進行隔離，幫助使用者找出問題。

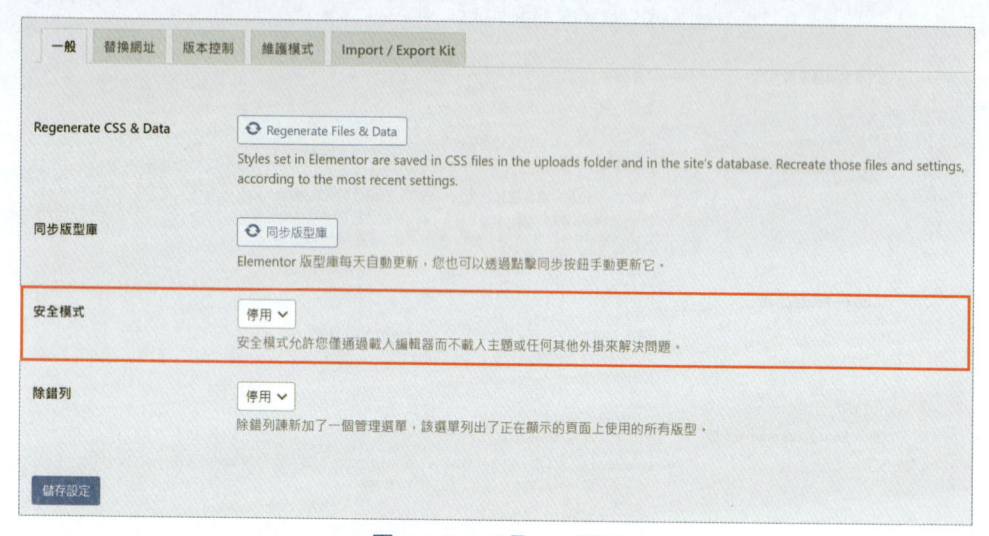

▲ 圖 7-2-2-9 工具 - 一般頁籤

在 " 替換網址 " 頁籤中可以將想更改的新舊網址輸入進方框中進行替換，減少自行替換的錯誤，在下方的提示文字中也有操作指示。

▲ 圖 7-2-2-10 工具 - 替換網址頁籤

在 " 版本控制 " 頁籤中所要預防的事件為，如進行外掛的更新而導致網頁出錯時，可以先將版本回復到前一版。

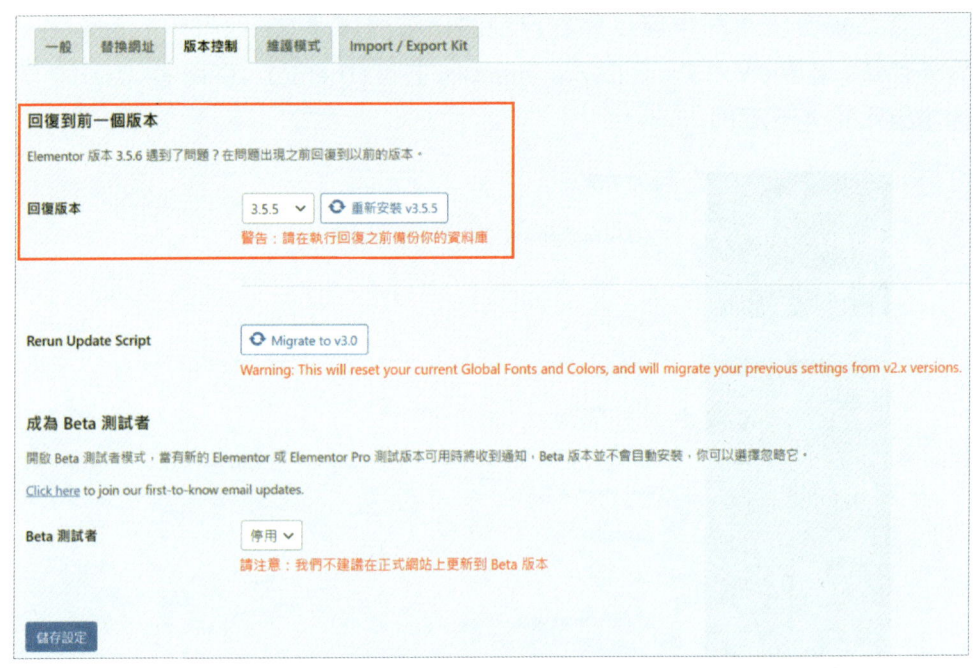

▲ 圖 7-2-2-11 工具 - 版本控制頁籤

在 " 維護模式 " 頁籤中可以設定，網頁在進行修改時放上的頁面，這裡可以選擇網頁現在的狀態，也可以自行設定維護模式需要出現的網頁樣式。

▲ 圖 7-2-2-12 工具 - 維護模式頁籤

CHAPTER 07 外掛

在系統資訊頁面中可以看到目前的伺服器環境 (Server Environment)、WordPress 環境 (WordPress Environment)、主題 (Theme)、使用者 (User)、使用中的外掛 (Active Plugins)。

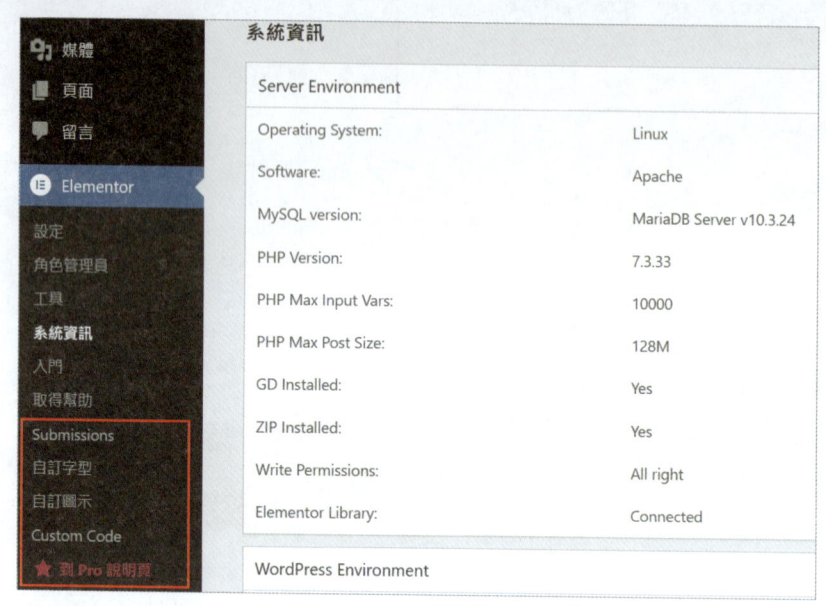

▲ 圖 7-2-2-13 系統資訊頁面

剩下的選單頁面如下：

入門頁面→選擇「創建您的第一張頁面」按鈕就可以直接創建第一個頁面。

取得幫助頁面→點選此選單將會跳轉到 Elementor 官方網站。

上方紅框處則是需要進行 Elementor Pro 的升級才可以使用。

7-2-3 Akismet Anti-Spam － 過濾垃圾訊息

Akismet 是一款會根據全球垃圾郵件資料庫來檢查網站的評論或表單，以防止網站被散佈惡意內容，它的主要功能包括：自動檢查所有評論並過濾掉有可能是垃圾郵件的評論；提供狀態歷史紀錄，可隨時查看哪些評論是垃圾內容等等，另外非商業的網站可以使用免付費的，並可以與 Jetpack 進行連結此部分將會在 7-3-2 Jetpack － 安全性做說明。

7-24

Akismet Spam Protection
由 Automattic 開發

外掛說明

Akismet 使用我們的全球垃圾留言資料庫，為網站上的留言及聯絡表單內容進行檢查，保護網站免受惡意內容侵害。網站管理員可以在網站的 [留言] 管理頁面中，檢視已遭 Akismet 攔截的垃圾留言。

Akismet 的主要特色包含：

- 自動檢查全部留言，並篩選可疑的垃圾留言。
- 每一則留言都有狀態記錄，因此網站管理員可以輕鬆查看 Akismet 攔截或清除了哪些留言，以及哪些留言是由審核者標示為垃圾留言或非垃圾留

最新版本： 4.2.2
最後更新： 2 個月前
啟用安裝數： 超過 5 百萬
WordPress 版本需求： 5.0 或更新版本
已測試相容的 WordPress 版本： 5.9.2
語言： 檢視全部 73 個語言
標籤： anti-spam　antispam

▲ 圖 7-2-3-1 Akismet 外掛畫面

7-2-4 WooCommerce －電子商務套件

　　WooCommerce 是一個關於購物網站的外掛，可以利用它販賣衣服、飾品、藝術品…等，它可以成為網路商店的好幫手，因為在 WooCommerce 中提供了所有與販賣商品有關的功能，像是商品管理、購物車、金流等，都可以直接設定做使用，這也是目前最多人使用的電子商務套件。

WooCommerce
由 Automattic 開發

外掛說明

WooCommerce 是全世界最受歡迎的開放原始碼電子商務解決方案。

我們的核心平台完全免費且靈活彈性，還有全球社群協助增強效能。開放原始碼代表你可以自由做主，永遠都能完全掌控自己商店的內容和資料。

不論你是要開展業務、將實體零售業務拓展到線上，或是為客戶開發網站，使用 WooCommerce 便能打造完美融和內容與商務的商店。

最新版本： 6.3.1
最後更新： 4 天前
啟用安裝數： 超過 5 百萬
WordPress 版本需求： 5.7 或更新版本
已測試相容的 WordPress 版本： 5.9.2
PHP 版本需求： 7.0 或更新版本

▲ 圖 7-2-4-1 WooCommerce 外掛畫面

CHAPTER 07 外掛

Step 1 安裝步驟

可於控制台 / 外掛 / 安裝外掛頁面的搜尋框中輸入「WooCommerce」，並在圖 7-2-4-2 搜尋畫面紅色框點選「立即安裝」，安裝完畢後再次點選出現在同一位置的「啟用」按鈕，詳細安裝畫面可參考 7-1 章。

▲ 圖 7-2-4-2 搜尋畫面

點選啟用按鈕後便會出現圖 7-2-4-3 WooCommerce 起始頁面，此頁面中為快速設定精靈，按照此步驟照填就可以快速架好一個購物網站，也可以進入到 WooCommerce 中做設定，此部分將會在 8-4 將有更詳細的操作範例。

▲ 圖 7-2-4-3 WooCommerce 起始頁面

7-2-5 Really Simple SSL －加密的 HTTPS 通訊協定傳輸

在瀏覽器網址旁邊，常常會看見有一個鎖頭符號，這表示網站是安全的且資料都有經過驗證加密處理，不容易被有心人士從中竊取資料。對於公司網站、會員網站、購物網站並搭配綠界、歐付寶之類的金流，信用卡資料安全性就相對重要，因此 Really Simple SSL 是一款由 WordPress 提供的免費外掛，可將網址從 http:// 變更為 https://，並且不用更改程式碼與資料庫，下面的部分將一一介紹相關安裝步驟、功能及成果。

▲ 圖 7-2-5-1 Really Simple SSL 外掛畫面

Step 1 安裝外掛

可於後台 外掛\安裝外掛，輸入搜尋關鍵字「Really Simple SSL」，並針對下方如圖 7-2-5-2 紅框處選擇「立即安裝」，安裝完成後選擇「啟用」，另外可以透過安裝外掛的方式上傳 zip 檔案來安裝，詳細外掛安裝教學請參考 7-1 章。

▲ 圖 7-2-5-2 Really Simple SSL 搜尋畫面

CHAPTER 07 外掛

Step 2 進入操作介面

安裝完成後，左側選單「設定」會多出一個 SSL 項目，如圖 7-2-5-3 點選後選擇紅框處「SSL」，進入操作介面。

▲ 圖 7-2-5-3 Really Simple SSL 選單

Step 3 啟用 SSL

點選圖 7-2-5-4 的紅框處「Activate SSL」啟用 SSL，會自動安裝免費的 SSL 安全憑證，本書使用的是由 A2 Hosting 主機所建立的網站環境。

不同的網站環境可能會有不同的情況，因此如果無法自動安裝 SSL 憑證，在 SSL For Free 網址 https://www.sslforfree.com/ 如圖 7-2-5-5 的網站，可以從網站上取得免費 SSL 憑證，連接的是憑證機構 Let's Encrypt 的憑證簽發功能，無須自己到主機輸入安裝指令，即可透過網頁介面來取得憑證的相關檔案。要注意的是，Let's Encrypt 發行的免費 SSL 憑證有效期限只有 90 天，所以每三個月就要更新一次。

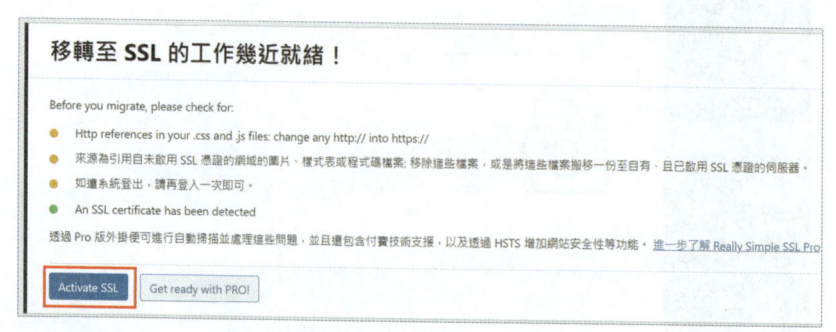

▲ 圖 7-2-5-4 Really Simple SSL 設定畫面 1

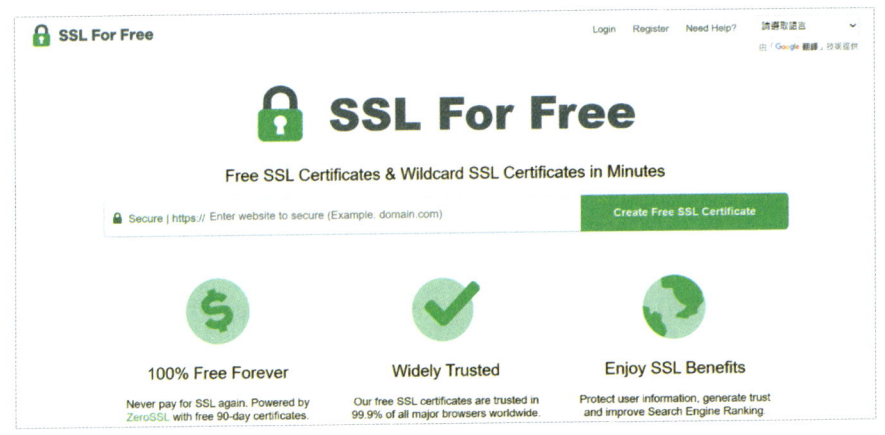

▲ 圖 7-2-5-5 SSL For Free

Step 4 設定功能說明

啟用成功後可至下方設定處進行詳細設定，如下圖 7-2-5-6：

▲ 圖 7-2-5-6 Really Simple SSL 設定畫面 2

1. 混合內容修正程式：一個含有 HTTP 明文內容的 HTTPS 頁面稱為混合內容，這種頁面只有部份加密，啟用修正程式可防止此問題。

7-29

2. 啟用 WordPress 301 重定向：可通過 PHP 發出 301 重定向，自動將所有網址從 http 重定向到 https。
3. 啟用 301 .htaccess 重新導向：因為 WordPress 301 重定向並非總是有用，可以通過 .htaccess 文件發出 301 重定向。另一個好處是 .htaccess 重定向比通過 PHP 重定向稍微快一些。

7-2-6 Wordfence Security － WordPress 防火牆和網站安全掃描外掛

WordPress 近年來非常受到大眾歡迎，由於只需簡單幾步驟即可架設好網站，吸引了駭客的注意力，儘管官方不斷的針對這部分進行維護更新，但還是有許多新的網站被駭客入侵，發生竊取資料等問題，因此 Wordfence Security 是一款由 WordPress 提供的免費外掛，包含了網頁應用程式防火牆（Web Application Firewall）、惡意軟體掃描功能（Malware Scanner）等功能確保你的網站安全，下面的部分將一一介紹相關安裝步驟、功能及成果。

▲ 圖 7-2-6-1 Wordfence Security 外掛畫面

Step 1 安裝外掛

可於後台 外掛 \ 安裝外掛，輸入搜尋關鍵字「Wordfence Security」，並針對下方如圖 7-2-6-2 紅框處選擇「立即安裝」，安裝完成後選擇「啟用」，另外可以透過安裝外掛的方式上傳 zip 檔案來安裝，詳細外掛安裝教學請參考 7-1 章。

▲ 圖 7-2-6-2 Wordfence Security 搜尋畫面

Step 2 進入操作介面

安裝完成後，左側選單會多出一個 Wordfence Security 項目，如圖 7-2-6-3，點選後選擇紅框處「Wordfence」，進入操作介面，包含了惡意軟體掃描、登入安全防護、「終端」防火牆等等功能如圖 7-2-6-4，下面將會一一介紹相關功能。

▲ 圖 7-2-6-3 Wordfence Security 選單

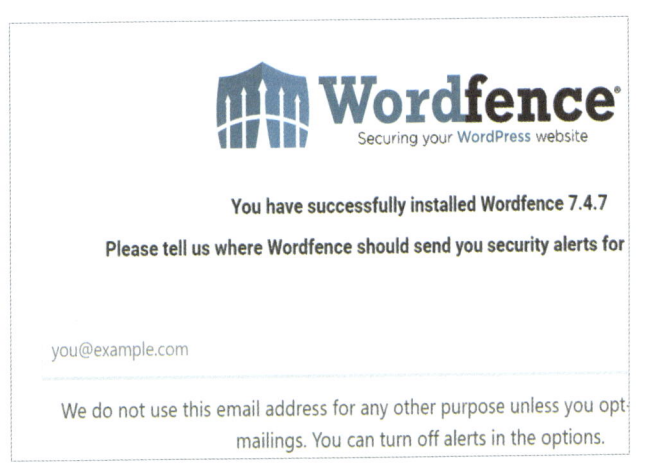

▲ 圖 7-2-6-4 Wordfence Security 設定畫面 1

CHAPTER 07 外掛

Step 3 填寫基本資料

接著畫面會先出現如圖 7-2-6-5，於下方紅框處填寫電子郵件接收有關網站的安全警報，接著選擇是否接收 WordPress 安全警報和 Wordfence 新聞及勾選同意 Wordfence 條款和隱私政策後，點選「繼續」按鈕即可到下一步。

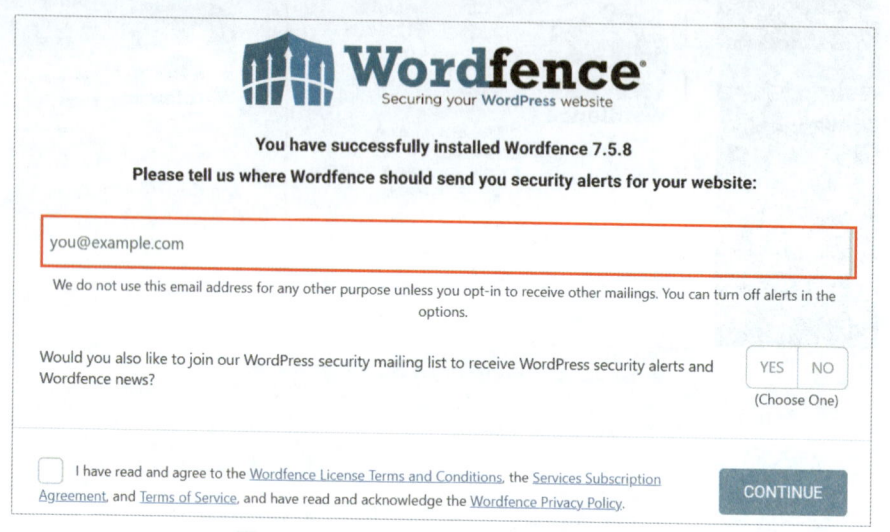

▲ 圖 7-2-6-5 Wordfence Security 設定畫面 2

下一步為輸入高級許可證密鑰以確保您的網站啟用保護如圖 7-2-6-6，此功能為付款功能，可直接點選下方紅框處「No Thanks」超連結即可設定完成。

▲ 圖 7-2-6-6 Wordfence Security 設定畫面 3

Step 4　配置網站防火牆

點選左側選單 Wordfence/Dashboard 後如圖 7-2-6-7，在上方有一個設定防火牆的提示，請點選紅框處「CLICK HERE TO CONFIGURE」進行防火牆配置，會將 auto_prepend_file 指令添加到你的伺服器當中。

接著畫面會出現如圖 7-2-6-8，紅框處可選擇需配置的伺服器，預設會自動偵測伺服器類型，因此用預設即可，網站防火牆開始正式配置前，會要求下載 .htaccess 檔案備份，因為開始配置後會改寫裡面的內容，點選「DOWNLOAD .HTACCESS」下載 .htaccess 檔案的備份檔後，才可點選下方藍色「CONTINUE」按鈕進入下一個頁面，接著出現 Installation Successful 代表安裝成功。

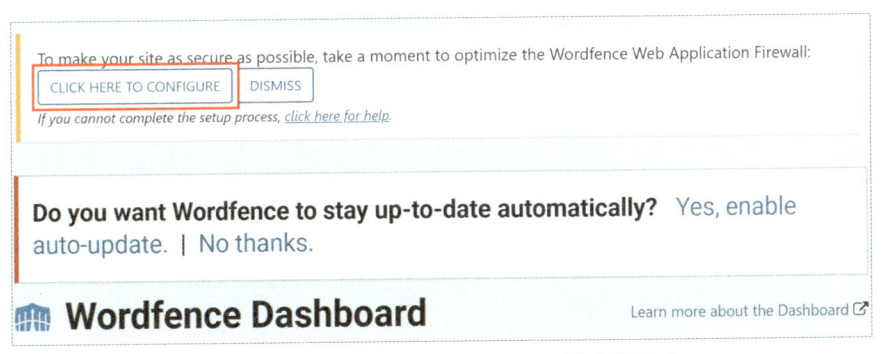

▲ 圖 7-2-6-7　Wordfence Security 設定畫面 4

▲ 圖 7-2-6-8 Wordfence Security 設定畫面 5

CHAPTER 07 外掛

Step 5 防火牆介面

點選左側選單 Wordfence/Firewall 後如圖 7-2-6-9，再點選紅框處「MANAGE FIREWALL」按鈕進入防火牆設定。

防火牆狀態：防火牆啟動的前 7 天會處於「學習模式」（Learning Mode）如圖 7-2-6-10 紅框處，學習模式處於活動狀態時，會將類似於駭客攻擊的行為列入白名單，在此期間使用的功能越多，將來收到要求加入白名單的機會就越小。「學習模式」時間到後會自動切換成「防護模式」（Enabled and Protecting）。

防火牆狀態圈：代表網站當前受到的保護程度。如果圓圈為灰色，表示防火牆處於「學習模式」或「禁用」。將鼠標懸停在狀態圈上會出現一個提示框，告知需要做什麼才能達到 100% 的評分，如圖 7-2-6-11。

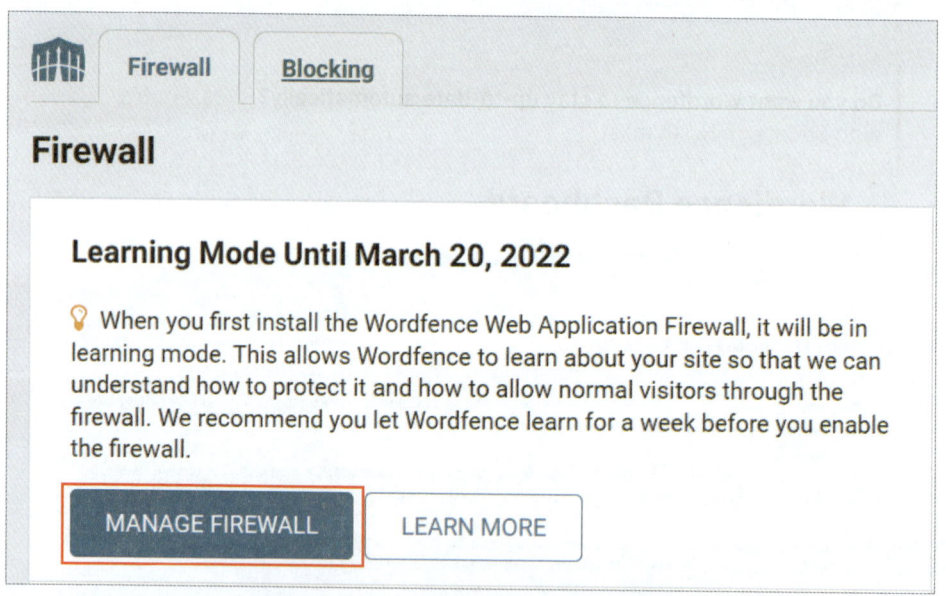

▲ 圖 7-2-6-9 Wordfence Security 設定畫面 6

7-34

Web Application Firewall Status

Learning Mode: When you first install the Wordfence Web Application Firewall, it will be in learning mode. This allows Wordfence to learn about your site so that we can understand how to protect it and how to allow normal visitors through the firewall. We recommend you let Wordfence learn for a week before you enable the firewall. Learn More

[Learning Mode ▼]

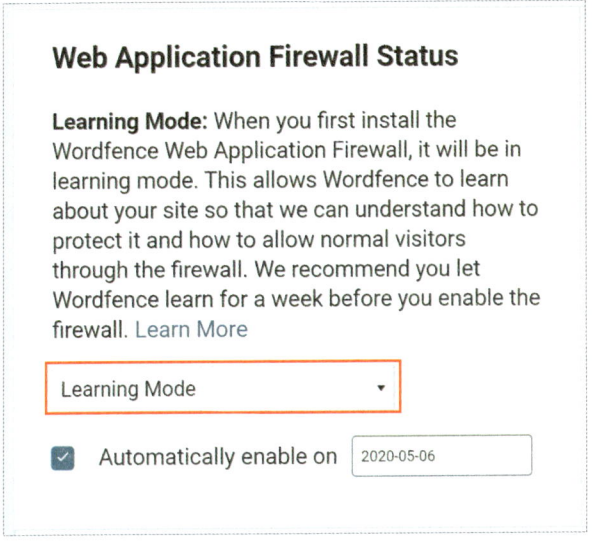

☑ Automatically enable on 2020-05-06

▲ 圖 7-2-6-10 Wordfence Security 設定畫面 7

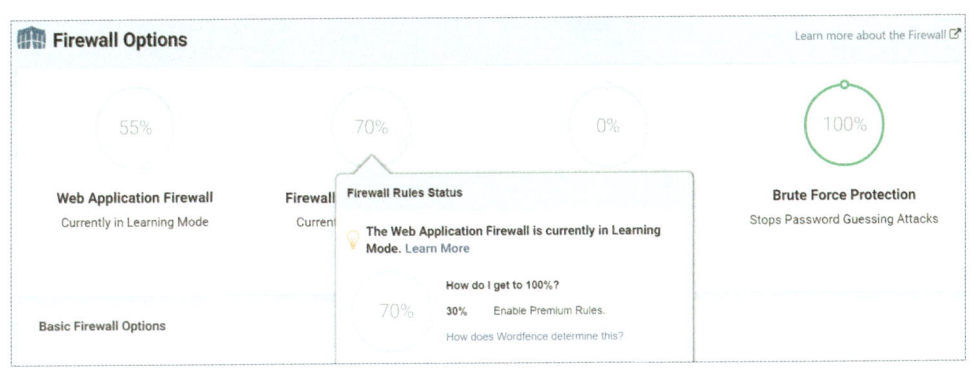

▲ 圖 7-2-6-11 Wordfence Security 設定畫面 8

💡 **貼心小提醒：**

如果你的網站最近才剛遭到駭客入侵，或者你目前正受到攻擊，則不應該使用學習模式，應該將防火牆設定為「防護模式」（Enabled and Protecting）。

7-35

CHAPTER 07 外掛

Step 6 網站漏洞掃描

執行網站掃描：點選左側選單 Wordfence/Scan 後如圖 7-2-6-12，點選紅框處「START NEW SCAN」按鈕即可開始進行掃描，藉此可以看看你的網站是否有被植入惡意代碼或是有其他需要提升網站安全性的地方，掃描完成後，如果有問題會出現相關調整提示。預設情況下 Wordfence 將每天掃描網站。

調整掃描等級：點選圖 7-2-6-12 藍框處「Manage Scan」連結，進入掃描管理，預設會是「標準掃描」（Standard Scan），如果用「高靈敏度掃描」（High Sensitivity），掃描執行中的主機消耗資源會變多，但掃描會更全面，可依需求調整。

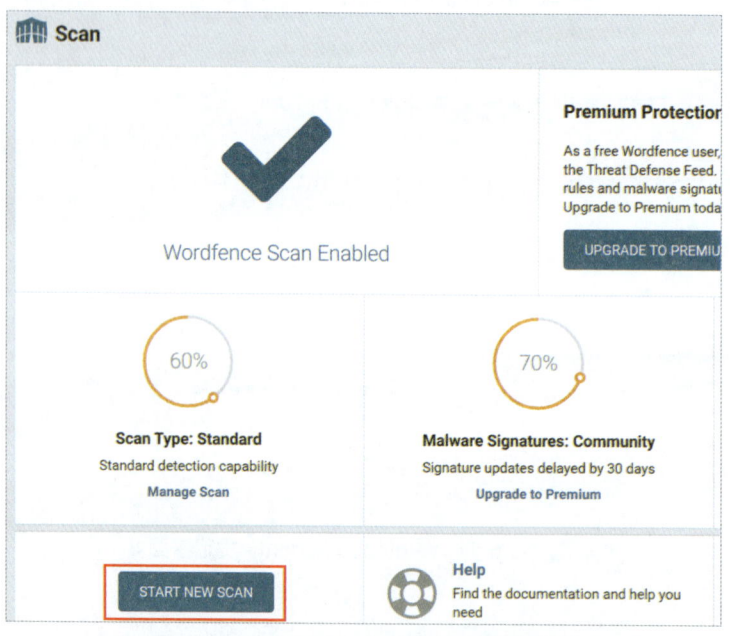

▲ 圖 7-2-6-12 Wordfence Security 設定畫面 9

Step 7 即時流量監測

點選左側選單 Wordfence/Tools 後如圖 7-2-6-13，即時流量監測頁籤會列出用戶登錄數據、被防火牆阻止的請求、訪客 IP 位置等，可點選「RUN WHOIS」查詢網際網路中域名的所有者資訊，如果是奇怪的主機，可點選「BLOCK IP」封鎖。

流量記錄模式：點選圖 7-2-6-13 紅框處「Live Traffic Options」可以更改流量記錄模式如圖 7-2-6-14，預設為「SECURITY ONLY」僅記錄安全相關的流量，包括成功登錄、登錄嘗試和各種類型的阻止請求。「ALL TRAFFIC」則是會紀錄所有流量，這會很耗費主機資源。更改完後記得點選「SAVE CHANGES」保存設定。

▲ 圖 7-2-6-13 Wordfence Security 設定畫面 10

▲ 圖 7-2-6-14 Wordfence Security 設定畫面 11

7-3　Jetpack — WordPress 安全、效能和管理

　　Jetpack 是一款最適合初學者所使用的外掛之一，一次安裝就可以擁有好用的功能。相較於 WordPress 本身內建的外掛，Jetpack 更為容易上手，並提供網站安全管理、加快網頁效能、提升網站可見度等等，如果有任何操作上的問題，也可隨時向開發團隊提出。另外 Jetpack 的好處是提供完整的中文化介面，因此在使用上非常方便。

CHAPTER 07 外掛

▲ 圖 7-3-1 Jetpack 外掛畫面

7-3-1 安裝 Jetpack

Step 1 安裝外掛

可於後台 外掛\安裝外掛，輸入搜尋關鍵字「Jetpack」，並針對下方圖 7-3-1-1 Jetpack 搜尋畫面紅框處選擇「立即安裝」，安裝完成後選擇「啟用」，另外可以透過安裝外掛的方式上傳 zip 檔案來安裝，詳細外掛安裝教學請參考 7-1 章。

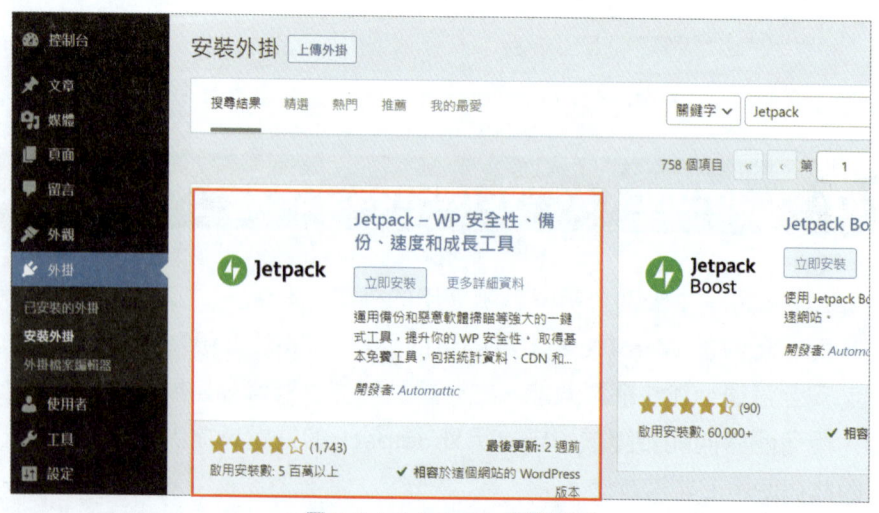

▲ 圖 7-3-1-1 Jetpack 搜尋畫面

7-3　Jetpack — WordPress 安全、效能和管理

Step 2 與官方網站連結

　　安裝完成後，左側選單將會多出現一個 Jetpack 項目，一開始必須要先將 Jetpack 與官方網站做連結，因此點選圖 7-3-1-2 中紅框處「設定 Jetpack」按鈕，網站將跳轉至圖 7-3-1-3 Jetpack 註冊畫面，這時就跟官網連結完成，接著可選擇連結使用者帳號，或不用帳號連結。

▲ 圖 7-3-1-2 Jetpack 設定畫面

▲ 圖 7-3-1-3 Jetpack 註冊畫面

CHAPTER 07 外掛

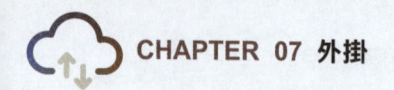

> **貼心小提醒：**
>
> Jetpack 需要連結官方網站，如果您的網站無法與外部連結的話，將無法啟用 Jetpack 外掛 (例如：你的網址是 localhost 或 虛擬 Domain Name 等)。

Step 3 選擇使用方案

　　註冊完成後，會出現多個付費方案可以選擇，如果想使用免費的，可直接滑至最下面選擇圖 7-3-1-4 中紅框處「Start for free」按鈕。帳號連結完成後，可回至 WordPress 主控台如圖 7-3-1-5，即可看見 Jetpack 所提供的所有功能。若要啟用相關功能，可至 Jetpack\ 設定下找到相關項目，以下的小章節將一一介紹 Jetpack 免費相關功能。

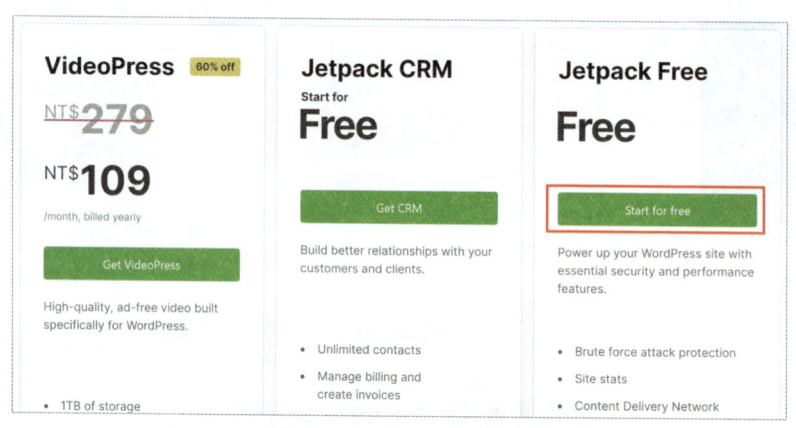

▲ 圖 7-3-1-4 Jetpack 付費畫面

▲ 圖 7-3-1-5 Jetpack 管理畫面

7-40

7-3　Jetpack — WordPress 安全、效能和管理

　　Jetpack 提供了六大項功能,可至 Jetpack\ 設定下找到相關項目如圖 7-3-1-6,以下的小章節將一一介紹 Jetpack 免費相關功能:

　　安全性:最先進的安全工具,從文章到套件,可以確保您的網站在最安全的情況下,不被駭客攻擊。其中包括「備份與安全掃描」、「停機時間監控」、「暴力破解密碼攻擊防護」等等,詳細說明會在下方的 7-3-2 章節一一介紹。

　　效能:加快頁面載入速度,為了提供更快速的瀏覽體驗、高品質、無廣告的影片,其中包含「效能與速度」、「搜尋」等等,詳細說明會在下方的 7-3-3 章節一一介紹。

　　撰寫:隨心所欲的撰寫功能,無論是想通過電子郵件撰寫文章或使用代碼嵌入等,讓使用者可以體驗到簡便的發佈流程。其中包含「媒體」、「撰寫」、「自訂內容類型」、「佈景主題增強項目」、「小工具」等等,詳細說明會在下方 7-3-4 章節一一介紹。

　　分享:在社交媒體上按讚分享內容,可增進與新使用者之間的互動。其中包含「Publicize 連結」、「分享按鈕」等等,詳細說明會在下方的 7-3-5 章節一一介紹。

　　討論:進階的留言設定,讓使用者以電子郵件或 FB 帳號回覆留言,另外可以透過訂閱文章,並透過電子郵件接收通知。其中包含「留言」、「訂閱」等等,詳細說明會在下方的 7-3-6 章節一一介紹。

　　流量:在搜尋引擎中提升網站的可見度、即時檢視流量統計資料,並且還可以與 WordPress.com 其他分析套件與服務結合使用。其中包含「搜尋引擎最佳化」、「Google Analytics(分析)」、「網站統計資料」等等,詳細說明會在下方的 7-3-7 章節一一介紹。

CHAPTER 07 外掛

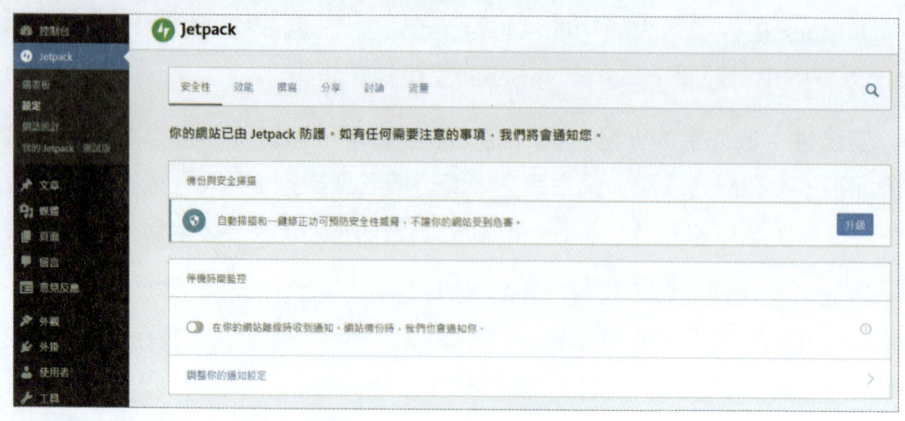

▲ 圖 7-3-1-6 Jetpack 相關功能

7-3-2 Jetpack — 安全性

備份與安全掃描

　　Jetpack 提供了網站安全性，確保你的網站不會遭受到暴力破解攻擊及未經授權的登入、基本的防禦資料遺失、惡意軟體及惡意攻擊一律是免費的；進階方案則是提供即時備份、即時惡意軟體掃描、垃圾訊息防護，則須另外付費，如圖 7-3-2-1。

▲ 圖 7-3-2-1 Jetpack 備份與安全掃描

停機時間監控

　　Jetpack 提供了網站停機的控管服務，因為網站有的時候可能因為流量過高、機房過熱導致主機當機等原因，因此透過此功能，只要有發生以上問題，會即時透過一開始設定的電子信箱通知「目前您的網站發生狀況，請您盡速處理」，如圖 7-3-2-2 紅框處，可設定開啟 / 關閉在你的網站離線時收到通知，點選下方的「調整你的通知設定」，將前往 WordPress.Com 設定網站，可設定是否傳送目前網站狀態至電子郵件，如圖 7-3-2-3。

7-42

7-3　Jetpack — WordPress 安全、效能和管理

▲ 圖 7-3-2-2 Jetpack 停機時間監控 1

▲ 圖 7-3-2-3 Jetpack 停機時間監控 2

● 暴力破解密碼攻擊防護

假設今天駭客知道了你登入後台的網址及帳號，則可以透過其他外掛來暴力破解你的密碼，變成可以輕易進出你的網站，使得網站變得很不安全，因此為了避免這種狀況發生，如圖 7-3-2-4，JetPack 提供了可開啟 / 關閉阻擋機器人或駭客透過常見密碼組合，下方還可以將某個 IP 位址（或多個位址）標記為「一律允許」，避免它們遭到 Jetpack 封鎖，讓網站被破解登入的可能性降到最低，另外 WordPress.Com 還提供 Two-Step Authentication 兩步驗證登入的功能，將在下方一一介紹。

▲ 圖 7-3-2-4 Jetpack 暴力破解密碼攻擊防護

7-43

CHAPTER 07 外掛

Two-Step Authentication 兩步驟驗證登入

隨著越來越多網站為了尋求更好的方法保護登入帳號密碼，因此兩步身分驗證顯得更為重要，優點是可以提高網站的安全性，不讓駭客利用暴力破解的方式破解密碼，缺點是在登入方面較為繁瑣，一旦啟用，登入時不僅要輸入帳號密碼，還要另外輸入一組不重複的驗證代碼，驗證代碼會由設定的行動裝置上的應用程式所產生，或透過簡訊方式傳送。

Step 1 進入設定介面

首先進入 wordpress.com 頁面，畫面如圖 7-3-2-5，點選圖中右上方紅框處會進入「個人設定頁面」如圖 7-3-2-6，點選選單紅框處「安全性」後，點選「兩步驟驗證」，即可進入兩步驟驗證畫面，如圖 7-3-2-7 可選擇密碼由行動裝置上的應用程式產生，或是透過簡訊傳送，選好後點選「跨出第一步」繼續下一個步驟。

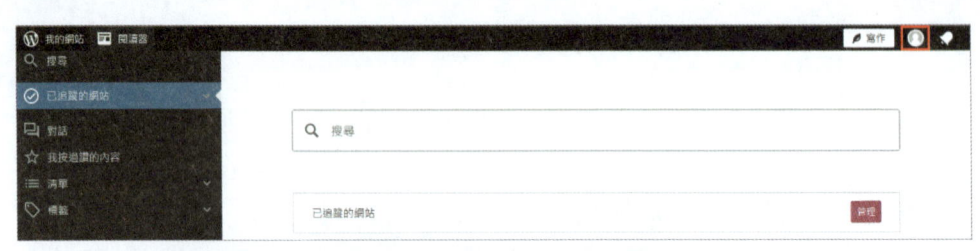

▲ 圖 7-3-2-5 WordPress.com 首頁

▲ 圖 7-3-2-6 WordPress.com 個人設定頁面

7-3 Jetpack — WordPress 安全、效能和管理

▲ 圖 7-3-2-7 WordPress.com 兩步驟驗證 1

Step 2 設定綁定裝置

接著提供行動電話號碼，如圖 7-3-2-8。

▲ 圖 7-3-2-8 WordPress.Com 兩步驟驗證 2

透過上一步所填的行動電話號碼，將會傳送簡訊至該手機，並在圖 7-3-2-9 中輸入簡訊代碼，接著按下「啟用」。如果沒收到簡訊代碼，可按下「重新傳送代碼」。

7-45

CHAPTER 07　外掛

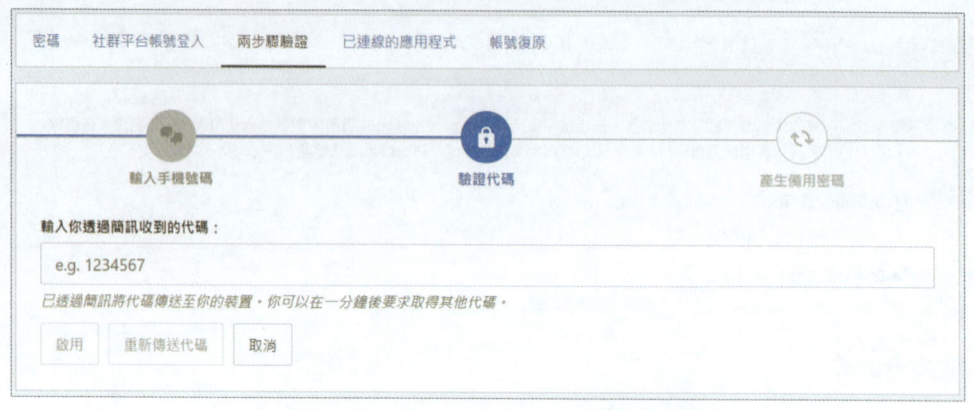

▲ 圖 7-3-2-9 WordPress.Com 兩步驟驗證 3

　　啟用後會產生網站備用密碼，如圖 7-3-2-10 所敘述，當手機遺失、遭竊，備用密碼便可讓你存取帳號，按下「全部完成！」後就設定完成。

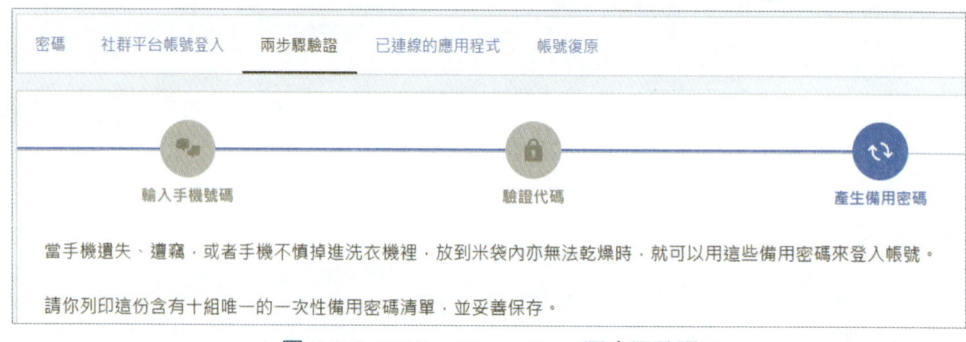

▲ 圖 7-3-2-10 WordPress.Com 兩步驟驗證 4

Step 3　設定完成

　　儲存備用密碼後，網頁將跳轉至初始頁面如圖 7-3-2-11，並顯示你的帳號目前是受到兩步驟驗證保護，登入時不僅需要使用者帳號密碼外，還有輸入一組驗證代碼，並且這組驗證代碼會用傳送簡訊的方式傳給當初設定的行動電話。若要停用兩步驟驗證，可點選下方按鈕「停用兩步驟驗證」。

7-3　Jetpack ─ WordPress 安全、效能和管理

▲ 圖 7-3-2-11 WordPress.Com 兩步驟驗證 5

🧭 登入 WordPress.com

Jetpack 提供了可以直接讓登入介面多一個透過 WordPress.Com 的方式登入如圖 7-3-2-12，開啟後，網站的登入介面如圖 7-3-2-13，可選擇使用 WordPress.com 或一般的帳號密碼登入。

▲ 圖 7-3-2-12 Jetpack 登入 WordPress.com

CHAPTER 07 外掛

▲ 圖 7-3-2-13 後台登入介面

🧭 Akismet Spam Protection 過濾垃圾訊息

Akismet 是一款會根據全球垃圾留言資料庫來檢查網站的評論或表單，以防止網站被散佈惡意內容，它的主要功能包括：自動檢查所有評論並過濾掉有可能是垃圾留言的評論；提供狀態歷史紀錄，可隨時查看哪些評論是垃圾內容等等，另外非商業的網站可以使用免付費的，並可以與 Jetpack 進行連結。

Step 1 安裝外掛

可於後台外掛\安裝外掛，輸入搜尋關鍵字「Akismet Spam Protection」，並針對下方如圖 7-3-2-14 紅框處選擇「立即安裝」，安裝完成後選擇「啟用」。

7-3 Jetpack ─ WordPress 安全、效能和管理

▲ 圖 7-3-2-14 Akismet Anti-Spam 搜尋畫面

Step 2 進入操作介面

安裝完成後，如圖 7-3-2-15 左側選單的 Jetpack 底下會多出現一個「反垃圾內容」項目，並在設定畫面中如圖 7-3-2-16 紅框處選擇「設定 Akismet 帳號」。

▲ 圖 7-3-2-15 Akismet Anti-Spam 設定畫面

▲ 圖 7-3-2-16 Akismet Anti-Spam 過濾垃圾訊息 1

Step 3 價格方案選擇

接著畫面跳轉到選擇方案頁面，有四種方案 (非商業用途、商業網站、多個商業網站、大型商業網站) 可以選擇，如圖 7-3-2-17，本書先以非商業用途的網站做示範，點選紅框處「Get Personal」。

7-49

CHAPTER 07 外掛

▲ 圖 7-3-2-17 Akismet Anti-Spam 過濾垃圾訊息 2

Step 4 填寫基本資料

　　下一步畫面跳轉到如圖 7-3-2-18 左方填寫完個人資料、個人網站網址，勾選紅框處「我的網站上沒有廣告」、「我不在我的網站上出售產品/服務」、「我不會在我的網站上推廣業務」；並將右方藍框處價錢金額拉至 0 元後，點選下方按鈕「CONTINUE WITH PERSIONAL SUBSCRIPTION」。

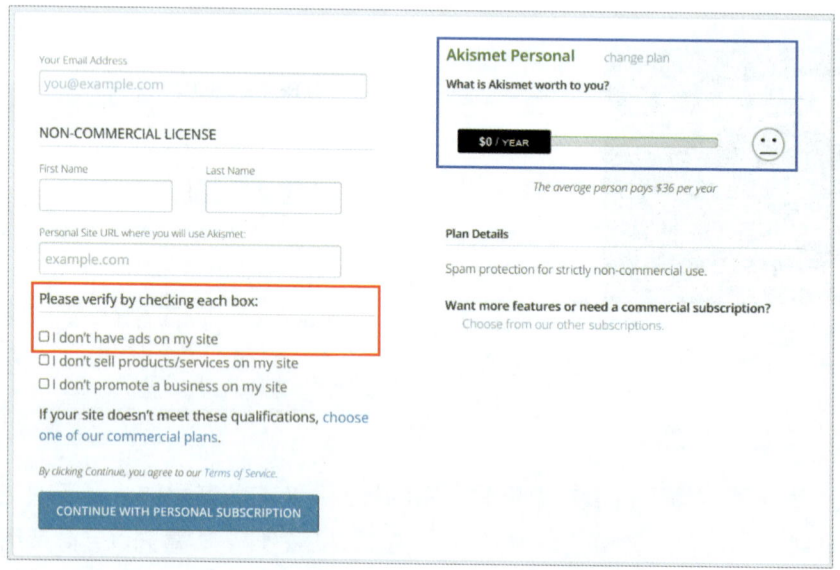

▲ 圖 7-3-2-18 Akismet Anti-Spam 過濾垃圾訊息 3

7-50

7-3　Jetpack ─ WordPress 安全、效能和管理

Step 5 驗證電子郵件

完成後畫面如圖 7-3-2-19，Akismet 會送一封信到剛剛填寫的信箱，要將郵件的驗證碼填入下方，並按「Continue」。

▲ 圖 7-3-2-19 Akismet Anti-Spam 過濾垃圾訊息 4

Step 6 註冊完成

註冊完成後畫面如圖 7-3-2-20，將會傳送「AKISMET API KEY」到信箱，代表註冊成功，而 API KEY 必須要記錄下來，因為外掛會要求輸入 Akismet.com 的 API 金鑰才能使用。

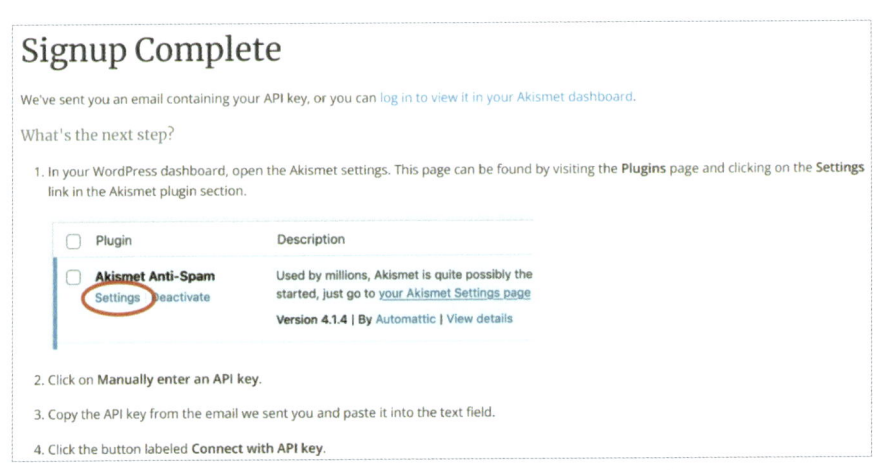

▲ 圖 7-3-2-20 Akismet Anti-Spam 過濾垃圾訊息 5

CHAPTER 07 外掛

Step 7 啟用 Akismet

回到 WordPress 的 Akismet Anti-Spam 設定畫面,點選如圖 7-3-2-21 下方紅框處「手動輸入 API 金鑰」,會出現如圖 7-3-2-22「輸入 API 金鑰」,輸入信箱收到的金鑰,並點選「連結 API 金鑰」。

▲ 圖 7-3-2-21 Akismet Anti-Spam 過濾垃圾訊息 6

▲ 圖 7-3-2-22 Akismet Anti-Spam 過濾垃圾訊息 7

Step 7 設定完成

連結 API 金鑰後,看見畫面如圖 7-3-2-23,代表你的網站已經啟動過濾垃圾訊息的功能,下方可以設定謹慎度、隱私權等等,設定完成後選擇「儲存設定」,即完成設定,如需更改 API 金鑰的話,除了如圖 7-3-2-23 之外,還可以至 Jetpack\ 設定 \ 安全性→反垃圾郵件處如圖 7-3-2-24 更改。

7-3 Jetpack ─ WordPress 安全、效能和管理

▲ 圖 7-3-2-23 Akismet Anti-Spam 過濾垃圾訊息 8

▲ 圖 7-3-2-24 Akismet Anti-Spam 過濾垃圾訊息 9

本書另外介紹「URLVoid」是一個網站信譽檢查工具，用於協助使用者檢查某的網站有沒有潛藏的惡意威脅，只要輸入網址，URLVoid 就會從 40 多個黑名單引擎分析網站是否安全，以協助檢測網站是否為詐欺或惡意網站。本書想透過「URLVoid」來測試設定 Jetpack 外掛後是否可以讓網站更加安全。

URLVoid 網址：https://www.urlvoid.com/

CHAPTER 07 外掛

Step 1 掃描網站

開啟網站後,可以在如圖 7-3-2-25 紅框處輸入檢測的網站網址,例如:https://www.google.com/,按下後方「Scan Website」按鈕後即可產生出檢測狀況。

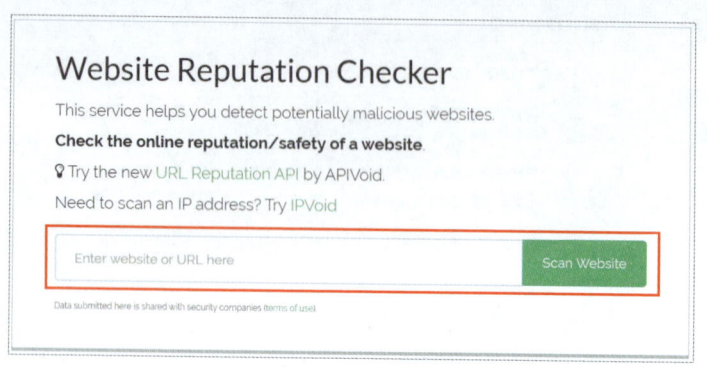

▲ 圖 7-3-2-25 URLVoid 網站測試工具 1

Step 2 掃描結果

掃描後上方會先呈現網站的詳細資訊,包括網站的網域名稱、最後分析時間、黑名單狀態、域名註冊、IP 位址、服務器位置等等,如圖 7-3-2-26。

▲ 圖 7-3-2-26 URLVoid 網站測試工具 2

7-54

7-3-3 Jetpack — 效能

效能與速度

Jetpack 網站加速功能主要是加速影像載入時間跟靜態檔案載入時間，總而言之開啟這個功能後，會就近讀取圖片或靜態檔案，以減輕伺服器的負擔，如圖 7-3-3-1 開啟/關閉「啟用網站加速器」，且還可以分別選擇「加速影像載入時間」或「加速靜態檔案載入時間」或「啟用延緩載入圖片功能」。

▲ 圖 7-3-3-1 Jetpack 效能與速度

媒體託管

Jetpack 提供了託管快速、高品質、無廣告的影片，如圖 7-3-3-2，透過影片託管可不被其他影片的推播影響，還可以讓使用者專注於你的影片，例如：YouTube 旁邊有一排其他的影片，很容易受到影響連結到其他人的影片。

▲ 圖 7-3-3-2 Jetpack 媒體託管

CHAPTER 07 外掛

搜尋

Jetpack 提供了搜尋的功能，可以幫助你的網站搜尋功能更加快速，如圖 7-3-3-3，但屬於付費功能。

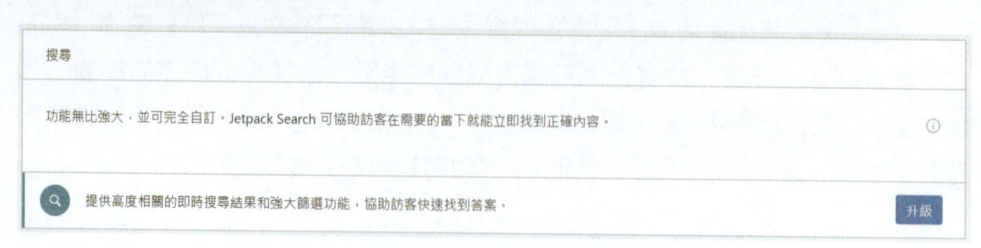

▲ 圖 7-3-3-3 Jetpack 搜尋

本書另外介紹「Google PageSpeed Insights」是一個用來檢測「網站載入速度」與「是否符合行動裝置設備」，以 1 至 100 分來評比，分數越高代表網站最佳化效果越好，並且提供桌面及行動網頁的建議修正概況，方便同時對不同裝置作內容的最佳化處理，例如：將圖片最佳化或建議啟用文字壓縮等等。除了網站檢測外，Google 也提供另一個行動裝置相容性測試，分析頁面是否適合行動裝置瀏覽，會依造不同的版型配置以符合行動友善觀念。

網址：https://developers.google.com/speed/pagespeed/insights/?hl=zh-TW

Step 1 輸入欲分析網址

開啟網站後，可以在如圖 7-3-3-4 紅框處輸入檢測的網站網址，例如：https://www.google.com/，按下後方「分析」按鈕後即可產生出檢測狀況。

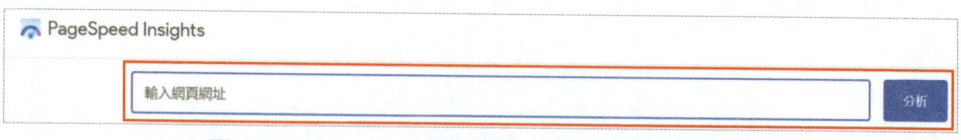

▲ 圖 7-3-3-4 Google PageSpeed Insights 網站載入速度 1

Step 2 分析結果

檢測完後，如圖 7-3-3-5 上方紅框處可選擇「行動裝置」或「電腦」，再來會顯示檢測分數，並根據報告給予最佳化建議。

7-3　Jetpack — WordPress 安全、效能和管理

▲ 圖 7-3-3-5 Google PageSpeed Insights 網站載入速度 2

7-3-4 Jetpack — 撰寫

媒體

　　Jetpack 為了提升整體運作效果流暢度，並適時美化圖片的設計，目前提供了網站和頁面中的圖片會浮動於網頁上方並放大圖片，不會另開新頁。如圖 7-3-4-1 開啟 / 關閉「全螢幕隨機區圖庫中顯示圖片」，並可選擇顏色配置等等，很適合用於作品集或相簿相關網站，可以吸引訪客第一次的注意力。

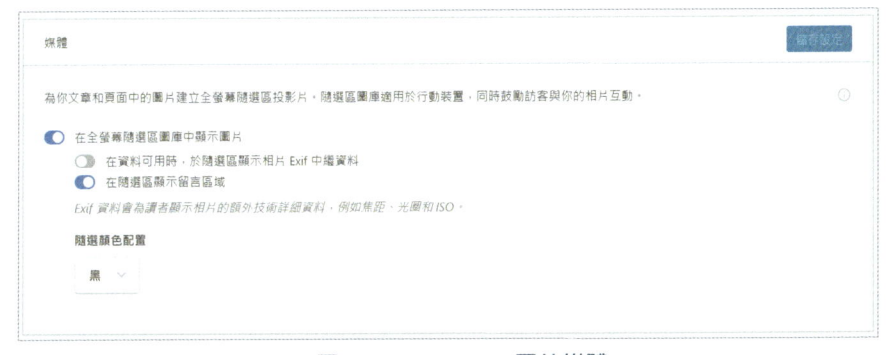

▲ 圖 7-3-4-1 Jetpack 圖片媒體

7-57

CHAPTER 07 外掛

撰寫

Jetpack 的撰寫如圖 7-3-4-2，可以開啟 / 關閉「啟用此選項複製完整文章與頁面，包含標籤和設定」等等功能下面將一一介紹。

1. **啟用此選項複製完整文章與頁面，包含標籤和設定**→在撰寫相同類型的頁面時可將之前做好的版型作為依據，直接複製頁面。
2. **以純文字 Markdown 語法撰寫文章或頁面**→ Markdown 是一款利用常規字符和標點符號來撰寫帶有列表和其他樣式的文章和頁面，利用 Markdown 來撰寫文章或頁面。
3. **使用 LaTeX 標記語言編寫數學公式與方程式**→ LaTeX 是一個使用數字運算式的語法工具。
4. **使用簡碼撰寫，從熱門網站嵌入媒體**→不用撰寫程式碼就可以直接嵌入社群媒體。

▲ 圖 7-3-4-2 Jetpack 文章撰寫

自訂內容類型

Jetpack 提供了兩種內容類型，如圖 7-3-4-3 可以開啟 / 關閉使用簡單的簡碼在網站上顯示證言；或開啟 / 關閉在網站上使用作品集，可以直接使用簡單的簡碼在網站上展示妳的作品，但在製作的前提，有一個很重要的條件，就是必須使用支援 Jetpack 的佈景主題，如果沒有就無法使用以上兩種功能。

7-3 Jetpack — WordPress 安全、效能和管理

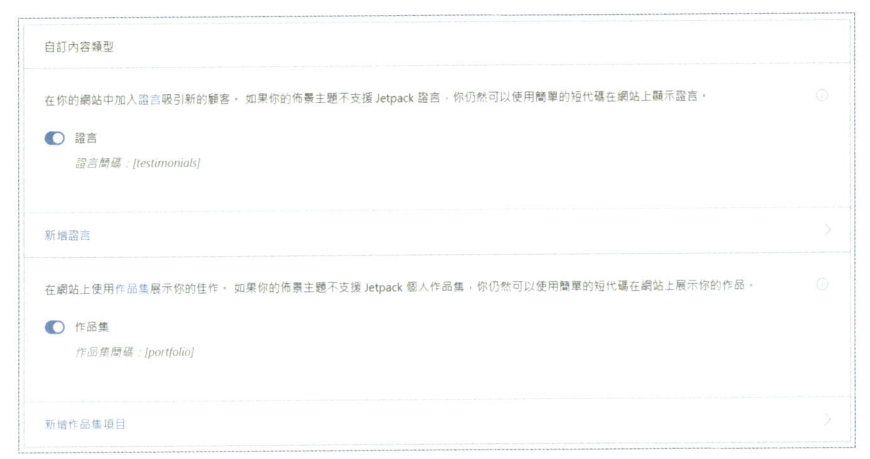

▲ 圖 7-3-4-3 Jetpack 自訂內容類型

🧭 小工具

Jetpack 提供了可以在網站上增加額外的小工具，如訂閱表單和 Twitter 串流或啟用在特定的文章顯示小工具，如圖 7-3-4-4，可以開啟/關閉「訂閱表單和 Twitter 串流」、「啟用小工具可見度控制」。

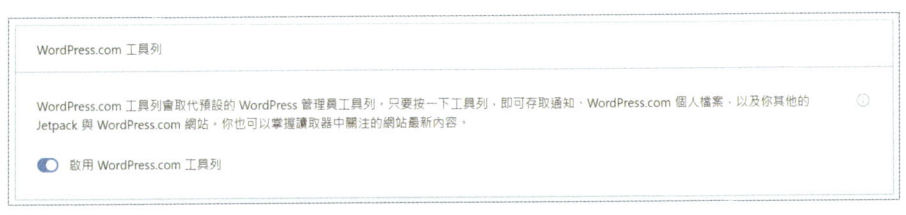

▲ 圖 7-3-4-4 Jetpack 小工具

🧭 WordPress.com 工具列

Jetpack 提供了可以將 WordPress.com 工具列取代原本的 WordPress 管理工具列，可以更快速的使用 WordPress.com 網站的相關功能，如圖 7-3-4-5 可以開啟/關閉「啟用 WordPress.com 工具列」。

▲ 圖 7-3-4-5 Jetpack WordPress.com 工具列

7-3-5 Jetpack — 分享

Publicize 連結

Jetpack 提供了與社交媒體連結的功能，如圖 7-3-5-1，只要開啟／關閉「自動將你的文章分享到社交網站」，就能在所有社交帳號中分享內容，在發表文章的同時，就可直接分享文章至你所連結的社交媒體帳號上，另外，點選紅框處「連結你的社交媒體帳號」，畫面會跳轉到 WordPress.com 的行銷工具、第三方服務整合的第三方服務連接處，如圖 7-3-5-2 點選「連接」，可以直接連結 Facebook、Twitter、LinkedIn 等等帳號，讓文章一發佈時就直接分享文章至你所連接的社交媒體。

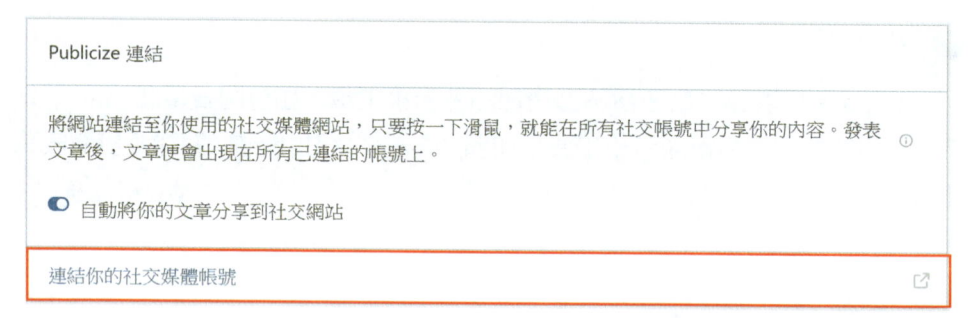

▲ 圖 7-3-5-1 Jetpack Publicize 分享連結

▲ 圖 7-3-5-2 WordPress.com 行銷與整合連結

◆ 分享按鈕

Jetpack 提供了分享按鈕的功能，讓訪客可以快速的點選按鈕，即可將文章分享至自己的社交媒體上，如圖 7-3-5-3，可開啟 / 關閉「將分享按鈕新增至文章和頁面」，另外按下紅框處「設定你的分享按鈕」，畫面會轉跳至 WordPress.com 行銷工具、第三方服務整合分享按鈕處，可以從此處設定按鈕樣式。

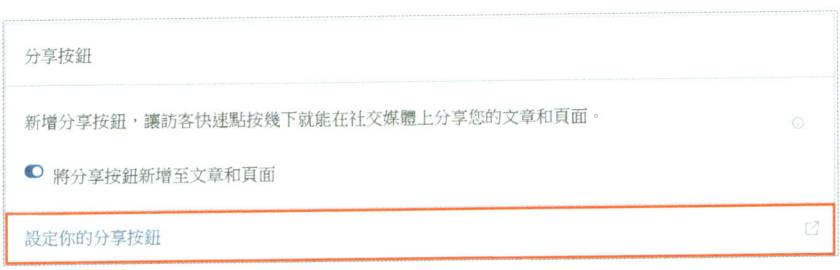

▲ 圖 7-3-5-3 Jetpack 分享按鈕

▲ 圖 7-3-5-4 WordPress.com 行銷與整合分享按鈕

◆「讚」按鈕

Jetpack 提供了類似 Facebook 的功能，可以針對喜歡的文章按下「讚」給予發佈文章的人一些鼓勵，如圖 7-3-5-5，可開啟 / 關閉「將按鈕新增至文章和頁面」。

CHAPTER 07 外掛

```
「讚」按鈕

「讚」按鈕可讓 WordPress.com 使用者對你的內容表示喜愛。

● 將「讚」按鈕新增至文章和頁面
```

▲ 圖 7-3-5-5 Jetpack「讚」按鈕

7-3-6 Jetpack — 討論

留言

　　Jetpack 提供了讓訪客可以直接使用社交媒體帳號留言，並設定樣式，另外還可以設定留言功能，如圖 7-3-6-1，可開啟 / 關閉「讓訪客使用 WordPress.com、Twitter、Facebook 或 Google 帳號留言」，並可另外設定留言表單、顏色配置；另外還可以開啟 / 關閉「彈出式名片」、「啟用 Markdown 留言功能」、「啟用留言按讚功能」。

```
留言                                              儲存設定

● 讓訪客使用 WordPress.com、Twitter、Facebook 或 Google 帳號留言
   留言表單簡介
   ┌─────────────────────────────┐
   │ 發表迴響                      │
   └─────────────────────────────┘
   使用一些吸引人的字詞，鼓勵訪客留言。
   色彩配置
   ┌──────────┐
   │ 淡色系 ▽ │
   └──────────┘

● 在回應者的 Gravatar 上啟用彈出式名片。
● 啟用 Markdown 的留言功能。
● 啟用留言按讚功能。
```

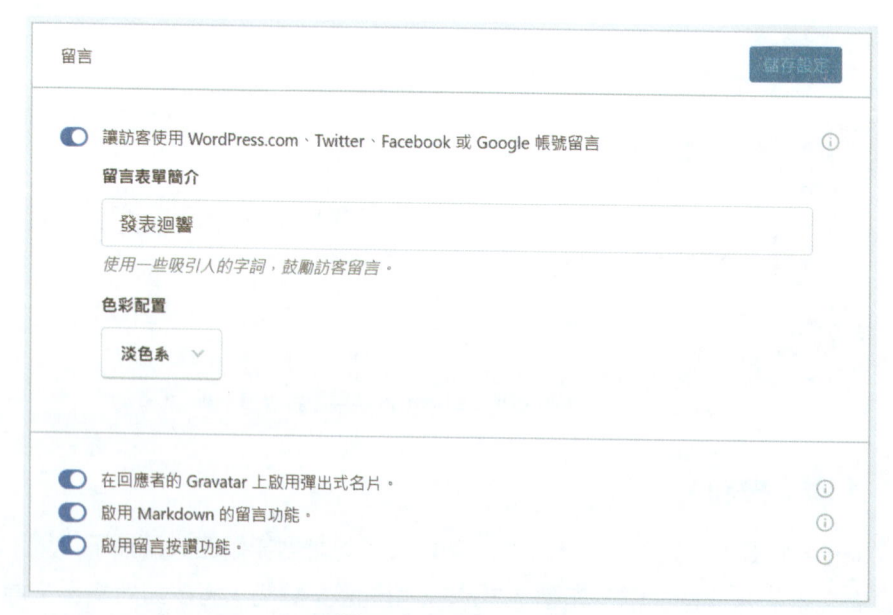

▲ 圖 7-3-6-1 Jetpack 留言

🔹 訂閱

　　Jetpack 提供了訂閱文章及頁面的服務，可以讓訪客透過電子郵件訂閱文章和留言，如圖 7-3-6-2，可開啟 / 關閉「讓訪客透過電子郵件訂閱你的新文章和留言」，並且可以分別訂閱「網站」或「留言」，讓回覆文章的人可以跟進最新資訊，並收到通知，另外按下紅框處「查看你的電子郵件關注者」，畫面會轉跳至 WordPress.com 帳號的以電子郵件追蹤你的人處如圖 7-3-6-3。

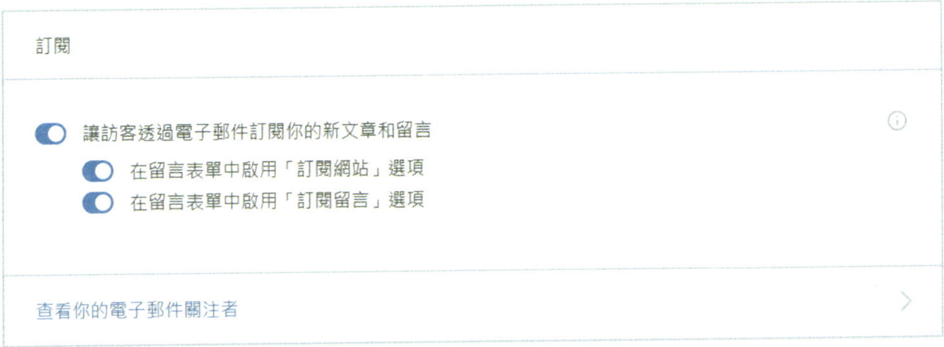

▲ 圖 7-3-6-2 Jetpack 訂閱

▲ 圖 7-3-6-3 電子郵件關注者

7-3-7 Jetpack — 流量

廣告

Jetpack 提供了一個廣告平台，可以透過付費顯示廣告客戶的高品質廣告，使網站可以透過訪客點擊廣告來賺錢，如圖 7-3-7-1 可升級成在文章或頁面顯示廣告，來增加你的收入。

▲ 圖 7-3-7-1 Jetpack 廣告

相關文章

Jetpack 提供了可以在文章最後面顯示相關文章的功能，以吸引訪客繼續瀏覽，如圖 7-3-7-2，可開啟/關閉「顯示文章之後的相關內容」，並開啟/關閉「反白標題相關內容」、「顯示縮圖圖片」，預覽畫面如圖 7-3-7-3。

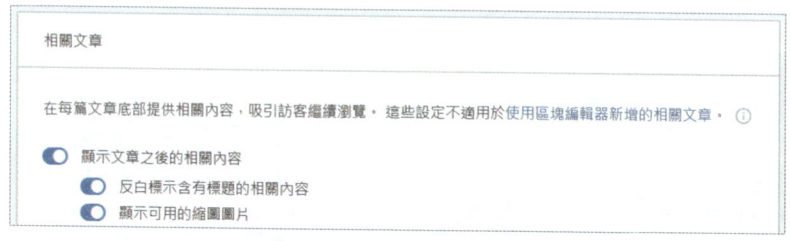

▲ 圖 7-3-7-2 Jetpack 相關文章 1

▲ 圖 7-3-7-3 Jetpack 相關文章 2

🎯 搜尋引擎最佳化

Jetpack 提供了 SEO 工具來預覽內容在熱門搜尋引擎顯示的方式，且可以很快速的編輯頁面標題結構和首頁中繼資料等項目，如圖 7-3-7-4，以提升你的搜尋引擎排名。

▲ 圖 7-3-7-4 Jetpack 搜尋引擎最佳化

🎯 Google Analytics(分析)

Jetpack 提供了付費進階或專業版本，可直接將網站連結至 Google Analytics，如圖 7-3-7-5，而 Google Analytics 是由 Google 所提供的數據分析工具，用於分析網站或 APP 的數據狀況，因為 Google 搜尋引擎使用的人數比例超過 80%，因此相對有較高的信任度。

▲ 圖 7-3-7-5 Jetpack Google Analytics

> 💡 貼心小提醒：
>
> 本書建議可以直接使用 Google Analytics(分析)，不一定要透過 Jetpack 連結到 Google Analytics，在本章節的最後會詳細介紹如何使用 Google Analytics。

CHAPTER 07 外掛

🧭 網站統計資料

Jetpack 提供了網站統計資料的功能，可以計算登入頁面瀏覽量或管理查看統計報告的人員，如圖 7-3-7-6，可開啟 / 關閉「附上小圖表及 48 小時流量快照」。

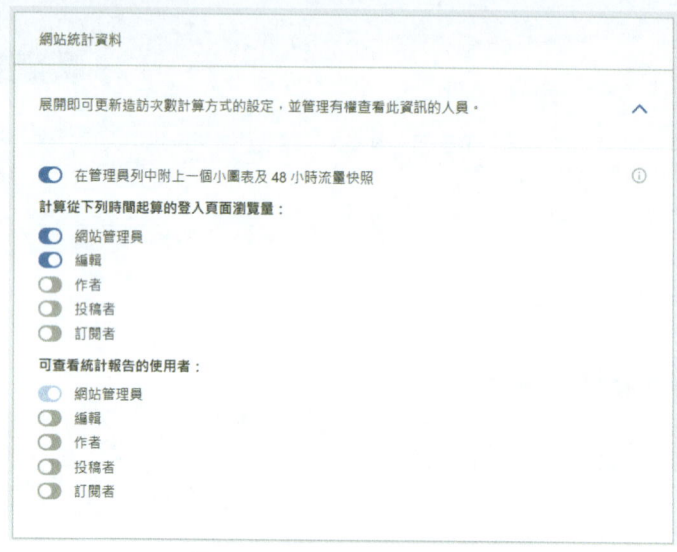

▲ 圖 7-3-7-6 Jetpack 網站統計資料

🧭 WP.me 短網址

Jetpack 提供了可以將網址縮短成簡短 URL，是用於取得文章或頁面時一種快速的分法，如圖 7-3-7-7，可開啟 / 關閉「產生簡短的 URL」，URL 是永久的，只要 WordPress.com 還正常運行，就可以繼續使用下去，但缺點就是因為是由 WordPress 所託管的 URL，因此並非適用於全球。

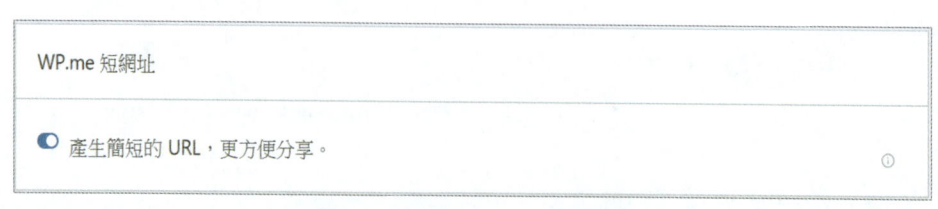

▲ 圖 7-3-7-7 Jetpack WP.me 短網址

7-66

7-3　Jetpack — WordPress 安全、效能和管理

🧭 網站地圖

Jetpack 提供了可以改善網站在搜尋結果中的排名，方便使用者從搜尋引擎上得知網站屬於哪個方面，更快速的了解您的網站，如圖 7-3-7-8，可開啟 / 關閉「產生 XML 網站地圖」，啟用後 Jetpack 會自動建立網站地圖，並在網站內容更動時自動更新。

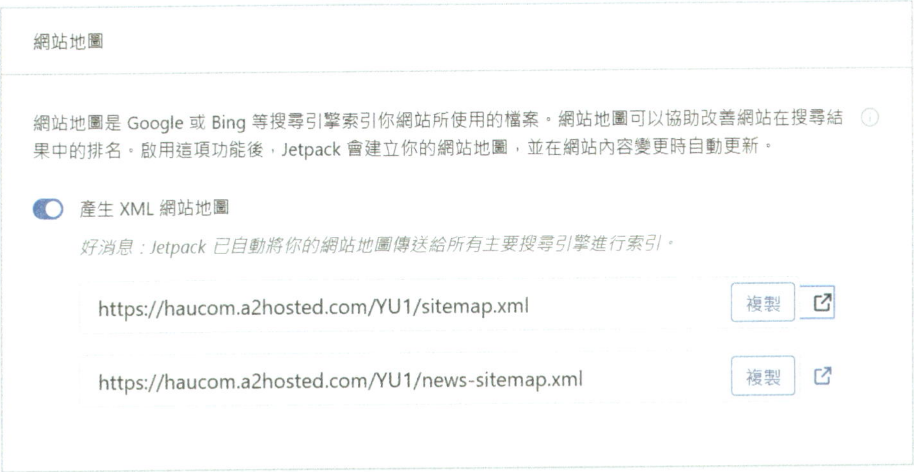

▲ 圖 7-3-7-8 Jetpack 網站地圖

本書另外介紹「Google Analytics」，是一款由 Google 所提供的數據分析工具，用於分析網站或 APP 的數據狀況，因為使用 Google 搜尋引擎的人數比例超過 80%，因此相對有較高的信任度。裡面有即時活躍用戶、用戶來源、流量來源、客戶回訪比率等等功能，因此本書特別介紹線上免費工具「Google Analytics」來觀察網站狀況。

Google Analytics 網址：https://analytics.google.com/analytics/web/provision/

Step 1 帳戶設定

開始網站後，會顯示畫面如圖 7-3-7-9，選擇紅框處「開始測量」按鈕，接著畫面轉跳至建立帳戶，如圖 7-3-7-10 設定「帳戶名稱」後，點選「下一步」按鈕。

7-67

CHAPTER 07 外掛

▲ 圖 7-3-7-9 Google Analytics 設定 1

▲ 圖 7-3-7-10 Google Analytics 設定 2

Step 2 資源設定

下一步設定資源詳情，如圖 7-3-7-11 資源名稱、報表時區和貨幣，接著點選「下一步」按鈕。

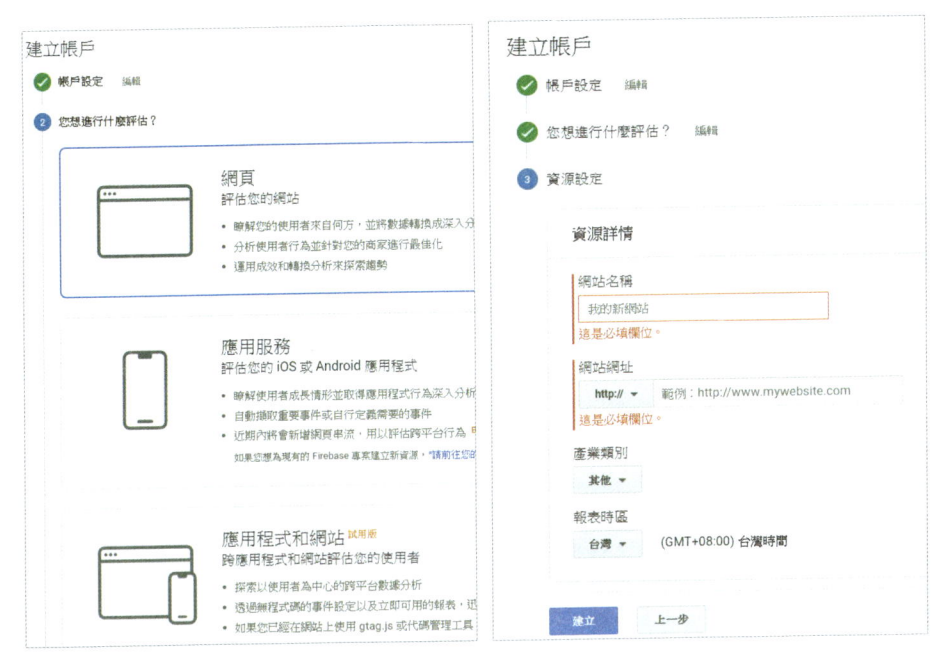

7-3 Jetpack — WordPress 安全、效能和管理

▲ 圖 7-3-7-11 Google Analytics 設定 3

Step 3 商家資訊

接著設定商家資訊，如圖 7-3-7-12 產業類別、商家規模和商家用途，接著點選「建立」按鈕。

7-69

CHAPTER 07 外掛

▲ 圖 7-3-7-12 Google Analytics 設定 4

Step 4 服務條款合約

接著會彈跳視窗出服務條款合約，如圖 7-3-7-13 勾選紅框處「我也接受 GDPR」後，點選「我接受」按鈕，即設定完成。

▲ 圖 7-3-7-13 Google Analytics 設定 5

7-70

Step 5 資料串流

接下來需設定要放置網站的認證碼,這樣 Google Analytics 才能透過這組代碼,幫忙分析網站流量。因此前往管理/資料串流,會詢問需要進行什麼評估,分成「網站」、「Android 應用程式」、「ios 應用程式」三種,如圖 7-3-7-14 因為本書是以網頁做為範例,因此點選紅框處「網站」後如圖 7-3-7-15,輸入入網站網址和串流名稱後點選「建立串流」按鈕如圖 7-3-7-16,最後在網站加入「全域網站代碼」即完成資料串流。

▲ 圖 7-3-7-14 Google Analytics 設定 6

▲ 圖 7-3-7-15 Google Analytics 設定 7

CHAPTER 07 外掛

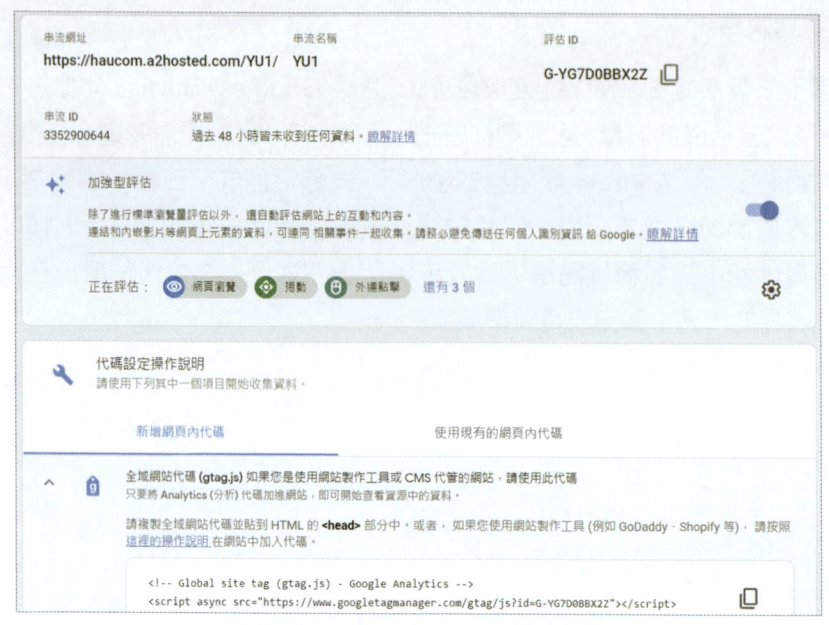

▲ 圖 7-3-7-16 Google Analytics 設定 8

7-4 文章編輯、社群互動

　　本章節將會介紹如何新增文章裡的各項功能，如：文章編輯器、網頁編輯器等等。在現在的生活中，有很多地方都會使用文字編輯器，像是 Office 的 Word、Excel 等等各項文書編輯工具，都會運用到類似的文字編輯器功能，與 WordPress 最大差別就是「環境」的差別，一個是用於編輯「文書」，另一個是用於編輯「網頁」，另外在 WordPress 的環境下，必須要遵守瀏覽器的規格，才能正常的顯示出來，大家都會希望自己的網站可以增加曝光的機會，建立與朋友或網友的互動，因此，在下面章節將會一一介紹用於 WordPress 文章編輯及社群互動的相關外掛。

》 7-4-1 AddToAny Share Buttons －社群分享按鈕

　　AddToAny 是一款免費、且不需要撰寫任何程式碼的外掛，只需要在後台簡單設定功能及外觀，就可以為網站附加社群分享的功能。目前很多使用者會

7-4 文章編輯、社群互動

在網路上建置品牌網站或經營部落格等等，就是希望可以透過社交媒體來推廣產品或服務，或透過網路行銷方面經營商店，所以讓更多人看見網站是一件非常重要的事情，下面的部分將一一介紹相關安裝步驟、功能及成果。

▲ 圖 7-4-1-1 AddToAny 外掛畫面

Step 1 安裝外掛

可於後台 外掛 \ 安裝外掛，輸入搜尋關鍵字「AddToAny」，並針對下方如圖 7-4-1-2 紅框處選擇「立即安裝」，安裝完成後選擇「啟用」，另外可以透過安裝外掛的方式上傳 zip 檔案來安裝，詳細外掛安裝教學請參考 7-1 章。

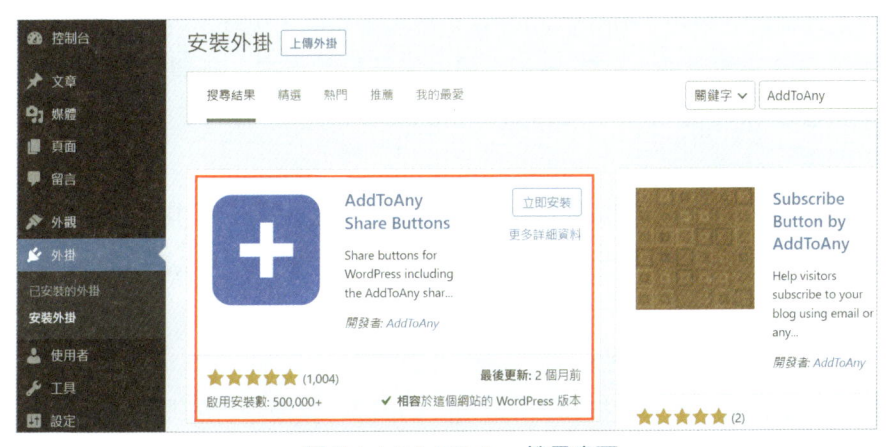

▲ 圖 7-4-1-2 AddToAny 搜尋畫面

7-73

CHAPTER 07 外掛

Step 2 進入操作介面

安裝完成後，左側選單的設定裡會多出一個 AddToAny 項目如圖 7-4-1-3，點選後選擇紅框處「Share Buttons」，即可進入設定畫面如圖 7-4-1-4。

▲ 圖 7-4-1-3 AddToAny 選單

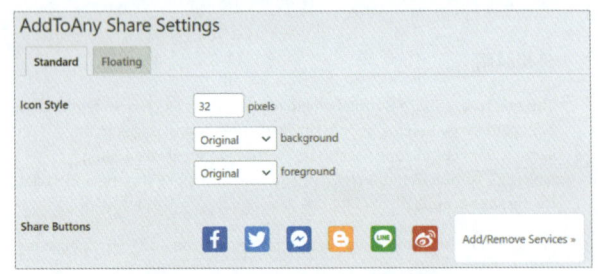

▲ 圖 7-4-1-4 AddToAny 設定畫面 1

Step 3 標準分享按鈕設定

「Standard」頁籤調整的就是固定在你設定位置的按鈕，可以設定分享按鈕大小顏色、標題文字、顯示位置等等，下面會分別介紹各項功能。

1. Icon Style → 設定分享按鈕的大小和顏色，background 是更改背景顏色，也就是方框內的顏色；foreground 是更改前景顏色，也就是社群圖案的顏色。顏色又分三種選項，「Orignal」是一般預設的樣式，前景預設為白色，背景預設為原社群 Logo 的顏色；「Transparent」是透明；「Custom」可自訂顏色。
2. Share Buttons → 新增或移除社群分享服務，並通過拖放來排列順序。
3. Universal Button → 將全部的分享按鈕歸納入此按鈕，Show count 是顯示計數器，記錄被分享到各個社群的總次數。
4. Sharing Header → 設定分享按鈕標題文字。
5. Placement → 設定分享按鈕顯示位置，如頁面、文章等等的「頂部」、「底部」或「頂部和底部」。

▲ 圖 7-4-1-5 AddToAny 設定畫面 2

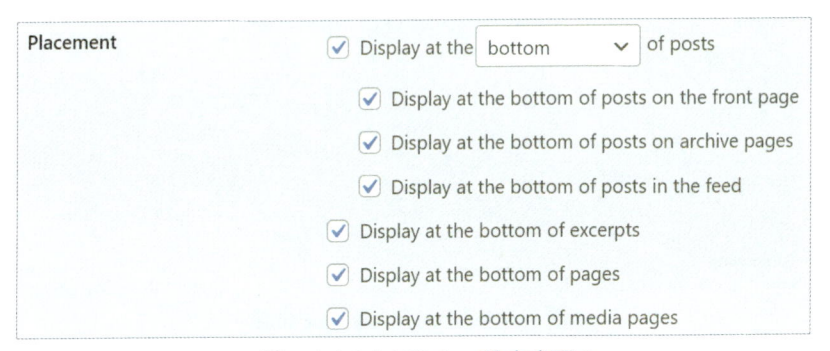

▲ 圖 7-4-1-6 AddToAny 設定畫面 3

Step 4 懸浮分享按鈕設定

「Floating」頁籤調整的就是當你滑動頁面時，會跟著你的按鈕，有兩種方向可顯示，分為垂直式與水平式分享按鈕功能設定，各自可設定顯示位置、響應式設定、背景顏色等等。

1. Placement → 設定顯示位置，靠左、靠右、置中、不顯示等等。
2. Responsiveness → 由上至下的設定是，當手機／電腦螢幕於小於多少數值時隱藏、當頁面從頂端向下滾動超過多少數值時隱藏、當頁面距離底部少於多少數值時隱藏。
3. Position → 設定距離頂部長度。
4. Offset → 設定距離左或右長度，取決於 Placement 的設定是靠左或靠右。

5. Icon Size → 設定分享按鈕的大小。
6. Background → 設定分享按鈕的背景色，顏色可選擇「Transparent」透明或「Custom」自訂顏色。

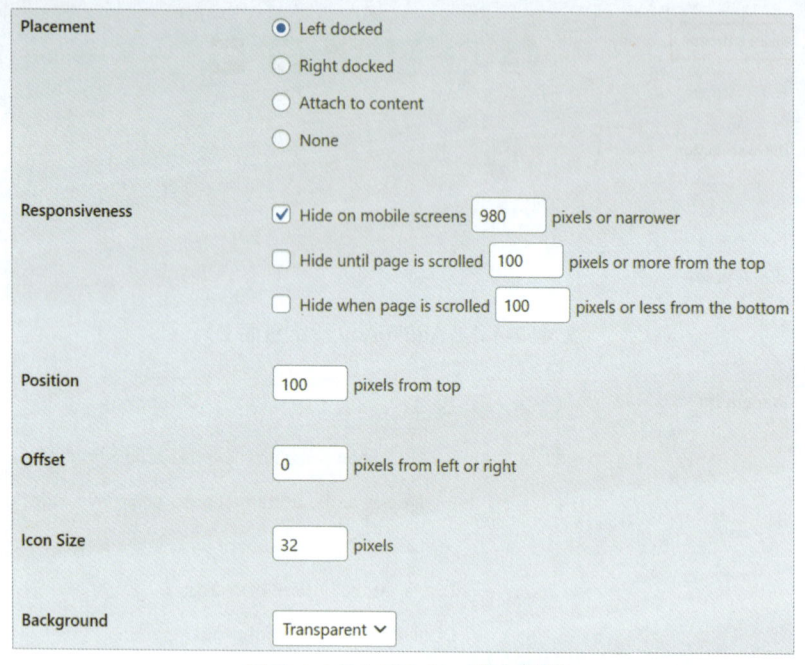

▲ 圖 7-4-1-7 AddToAny 設定畫面 4

Step 5 網頁成果　調整設定完成後記得點選下方的「Save Changes」儲存變更，實際網頁成果畫面如圖 7-4-1-8。

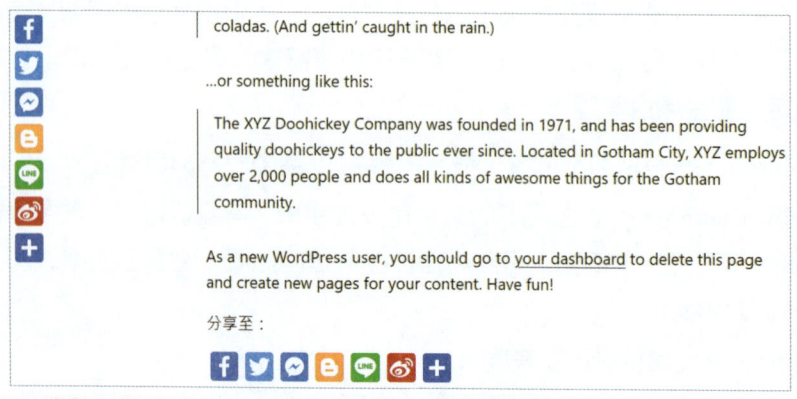

▲ 圖 7-4-1-8 AddToAny 成果畫面

7-4-2 Yoast Duplicate Post －一鍵複製文章與複製頁面

在部落格文章常常會用到類似的內容或版型文字排版，Duplicate Post 提供網站可以快速的複製頁面，並產生新的草稿，讓管理者不僅可以更快速的編輯文章，還可以維持網站的一致性，舉例來說：在新聞網站發佈新聞時，會先設計出符合新聞稿的樣式，因此這時你要在另外發佈別篇新聞稿時，需要用到同樣的樣式，這時可以直接使用 Duplicate Post 外掛一鍵複製得功能，下面的部分將一一介紹相關安裝步驟、功能及成果。

▲ 圖 7-4-2-1 Duplicate Post 外掛畫面

Step 1 安裝外掛

可於後台 外掛 \ 安裝外掛，輸入搜尋關鍵字「Duplicate Post」，並針對圖 7-4-2-2 紅框處選擇「立即安裝」，安裝完成後選擇「啟用」，另外可以透過安裝外掛的方式上傳 zip 檔案來安裝，詳細外掛安裝教學請參考 7-1 章。

CHAPTER 07 外掛

▲ 圖 7-4-2-2 Duplicate Post 搜尋畫面

Step 2 進入操作介面

安裝完成後，左側選單「設定」會多出一個 Duplicate Post 項目，如圖 7-4-2-3 點選後選擇紅框處「Duplicate Post」，可設定複製項目、顯示方式等等，如圖 7-4-2-4，下面將一一介紹設定相關功能。

▲ 圖 7-4-2-3 Duplicate Post 選單 　　　　▲ 圖 7-4-2-4 Duplicate Post 設定畫面 1

Step 3 設定複製項目

首先設定 Duplicate Post 的「複製項目」頁籤，如圖 7-4-2-5 第一個「需要複製的文章/頁面元素」，可以調整是否要複製標題、日期、狀態等等，會決

7-78

7-4 文章編輯、社群互動

定你複製畫面的樣式，另外下面的「標題前置詞」、「標題後置詞」等等，是用於設定複製後的網頁標題名稱及順序，設定完成後記得點選「儲存設定」按鈕。本章節是以多頁式網站為主，因此本章選擇複製「標題」、「內容摘要」、「文章格式」等等，並且不再另外增加置詞。

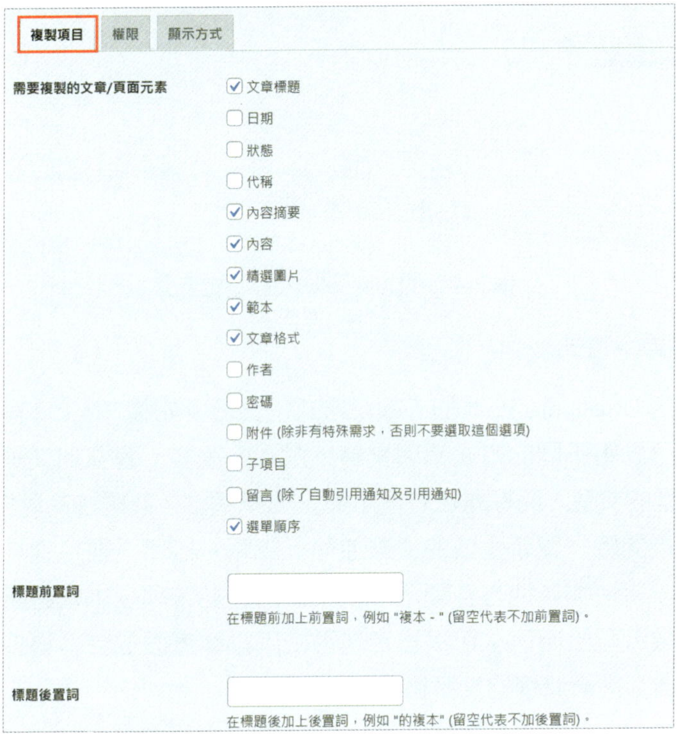

▲ 圖 7-4-2-5 Duplicate Post 設定畫面 2

Step 4 設定權限

接著設定 Duplicate Post 的「權限」頁籤，如圖 7-4-2-6 第一個「可進行複製操作的角色」可設定使用複製文章的角色，如網站管理員、編輯等等，本書建議勾選「網站管理員」、「編輯」即可；另外「需要啟用複製功能內容類型」可設定使用複製功能的頁面，本書建議勾選「文章」、「頁面」。

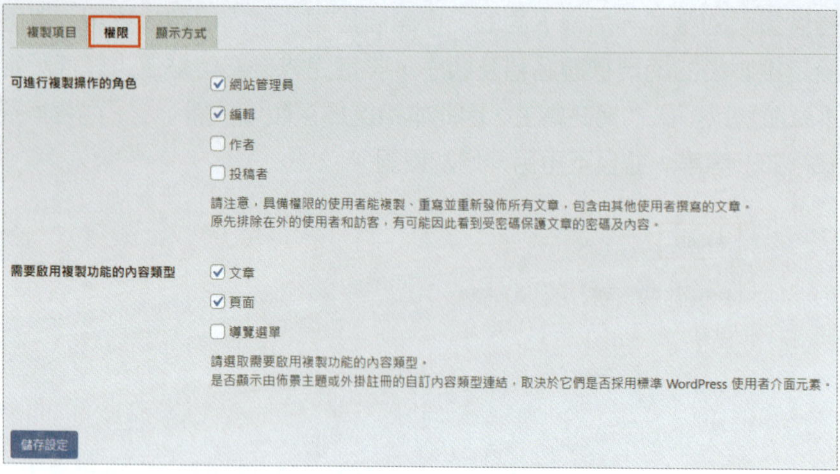

CHAPTER 07 外掛

▲ 圖 7-4-2-6 Duplicate Post 設定畫面 3

Step 5 設定顯示方式

接著設定 Duplicate Post 的「顯示方式」頁籤，如圖 7-4-2-7 第一個「顯示這些連結」可以用不同的方式複製文章，選擇「複製」會看到文章列表中多了一篇相同標題的文章，而標題後方標示著「— 草稿」，被標註為草稿；選擇「新草稿」會直接開啟一篇新生成的文章並可以編輯。接著「顯示連結於」可以設定 WordPress 後台哪些地方會顯示複製文章的連結選項，本書建議可以全部勾選；另外「顯示原始項目」可以設定是否使用編輯畫面的資料區塊等等，本書建議可以勾選「文章清單的文章標題後方」。

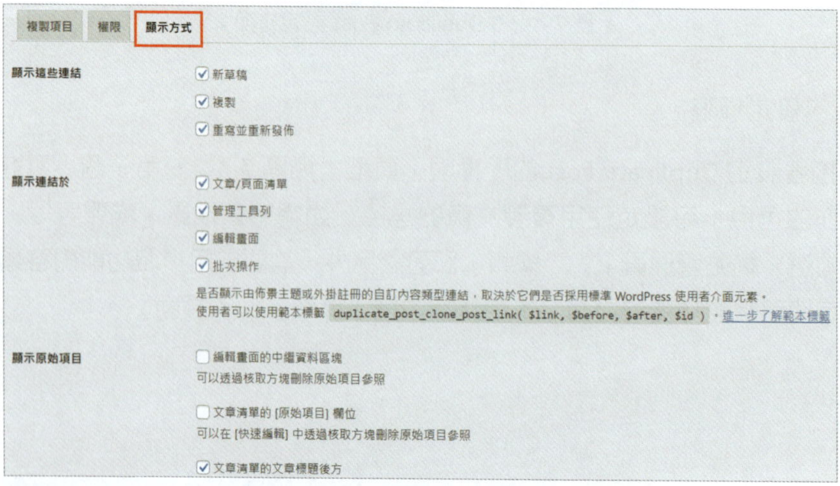

▲ 圖 7-4-2-7 Duplicate Post 設定畫面 4

7-80

Step 6 實際成果畫面

網頁加入「Yoast Duplicate Post 一鍵複製文章與複製頁面」外掛後,實際後台成果畫面如圖 7-4-2-8,可於後台 頁面\全部頁面,滑鼠移至標題,將會在標題下方出現紅框處「複製」選項,點選後在頁面列表紅框處中將會出現相同的頁面如圖 7-4-2-9,並標註為草稿,即為複製成功,且可以從「檢視」中看出與先前的網頁一模一樣。

▲ 圖 7-4-2-8 Duplicate Post 成果畫面 1

▲ 圖 7-4-2-9 Duplicate Post 成果畫面 2

7-4-3 NextGEN Gallery －圖庫外掛

圖片的展示方式是網站能否使用者受歡迎的其中一個要素,圖片的展示可以吸引訪客的注意,因此 NextGEN Gallery 提供了藝廊的功能,可以輕易匯入、分類、編輯相片。支援一次上傳大量照片,編輯縮圖或建立相簿,以及加入浮水印,浮水印對於圖片來說,主要是為了用於宣傳品牌、保護圖片版權與燈箱

CHAPTER 07 外掛

效果，這是一種展示照片或影像媒體的方式，當你點擊圖片或影片時，圖片會彈跳出來，下面的部分將一一介紹相關安裝步驟、功能及成果。

▲ 圖 7-4-3-1 NextGEN Gallery 外掛畫面

Step 1 安裝外掛

可於後台 外掛 \ 安裝外掛，輸入搜尋關鍵字「NextGEN Gallery」，並針對圖 7-4-3-2 紅框處選擇「立即安裝」，安裝完成後選擇「啟用」，另外可以透過安裝外掛的方式上傳 zip 檔案來安裝，詳細外掛安裝教學請參考 7-1 章。

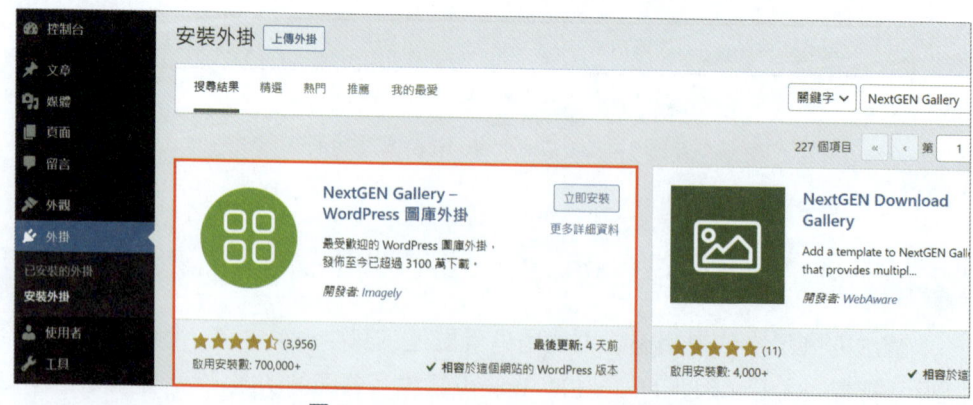

▲ 圖 7-4-3-2 NextGEN Gallery 搜尋畫面

7-82

7-4 文章編輯、社群互動

Step 2 進入操作介面

安裝完成後，左側選單「媒體」會多出一個 NextGEN Gallery 項目，如圖 7-4-3-3 點選紅框處「NextGEN Gallery」，可管理相簿，相簿結構由三種元素所構成，分別是相片（Image）、相簿（Gallery）、相簿集合（Album），相簿集合包含相簿，相簿包含相片，如圖 7-4-3-4，下面將一一介紹設定相關功能。

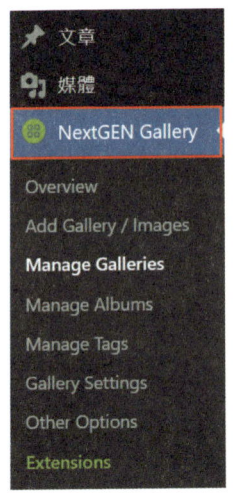

▲ 圖 7-4-3-3 NextGEN Gallery 選單 　　▲ 圖 7-4-3-4 NextGEN Gallery 設定畫面 1

Step 3 上傳相片同時建立相簿

點選如圖 7-4-3-5 紅框 1，前往 Add Gallery / Images 的「UPLOAD IMAGES」頁籤，輸入相簿名稱後，點選紅框 2 的「CREATE & SELECT」按鈕建立相簿，接著如圖 7-4-3-6 紅框處可以用拖曳的方式上傳相片和壓縮檔，或是以瀏覽方式選擇相片，最後點選如圖 7-4-3-7 紅框處即完成上傳相片。

▲ 圖 7-4-3-5 NextGEN Gallery 設定畫面 2

7-83

CHAPTER 07 外掛

▲ 圖 7-4-3-6 NextGEN Gallery 設定畫面 3

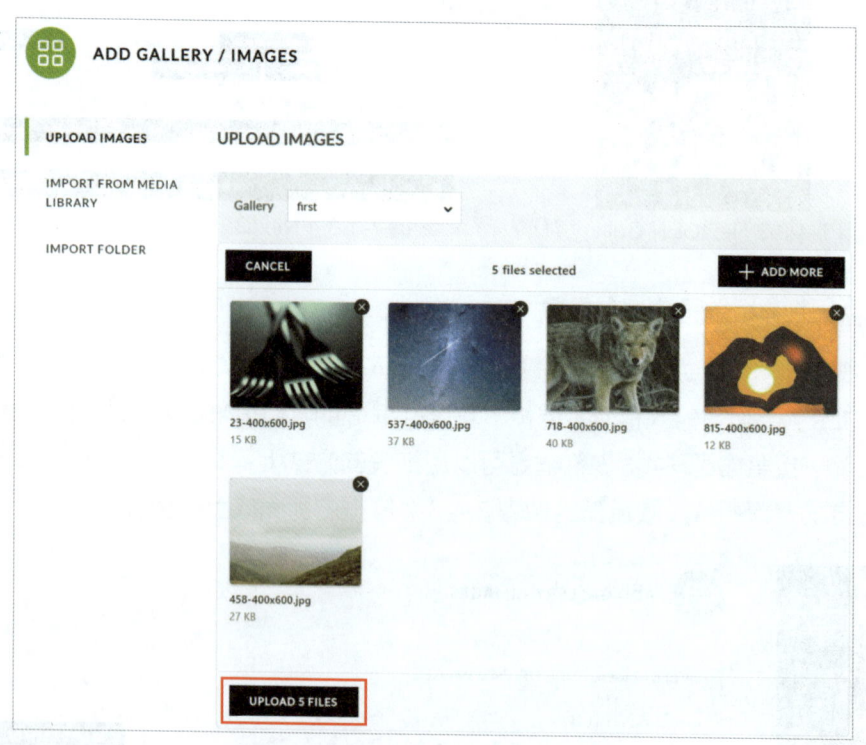

▲ 圖 7-4-3-7 NextGEN Gallery 設定畫面 4

7-84

7-4　文章編輯、社群互動

Step 4　管理相簿

　　點選如圖 7-4-3-8 紅框 1，前往 Manage Galleries 並選擇欲編輯的相簿如紅框處 2，接著畫面如圖 7-4-3-9，點選紅框 1「GALLERY SETTINGS」調整相簿設定如圖 7-4-3-10，下面介紹詳細功能。

1. Title → 相簿名稱。
2. Description → 相簿描述說明。
3. Gallery path → 相簿的資料夾路徑。
4. Link to page → 相簿集合會將相簿連結到所選頁面。
5. Preview image → 選擇封面照片。
6. Create new page → 可以新增頁面並選擇層級。

　　圖 7-4-3-9 紅框 2 則可以批量設定浮水印、調整相片大小、刪除相片、旋轉等等。

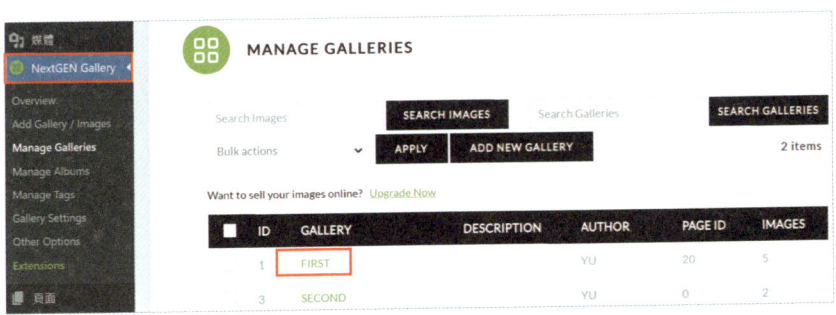

▲ 圖 7-4-3-8 NextGEN Gallery 設定畫面 5

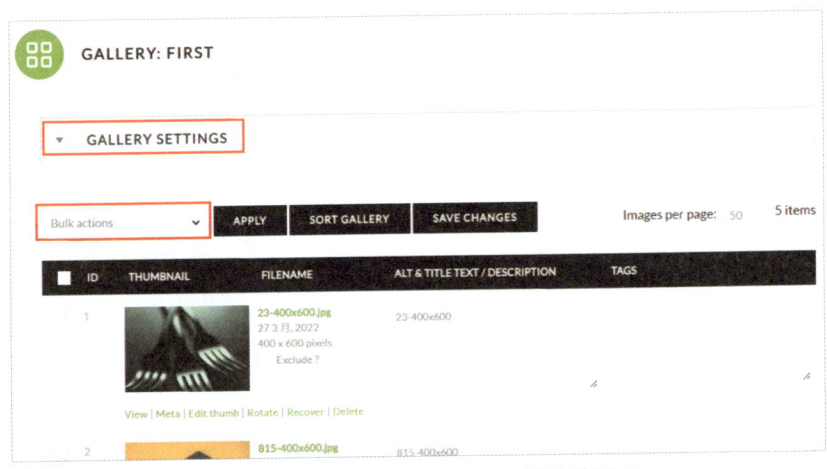

▲ 圖 7-4-3-9 NextGEN Gallery 設定畫面 6

CHAPTER 07 外掛

▲ 圖 7-4-3-10 NextGEN Gallery 設定畫面 7

Step 5 建立相簿集合

點選如圖 7-4-3-11 紅框 1，前往 Manage Albums 輸入相簿集合名稱後，點選紅框 2 的「ADD」按鈕建立相簿集合，接著下方可以將要顯示的相簿或相簿集合直接拖曳至最左邊的區塊。

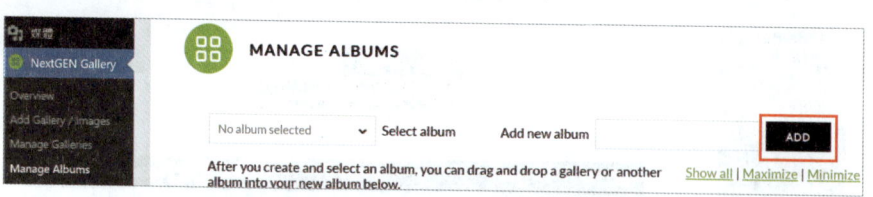

▲ 圖 7-4-3-11 NextGEN Gallery 設定畫面 8

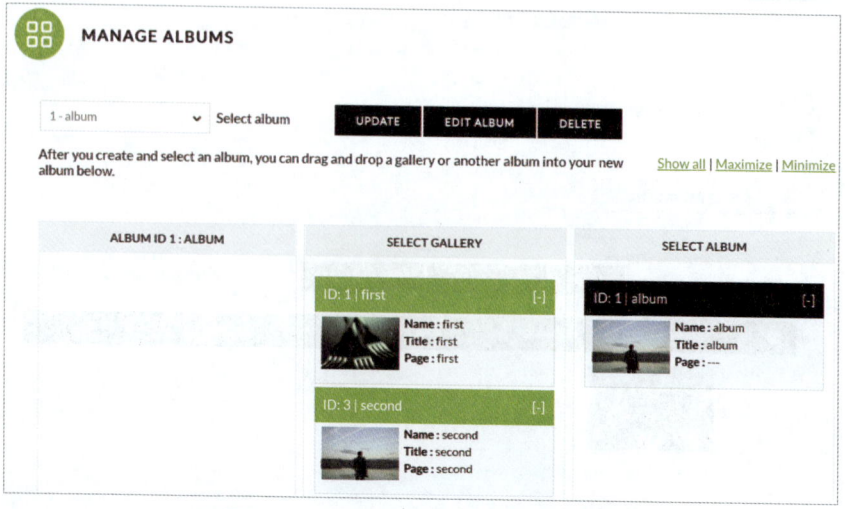

▲ 圖 7-4-3-12 NextGEN Gallery 設定畫面 9

7-86

7-4 文章編輯、社群互動

Step 6 網頁成果

使用區塊編輯器編輯文章 / 頁面後，點選圖 7-4-3-13 紅框 1 的「NextGEN Gallery」，接著點選紅框 2「ADD NEXTGEN GALLERY」，如圖 7-4-3-14 選擇要顯示的是相簿或相簿集合等，以及顯示方式，網頁成果如圖 7-4-3-15。

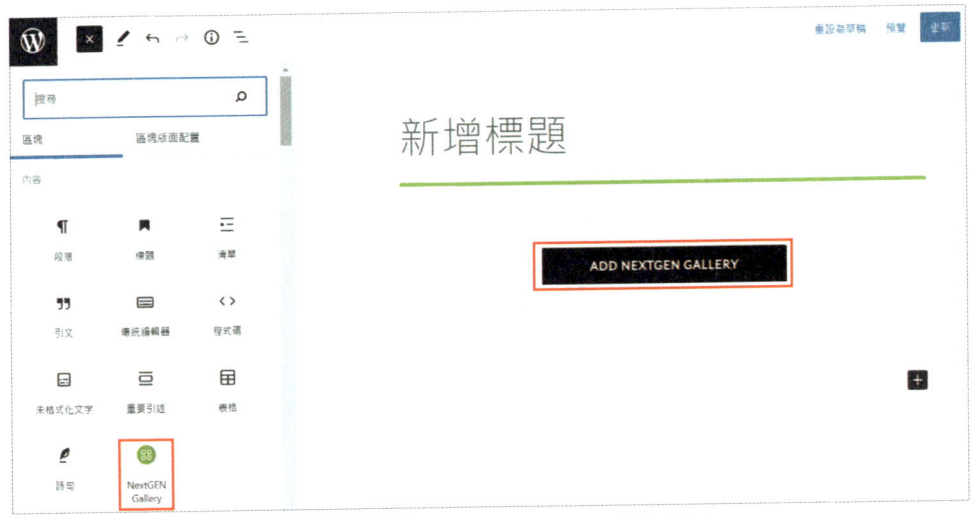

▲ 圖 7-4-3-13 NextGEN Gallery 成果畫面 1

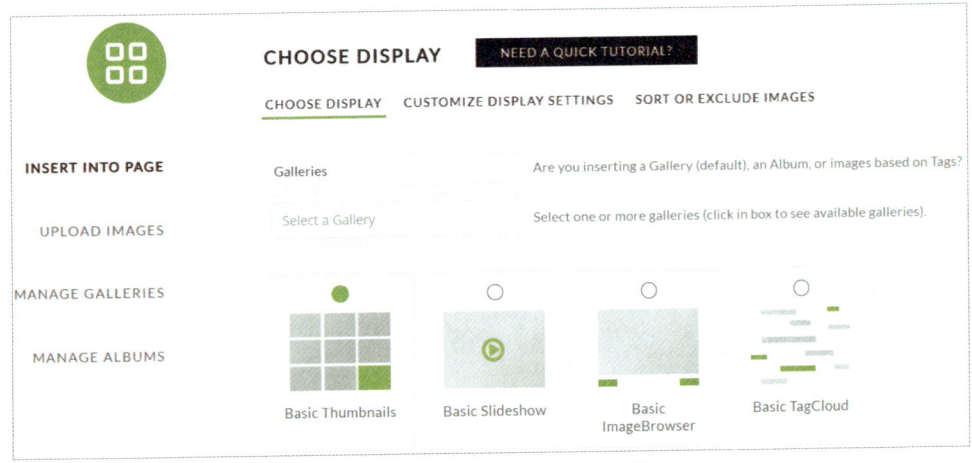

▲ 圖 7-4-3-14 NextGEN Gallery 成果畫面 2

7-87

▲ 圖 7-4-3-15 NextGEN Gallery 成果畫面 3

7-4-4 Instant Images －免費圖片匯入

　　為了讓文章內容更加生動有趣，在寫文章時常常會需要插入一些免費的圖片，因此網路上才會有免費圖庫，提供使用者快速搜尋、下載圖片的功能，例如：CC0 授權的素材庫，無須標註原作者及網站，可直接將圖片用於商業素材。Instant Images 是一款免費的 WordPress 外掛功能，它主要是將 Unsplash、Pixabay 和 Pexels 圖庫的圖片運用於網站上，只需要輸入圖片的關鍵字，就會顯示出相關的搜尋結果，並且提供一鍵裁切的功能，將指定的大小插入文章使用，下面的部分將一一介紹相關安裝步驟、功能及成果。

7-4　文章編輯、社群互動

▲ 圖 7-4-4-1 Instant Images 外掛畫面

Step 1　安裝外掛

可於後台 外掛 \ 安裝外掛，輸入搜尋關鍵字「Instant Images」，並針對圖 7-4-4-2 紅框處選擇「立即安裝」，安裝完成後選擇「啟用」，另外可以透過安裝外掛的方式上傳 zip 檔案來安裝，詳細外掛安裝教學請參考 7-1 章。

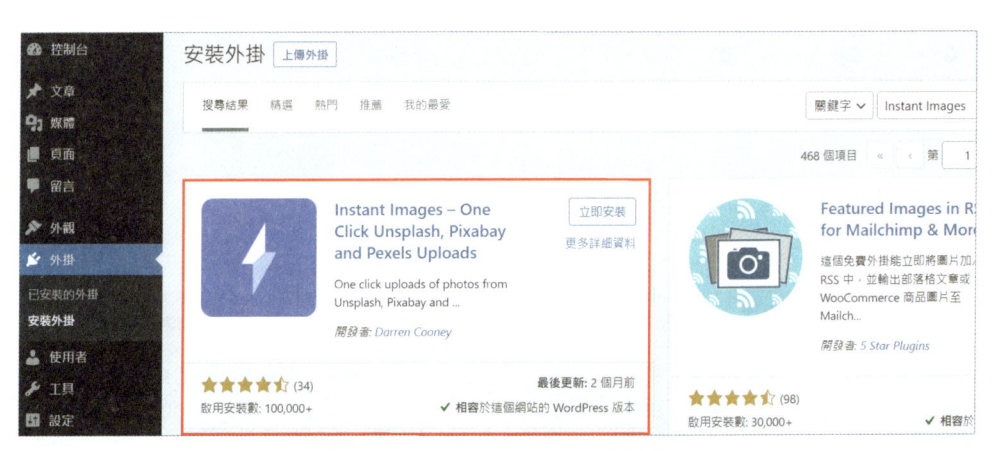

▲ 圖 7-4-4-2 Instant Images 搜尋畫面

7-89

CHAPTER 07 外掛

Step 2 進入操作介面

安裝完成後，左側選單「媒體」會多出一個 Instant Images 項目，如圖 7-4-4-3 點選後選擇紅框處「Instant Images」，畫面中可選擇您想要的圖片等等如圖 7-4-4-4。

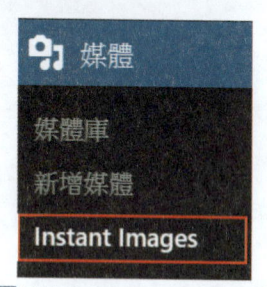

▲ 圖 7-4-4-3 Instant Image 選單 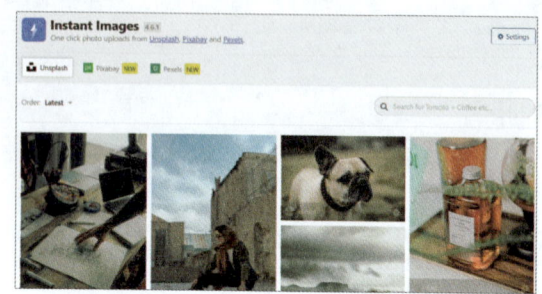　　▲ 圖 7-4-4-4 Instant Image 設定畫面 1

Step 3 選擇圖庫並搜尋圖片

如圖 7-4-4-5 紅框處可以選擇要使用的圖庫，這裡我們選擇「Pixabay」，並以花為範例，在搜尋處輸入關鍵字「flower」。

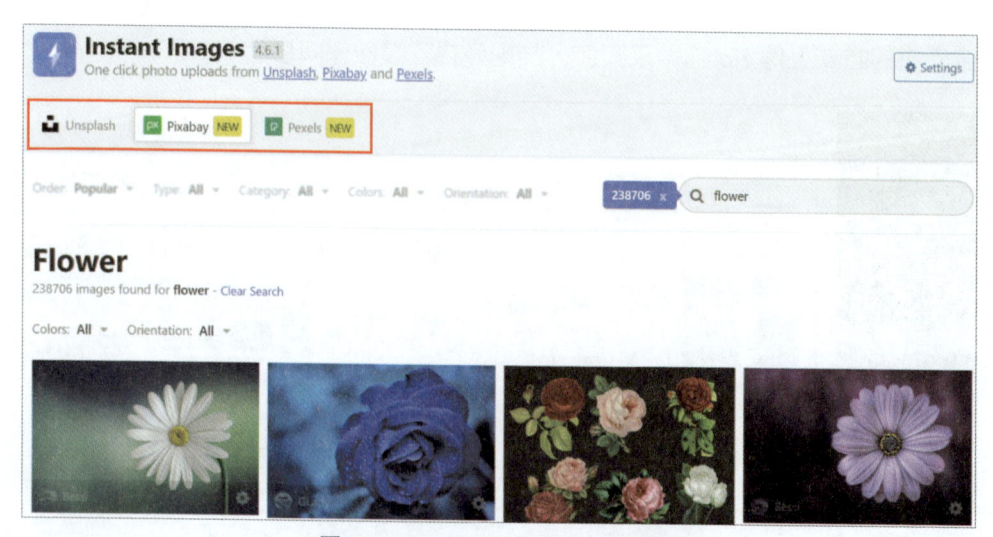

▲ 圖 7-4-4-5 Instant Images 設定畫面 2

7-90

7-4 文章編輯、社群互動

Step 4 下載圖片

挑選一張要使用的照片後，點擊圖片如圖 7-4-4-6，會出現「Downloading image」，接著會出現綠色勾勾如圖 7-4-4-7，代表圖片下載成功。

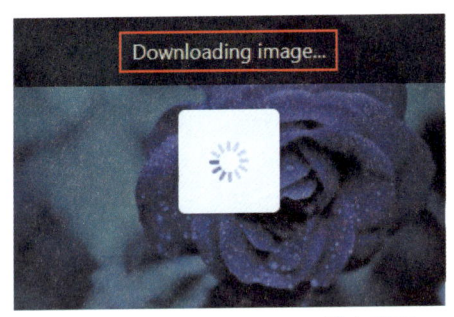

▲ 圖 7-4-4-6 Instant Images 設定畫面 3 　　▲ 圖 7-4-4-7 Instant Images 設定畫面 4

Step 5 編輯圖片

點選圖 7-4-4-8 紅框處，畫面跳轉至圖片設定畫面如圖 7-4-4-9，可設定圖片標題名稱、替代文字、說明等等，選擇「更新」即為儲存成功。

▲ 圖 7-4-4-8 Instant Images 設定畫面 5 　　▲ 圖 7-4-4-9 Instant Images 設定畫面 6

Step 6 網頁成果

使用區塊編輯器編輯文章 / 頁面後，點選圖 7-4-4-10 紅框 1 的「圖片」，接著點選紅框 2「媒體庫」，可以在媒體庫看見剛剛下載的圖片如圖 7-4-4-11，接著選擇右下方「選取」按鈕，圖片就可直接插入文章 / 頁面中，成果如圖 7-4-4-12。

CHAPTER 07 外掛

▲ 圖 7-4-4-10 Instant Images 成果畫面 1

▲ 圖 7-4-4-11 Instant Images 成果畫面 2 　　▲ 圖 7-4-4-12 Instant Images 成果畫面 3

7-4-5　Insert Headers and Footers by WPBeginner －嵌入 FB 聊天

　　Facebook 的聊天機器人外掛程式 (chatbot)，主要是由經營者藉由通訊工具與用戶進行互動溝通的實現方式之一，不僅可以提高網站觸擊率，還可以提高廣告相關性分數，相關性分數越高，廣告更容易獲得曝光率，因此 Insert Headers and Footers 這個外掛可以透過在頁首或頁尾新增自訂的程式碼，加入 Facebook 的聊天功能並整合至 WordPress 網站中，對於使用者來講非常有用，可以直接在網站上進行線上交談或有關問答的相關服務，下面的部分將一一介紹相關安裝步驟、功能及成果。

7-4 文章編輯、社群互動

```
Insert Headers and Footers by WPBeginner                           下載
由 WPBeginner 開發

詳細資料    使用者評論    安裝方式    技術支援    開發資訊

外掛說明                                         最新版本：           1.6.0
EASILY INSERT HEADER AND FOOTER CODE             最後更新：         9 個月前
Insert Headers and Footers is a simple plugin that lets you insert code
like Google Analytics, custom CSS, Facebook Pixel, and more to your    啟用安裝數：      超過 1 百萬
WordPress site header and footer. No need to edit your theme files!    WordPress 版本需求：  4.6 或更新版本

The simple interface of the Insert Headers and Footers plugin gives you  已測試相容的 WordPress 版本：  5.8.4
one place where you can insert scripts, rather than dealing with dozens  PHP 版本需求：   5.2 或更新版本
of different plugins.                             語言：          檢視全部 25 個語言
```

▲ 圖 7-4-5-1 Insert Headers and Footers 外掛畫面

Step 1 前往粉專設定 Messenger

　　首先前往要設定的 Facebook 粉絲專頁，點選如圖 7-4-5-2 紅框處的「設定」，接著點選圖 7-4-5-3 紅框 1「訊息」，然後點擊紅框 2「立即開始」。

▲ 圖 7-4-5-2 粉專設定畫面 1

7-93

CHAPTER 07 外掛

▲ 圖 7-4-5-3 粉專設定畫面 2

Step 2 聊天室設定

左側可以設定歡迎訊息、問候語、聊天按鈕、位置等等，如圖 7-4-5-4，接著點選紅框處「設定」取得聊天室程式碼。

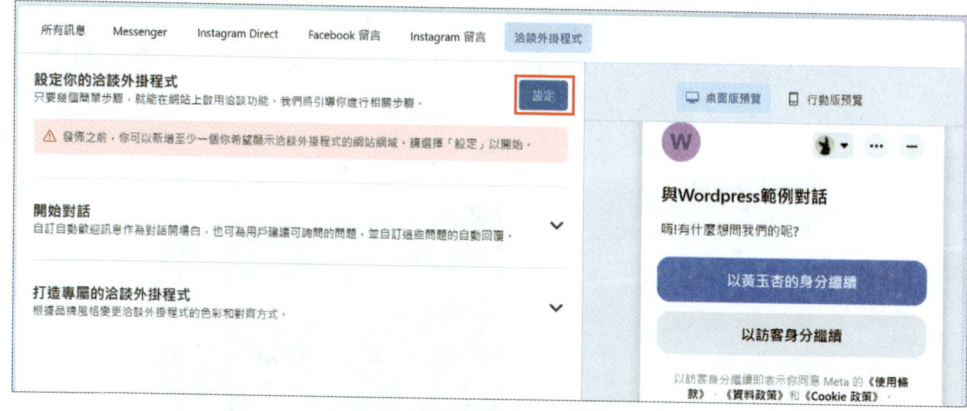

▲ 圖 7-4-5-4 粉專設定畫面 3

Step 3 取得聊天室程式碼

選擇圖 7-4-5-5 紅框處「標準」，接著設定語言完成後點選圖 7-4-5-6 紅框處「儲存並繼續」，如圖 7-4-5-7 新增一或多個網域後，點選紅框處「儲存並繼續」，如圖 7-4-5-8 複製程式碼，接著前往 wordpress 後台貼上。

7-94

7-4 文章編輯、社群互動

▲ 圖 7-4-5-5 粉專設定畫面 4

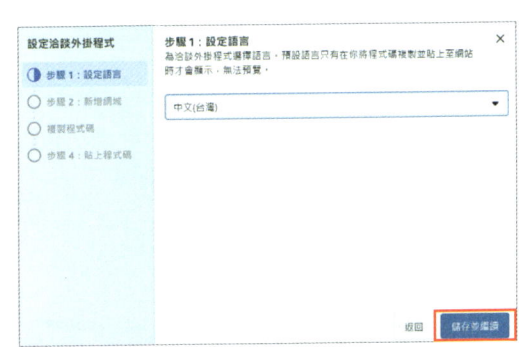

▲ 圖 7-4-5-6 粉專設定畫面 5

▲ 圖 7-4-5-7 粉專設定畫面 6

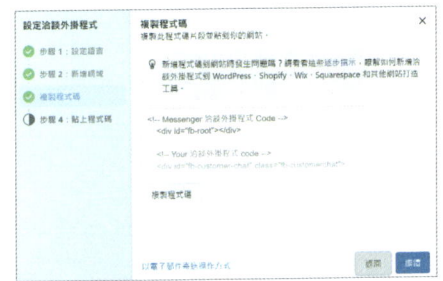

▲ 圖 7-4-5-8 粉專設定畫面 7

Step 4 安裝外掛

可於後台 外掛＼安裝外掛，輸入搜尋關鍵字「Insert Headers and Footers」，並針對圖 7-4-5-9 紅框處選擇「立即安裝」，安裝完成後選擇「啟用」，另外可以透過安裝外掛的方式上傳 zip 檔案來安裝，詳細外掛安裝教學請參考 7-1 章。

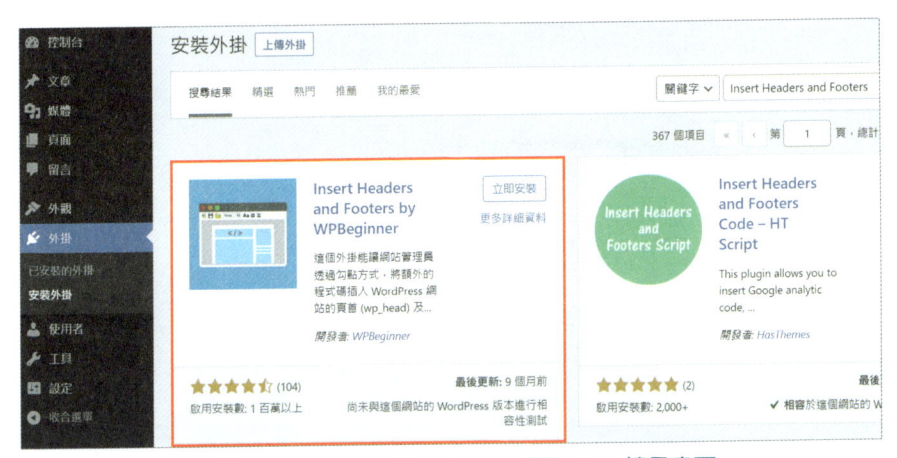

▲ 圖 7-4-5-9 Insert Headers and Footers 搜尋畫面

7-95

CHAPTER 07 外掛

Step 5 進入操作介面

安裝完成後，左側選單「設定」會多出一個 Insert Headers and Footers 項目，如圖 7-4-5-10 點選後選擇紅框處「Insert Headers and Footers」，可在頁首或頁尾新增自訂的程式碼，如圖 7-4-5-11。

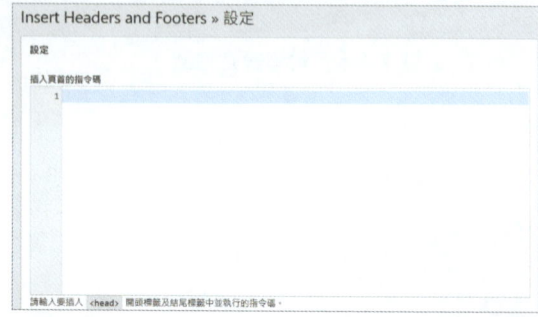

▲ 圖7-4-5-10 Insert Headers and Footers 選單　　▲ 圖 7-4-5-11 Insert Headers and Footers 設定畫面 1

Step 6 貼上程式碼

將剛剛粉專取得的程式碼在「插入頁尾的指令碼」處貼上，如圖 7-4-5-12，並點選紅框處「儲存」按鈕即設定完成。

```
插入頁尾的指令碼
16    window.fbAsyncInit = function() {
17      FB.init({
18        xfbml            : true,
19        version          : 'v13.0'
20      });
21    };
22
23    (function(d, s, id) {
24      var js, fjs = d.getElementsByTagName(s)[0];
25      if (d.getElementById(id)) return;
26      js = d.createElement(s); js.id = id;
27      js.src = 'https://connect.facebook.net/zh_TW/sdk/xfbml.customerchat.js';
28      fjs.parentNode.insertBefore(js, fjs);
29    }(document, 'script', 'facebook-jssdk'));
30    </script>
```

請輸入要插入 `</body>` 結尾標籤前並執行的指令碼。

[儲存]

▲ 圖 7-4-5-12 Insert Headers and Footers 設定畫面 2

Step 7 網頁成果

到首頁查看實際網頁成果畫面如圖 7-4-5-13。

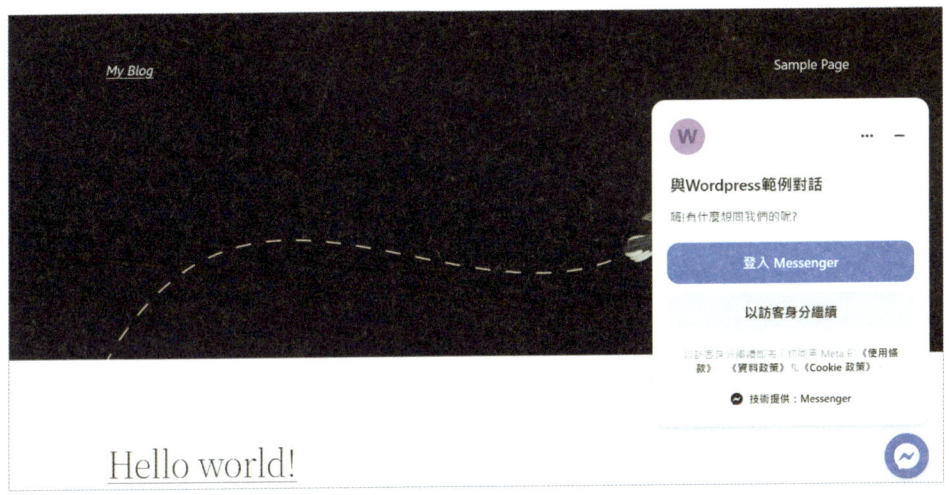

▲ 圖 7-4-5-13　Insert Headers and Footers 成果畫面

> 💡 **貼心小提醒：**
>
> 如果網站沒出現聊天室功能，建議有使用快取 (Cache) 外掛的，記得要清除快取檔。

7-4-6 Profile Builder －會員註冊配置外掛

　　在網站中常常會需要內建會員機制，並提供註冊會員的功能，可以藉由這種方式區分會員級別，如：會員可以享有折價卷，賣家可以擁有商品曝光的機會，而 Profile Builder 是一款由 WordPress 提供免費的外掛，除了建立不同的會員角色與會員專區，還可建立註冊、登入、個人資訊等頁面。這套外掛利用視覺化編輯器來建構註冊表單，所有的欄位都可以自由更改，不需要另外撰寫程式碼，下面的部分將一一介紹相關安裝步驟、功能及成果。

CHAPTER 07 外掛

▲ 圖 7-4-6-1 Profile Builder 外掛畫面

Step 1 安裝外掛

可於後台 外掛 \ 安裝外掛，輸入搜尋關鍵字「Profile Builder」，並針對圖 7-4-6-2 紅框處選擇「立即安裝」，安裝完成後選擇「啟用」，另外可以透過安裝外掛的方式上傳 zip 檔案來安裝，詳細外掛安裝教學請參考 7-1 章。

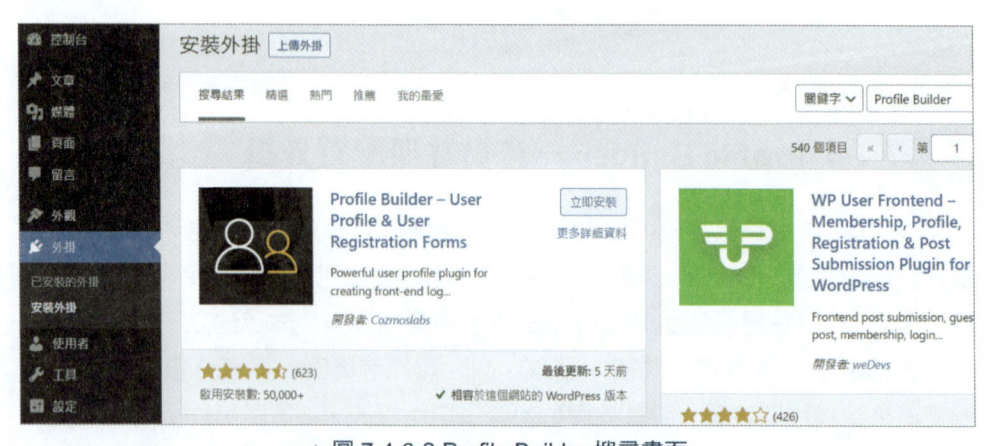

▲ 圖 7-4-6-2 Profile Builder 搜尋畫面

7-4 文章編輯、社群互動

Step 2 進入操作介面

安裝完成後，左側選單會多出一個 Profile Builder 項目，如圖 7-4-6-3 點選後選擇紅框處「Profile Builder」，可設定登入表單、註冊表單等等頁面如圖 7-4-6-4 下面將一一介紹設定相關功能。

▲ 圖 7-4-6-3 Profile Builder 選單 　　▲ 圖 7-4-6-4 Profile Builder 設定畫面 1

Step 3 新增註冊登入頁面

首先在左側選單 Profile Builder/ 基本信息中如圖 7-4-6-4，點選紅框處「Create Form Pages」按鈕，畫面將跳轉至頁面 / 全部頁面，可看到新增的三個頁面→編輯個人資訊 (Edit Profile)、登入頁面 (Log In)、註冊頁面 (Register) 如圖 7-4-6-5。

▲ 圖 7-4-6-5 Profile Builder 設定畫面 2

7-99

CHAPTER 07 外掛

Step 4 表單欄位和會員設定

若要設定註冊頁面相關欄位時，可於左側選單 Profile Builder/Form Fields 處更改畫面如圖 7-4-6-6，紅框處可自由選擇想新增欄位型態，選擇完成後點選「添加字段」按鈕即可新增成功；另外如圖 7-4-6-7 可透過點選所屬欄位「編輯」後，可設定欄位標題、欄位型態、欄位描述，設定完成後點選「保存更改」按鈕即可修改成功；也可點選「刪除」即可刪除該欄位。

▲ 圖 7-4-6-6 Profile Builder 設定畫面 3

▲ 圖 7-4-6-7 Profile Builder 設定畫面 4

7-4 文章編輯、社群互動

在 Profile Builder/Settings 處可設定會員介面，下面將一一介紹。

- 常規設置→此處設定註冊後是否要經過郵件確認、允許使用者使用什麼方式登入等等如圖 7-4-6-8。
- Admin Bar →此處設定角色權限可以觀看前端網站頁面如圖 7-4-6-9。
- Content Restriction →此處設定內容限制類型，以及遇到內容限制時分別給未登入和登入用戶的訊息等等如圖 7-4-6-10。
- Private Website →此處設定啟用私人網站、未登錄也允許被使用的頁面和路徑等等如圖 7-4-6-11。

▲ 圖 7-4-6-8 Profile Builder 設定畫面 5

▲ 圖 7-4-6-9 Profile Builder 設定畫面 6

▲ 圖 7-4-6-10 Profile Builder 設定畫面 7

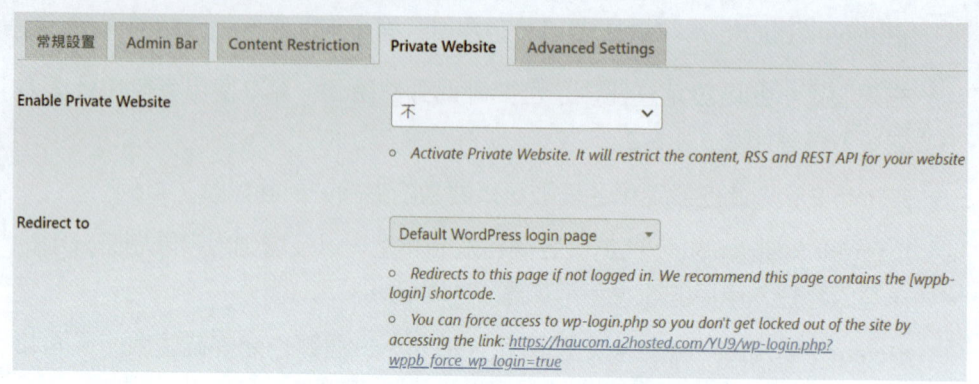

▲ 圖 7-4-6-11 Profile Builder 設定畫面 8

Step 5 網頁成果

設定完成後,成果如圖 7-4-6-12 Profile Builder 成果畫面 - 登入、圖 7-4-6-13 Profile Builder 成果畫面 - 註冊、圖 7-4-6-14 Profile Builder 成果畫面 - 修改個人資訊。

▲ 圖 7-4-6-12 Profile Builder 成果畫面 - 登入

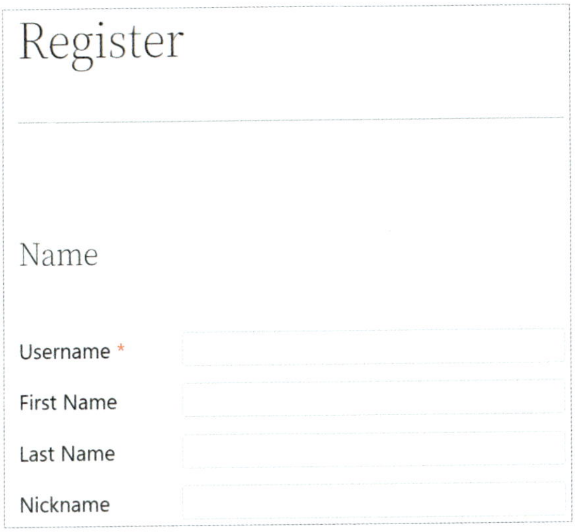

▲ 圖 7-4-6-13 Profile Builder 成果畫面 - 註冊

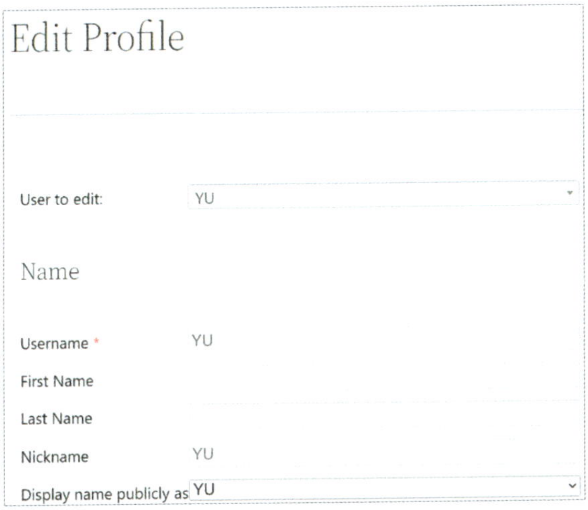

▲ 圖 7-4-6-14 Profile Builder 成果畫面 - 修改個人資訊

7-4-7 Secondary Title －副標題

在設計網頁時，常常會覺得只有一個標題不夠用，因此 Secondary Title 是一款由 WordPress 提供免費的外掛，不僅可以幫助使用者再另外增加副標題，並且還可以指定特定的文章或頁面等等，下面的部分將一一介紹相關安裝步驟、功能及成果。

CHAPTER 07 外掛

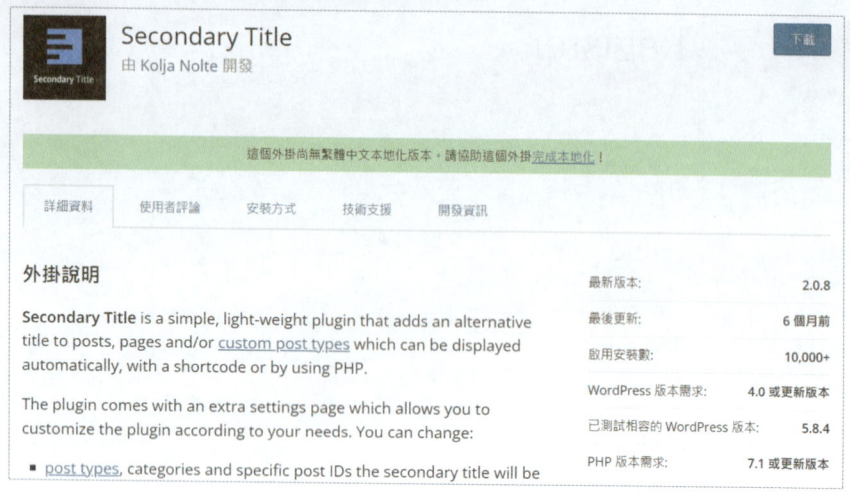

▲ 圖 7-4-7-1 Secondary Title 外掛畫面

Step 1 安裝外掛

可於後台 外掛\安裝外掛，輸入搜尋關鍵字「Secondary Title」，並針對圖 7-4-7-2 紅框處選擇「立即安裝」，安裝完成後選擇「啟用」，另外可以透過安裝外掛的方式上傳 zip 檔案來安裝，詳細外掛安裝教學請參考 7-1 章。

▲ 圖 7-4-7-2 Secondary Title 搜尋畫面

Step 2 進入操作介面

安裝完成後，左側選單「設定」會多出一個 Secondary Title 項目，如圖 7-4-7-3 點選後選擇紅框處「Secondary Title」，可設定副標題外，還可以設定字串搭配、字型樣式等等如圖 7-4-7-4，下面將分成三個部分介紹相關設定。

7-104

7-4 文章編輯、社群互動

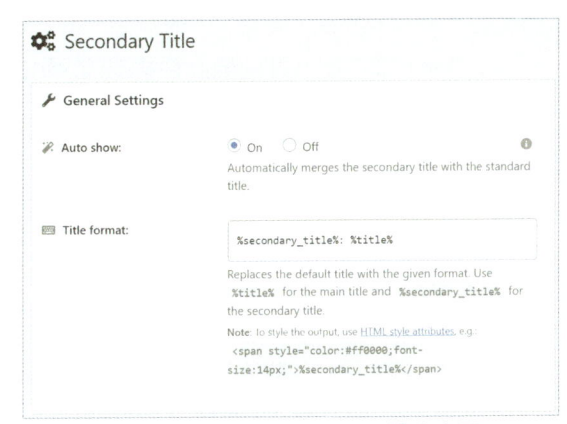

▲ 圖 7-4-7-3 Secondary Title 選單　　▲ 圖 7-4-7-4 Secondary Title 設定畫面 1

- General Settings →主要是設定關閉 / 啟用副標題及標題格式，如圖 7-4-7-5。

  1. **Auto show** →可選擇開啟 / 關閉網頁副標題。
  2. **Title format** →可設定標題格式，如 %secondary_title%: %title%。

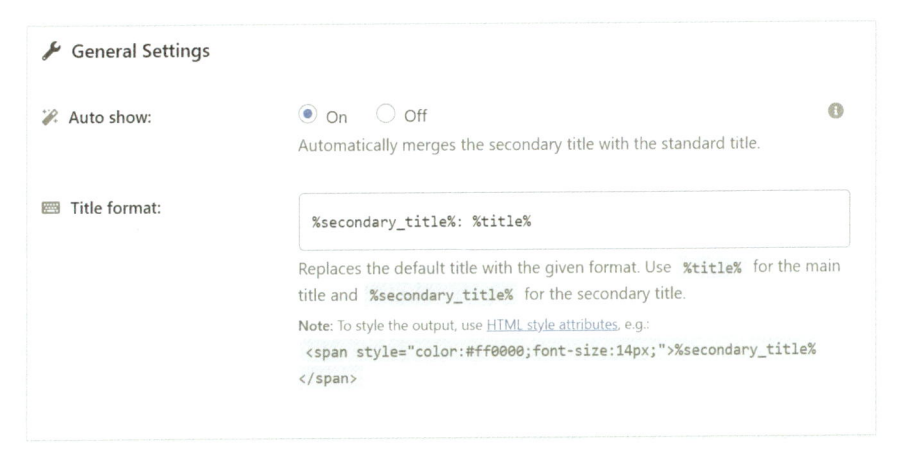

▲ 圖 7-4-7-5 Secondary Title 設定畫面 2

- Display Rules →主要是設定特定頁面或文章顯示副標題，如圖 7-4-7-6。

  1. **Only show in main post** →可選擇開啟 / 關閉指定特定頁面副標題。
  2. **Post types** →可勾選頁面或文章類型。

7-105

3. **Categories** →可勾選頁面、文章分類。
4. **Post IDs** →可直接輸入頁面或文章 ID，如 13、17、33。

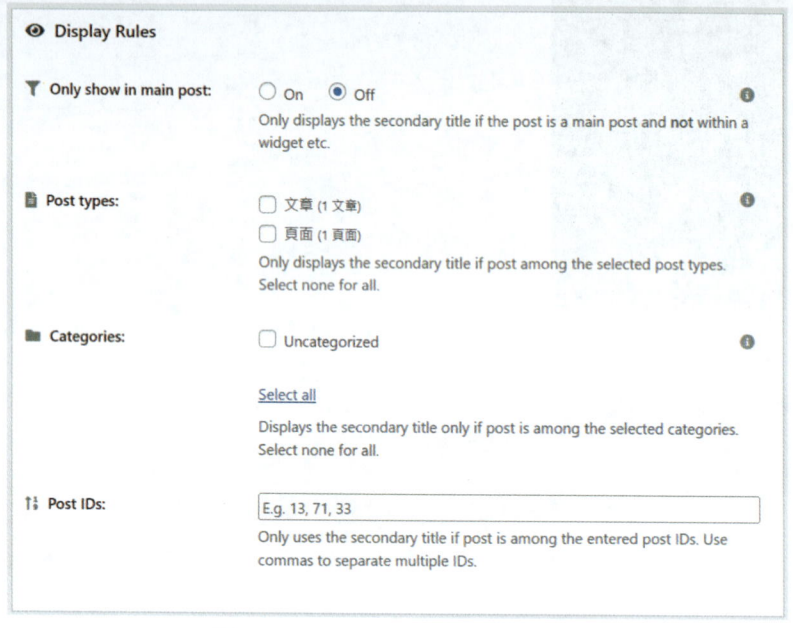

▲ 圖 7-4-7-6 Secondary Title 設定畫面 3

- Miscellaneous Settings →主要設定副標題於搜尋列中或位置，如圖 7-4-7-7。

    1. **Include in search** →可選擇開啟 / 關閉副標題是否包含於搜尋列中。
    2. **Column position** →可選擇副標題位置位於左側 / 右側。

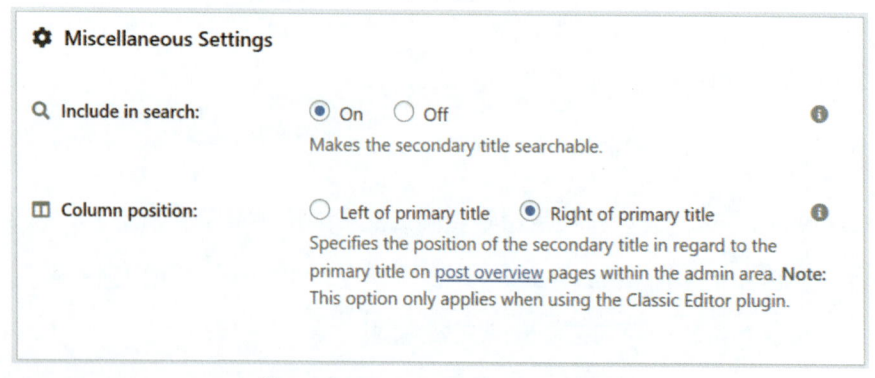

▲ 圖 7-4-7-7 Secondary Title 設定畫面 4

Step 3　網頁成果

在頁面/新增頁面，與以前相比，如圖 7-4-7-8 紅框處可以看出，多了一個可以新增副標題的地方，成果如圖 7-4-7-9 預設顯示樣式是副標題先出現才接著出現主標題。

▲ 圖 7-4-7-8 Secondary Title 設定畫面 5　　▲ 圖 7-4-7-9 Secondary Title 成果畫面

7-4-8　TablePress－多功能表格

在撰寫文章常常遇到最困難的部分是表格排版，大部分的人都會在 Excel 或 Word 上打好後直接把整個表格複製到文章內，再加上使用者有了手機作為瀏覽網頁的裝置，文章上的編排就成了很大的問題，因此 TablePress 就是 WordPress 所開發出一款專門解決表格排版的外掛，只要在每一個單一表格背景填入顏色、文字等等，就可以輕易設計出表格，下面的部分將一一介紹相關安裝步驟、功能及成果。

CHAPTER 07 外掛

▲ 圖 7-4-8-1 TablePress 外掛畫面

Step 1 安裝外掛

可於後台 外掛\安裝外掛，輸入搜尋關鍵字「TablePress」，並針對圖 7-4-11-2 紅框處選擇「立即安裝」，安裝完成後選擇「啟用」，另外可以透過安裝外掛的方式上傳 zip 檔案來安裝，詳細外掛安裝教學請參考 7-1 章。

▲ 圖 7-4-8-2 TablePress 搜尋畫面

Step 2 進入操作介面

安裝完成後，左側選單會多出一個 TablePress 項目，如圖 7-4-8-3 點選後選擇紅框處「TablePress」，可在畫面中找到相關的設定如圖 7-4-8-4。

7-4 文章編輯、社群互動

▲ 圖 7-4-8-3 TablePress 選單 　　▲ 圖 7-4-8-4 TablePress 設定畫面 1

Step 3 新增表格

要新增一個表格，選擇上方頁籤「新增表格」處，畫面如圖 7-4-8-5 可於表單中輸入表格名稱、內容說明（選填），以及對應的橫列數和直欄數，設定完成後選擇「新增表格」按鈕，畫面將跳轉如圖 7-4-8-6，下面將一一介紹相關設定。

▲ 圖 7-4-8-5 TablePress 設定畫面 2 　　▲ 圖 7-4-8-6 TablePress 設定畫面 3

- 表格資訊 → 如圖 7-4-8-7 所示在前一頁所設定的表格名稱、內容說明，可從此處修改。

▲ 圖 7-4-8-7 TablePress 設定畫面 4

7-109

CHAPTER 07 外掛

表格內容→如圖 7-4-8-8 所示，可直接於表格內輸入文字，並可以利用下方表格操作的相關功能進行特殊設定，紅框處第一列處可當作表格標題，可刪除、合併、隱藏直列。

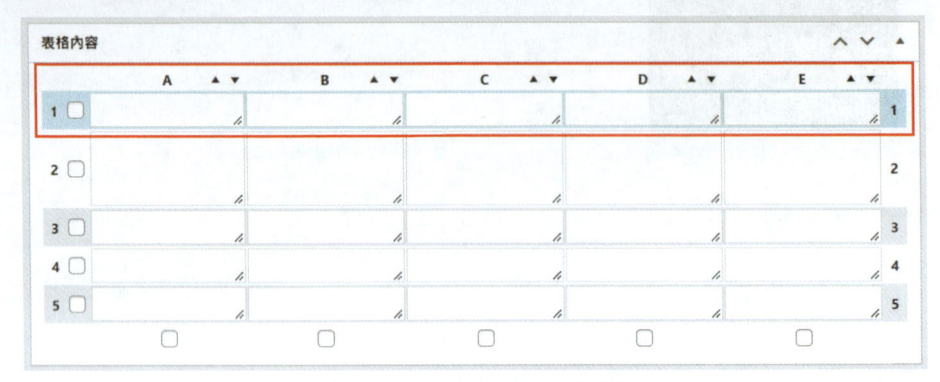

▲ 圖 7-4-8-8 TablePress 設定畫面 5

- 表格操作→如圖 7-4-8-9 所示，可以使用插入連結 / 插入圖片、合併儲存格等功能，並可以由此處新增列或欄。

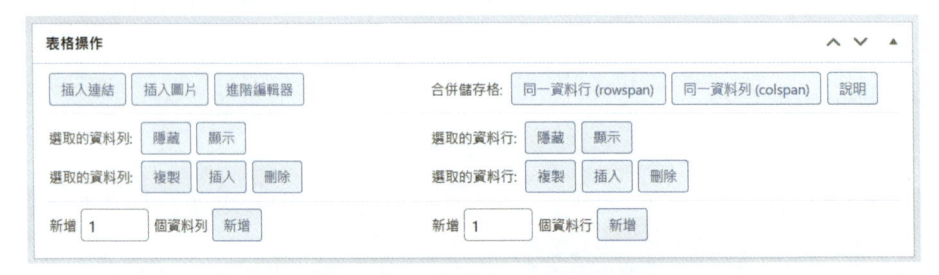

▲ 圖 7-4-8-9 TablePress 設定畫面 6

- 表格選項→如圖 7-4-8-10 所示，可設定表格標題列、背景顏色、表格名稱等等。

▲ 圖 7-4-8-10 TablePress 設定畫面 7

7-4 文章編輯、社群互動

若要匯入表格,選擇上方頁籤「匯入表格」處,畫面如圖 7-4-8-11 選擇匯入來源、匯入格式等等。

▲ 圖 7-4-8-11 TablePress 設定畫面 8

Step 4 網頁成果

設定完相關設定後,可從選擇上方頁籤「全部表格」處,畫面如圖 7-4-8-12,可以看見剛剛所新增的表格,滑鼠移至標題欄,會出現 編輯 / 顯示短代碼 / 複製 / 匯出 / 刪除 / 預覽功能,可由此處再次複製、編輯、刪除表格等等功能。編輯完成後,點選紅框處「顯示短代碼」,畫面將會出現如圖 7-4-8-13,可將此短代碼貼入所屬的文章或頁面,成果如圖 7-4-8-14。

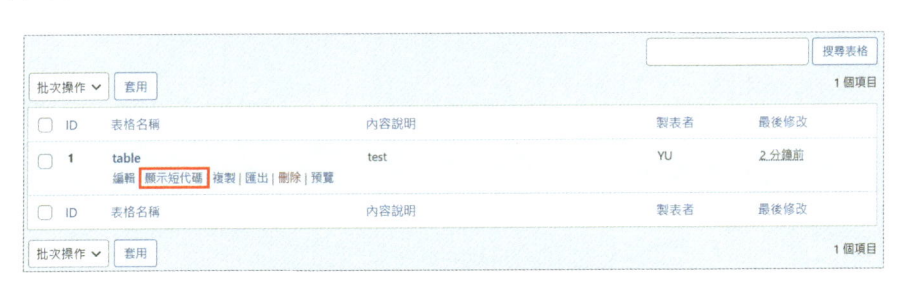

▲ 圖 7-4-8-12 TablePress 設定畫面 9

▲ 圖 7-4-8-13 TablePress 設定畫面 10

7-111

CHAPTER 07 外掛

學號	班級	姓名
12345678	資三A	王曉明

▲ 圖 7-4-8-14 TablePress 成果畫面

7-4-9 Tawk －線上客服系統

在建立購物網站瀏覽商品時，遇到問題常常都是以留言的方式於商品下方留言，慢慢等待賣家回覆，有的時候一等就是一個星期，會造成購買慾望降低、甚至會轉而購買其他商家，因此 Tawk 就是 WordPress 為了解決這個問題開發出的線上客服系統，可立刻回覆顧客相關問題，類似即時通的方式讓使用者能更進一步的了解產品規格、議價空間、售後服務等等，下面的部分將一一介紹相關安裝步驟、功能及成果。

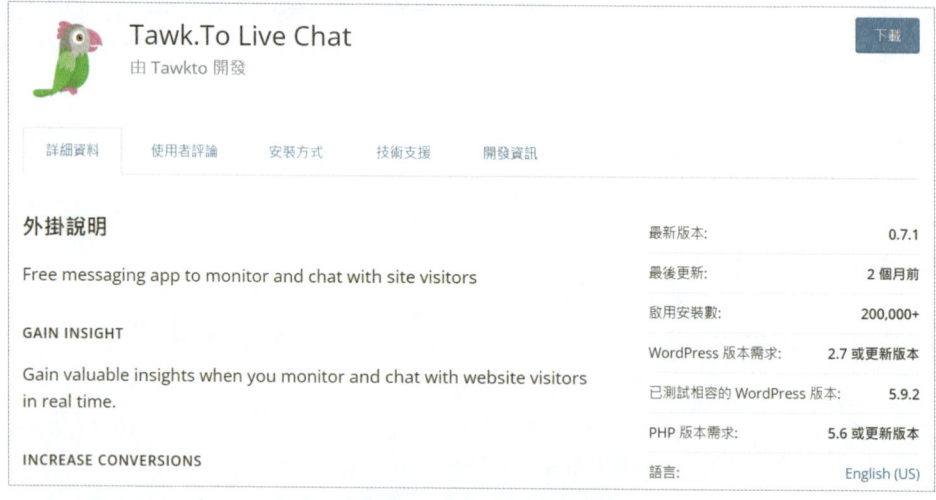

▲ 圖 7-4-9-1 Tawk 外掛畫面

Step 1 安裝外掛

可於後台 外掛 \ 安裝外掛，輸入搜尋關鍵字「Tawk」，並針對圖 7-4-9-2 紅框處選擇「立即安裝」，安裝完成後選擇「啟用」，另外可以透過安裝外掛的方式上傳 zip 檔案來安裝，詳細外掛安裝教學請參考 7-1 章。

7-4 文章編輯、社群互動

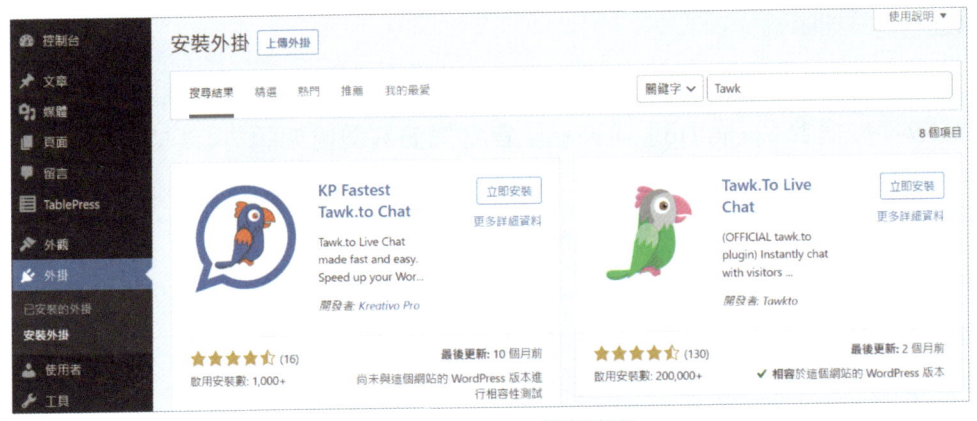

▲ 圖 7-4-9-2 Tawk 搜尋畫面

Step 2 進入操作介面

安裝完成後，左側選單「設定」會多出一個 Tawk.to 項目，如圖 7-4-9-3 點選後選擇紅框處「Tawk.to」，在畫面中可找到相關的設定如圖 7-4-9-4 需要先至 Tawk.to 註冊帳號。

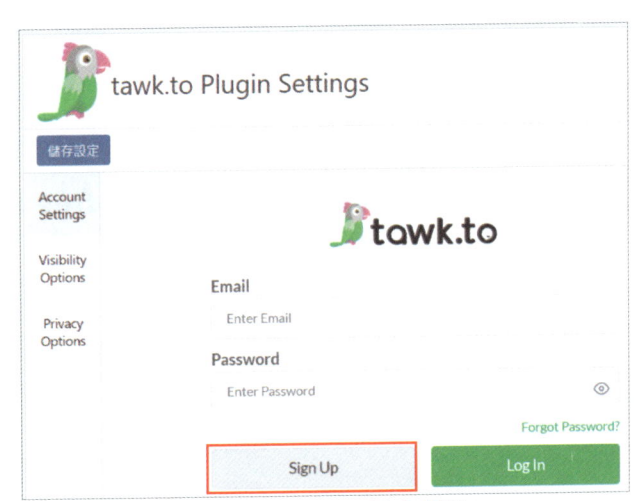

▲ 圖 7-4-9-3 Tawk 選單　　▲ 圖 7-4-9-4 Tawk 設定畫面 1

7-113

CHAPTER 07 外掛

Step 3 註冊帳號

　　首先需要先至 Tawk.to 官網 (https://www.tawk.to/) 註冊帳號，點選如圖 7-4-9-4 紅框處「Sign Up」可連結至官方網站註冊處如圖 7-4-9-5；下方輸入 Name(姓名)、電子郵件(Email)、密碼(Password)，輸入完成後點選「Sign Up for free」按鈕，接著畫面跳轉四步設定：

1. 設定語言，可設定「繁體中文」，如圖 7-4-9-6。
2. 輸入使用 Tawk 外掛的網站，包含輸入網站名稱、網站網址和工具名稱，如圖 7-4-9-7。
3. 登入方式是使用電子郵件做為帳號，角色的部分可選擇不同權限，管理人員可客製化版面樣式；代理人員則只可使用線上客服人員對話功能，如圖 7-4-9-8。
4. 上面程式碼是為了將對話小工具視窗顯示在網站內必須用，可以複製下來之後 wordpress 會使用到，如圖 7-4-9-9。

　　以上步驟設定完成後按下「完成」按鈕後，即可設定成功。

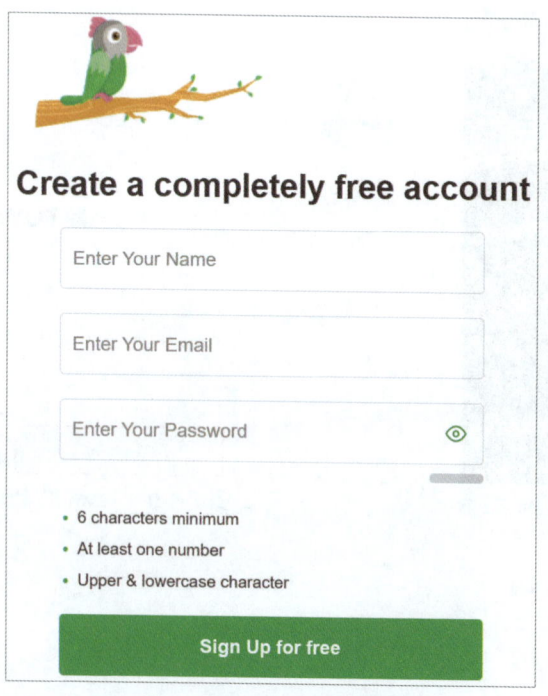

▲ 圖 7-4-9-5 Tawk 設定畫面 2

7-4 文章編輯、社群互動

▲ 圖 7-4-9-6 Tawk 設定畫面 3

▲ 圖 7-4-9-7 Tawk 設定畫面 4

CHAPTER 07 外掛

▲ 圖 7-4-9-8 Tawk 設定畫面 5

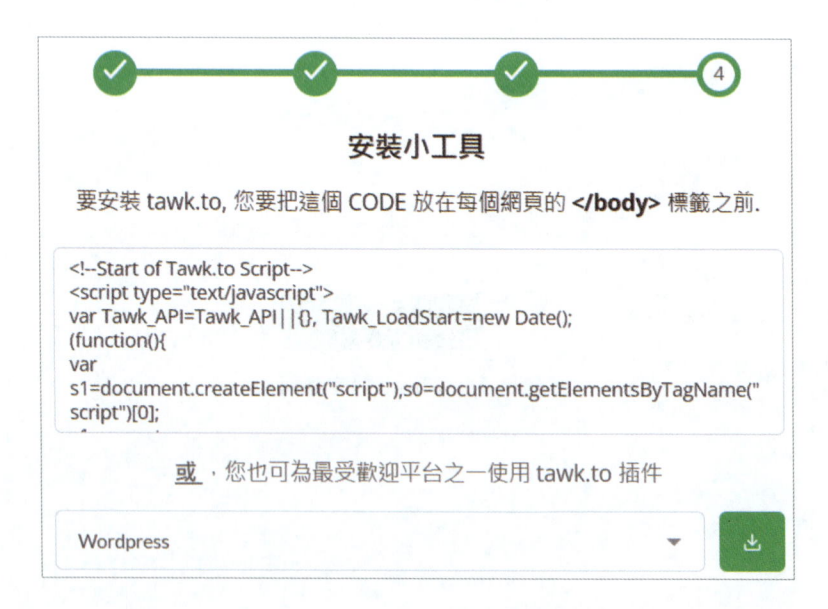

▲ 圖 7-4-9-9 Tawk 設定畫面 6

7-4 文章編輯、社群互動

Step 4 Tawk 控制台

設定完成後畫面跳轉至 Tawk 的控制台，此處會有對於網站的訪客數、客服人員帳號管理、聊天小工具面板設定。

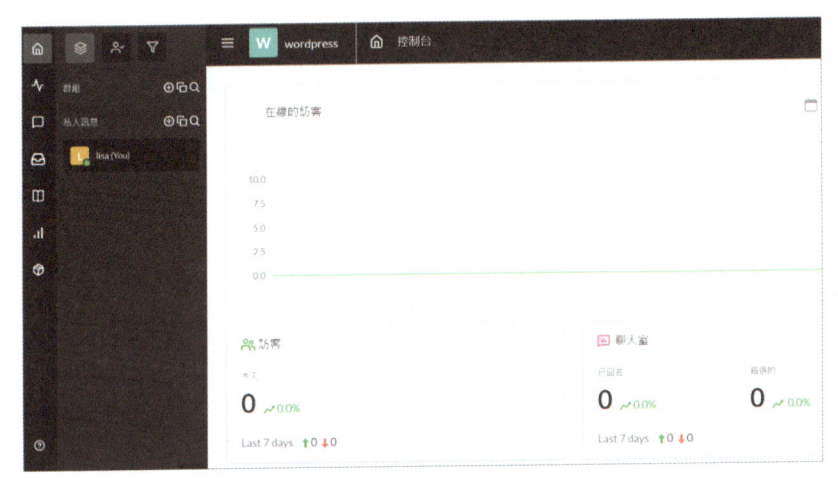

▲ 圖 7-4-9-10 Tawk 設定畫面 7

Step 5 編輯佈景檔案加入程式碼

接著回到 WordPress 工具 / 佈景主題檔案編輯器，進入主題編輯器畫面，本書是使用 Twenty Twenty-One 的主題外掛，此處如圖 7-4-9-11 紅框處為點選自己所設定的主題外掛，接著選擇「佈景主題頁尾 (footer.php)」將圖 7-4-9-9 的程式碼複製於 </body> 上方如圖 7-4-9-12，點擊下方「更新檔案」按鈕即可成功。

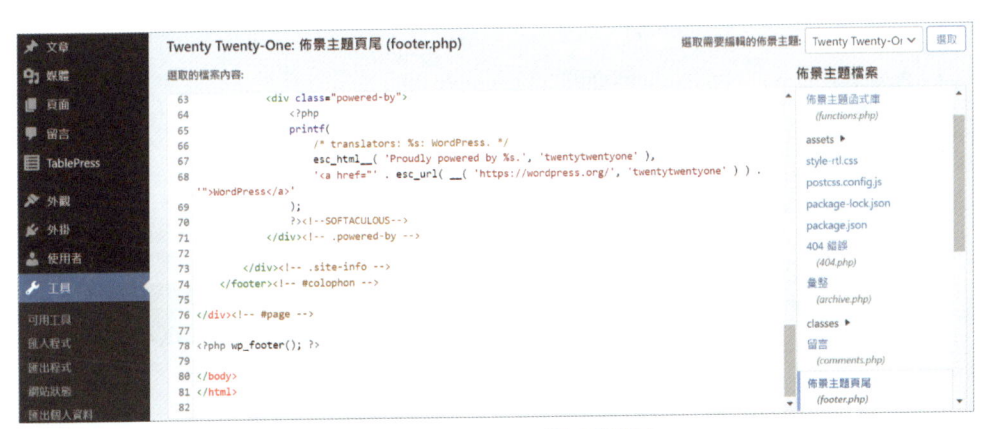

▲ 圖 7-4-9-11 Tawk 設定畫面 8

7-117

CHAPTER 07 外掛

```
79  <!--Start of Tawk.to Script-->
80  <script type="text/javascript">
81  var Tawk_API=Tawk_API||{}, Tawk_LoadStart=new Date();
82  (function(){
83  var s1=document.createElement("script"),s0=document.getElementsByTagName("script")[0];
84  s1.async=true;
85  s1.src='https://embed.tawk.to/624a66992abe5b455fc43bfb/1fvpa1in6';
86  s1.charset='UTF-8';
87  s1.setAttribute('crossorigin','*');
88  s0.parentNode.insertBefore(s1,s0);
89  })();
90  </script>
91  <!--End of Tawk.to Script-->
92  </body>
93  </html>
```

▲ 圖 7-4-9-12 Tawk 設定畫面 9

Step 6 登入 Tawk 帳號並展示網頁成果

另外，可至設定 /Tawk.to 設定畫面如圖 7-4-9-13，輸入在 Tawk 所設定的帳號密碼，點選「Log in」按鈕即可登入成功，接著選擇剛剛所設定的專案名稱「wordpress」、選擇套件「Tawk」後點選「Use selected widget」按鈕如圖 7-4-9-14，會出現「Successfully added widget to your site」代表設定成功，設定成果如圖 7-4-9-15 會出現所屬的 ICON，點擊後可與客服人員聊天如圖 7-4-9-16。

▲ 圖 7-4-9-13 Tawk 設定畫面 10

7-4 文章編輯、社群互動

▲ 圖 7-4-9-14 Tawk 設定畫面 11

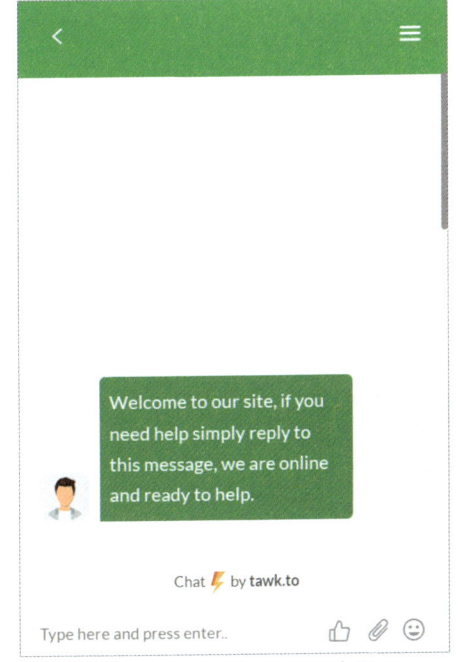

▲ 圖 7-4-9-15 Tawk 成果畫面 1　　▲ 圖 7-4-9-16 Tawk 成果畫面 2

7-4-10　WordPress Social Login －社交網站帳號登入

　　在瀏覽網站資訊或購物網站如果想看更多網站資訊，常常都需要加入會員或註冊帳號，但這樣常常會導致使用者在每個網站中都必須留有自己的基本資訊或聯絡資訊，若設相同帳號密碼也會擔心被竊取等等，因此 WordPress Social Login 外掛提供了輕鬆按一個圖示就能使用社交網站帳號登入以及快速註冊的功能，下面的部分將一一介紹相關安裝步驟、功能及成果。

CHAPTER 07 外掛

▲ 圖 7-4-10-1 WordPress Social Login 外掛畫面

Step 1 安裝外掛

可於後台 外掛 \ 安裝外掛，輸入搜尋關鍵字「WordPress Social Login」，並針對圖 7-4-10-2 紅框處選擇「立即安裝」，安裝完成後選擇「啟用」，另外可以透過安裝外掛的方式上傳 zip 檔案來安裝，詳細外掛安裝教學請參考 7-1 章。

▲ 圖 7-4-10-2 WordPress Social Login 搜尋畫面

7-120

7-4 文章編輯、社群互動

Step 2 進入操作介面

安裝完成後，左側選單會多出一個 miniOrange Social Login, Sharing 項目，如圖 7-4-10-3 點選紅框處「miniOrange Social」後，畫面中會介紹該如何新增社交媒體登入按鈕至登入中，如圖 7-4-10-4。

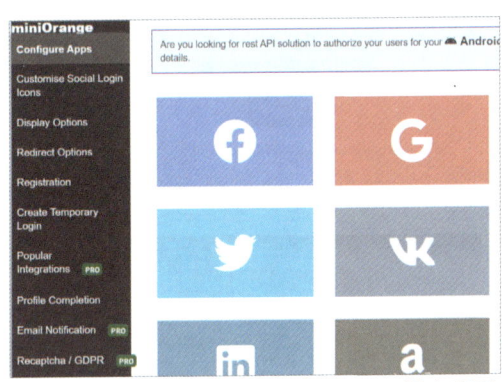

▲ 圖 7-4-10-3 WordPress Social Login 選單　▲ 圖 7-4-10-4 WordPress Social Login 設定畫面 1

Step 3 設定社交媒體

首先設定所要新增的設定社交媒體登入按鈕，如圖 7-4-10-5 本書以 Facebook 為範例，當滑鼠移動至所屬的社交媒體，可開啟 / 關閉社交媒體按鈕；開啟完成後，畫面跳轉如圖 7-4-10-6，左邊為應用程式編號、金鑰和存取範圍等等，右邊為 Facebook 相關設定，以下步驟為按照右邊一一設定。

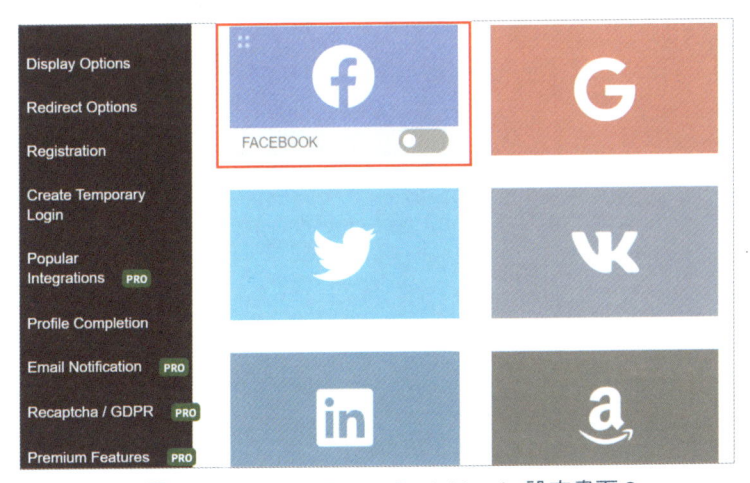

▲ 圖 7-4-10-5 WordPress Social Login 設定畫面 2

▲ 圖 7-4-10-6 WordPress Social Login 設定畫面 3

　　首先至 Facebook 開發者控制台 https://developers.facebook.com/apps/，如圖 7-4-10-7 使用的 Facebook 開發者帳戶登錄，點選紅框處「建立應用程式」，接著如圖 7-4-14-8 選擇應用程式類型，點選紅框處「消費者」，並按下下方「繼續」按鈕，然後如圖 7-4-10-9 輸入顯示名稱及聯絡電子郵件後，點選紅框處「建立應用程式編號」按鈕，跳轉至 Facebook 主控台畫面。

▲ 圖 7-4-10-7 WordPress Social Login 設定畫面 4

7-4 文章編輯、社群互動

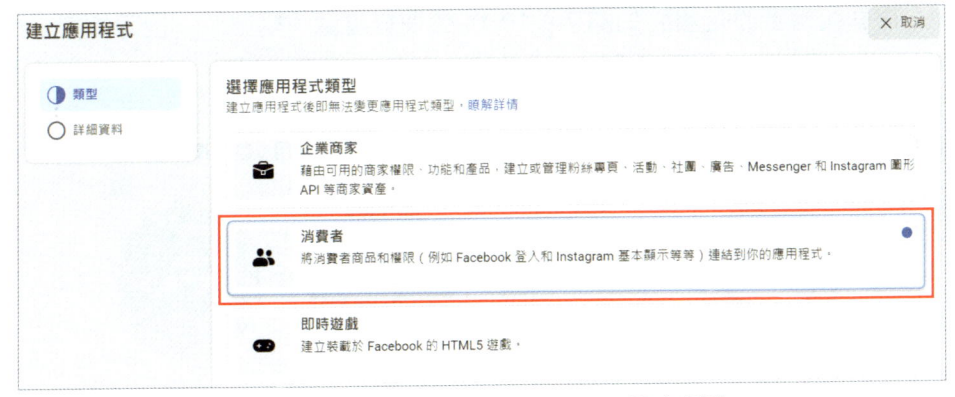

▲ 圖 7-4-10-8 WordPress Social Login 設定畫面 5

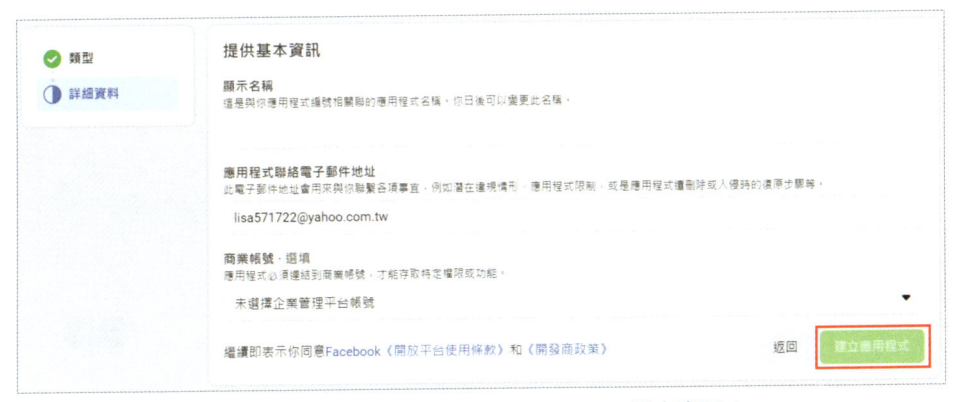

▲ 圖 7-4-10-9 WordPress Social Login 設定畫面 6

1. 畫面跳轉至如圖 7-4-10-10，點選紅框處 Facebook 登入的「設定」按鈕，就可進入設定畫面。

▲ 圖 7-4-10-10 WordPress Social Login 設定畫面 7

7-123

畫面跳轉至設定畫面如圖 7-4-10-11 選擇紅框處「網站」，接著如圖 7-4-10-12 輸入網站網址後選擇「Save」按鈕後選擇「繼續」按鈕。

▲ 圖 7-4-10-11 WordPress Social Login 設定畫面 8

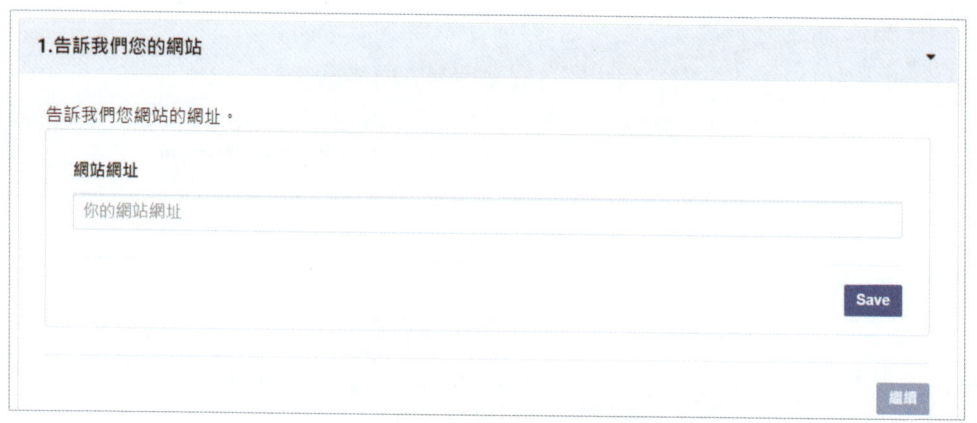

▲ 圖 7-4-10-12 WordPress Social Login 設定畫面 9

2. 接著選擇左側選單 設定 / 基本資料，畫面跳轉至如圖 7-4-10-13 並填入紅框處資料，「應用程式網域」只要輸入網址中網域的部分即可；「隱私政策網址」要輸入隱私權頁面網址，如果網站沒有此頁面的話，需自行新增；「用戶資料刪除」填入自己的網域名稱即可，接著選擇下方「儲存變更」按鈕後即儲存成功。

7-4 文章編輯、社群互動

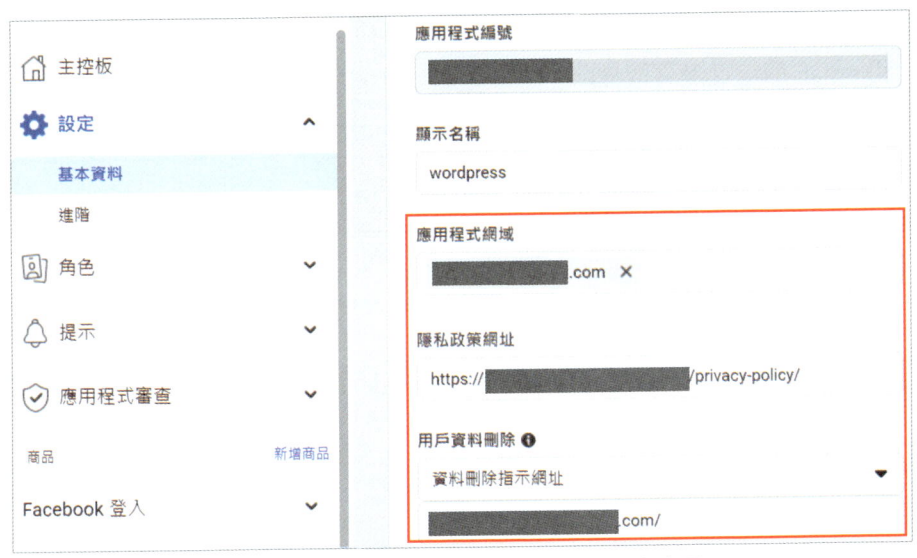

▲ 圖 7-4-10-13 WordPress Social Login 設定畫面 10

3. 下一步選擇左側選單 Facebook 登入 / 設定，畫面跳轉至如圖 7-4-10-14，在紅框處將圖 7-4-10-6 下方的第 12 點設定說明網址，貼入「有效的 OAuth 重新導向 URL」中，接著選擇下方「儲存變更」按鈕後即為儲存成功。

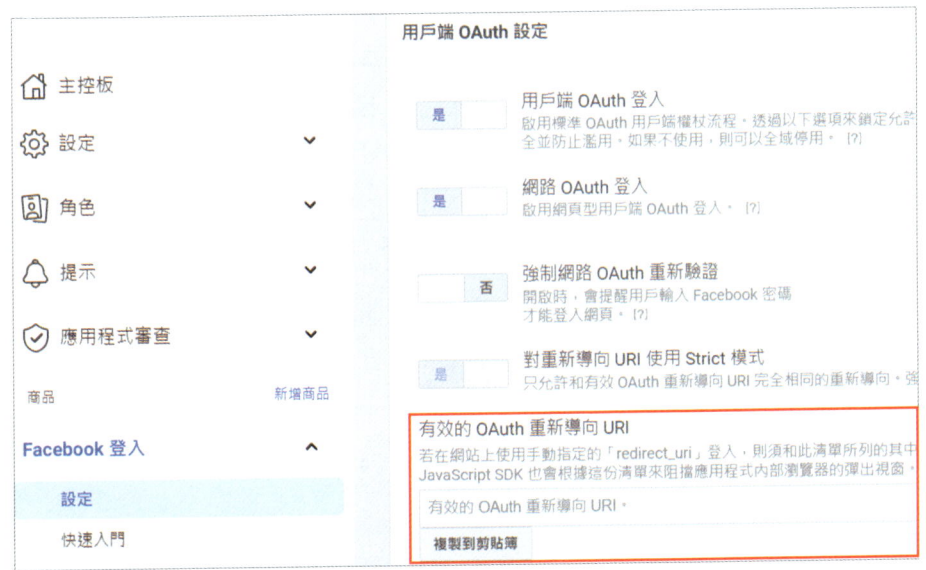

▲ 圖 7-4-10-14 WordPress Social Login 設定畫面 11

7-125

4. 下一步選擇左側選單 應用程式審查 / 權限和功能，接著點擊 public_profile 和 email 取得進階存取權限。

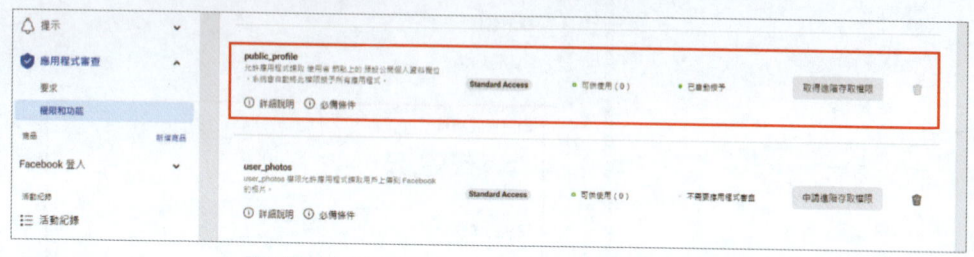

▲ 圖 7-4-10-15 WordPress Social Login 設定畫面 12

▲ 圖 7-4-10-16 WordPress Social Login 設定畫面 13

5. 上一步設定完成後，即可將紅框處的開發中狀態，更改為「上線」如圖 7-4-10-17，但是首次切換模式時，系統會跳出完成資料檢查的視窗，目的是為了保護用戶的隱私，確保 API 存取權限和資料使用方式符合 Facebook 政策，如圖 7-4-10-18 點選紅框處「開始檢查」，接著勾選每個權限或功能下方的方塊後按下繼續，最後如圖 7-4-10-21 點選紅框處「提交」即設定完成。

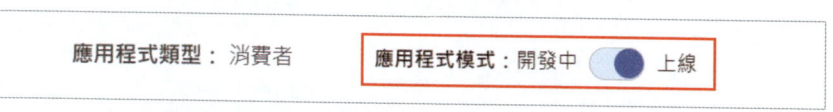

▲ 圖 7-4-10-17 WordPress Social Login 設定畫面 14

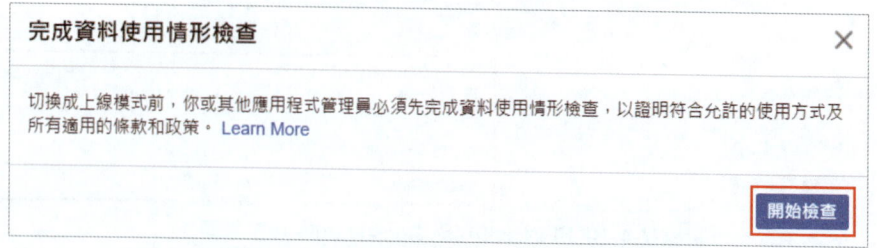

▲ 圖 7-4-10-18 WordPress Social Login 設定畫面 15

7-4 文章編輯、社群互動

▲ 圖 7-4-10-19 WordPress Social Login 設定畫面 16

▲ 圖 7-4-10-20 WordPress Social Login 設定畫面 17

CHAPTER 07 外掛

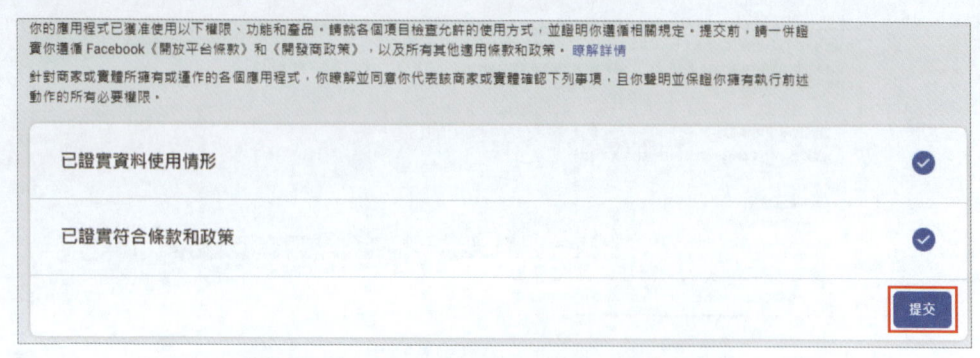

▲ 圖 7-4-10-21 WordPress Social Login 設定畫面 18

6. 下一步選擇左側選單 設定 / 基本資料如圖 7-4-10-22，可以看見紅框處應用程式編號及應用程式密鑰，應用程式密鑰部分可選擇「顯示」按鈕即可看見密鑰，接著將應用程式編號及應用程式密鑰貼回去 WordPress 設定，應用程式編號為 APP ID；應用程式密鑰為 APP Secret，設定完成後選擇「Save & Test Configuration」畫面將出現登入選項如圖 7-4-10-24，點選中間藍色按鈕，畫面將會出現 TEST SUCCESSFUL 代表設定成功。

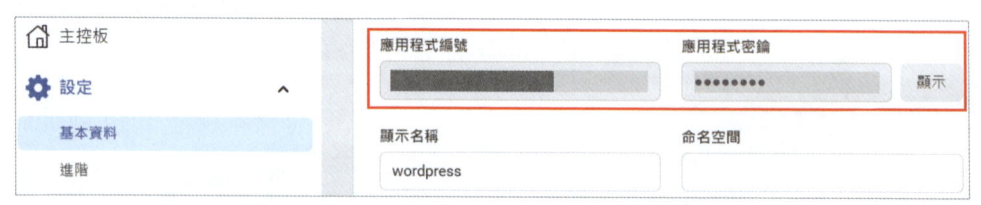

▲ 圖 7-4-10-22 WordPress Social Login 設定畫面 19

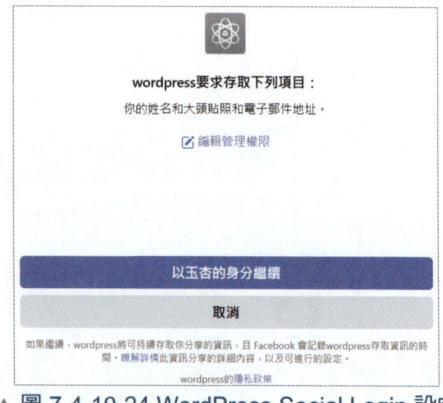

▲ 圖 7-4-10-23 WordPress Social Login 設定畫面 20　　▲ 圖 7-4-10-24 WordPress Social Login 設定畫面 21

7-4 文章編輯、社群互動

設定完成後回到外掛頁面如圖 7-4-10-25 會發現 Facebook 狀態為啟動，代表設定成功。在 WordPress 登入處與以前相比，多了一個可以使用 Facebook 登入的方式，成果如圖 7-4-10-26。

▲ 圖 7-4-10-25 WordPress Social Login 設定畫面 22

▲ 圖 7-4-10-26 WordPress Social Login 成果畫面

7-4-11 WordPress Popular Posts －熱門文章外掛

在部落格網站中，常常有許多網站喜歡於側欄放置熱門文章列表，藉由熱門文章排行榜可以去分析大家比較喜歡觀看的文章內容，藉此來提升部落格文章的點擊率，因此 WordPress Popular Posts 提供了可以網站點擊率的功能並計算出熱門排行榜，使用起來非常方便，淺顯易懂。下面的部分將一一介紹相關安裝步驟、功能及成果。

▲ 圖 7-4-11-1 WordPress Popular Posts 外掛畫面

7-129

CHAPTER 07 外掛

Step 1 安裝外掛

可於後台 外掛 \ 安裝外掛，輸入搜尋關鍵字「WordPress Popular Posts」，並針對圖 7-4-11-2 紅框處選擇「立即安裝」，安裝完成後選擇「啟用」，另外可以透過安裝外掛的方式上傳 zip 檔案來安裝，詳細外掛安裝教學請參考 7-1 章。

▲ 圖 7-4-11-2 WordPress Popular Posts 搜尋畫面

Step 2 進入操作介面

安裝完成後，左側選單「設定」會多出一個 WordPress Popular Posts 項目，如圖 7-4-11-3 點選後選擇紅框處「WordPress Popular Posts」，可看見文章的點擊量與被點擊的相關資訊如圖 7-4-11-4。

▲ 圖 7-4-11-3 WordPress Popular Posts 選單

▲ 圖 7-4-11-4 WordPress Popular Posts 設定畫面 1

7-130

Step 3 工具設定

點選上方選單紅框處「Tools」可跳轉至設定畫面如圖 7-4-11-5，分別為 Thumbnails(縮圖)、Data(資料)、Miscellaneous(雜項) 三大區塊，以下將一一介紹各項設定。

▲ 圖 7-4-11-5 WordPress Popular Posts 設定畫面 2

Thumbnails(縮圖)→可自由設定熱門文章所顯示得圖片或可選擇顯示文章原本的圖片，如圖 7-4-11-6。

▲ 圖 7-4-11-6 WordPress Popular Posts 設定畫面 3

Data(資料)→可設定瀏覽量來自誰或針對點閱率較多的文章可使用文章暫存功能等等，如圖 7-4-11-7。

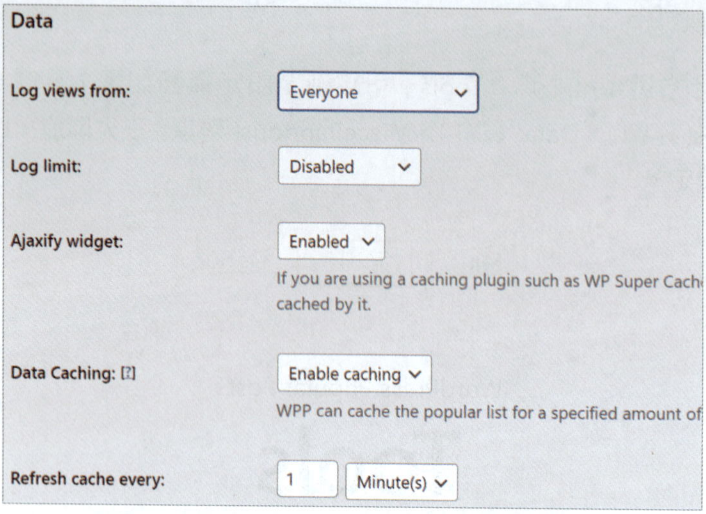

▲ 圖 7-4-11-7 WordPress Popular Posts 設定畫面 4

- Miscellaneous(雜項)→可另外設定熱門文章的樣式或設定點擊熱門文章開啟視窗樣式，如圖 7-4-11-8。

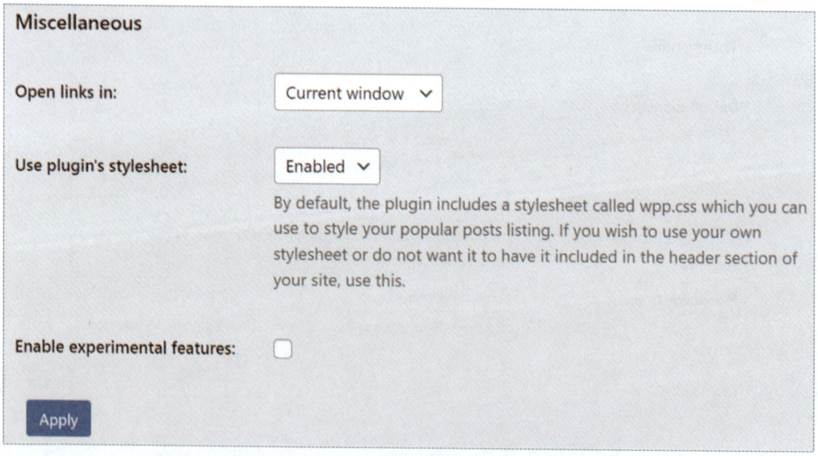

▲ 圖 7-4-11-8 WordPress Popular Posts 設定畫面 5

Step 4 加入小工具來使用外掛

接著可編輯頁面或文章將「WordPress Popular Posts」小工具加入區塊如圖 7-4-11-9，即可在頁面中看熱門文章排行榜。

7-4 文章編輯、社群互動

▲ 圖 7-4-11-9 WordPress Popular Posts 設定畫面 6

Step 5 小工具設定

加入過後，可以從中設定熱門排行榜的標題、每次顯示幾筆、按照什麼方式排序等等如圖 7-4-11-10；另外還可以設定篩選的範圍，可以設定文章分類、標籤、作者等等如圖 7-4-11-11。

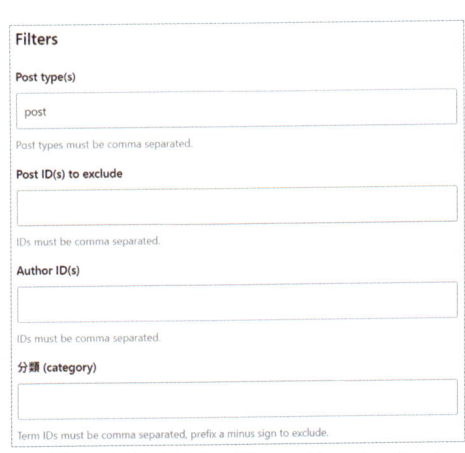

▲ 圖 7-4-11-10 WordPress Popular Posts 設定畫面 7

▲ 圖 7-4-11-11 WordPress Popular Posts 設定畫面 8

7-133

CHAPTER 07 外掛

7-4-12 WP Polls －投票問卷系統

在網站中，常常會遇到需要調查問卷之類的相關事項，因此 WordPress 提供了一款外掛可以將想要詢問使用者的問題與答案選擇顯示具體化的表格，讓使用者可以針對網站管理者想要了解的部分給予意見，而 WP-Polls 這個外掛可以讓你的部落格擁有 Ajax 的投票功能，而且完全免費，也不會有任何限制，下面的部分將一一介紹相關安裝步驟、功能及成果。

▲ 圖 7-4-12-1 WP-Polls 外掛畫面

Step 1 安裝外掛

可於後台 外掛\安裝外掛，輸入搜尋關鍵字「WP-Polls」，並針對圖 7-4-12-2 紅框處選擇「立即安裝」，安裝完成後選擇「啟用」，另外可以透過安裝外掛的方式上傳 zip 檔案來安裝，詳細外掛安裝教學請參考 7-1 章。

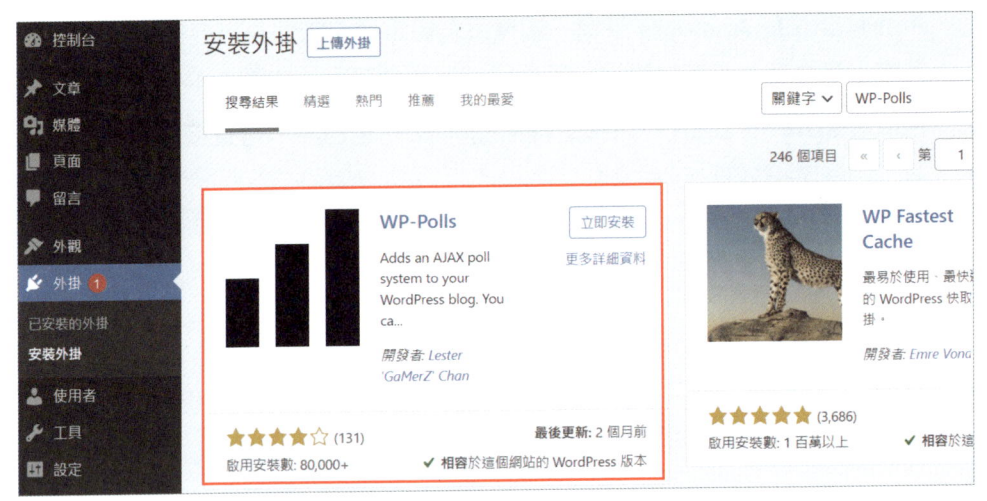

7-4　文章編輯、社群互動

▲ 圖 7-4-12-2 WP-Polls 搜尋畫面

Step 2 進入操作介面

安裝完成後，左側選單會多出一個 Polls 項目，如圖 7-4-12-3 點選後選擇紅框處「Polls」，可在畫面中找到相關的設定如圖 7-4-12-4。

▲ 圖 7-4-12-3 WP-Polls 選單 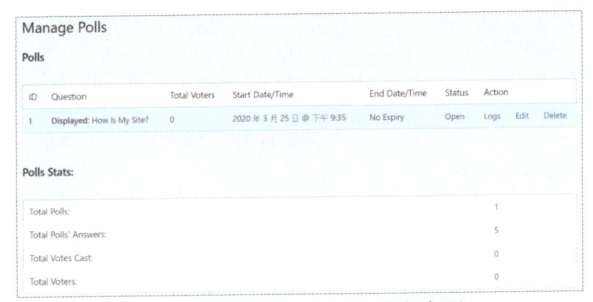　　▲ 圖 7-4-12-4 WP-Polls 設定畫面 1

Add Poll →點選左側選單 Polls 底下「Add Poll」可以新增一個新的投票問卷，畫面如圖 7-4-12-5 設定完成後，點選「Add Poll」按鈕即新增成功。

1. **Poll Question** →可輸入投票議題 (標題)，如圖 7-4-12-5。
2. **Poll Answers** →可輸入投票題目 (問題)，預設為提供兩種題目，可點選「Add Answer」來增加選項，如圖 7-4-12-5。

7-135

3. **Poll Multiple Answers** → 第一個選項為設定使用者是否可複選 (兩個以上) 答案；第二個為若可以複選，最多可選擇幾種答案，如圖 7-4-12-6。

4. **Poll Start/End Date** → 可設定投票開始 & 結束日期，可直接使用預設值即可，如圖 7-4-12-7。

▲ 圖 7-4-12-5 WP-Polls 設定畫面 2

▲ 圖 7-4-12-6 WP-Polls 設定畫面 3

▲ 圖 7-4-12-7 WP-Polls 設定畫面 4

　　Poll Options → 點選左側選單 Polls 底下「Poll Options」可以設定問卷選項樣式大小，畫面如圖 7-4-12-8 設定完成後，點選「Save Changes」按鈕即修改成功。

1. **Poll Bar Style** →可由此處設定投票樣式大小,如圖 7-4-12-8。
2. **Polls AJAX Style** →可由此處設定投票風格,如圖 7-4-12-9。
3. **Sorting Of Poll Answers** →可由此處設定投票答案排序,如圖 7-4-12-10。
4. **Sorting Of Poll Results** →可由此處設定投票結果排序,如圖 7-4-12-11。
5. **Logging Method** →可由此處設定記錄投票方式,如圖 7-4-12-12。
6. **Poll Archive** →可由此處設定投票檔案存放處、類型,如圖 7-4-12-13。

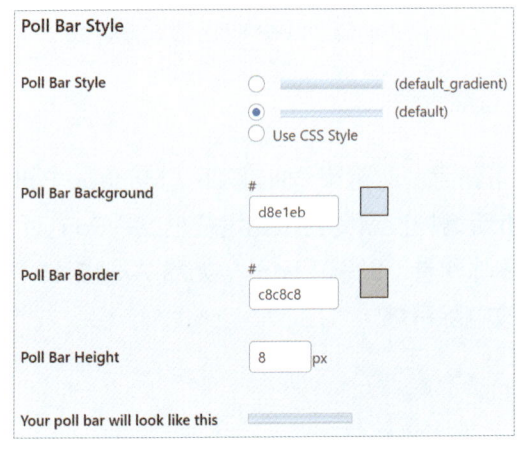

▲ 圖 7-4-12-8 WP-Polls 設定畫面 5

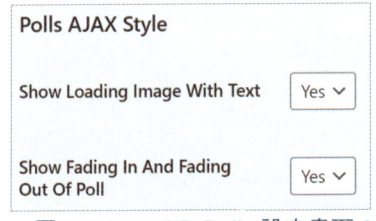

▲ 圖 7-4-12-9 WP-Polls 設定畫面 6

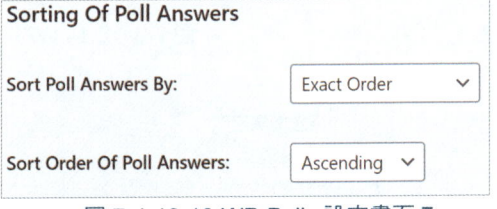

▲ 圖 7-4-12-10 WP-Polls 設定畫面 7

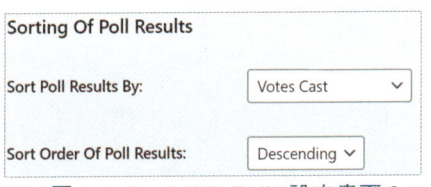

▲ 圖 7-4-12-11 WP-Polls 設定畫面 8

▲ 圖 7-4-12-12 WP-Polls 設定畫面 9

CHAPTER 07 外掛

▲ 圖 7-4-12-13 WP-Polls 設定畫面 10

Step 3 投票結果

設定完成後，可點選左側選單 Polls 底下「Manage Polls」，畫面如圖 7-4-12-14 可看見剛剛所新增的投票問卷，點選紅框處「Edit」可修改問卷；點選藍框處「Delete」可刪除問卷；點選「Logs」如圖 7-4-12-15 可查看投票問卷共有幾人投票、投票修改刪除日誌。

▲ 圖 7-4-12-14 WP-Polls 設定畫面 11

▲ 圖 7-4-12-15 WP-Polls 設定畫面 12

Step 4 網頁成果

當新增完投票後,會跳出如圖 7-4-12-16 的提示,將紅框處「[poll id="2"]」複製,並如圖 7-4-12-17 到編輯頁面或文章處將紅框處「短代碼」小工具加入區塊,再貼上剛剛複製的程式即可,如果想用其他投票只需更改問卷所屬 ID,成果如圖 7-4-12-18。

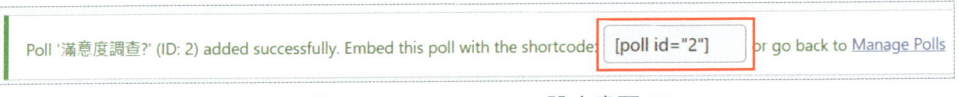

▲ 圖 7-4-12-16 WP-Polls 設定畫面 13

▲ 圖 7-4-12-17 WP-Polls 設定畫面 14

▲ 圖 7-4-12-18 WP-Polls 成果畫面

CHAPTER 07 外掛

7-4-13 Popup Maker －彈跳視窗

在部落格或商業網站常常在需要促銷或推薦商品時，會利用彈跳小視窗來增加瀏覽者下單購買的慾望，例如：在網站裡出現促銷「倒數計時」或「按讚分享」粉絲專業等等，因此 Popup Maker 提供讓瀏覽者一進到網頁就可收到信箱訂閱資訊或者放上 Facebook、Google+ 等社群連結按鈕，而且完全免費，也不會有任何限制，下面的部分將一一介紹相關安裝步驟、功能及成果。

▲ 圖 7-4-13-1 Popup Maker 外掛畫面

Step 1 安裝外掛

可於後台 外掛 \ 安裝外掛，輸入搜尋關鍵字「Popup Maker」，並針對圖 7-4-13-2 紅框處選擇「立即安裝」，安裝完成後選擇「啟用」，另外可以透過安裝外掛的方式上傳 zip 檔案來安裝，詳細外掛安裝教學請參考 7-1 章。

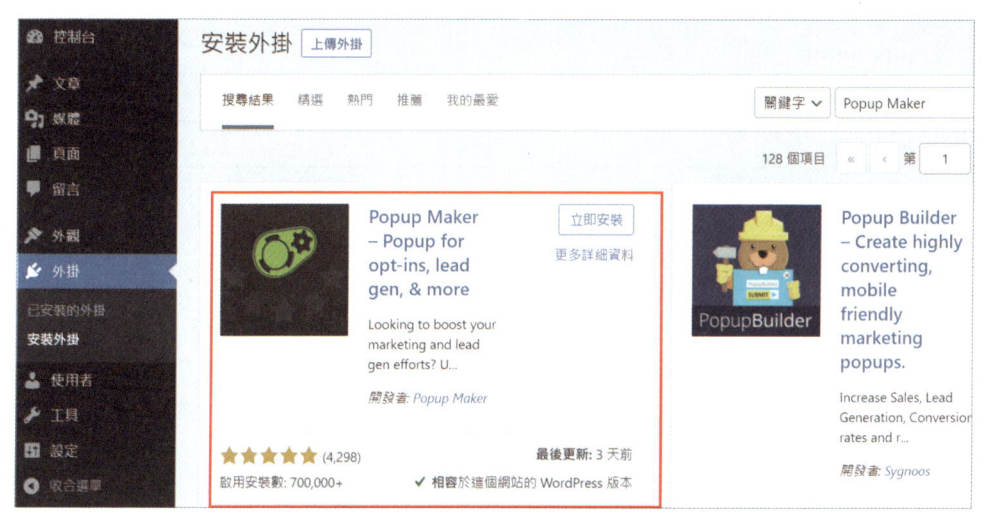

7-4 文章編輯、社群互動

▲ 圖 7-4-13-2 Popup Maker 搜尋畫面

Step 2 進入操作介面

安裝完成後，左側選單會多出一個 Popup Maker 項目，如圖 7-4-13-3 點選後選擇紅框處「Popup Maker」，可在畫面中找到相關的設定如圖 7-4-13-4，上方「Create New Popup」按鈕，可新增彈跳視窗功能。

▲ 圖 7-4-13-3 Popup Maker 選單 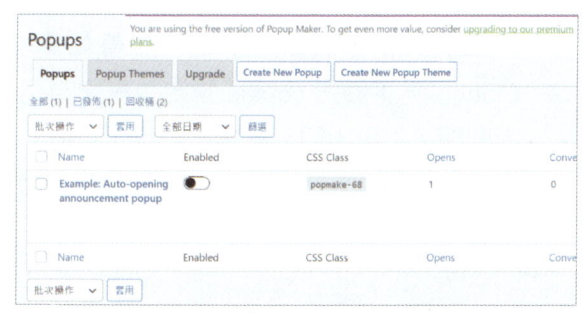　　▲ 圖 7-4-13-4 Popup Maker 設定畫面 1

Step 3 新增彈跳視窗

接下來跳轉的頁面如圖 7-4-13-5，「Popup Name」是必填的，以便您可以在列表中找到彈跳視窗，沒有網站訪問者會看到此名稱；「Popup Title」是選填，為彈跳視窗中的主要標題；下面的傳統編輯器則是輸入彈跳視窗內容的地方。

7-141

CHAPTER 07 外掛

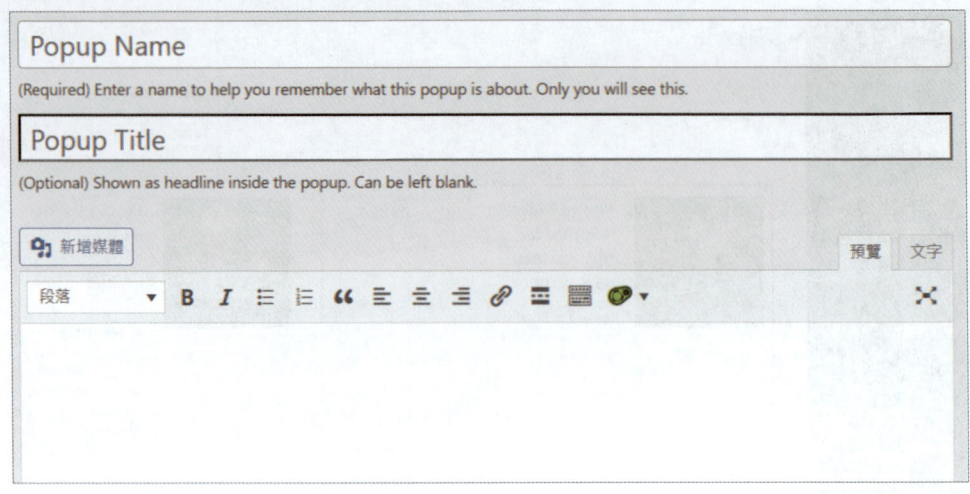

▲ 圖 7-4-13-5 Popup Maker 設定畫面 2

Step 4 彈跳視窗設定

設定完彈跳視窗的文字後，可至下方「Popup Settings」設定彈跳視窗觸發方式、樣式等等，下面將以建立首頁歡迎彈跳視窗方式介紹。

- **Triggers** → 可設定彈跳視窗觸發方式如圖 7-4-13-6，預設情況下，每次進入頁面時都會打開彈跳視窗，但我們只需要跳出一遍，因此點選紅框處「Add New Trigger」設定，接著如圖 7-4-13-7 選擇「Time Delay/Auto Open」，下面的 cookie 設定會讓網頁記住彈跳視窗已出現過，並在使用者關閉後不再出現，點選紅框處「Add」後如圖 7-4-13-8，設定 500ms 就會在進入網頁後立即顯示，點選紅框處「Add」設定完成如圖 7-4-13-9。

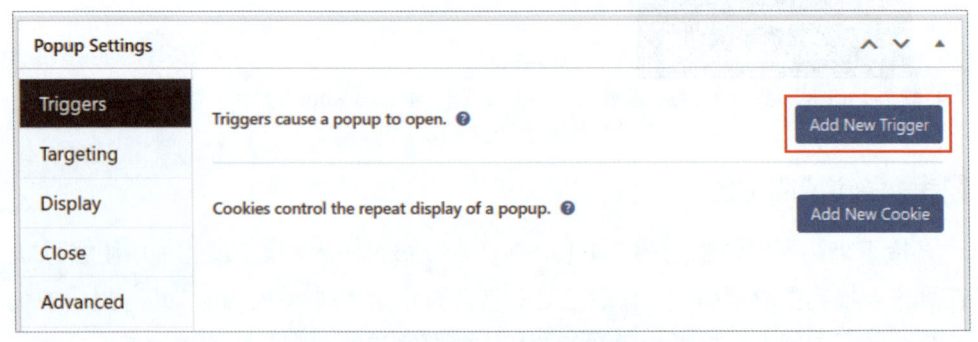

▲ 圖 7-4-13-6 Popup Maker 設定畫面 3

7-142

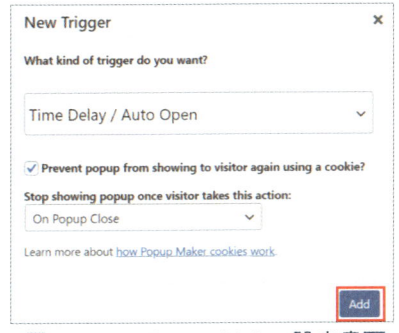

7-4 文章編輯、社群互動

▲ 圖 7-4-13-7 Popup Maker 設定畫面 4 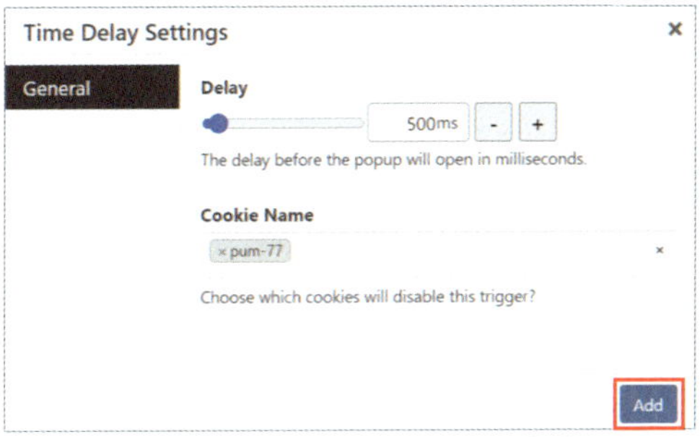　　▲ 圖 7-4-13-8 Popup Maker 設定畫面 5

▲ 圖 7-4-13-9 Popup Maker 設定畫面 6

- **Targeting** →可設定在哪個頁面打開彈跳視窗，這裡選擇「Home Page」首頁如圖 7-4-13-10。

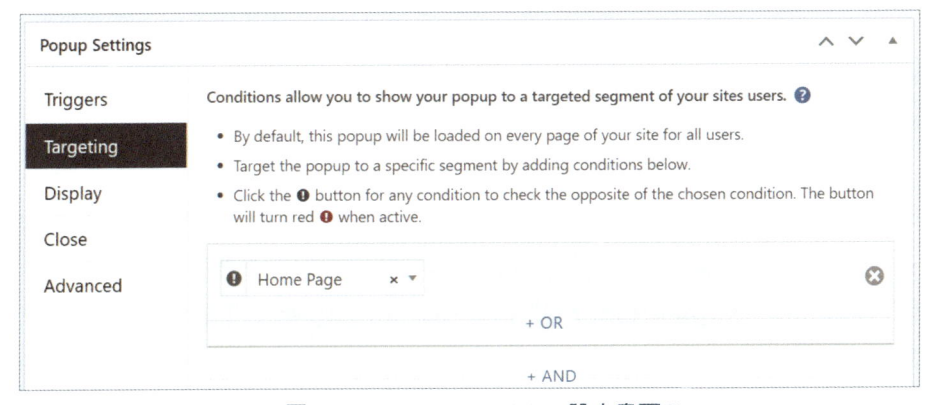

▲ 圖 7-4-13-10 Popup Maker 設定畫面 7

7-143

- **Display** → 可設定彈跳視窗樣式如圖 7-4-13-11，在「Display Presets」頁籤選擇紅框處「Center Popup」會在中間顯示，其他位置、大小等詳細設定可至其他頁籤設定。

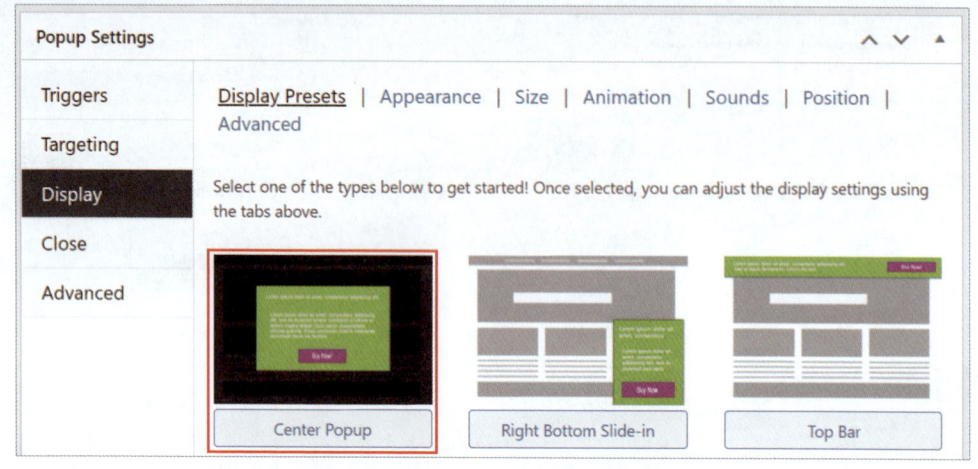

▲ 圖 7-4-13-11 Popup Maker 設定畫面 8

Step 5 網頁成果

設定完成後點選「發佈」按鈕，到首頁後就可看到彈跳視窗成果如圖 7-4-13-12。

▲ 圖 7-4-13-12 Popup Maker 成果畫面

7-4-14 WP Smush －圖片瘦身

在部落格網站中，常常需要在網站中加入許多圖片，但圖片的多寡將會決定網站的速度，而目前 WordPress 提供了許多圖片壓縮軟體，其中發現 WP Smush 是一款可以讓使用者輕鬆降低圖片容量，且不會破壞圖片本身的品質或外觀，節省下來的空間可以使網站更小、備份更加容易，下面的部分將一一介紹相關安裝步驟、功能及成果。

7-4 文章編輯、社群互動

▲ 圖 7-4-14-1 WP Smush 外掛畫面

Step 1 安裝外掛

可於後台 外掛\安裝外掛，輸入搜尋關鍵字「WP Smush」，並針對圖 7-4-14-2 紅框處選擇「立即安裝」，安裝完成後選擇「啟用」，另外可以透過安裝外掛的方式上傳 zip 檔案來安裝，詳細外掛安裝教學請參考 7-1 章。

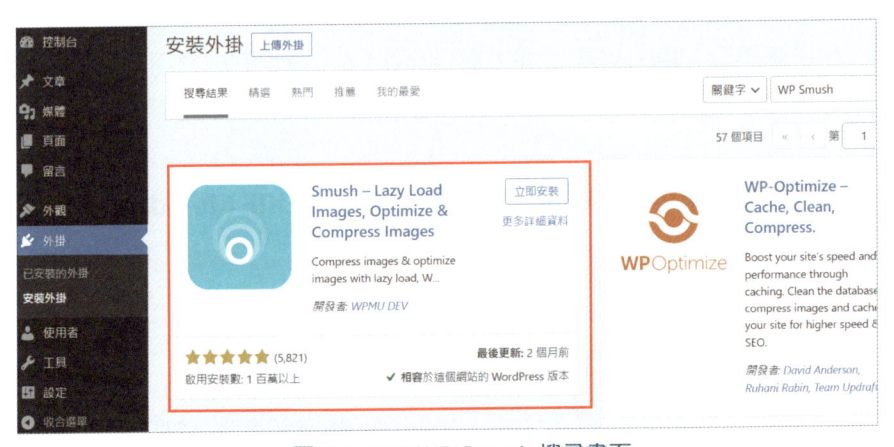

▲ 圖 7-4-14-2 WP Smush 搜尋畫面

7-145

CHAPTER 07 外掛

Step 2 進入操作介面

安裝完成後，左側選單會多出一個 Smush 項目，如圖 7-4-14-3 點選後選擇紅框處「Smush」，可在畫面中找到相關的設定如圖 7-4-14-4。

▲ 圖 7-4-14-3 WP Smush 選單 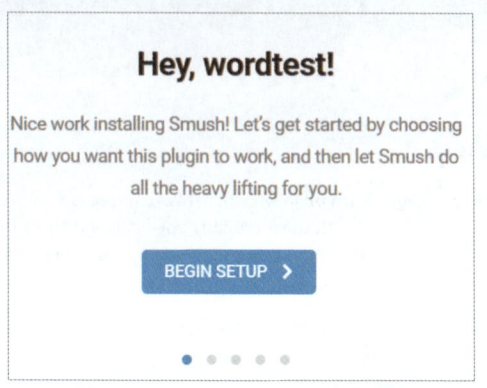　　▲ 圖 7-4-14-4 WP Smush 設定畫面 1

Step 3 設定自動壓縮和縮減 EXIF 數據

首先進入 WP Smush 初始設定畫面如圖 7-4-14-4，可直接點選「BEGIN SETUP」按鈕進入設定畫面。點選按鈕後，下一步為當圖片上傳到您的網站時，可自動壓縮如圖 7-4-14-5，可自由開啟 / 關閉是否自動壓縮後重新上傳，設定完成後可點選「NEXT」進入下一步設定畫面。接著，下一步驟為設定縮減 EXIF 數據，可自由開啟 / 關閉縮減 EXIF 如圖 7-4-14-6，設定完成後可點選「NEXT」進入下一步設定畫面。

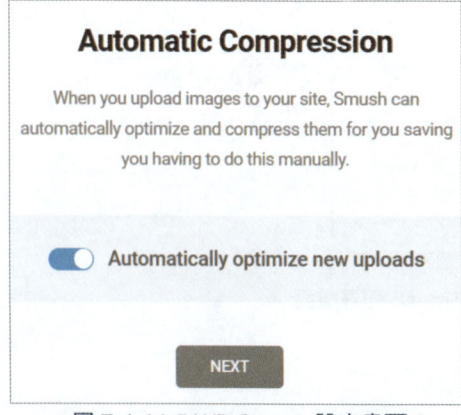

▲ 圖 7-4-14-5 WP Smush 設定畫面 2 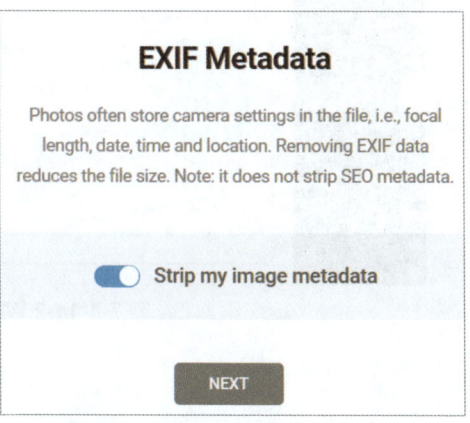　　▲ 圖 7-4-14-6 WP Smush 設定畫面 3

Step 4 設定延遲設定和數據追蹤

接著,下一步為延遲設定,可自由開啟/關閉延遲設定如圖 7-4-14-7,設定完成後可點選「NEXT」進入下一步設定畫面。接著,下一步為設定數據追蹤,可自由開啟/關閉數據追蹤畫面如圖 7-4-14-8,設定完成後可點選「FINSH SETUP WIZARD」即可完成基本設定。

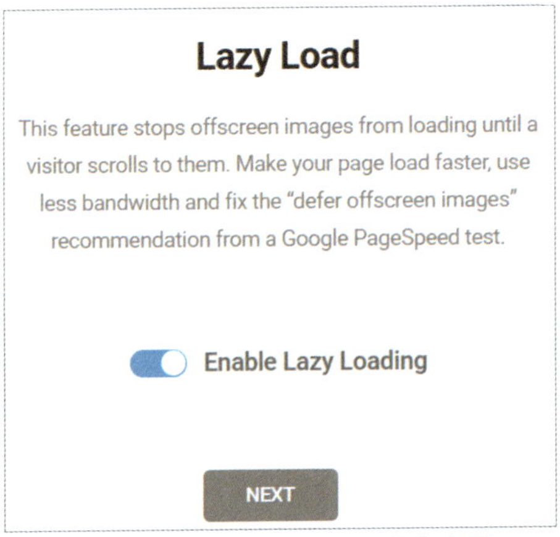

▲ 圖 7-4-14-7 WP Smush 設定畫面 4 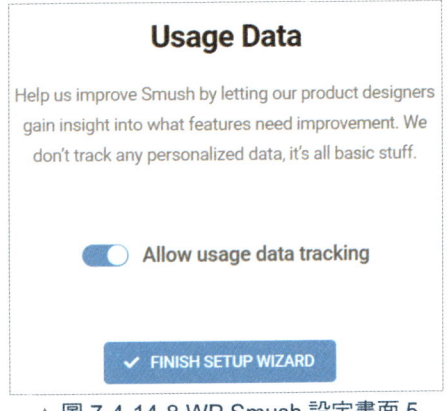　　▲ 圖 7-4-14-8 WP Smush 設定畫面 5

Step 5 壓縮圖片

完成上方設定後,可點選下方紅框處「BULK SMUSH NOW」按鈕即可開始壓縮圖片如圖 7-4-14-9,雖然免費版只有提供每天 50 張為上限,但只要分批壓縮就可以達到同樣的效果。

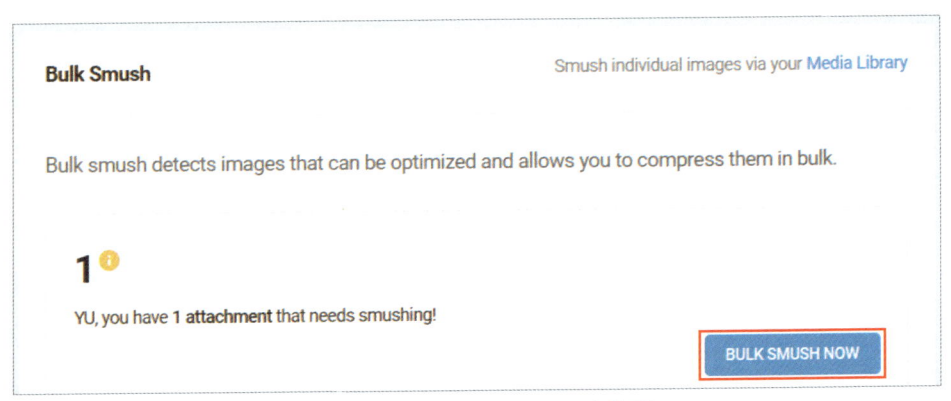

▲ 圖 7-4-14-9 WP Smush 設定畫面 6

CHAPTER 07 外掛

7-4-15 Yet Another Related Posts Plugin －相關文章延伸閱讀

在經營部落格時，除了閱讀本篇文章外，還希望使用者可以閱讀其他的文章，常常會利用「你可能有興趣…」或「相關文章…」來吸引使用者閱讀，因此 Yet Another Related Posts Plugin 延伸閱讀的相關功能，利用演算法找出類似的文章類型，可選擇使用列表或縮圖的方式顯示於網頁正下方，藉此來增加文章點閱率，下面的部分將一一介紹相關安裝步驟、功能及成果。

▲ 圖 7-4-15-1 YARPP 外掛畫面

Step 1 安裝外掛

可於後台外掛＼安裝外掛，輸入搜尋關鍵字「YARPP」，並針對圖 7-4-15-2 紅框處選擇「立即安裝」，安裝完成後選擇「啟用」，另外可以透過安裝外掛的方式上傳 zip 檔案來安裝，詳細外掛安裝教學請參考 7-1 章。

7-148

7-4 文章編輯、社群互動

▲ 圖 7-4-15-2 YARPP 搜尋畫面

Step 2 進入操作介面

安裝完成後，左側「設定」選單會多出一個 YARPP 項目，如圖 7-4-15-3 點選後選擇紅框處「YARPP」，可設定相關文章全域、關聯等如圖 7-4-15-4，下方將一一介紹相關功能。

▲ 圖 7-4-15-3 YARPP 選單　　▲ 圖 7-4-15-4 YARPP 設定畫面 1

7-149

CHAPTER 07 外掛

🧭 全域設定

可自行設定排除那些分類或標籤於相關文章當中如圖 7-4-15-5，上面紅框處為可自行勾選禁用文章分類或標籤；下面藍框處為設定是否顯示利用密碼保護的文章、選擇顯示過去幾天/週/月的相關文章、僅顯示早於目前的文章等等。

▲ 圖 7-4-15-5 YARPP 設定畫面 2

🧭 關聯設定

可自行設定文章的關聯性如圖 7-4-15-6，上面紅框處可設定關聯值大小，當關聯值越高篩選就會越嚴格，另外可以分別針對標題、內容、分類、標籤選擇是否納入參考。

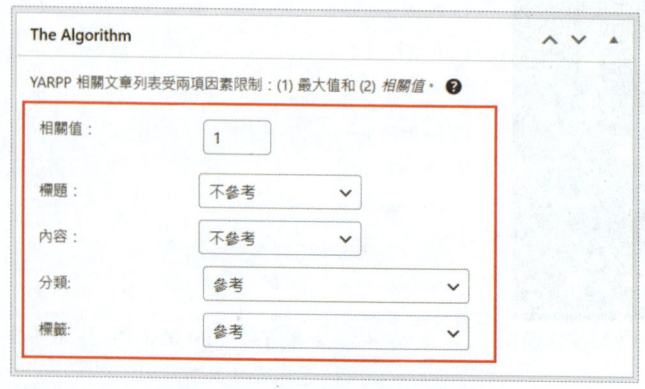

▲ 圖 7-4-15-6 YARPP 設定畫面 3

顯示設定

可自由設定相關文章顯示方式如圖 7-4-15-7，可勾選顯示相關文章、頁面、媒體和修改顯示相關文章篇數及相關文章顯示型態，如 List 為清單、Thumbnails 為圖片加文字顯示及 Custom 自行撰寫 PHP 程式。

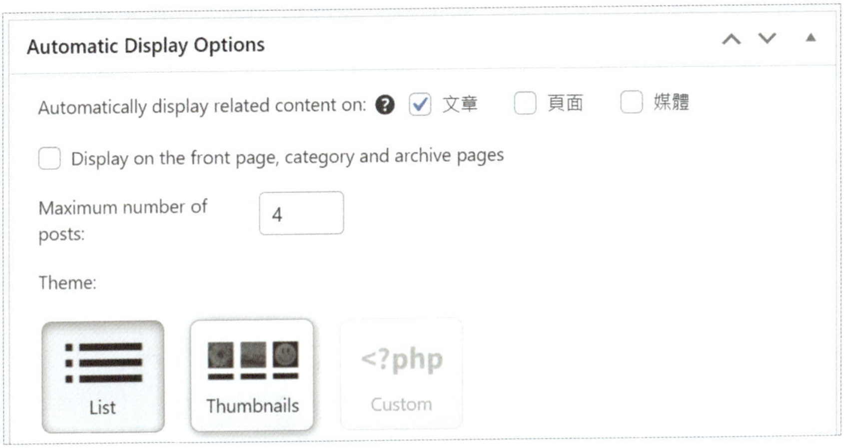

▲ 圖 7-4-15-7 YARPP 設定畫面 4

7-5 管理及維護

本章節將會介紹管理網站及維護網站的各項功能，如：網站備份遷移、網站加密傳輸、流量分析等等，在目前網路快速發展的時代中，常常會遇到許多問題，像是許多釣魚網站可能只要稍微不留意，就會讓自己的網站步入危險當中，或是不幸受到駭客攻擊，不只會對消費者造成不好的印象，也有可能會造成營運損失。為了預防網站被攻擊，「分析」網站安全成了重要的因素。另外在安裝、升級、或移除應用程式時，可能遇到網站突然發生問題、癱瘓等等，所以「備份」也成了重要的事情，因此在下面章節將會一一介紹用於 WordPress 管理及維護的相關外掛。

CHAPTER 07 外掛

7-5-1 All-in-One WP Migration －網站備份遷移

在網站架設完成的一段時間後內容不斷增加、訪客人數不斷增加，常常會發現網站運行變慢，或遇到使用者在建立文章時，不小心刪除以前的檔案，希望管理者可以救回文章，又或者因為某一個外掛更新，造成系統癱瘓等等問題，因此 All-in-One WP Migration 是一款由專門備份的外掛，只要利用簡單幾個步驟，就可以成功備份所屬網站。另外，這個外掛雖然有上傳檔案大小的限制，但本小節將會教導大家如何消除外掛限制，下面的部分將一一介紹相關安裝步驟、功能及成果。

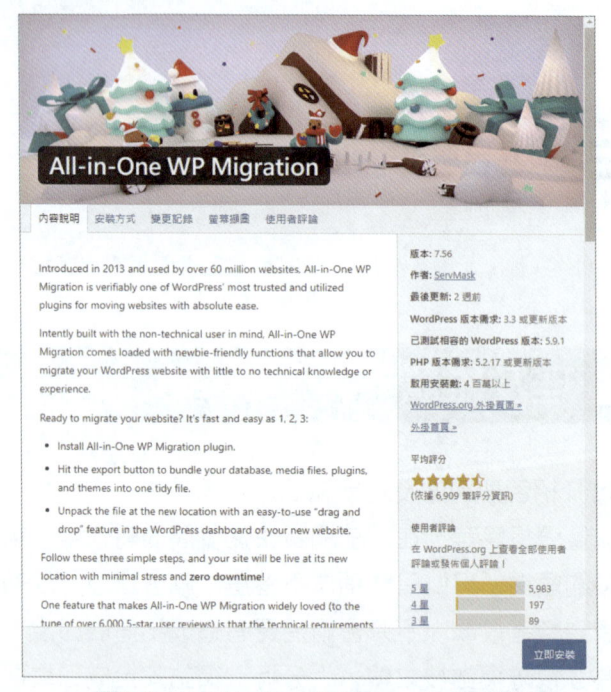

▲ 圖 7-5-1-1 All-in-One WP Migration 外掛畫面

Step 1 可於後台 外掛\安裝外掛，輸入搜尋關鍵字「All-in-One WP Migration」，並針對下方如圖 7-5-1-1 紅框處選擇「立即安裝」，安裝完成後選擇「啟用」，另外可以透過安裝外掛的方式上傳 zip 檔案來安裝，詳細外掛安裝教學請參考 7-1 章。

7-152

7-5 管理及維護

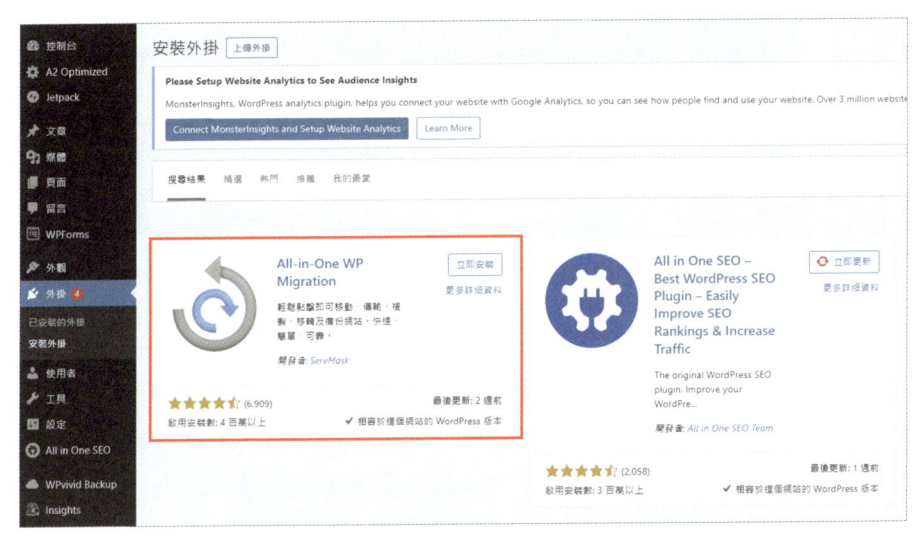

▲ 圖 7-5-1-2 All-in-One WP Migration 搜尋畫面

Step 2 安裝完成後，左側選單將會多出一個 All-in-One WP Migration 項目，如圖 7-5-1-3 點選後選擇紅框處「All-in-One WP Migration」，可選擇匯出網站方式如圖 7-5-1-4，下面將會一一介紹相關功能。

▲ 圖 7-5-1-3 All-in-One WP Migration 選單　▲ 圖 7-5-1-4 All-in-One WP Migration 設定畫面 1

Step 3 首先介紹匯出網站如圖 7-5-1-4 紅框處，點選右方「>」即可展開欄位如圖 7-5-1-5，上方「搜尋」可輸入舊網址；「取代為」可輸入欲想遷移網址，分別輸入新舊網址即可。

7-153

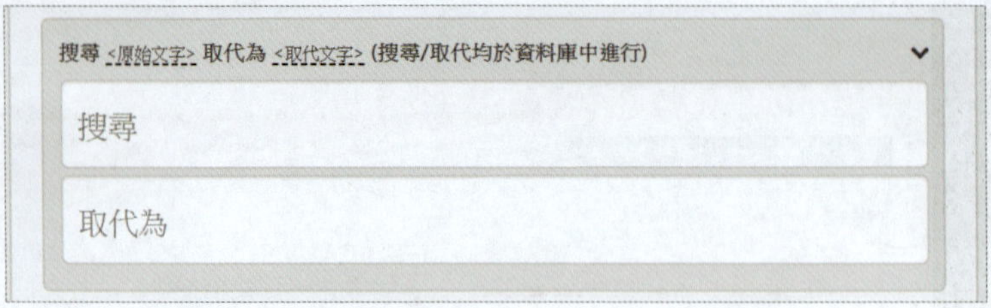

CHAPTER 07 外掛

▲ 圖 7-5-1-5 All-in-One WP Migration 設定畫面 2

Step 4 介紹匯出網站的進階選項，如圖 7-5-1-4 藍框處點擊，便能看到進階選項如圖 7-5-1-6，此處對於匯出的備份進行 " 不要 " 匯出之項目設定，如您的備份檔：不匯出文章、媒體、佈景主題等等。但本書建議不勾選進階選項的任何項目，對於新手來說完整匯出備份檔案較好，如因為缺少部分內容匯出有可能會造成網站的毀損。

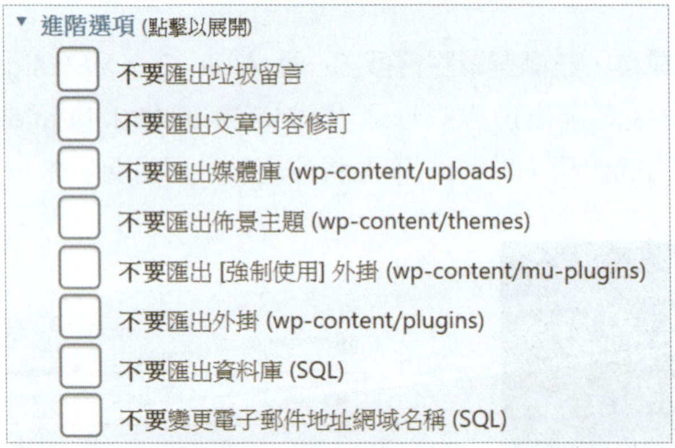

▲ 圖 7-5-1-6 All-in-One WP Migration 設定畫面 3

> 💡 **貼心小提醒：**
> 以上介紹利用舊網址匯入新網址的目的主要是為了不要讓舊網站在搜尋引擎中排名因為搬家而又要重新設定一次。

Step 5 設定完成後，接著可點選如圖 7-5-1-7 下方「匯出程序儲存方式」即可選擇檔案儲存方式，除了第一個匯出至「檔案」為免費，其他所有的選項都是付費升級到專業版才能夠使用，匯出成功會如圖 7-5-1-8，點選上方綠色按鈕即可下載檔案；點選下方紅色按鈕即可關閉視窗。

▲ 圖7-5-1-7 All-in-One WP Migration設定畫面4　　▲ 圖7-5-1-8 All-in-One WP Migration設定畫面5

Step 6　另外匯入檔案可至 All-in-One WP Migration/ 匯入畫面如圖 7-5-1-9，選中間綠色「匯入來源」可選擇拖曳或檔案上傳方式匯入檔案。當匯入時出現「檔案已超過這個網站的檔案上傳大小限制」警告訊息，可點選下方紅框處「取得無限制版本」按鈕，畫面將跳轉至 All-in-One WP Migration Import 如圖 7-5-1-10，點選 Basic 下方紅框處「Download」按鈕下載 ZIP 壓縮檔。

▲ 圖 7-5-1-9 All-in-One WP Migration 設定畫面 6

Step 6　接著至 外掛 / 安裝外掛處上傳剛剛所下載的壓縮檔，詳細外掛安裝教學請參考 7-1，如圖 7-5-1-10 安裝完成點選「啟用外掛」按鈕後，即可發現匯入最大上傳文件大小上限為 512MB，如圖 7-5-1-11。

7-155

CHAPTER 07 外掛

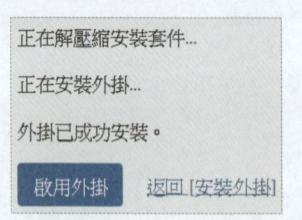

▲ 圖7-5-1-10 All-in-One WP Migration 設定畫面8　▲ 圖7-5-1-11 All-in-One WP Migration 設定畫面9

Step 7 將會開始進行網站轉移過程如圖 7-5-1-12，在匯入過程中將會出現提示訊息「匯入程序會覆寫這個網站，包含資料庫、媒體檔案、外掛及佈景主題，請確認已為這個網站進行備份」如圖 7-5-1-13，點選「繼續」按鈕，最後會出現匯出程序已完成，代表網站匯入成功如圖 7-5-1-14。

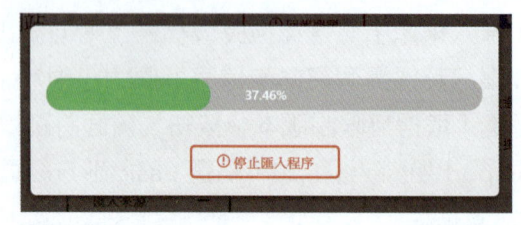

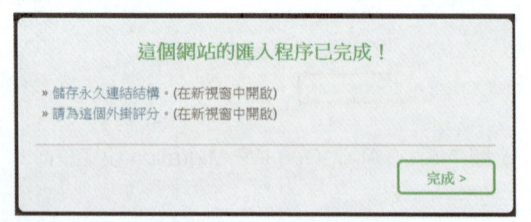

▲ 圖 7-5-1-12 All-in-One WP Migration 設定畫面 10

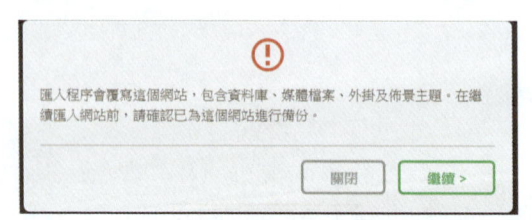

▲ 圖 7-5-1-13 All-in-One WP Migration 設定畫面 11

▲ 圖 7-5-1-14 All-in-One WP Migration 設定畫面 12

💡 **貼心小提醒：**

匯出備份檔案時會連同一開始所設定後台的帳號、密碼一同匯出，因此匯入時須使用原本匯出的帳號密碼登入後台。

7-5-2 Disable Comments －快速關閉留言

WordPress 網站本身就有提供內建留言的功能，預設為在每一篇文章底下都可以擁有互動的功能，另外也有許多網站會搭配 Facebook 留言版功能，或直接將留言交給第三方服務處理。若使用第三方留言板可直接使用外掛本身的功能完成移除、取代，但光是使用第三方移除是不夠的，還有內建留言存在，因此 Disable Comments 是一款由 WordPress 所提供的免費外掛，可將 WordPress 留言、引用功能停用，可套用至整個網站當中，下面的部分將一一介紹相關安裝步驟、功能及成果。

▲ 圖 7-5-2-1 Disable Comments 外掛畫面

Step 1 可於後台 外掛＼安裝外掛，輸入搜尋關鍵字「Disable Comments」，並針對下方如圖 7-5-2-2 紅框處選擇「立即安裝」，安裝完成後選擇「啟用」，另外可以透過安裝外掛的方式上傳 zip 檔案來安裝，詳細外掛安裝教學請參考 7-1 章。

CHAPTER 07 外掛

▲ 圖 7-5-2-2 Disable Comments 搜尋畫面

Step 2 安裝完成後，左側選單「設定」會多出一個停用留言項目，如圖 7-5-2-3 點選後選擇紅框處「停用留言功能」，可自由設定停用內容類型如圖 7-5-2-4，選擇「套用至整個網站」的話，可停用全部留言相關的控制項及設定；選擇「停用指定內容類型的留言功能」的話，可自由設定停用的文章、頁面或媒體，停用留言功能。

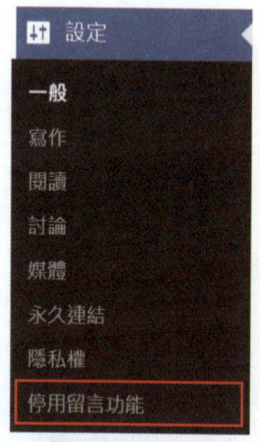

▲ 圖 7-5-2-3 Disable Comments 選單

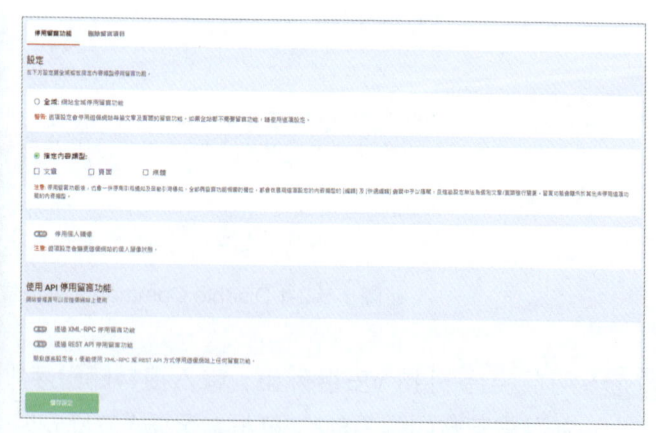

▲ 圖 7-5-2-4 Disable Comments 設定畫面 1

7-158

Step 3 另外讀者也可以將已存在的留言刪掉圖 7-5-2-5，選擇「套用至整個網站」的話，可永久刪除這個網站上的全部留言項目；選擇「指定內容類型」的話，可自由設定刪除的文章、頁面或媒體，停用留言項目，但若刪除前沒有先行備份，這項操作無法復原。

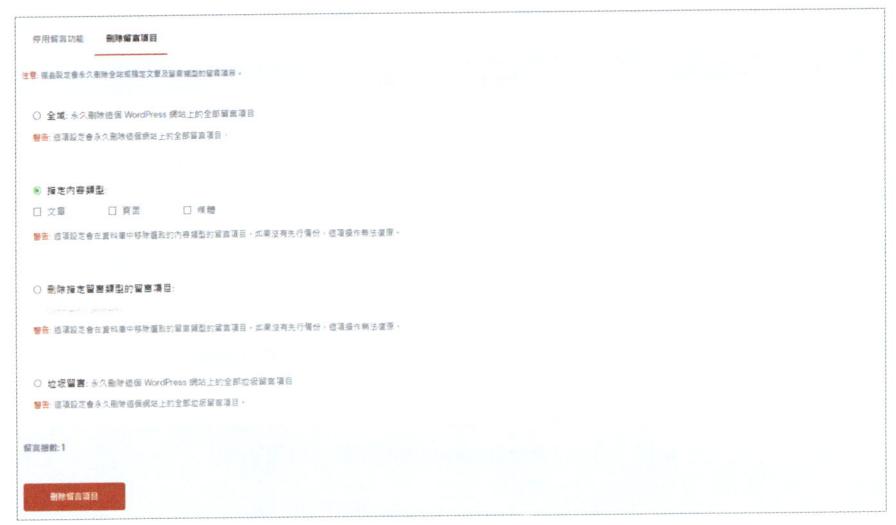

▲ 圖 7-5-2-5 Disable Comments 設定畫面 2

》 7-5-3 WPS Hide Login – 更改後台登入網址

建立網站的同時，最常看到的就是某某網站被破解、被駭客入侵之類的，造成不可想像的後果。而一個網站的防護及安全性是非常重要的，其中本書所介紹的由 WordPress 所建立的網站後台都是使用同一個網址登入，造成有心人士可輕易攻破 WordPress 網站，因此 Rename wp-login.php 是一款由 WordPres 提供的免費外掛，藉由此外掛可直接更改網站登入後台的網址，防止有心人士登入，下面的部分將一一介紹相關安裝步驟、功能及成果。

CHAPTER 07 外掛

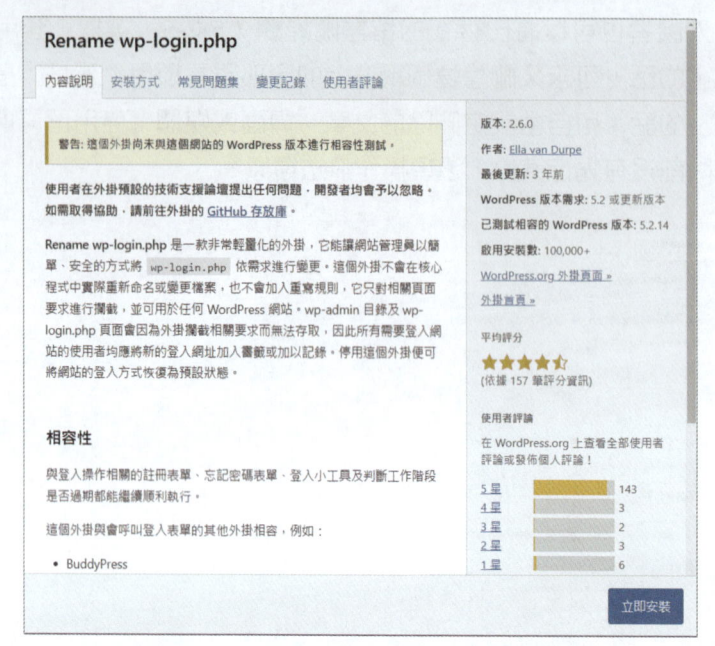

▲ 圖 7-5-3-1 Rename wp-login.php 外掛畫面

Step 1 可於後台 外掛＼安裝外掛，輸入搜尋關鍵字「Rename wp-login.php」，並針對下方如圖 7-5-3 -2 紅框處選擇「立即安裝」，安裝完成後選擇「啟用」，另外可以透過安裝外掛的方式上傳 zip 檔案來安裝，詳細外掛安裝教學請參考 7-1 章。

▲ 圖 7-5-3-2 Rename wp-login.php 搜尋畫面

7-160

Step 2 安裝完成後,在左側選單設定 / 永久連結下方多一個可以另外設定 wp-login.php 的地方如圖 7-5-3-3 紅框處,可在編輯器輸入想設定位置,接著選擇「儲存設定」按鈕即可儲存成功。

▲ 圖 7-5-3-3 Rename wp-login.php 設定畫面

設定完成後重新回到登入畫面,這時就發現網址已變更為所設定位置,成果如圖 7-5-3-4。

▲ 圖 7-5-3-4 Rename wp-login.php 成果畫面

7-5-4 Breeze -WordPress 快取外掛

對於網站來說,除了阻擋垃圾郵件外,網站的速度也是相當重要,因此擁有清除快取的外掛相當重要,不僅可以讓網站的開啟速度更快外,還可以減少主機的負擔,因此 Breeze 是一款由 WordPres 提供的免費外掛,除了基本的網頁快取外,還提供最小化、Gzip 壓縮、資料庫最佳化等等,效果比 WP Super Cache 還好用,下面的部分將一一介紹相關安裝步驟、功能及成果。

CHAPTER 07 外掛

▲ 圖 7-5-4-1 Breeze 外掛畫面

Step 1 可於後台 外掛\安裝外掛，輸入搜尋關鍵字「Breeze」，並針對下方如圖 7-5-4-2 紅框處選擇「立即安裝」，安裝完成後選擇「啟用」，另外可以透過安裝外掛的方式上傳 zip 檔案來安裝，詳細外掛安裝教學請參考 7-1 章。

▲ 圖 7-5-4-2 Breezes 搜尋畫面

7-162

Step 2 安裝完成後，左側選單「設定」會多出一個 Breeze 項目，如圖 7-5-4-3 點選後選擇紅框處「Breeze」，可自由設定快取間隔時間、最小化等等如圖 7-5-4-4 下面將會一一介紹相關功能。

▲ 圖 7-5-4-3 Breeze 選單 　　▲ 圖 7-5-4-4 Breeze 設定畫面 1

Step 3 首先至「基本設定」頁籤如圖 7-5-4-5，可自由設定「清除快取時間間隔」時間、「最小化」類型；及是否啟用「Gzip 壓縮」，啟用後可將檔案進行壓縮，客戶端向本網站發出的服務封包數量更少，使網站傳輸快速。是否啟用「瀏覽器快取」功，能在靜態檔案加入過期的標頭，由瀏覽器決定從伺服器快取請求，設定完成後可選擇下方「儲存設定」按鈕即可儲存成功。

▲ 圖 7-5-4-5 Breeze 設定畫面 2

CHAPTER 07 外掛

Step 3 接著至「檔案最佳化」頁籤如圖 7-5-4-6 與圖 7-5-4-7，選擇是否最小化與壓縮 HTML、CSS 與 JS 設定，若在排除輸入框寫下指定的檔案，便能將其從【最小化】及【合併檔案】這兩項功能排除，設定完成後可選擇下方「儲存設定」按鈕即可儲存成功。

▲ 圖 7-5-4-6 Breeze 設定畫面 3

▲ 圖 7-5-4-7 Breeze 設定畫面 4

Step 4 接著至「資料庫」頁籤如圖 7-5-4-8，可自由設定欲想刪除所屬資料庫資料，如「文章內容修訂」、「自動儲存草稿內容」、「回收桶中的文章」、「全部暫時性選項」等等，在執行以下列功能前，記得先備份網站資料庫，以免造成誤刪資料等問題，設定完成後可選擇下方「最佳化」按鈕即可優化成功。

▲ 圖 7-5-4-8 Breeze 設定畫面 5

Step 4 接著至「CDN」頁籤如圖 7-5-4-9，在小提醒部分會介紹何謂 CDN，在此頁可自由設定是否啟用「CDN」功能，並可設定 CDN 主機的 CNAME 等等，啟用這項功能可以暫存來自 Web 伺服器的內容，可以減少伺服器請求需求，設定完成後可選擇下方「儲存設定」按鈕即可儲存成功。

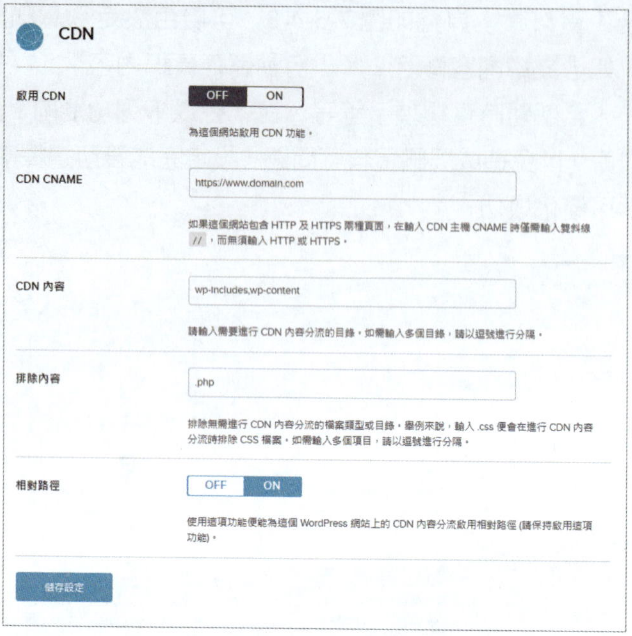

CHAPTER 07 外掛

▲ 圖 7-5-4-9 Breeze 設定畫面 6

> 💡 **貼心小提醒：**
>
> 內容傳遞網路 (CDN) 是可以有效率的將內容傳遞給使用者的一種分散式伺服器網路，能夠將內容儲存在使用者附近的邊緣伺服器 (POP) 上，將延遲降到最低。

Step 5 接著至「Varnish」頁籤如圖 7-5-4-10，可自由設定是否啟用自動清除快取、設定伺服器預設值、點選按鈕即可直接清除整個網站快取，設定完成後可選擇下方「儲存設定」按鈕即可儲存成功。

▲ 圖 7-5-4-10 Breeze 設定畫面 7

設定完成後,可開啟網頁開發人員,檢測一下,發現檔案大小、載入時間皆有變快,如圖 7-5-4-11 為尚未啟用快取外掛;圖 7-5-4-12 為啟用快取外掛,紅框處為各個的網頁載入時間可以從中看出差異。

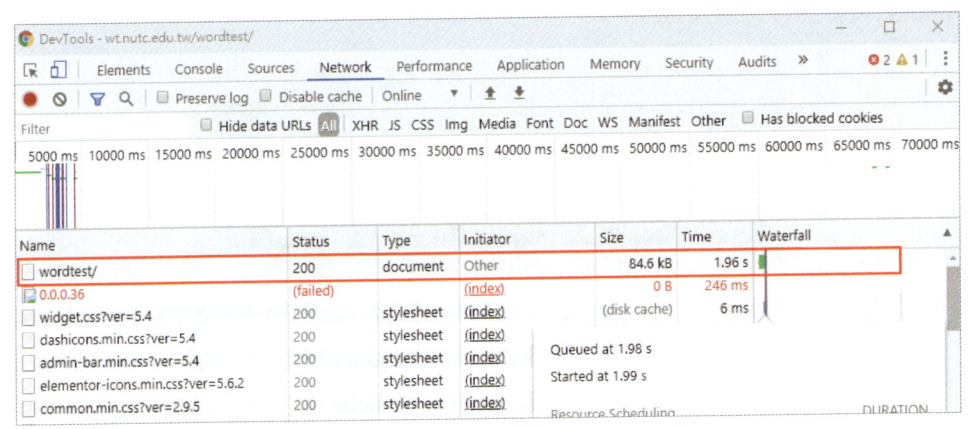

▲ 圖 7-5-4-11 Breeze 成果畫面 1

CHAPTER 07 外掛

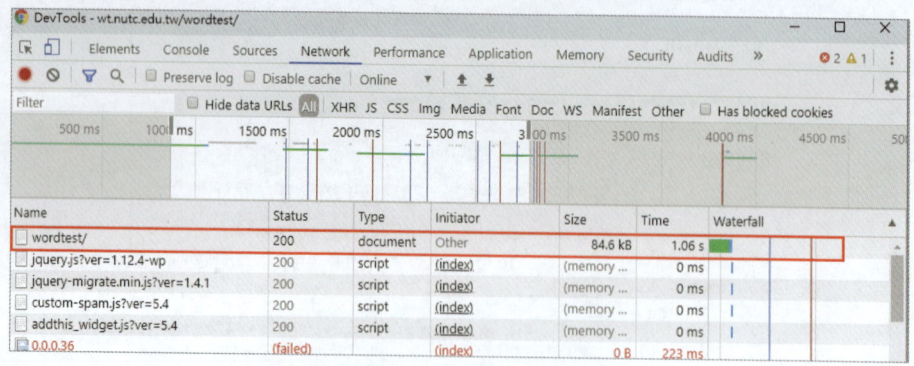

▲ 圖 7-5-4-12 Breeze 成果畫面 2

7-5-5 Sucuri Security －網站安全外掛

　　許多人在剛接觸架設網站時，常常會因為管理上的疏忽或程式有漏洞等等，就會發生被駭客攻擊、綁架問題，另外現在也有許多網站假借分享文章內容，其實隱藏著惡意程式等等，因此 Sucuri Security 是一款由 WordPress 提供的免費外掛，可以詳細設定掃描網站的檔案、同時管理數個網站，這一款外掛程式非常實用，可以匯出設定檔案，方便在其他網站套用，下面的部分將一一介紹相關安裝步驟、功能及成果。

▲ 圖 7-5-5-1 Sucuri Security 外掛畫面

7-168

7-5 管理及維護

Step 1 可於後台 外掛 \ 安裝外掛，輸入搜尋關鍵字「Sucuri Security」，並針對下方如圖 7-5-5-2 紅框處選擇「立即安裝」，安裝完成後選擇「啟用」，另外可以透過安裝外掛的方式上傳 zip 檔案來安裝，詳細外掛安裝教學請參考 7-1 章。

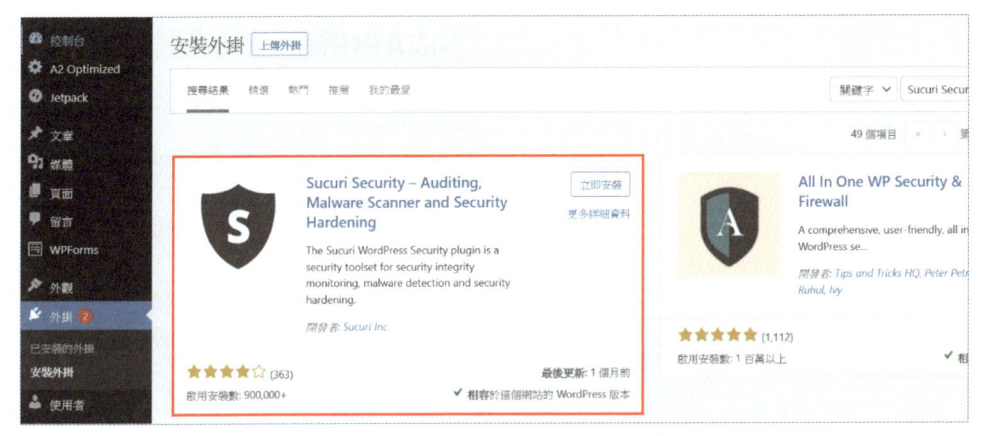

▲ 圖 7-5-5-2 Sucuri Security 搜尋畫面

Step 2 安裝完成後，左側選單會多出一個 Sucuri Security 項目，如圖 7-5-5-3 點選後選擇紅框處「Sucuri Security」，可詳細掃描網站檔案、同時管理數個網站安全等等如圖 7-5-5-4 下面將會一一介紹相關功能。

▲ 圖 7-5-5-3 Sucuri Security 選單 　　▲ 圖 7-5-5-4 Sucuri Security 設定畫面 1

7-169

Step 3 首先選擇上方紅框處「Generate API Key」如圖 7-5-5-5，點選後畫面跳轉至創立 API 金鑰，需要 API 密鑰才可以使用其他套件如圖 7-5-5-6，設定完成後按下「提交」按鈕後，會跳出提示訊息如圖 7-5-5-7「Site registered successfully」代表網站註冊成功，將被賦予新的 API 金鑰。

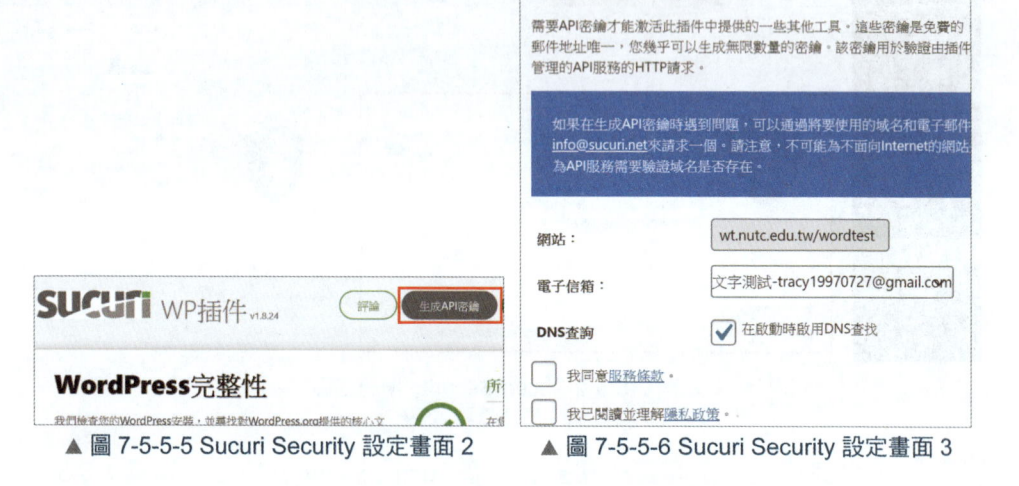

▲ 圖 7-5-5-5 Sucuri Security 設定畫面 2　　▲ 圖 7-5-5-6 Sucuri Security 設定畫面 3

▲ 圖 7-5-5-7 Sucuri Security 設定畫面 4

Step 4 連結 API 金鑰後，可於審核日誌上看見每項操作的安全性，以「Audit Logs」頁籤為操作日誌，紅框處為對於網站安全指標如圖 7-5-5-8；旁邊頁籤為針對「iFrame」、「Links」、「Scripts」種類進行評估安全性。

| Audit Logs | iFrames: 0 | Links: 0 | Scripts: 0 |

Today

03:08	🚩	**system** WordPress version detected 5.4	IP: 163.17.135....
03:07	🚩	**presstest** Plugin activated: Sucuri Security - Auditi...	IP: 172.17.135.8
03:07	🚩	**presstest** Plugin deactivated: Sucuri Security - Au...	IP: 172.17.135.8
03:07	🚩	**presstest** Sucuri plugin has been deactivated	IP: 172.17.135.8

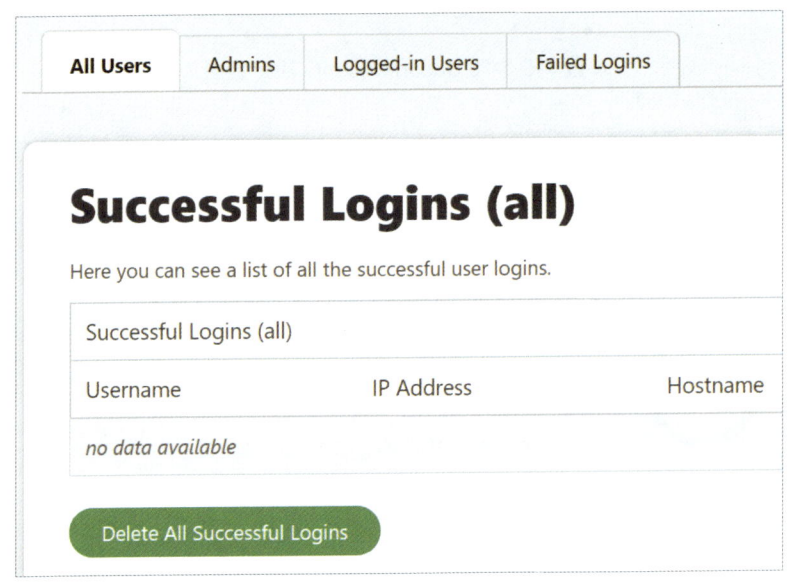

▲ 圖 7-5-5-8 Sucuri Security 設定畫面 5

Step 5 另外在 Sucuri Security/Last Logins 處可查看成功登入日誌與失敗日誌，將用於確定你的網站是否遭受到 " 密碼猜測蠻力攻擊 " 如圖 7-5-5-9。

| **All Users** | Admins | Logged-in Users | Failed Logins |

Successful Logins (all)

Here you can see a list of all the successful user logins.

Successful Logins (all)

| Username | IP Address | Hostname |

no data available

[Delete All Successful Logins]

▲ 圖 7-5-5-9 Sucuri Security 設定畫面 6

CHAPTER 07 外掛

Step 5 另外在 Sucuri Security/Settings 處如圖 7-5-5-10「API Key」可用來防止攻擊者刪除審核日誌，且在遭受攻擊時進行調查及恢復；「Data Storage」為用來儲存安全日誌；「Log Exporter」為將審核日誌匯成日誌文件留存；「Timezone Override」為設定所屬時區，會影響到審核日誌中的日期與時間。

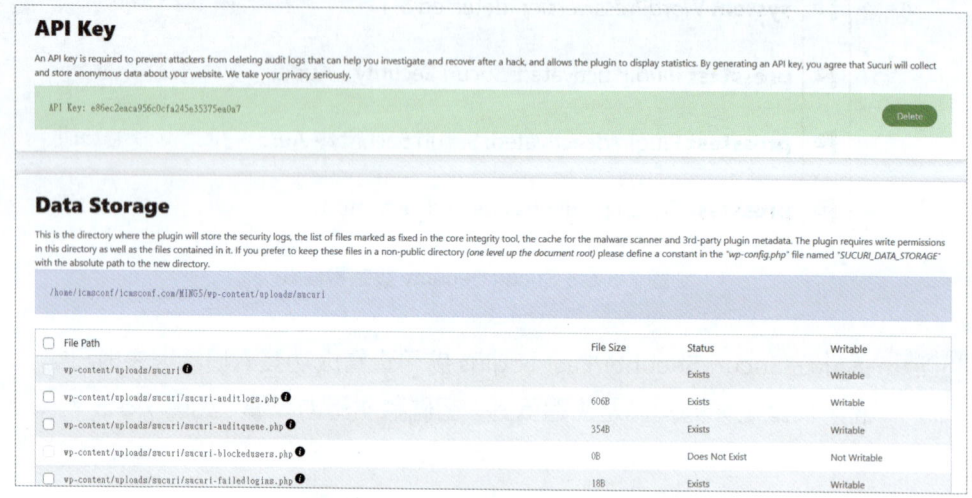

▲ 圖 7-5-5-10 Sucuri Security 設定畫面 7

成果畫面如圖 7-5-5-11 代表在 WordPress 安裝中，未發現其他文件、已刪除的文件或對核心文件的進行相關更改。

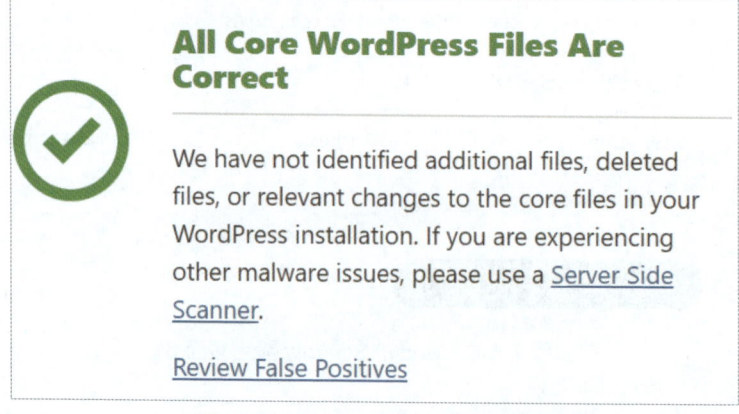

▲ 圖 7-5-5-11 Sucuri Security 成果畫面

7-5-6 WP Maintenance Mode - 網站維護模式

在維護網站時，有可能會需要把網站進行大規模的改版或測試，會暫時將網站設定為「網站進入維修模式」，避免訪客看見未完成的網站，因此 WP Maintenance Mode 是一款由 WordPress 提供的免費外掛，它可以自定義頁面 / 內容 / 背景顏色外，最特別的是還支援倒數計時功能，提供完成日期的倒數計時給訪客，讓訪客不會因為網站暫停而失去資訊，下面的部分將一一介紹相關安裝步驟、功能及成果。

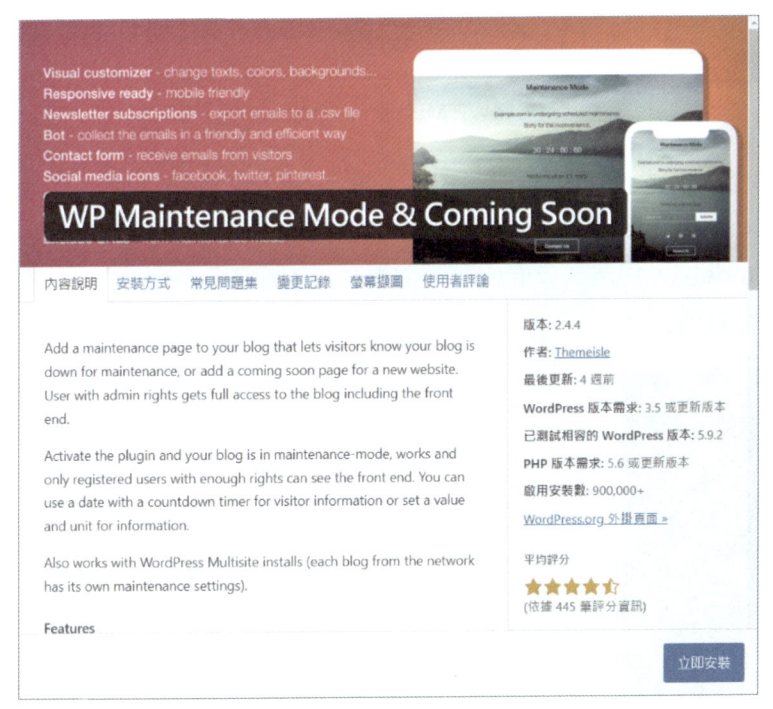

▲ 圖 7-5-6-1 WP Maintenance Mode 外掛畫面

Step 1 可於後台 外掛 \ 安裝外掛，輸入搜尋關鍵字「WP Maintenance Mode & Coming Soon」，並針對下方如圖 7-5-6-2 紅框處選擇「立即安裝」，安裝完成後選擇「啟用」，另外可以透過安裝外掛的方式上傳 zip 檔案來安裝，詳細外掛安裝教學請參考 7-1 章。

CHAPTER 07 外掛

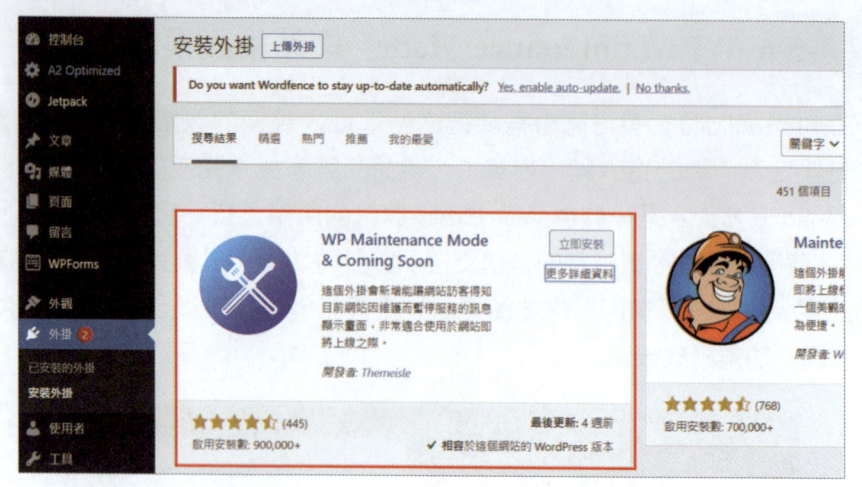

▲ 圖 7-5-6-2 WP Maintenance Mode 搜尋畫面

Step 2 安裝完成後，左側選單「設定」會多出一個 WP Maintenance Mode & Coming Soon 項目，如圖 7-5-6-3 點選後選擇紅框處「WP Maintenance Mode」，包含了頁面內容、倒數計時如圖 7-5-6-4，下面將會一一介紹相關功能。

▲ 圖 7-5-6-3 WP Maintenance Mode 選單

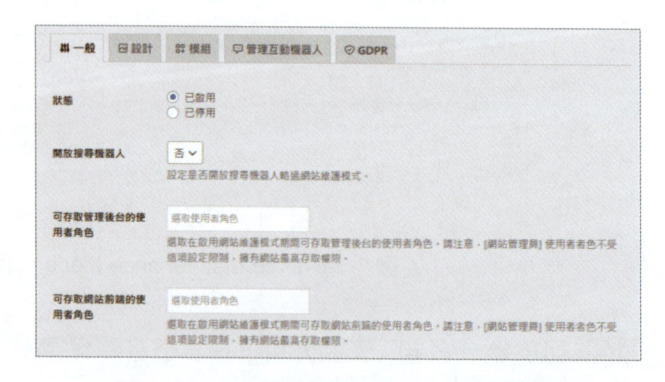

▲ 圖 7-5-6-4 WP Maintenance Mode 設定畫面 1

Step 3 首先至「一般」頁籤如圖 7-5-6-5，紅框處「狀態」設定為「已啟用」後的話，代表當訪客拜訪網站時，將出現網站維護的訊息；其他可自由設定管理後台使用者角色帳號或前台使用者帳號。

7-174

7-5 管理及維護

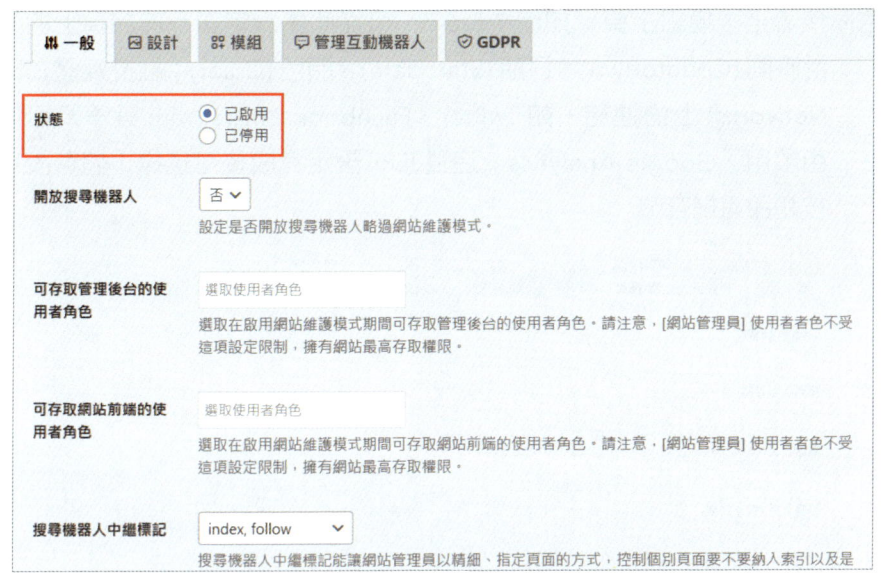

▲ 圖 7-5-6-5 WP Maintenance Mode 設定畫面 2

Step 4 接著至「設計」頁籤如圖 7-5-6-6，可從此處設定欲想呈現的公告標題、內容標題、說明內容及色彩，設定完成後可選擇下方「Save settings」按鈕即可儲存。

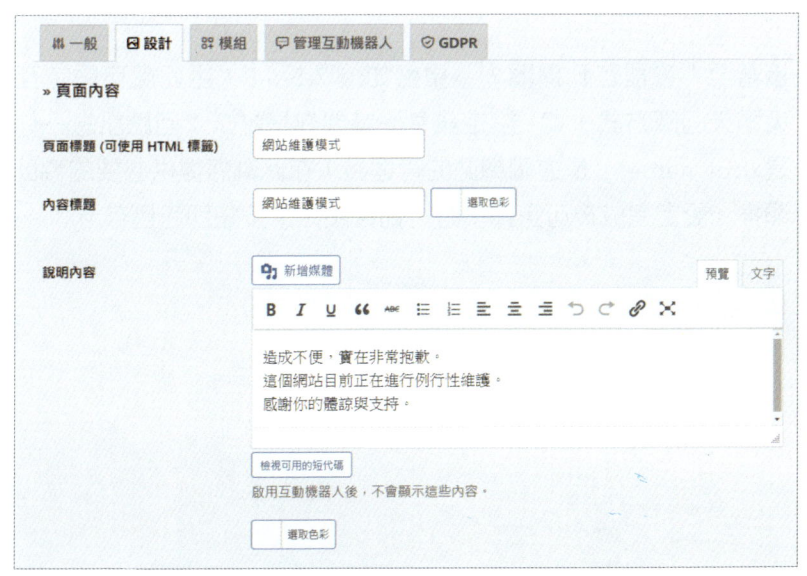

▲ 圖 7-5-6-6 WP Maintenance Mode 設定畫面 3

7-175

Step 5 接著至「模組」頁籤如圖 7-5-6-7，可從此處設定顯示於網頁上的倒數計時間 (Countdown)、日期 (Start date)、顏色 (Color)；社交媒體 (Social Networks) 上的連結，如 Twitter、Facebook、Instagram 等等及可以自由啟用「Google Analytics」追蹤 ID，設定完成後可選擇「儲存設定」按鈕即可儲存。

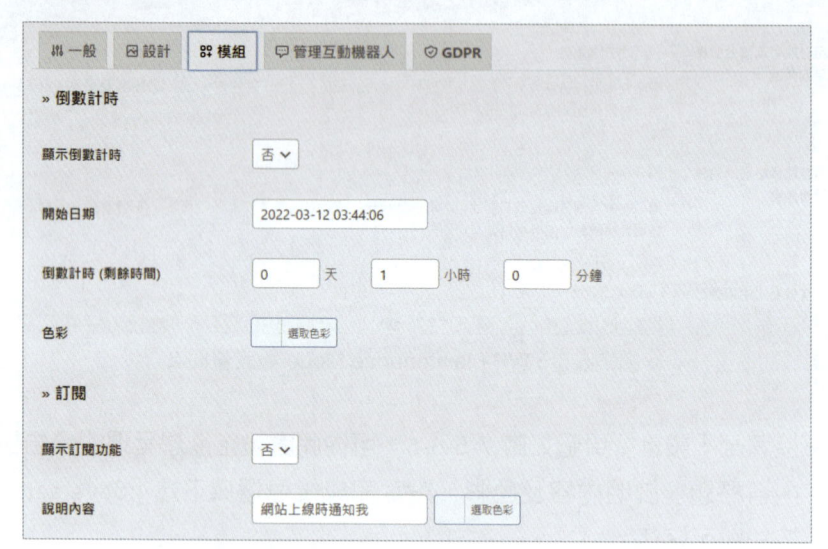

▲ 圖 7-5-6-7 WP Maintenance Mode 設定畫面 4

Step 6 接著至「管理互動機器人」頁籤如圖 7-5-6-8，由此處可設定互動機器人聊天回應方式，如：設定訊息→請問你是誰？；回應訊息→你好！我是 {bot_name}，是這個網站的管理員，在此為您提供必要的協助，以此類推，設定完成後可選擇下方「儲存設定」按鈕即可儲存。

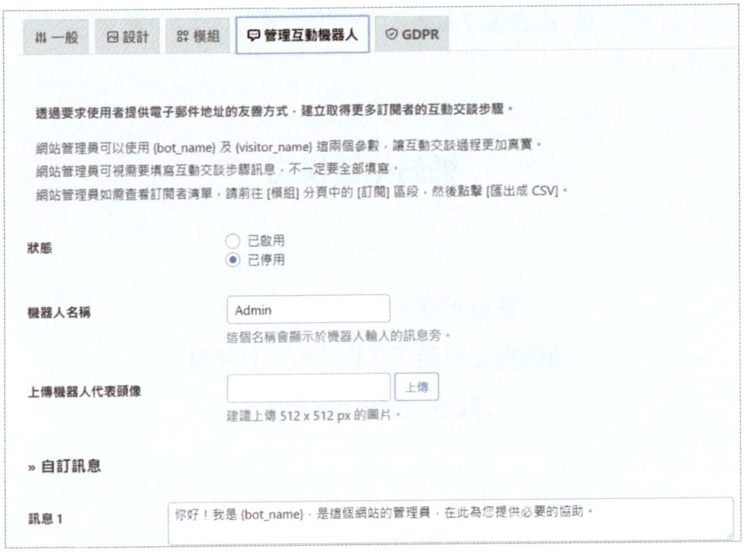

▲ 圖 7-5-6-8 WP Maintenance Mode 設定畫面 5

Step 7 接著至「GDPR」頁籤如圖 7-5-6-9，可由此處自由設定一般資料保護規範 (GDPR)，主要目標為取回人民對於個人資料的控制權，因此由此處也可設定隱私權政策頁面連結、聯絡表單結尾資訊等等，以上皆可以直接使用預設值，可不必再另外修改，設定完成後可選擇下方「儲存設定」按鈕即可儲存。

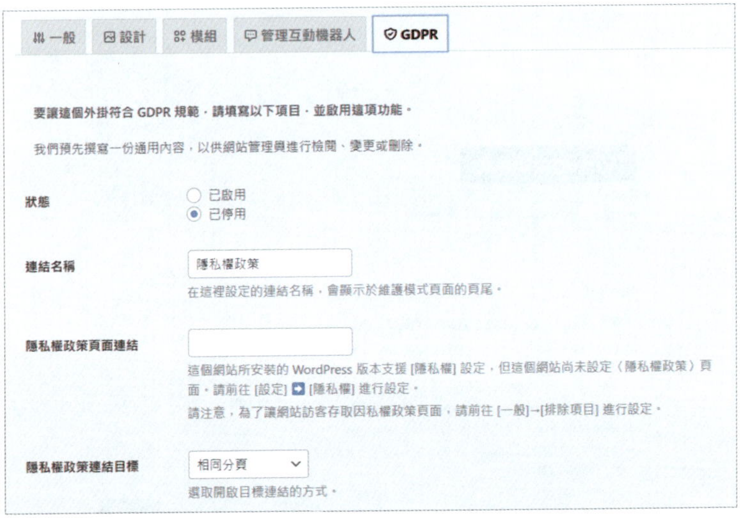

▲ 圖 7-5-6-9 WP Maintenance Mode 設定畫面 6

CHAPTER 07 外掛

以上設定完成後成果如圖 7-5-6-10，可從網頁內容中看見由「設計」頁籤所設定的標題、文字。

網站維護模式

造成不便，實在非常抱歉。
這個網站目前正在進行例行性維護。
感謝你的體諒與支持。

▲ 圖 7-5-6-10 WP Maintenance Mode 成果畫面

7-5-7 WP PostViews － WordPress 統計文章瀏覽

對於部落格、購物網站來說，可以從單篇的文章點閱次數來得知使用者偏好程度，但目前只有 Google Analytics 可以用來檢視整體網站流量，並沒有針對單篇文章作統計，因此 WP PostViews 是一款由 WordPress 提供的免費外掛，除了可以用來計算單篇文章總共被瀏覽的次數外，另外根據點閱率還提供熱門文章排行榜，讓更多使用者觀看精選文章，下面的部分將一一介紹相關安裝步驟、功能及成果。

▲ 圖 7-5-7-1 WP PostViews 外掛畫面

7-5 管理及維護

Step 1 可於後台 外掛＼安裝外掛，輸入搜尋關鍵字「WP PostViews」，並針對下方如圖 7-5-7-2 紅框處選擇「立即安裝」，安裝完成後選擇「啟用」，另外可以透過安裝外掛的方式上傳 zip 檔案來安裝，詳細外掛安裝教學請參考 7-5 章。

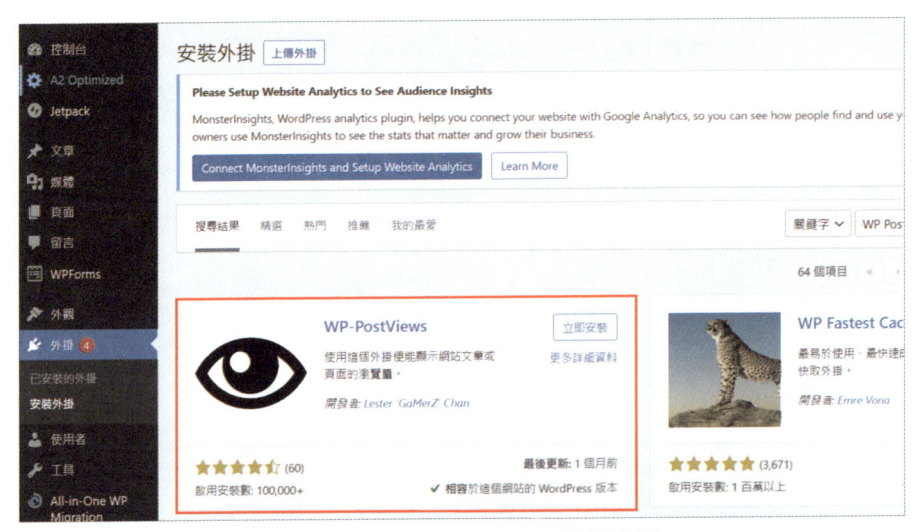

▲ 圖 7-5-7-2 WP PostViews 搜尋畫面

Step 2 安裝完成後，左側選單「設定」會多出一個瀏覽次數項目，如圖 7-5-7-3 點選後選擇紅框處「瀏覽次數」，包含了瀏覽次數計算、瀏覽次數變數等等如圖 7-5-7-4，下面將會一一介紹相關功能。

▲ 圖 7-5-7-3 WP PostViews 選單   ▲ 圖 7-5-7-4 WP PostViews 設定畫面 1

7-179

Step 3 可以由此處設定內容瀏覽次數如圖 7-5-7-5，其中紅框處「瀏覽次數計算來源」可選擇僅計算全部使用者、僅計算訪客、僅計算註冊使用者；另外至藍框處「瀏覽次數範本」可直接將變數複製於頁面中，即可看見單一文章瀏覽次數，設定完成後可選擇下方「儲存設定」按鈕即可儲存。

▲ 圖 7-5-7-5 WP PostViews 設定畫面 2

Step 4 成果如圖 7-5-7-6 紅框處，可以至文章 / 全部文章針對單一文章統計所屬瀏覽人數。

▲ 圖 7-5-7-6 WP PostViews 設定畫面 3

7-5-8 Polylang－多國語言網站外掛

在製作網站的過程中，常常會遇到不同的使用者，可能會遇到使用者希望以將網站切換成英文之類的服務，為了方便每位使用者都可以輕鬆觀看網站內容，因此 Polylang 是一款由 WordPress 提供的免費外掛，只要設定完成就可以

7-5 管理及維護

進行網頁語言切換、多國語言選單等等，且是一款操作容易也好維護的多國語系的外掛，下面的部分將一一介紹相關安裝步驟、功能及成果。

▲ 圖 7-5-8-1 Polylang 外掛畫面

Step 1 可於後台 外掛 \ 安裝外掛，輸入搜尋關鍵字「Polylang」，並針對下方如圖 7-5-8-2 紅框處選擇「立即安裝」，安裝完成後選擇「啟用」，另外可以透過安裝外掛的方式上傳 zip 檔案來安裝，詳細外掛安裝教學請參考 7-1 章。

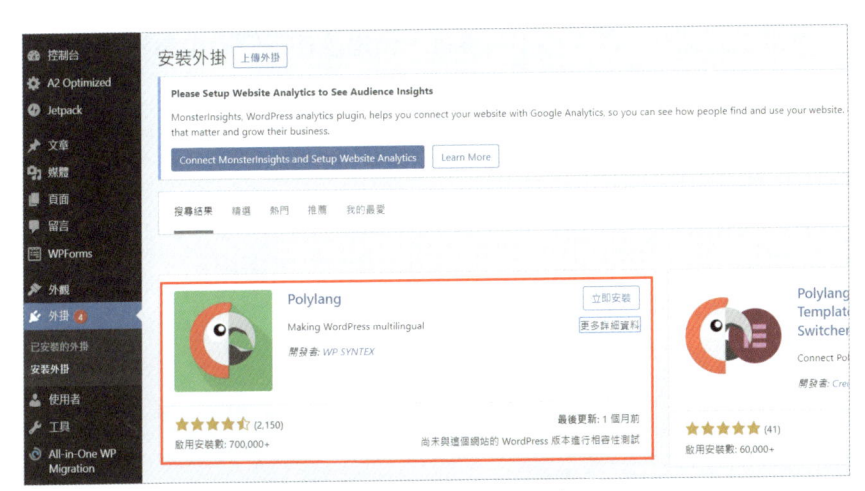

▲ 圖 7-5-8-2 Polylang 搜尋畫面

7-181

Step 2 首先「Language」如圖 7-5-8-3 為設定網站所使用的語言，紅框處選擇「zh_TW 中文」，接著點選紅色「Add new language」按鈕會在出現一個下拉式選單如藍框處為選擇欲想轉換語言，本書則選擇「en_US 英文」，接著點選紅色「Add new language」按鈕代表添加語言，設定完成後可點選「Continue」按鈕進入下一步。

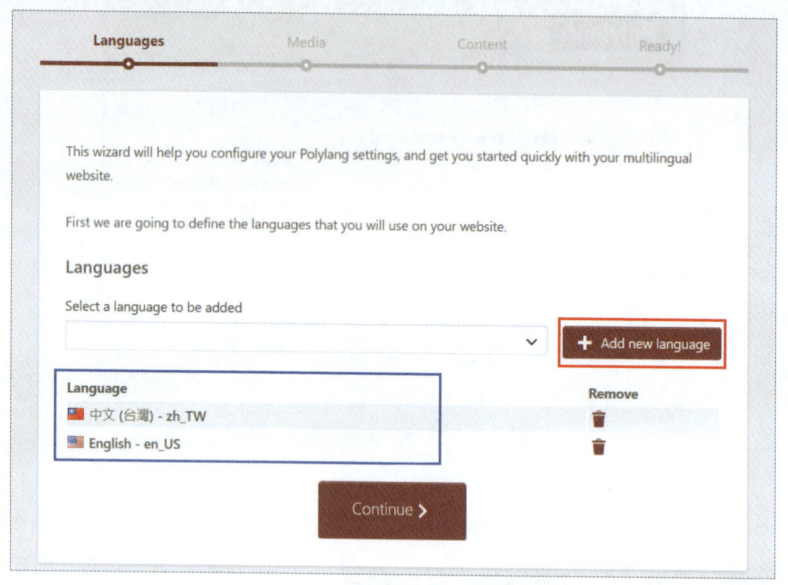

▲ 圖 7-5-8-3 Polylang 設定畫面 1

Step 3 接著下一步「Media」如圖 7-5-8-4，為設定允許翻譯多媒體上的文字，翻譯多媒體時，該文件不會重複，但是會在媒體庫中看到每種語言的一項，本書則選擇「啟用」設定完成後可點選「Continue」按鈕進入下一步。

7-5　管理及維護

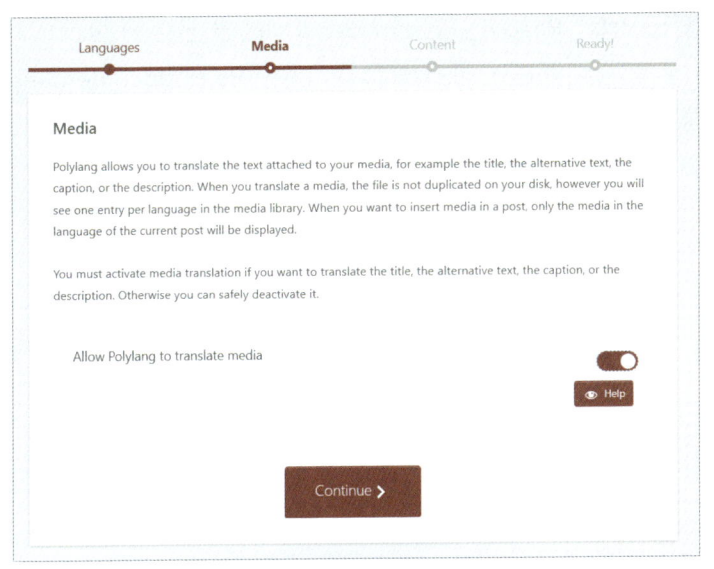

▲ 圖 7-5-8-4 Polylang 設定畫面 2

Step 4 接著下一步「Content」如圖 7-5-8-5，設定內容語言翻譯，為了使網頁正常工作，因此需要先設定一種語言，本書在本處則是設定「zh_TW 中文」，設定完成後可點選「Continue」按鈕進入下一步。

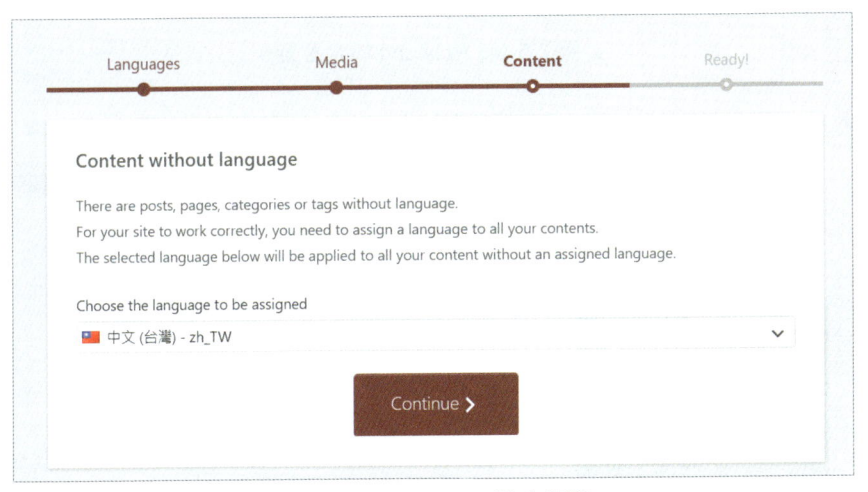

▲ 圖 7-5-8-5 Polylang 設定畫面 3

7-183

CHAPTER 07 外掛

Step 5 接著下一步「Ready!」如圖 7-5-8-6，代表已經將翻譯成功加入網站中，若有遇到問題，可選擇參閱紅色「Read documentation」按鈕，畫面將會跳轉至官方文件介紹，可直接點選最下方「Return to the Dashboard」回至儀表板。

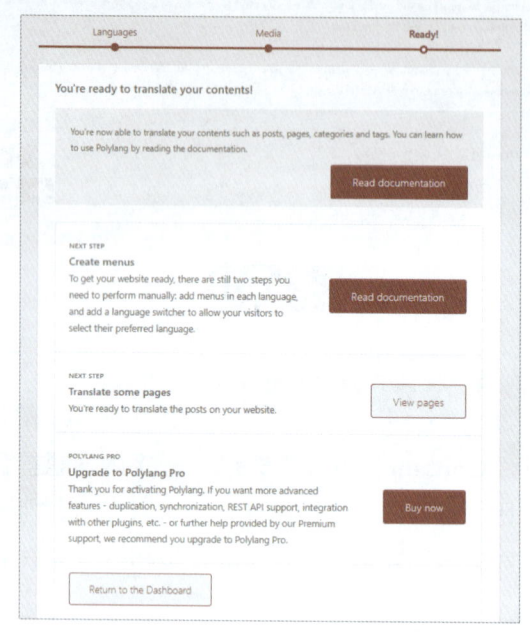

▲ 圖 7-5-8-6 Polylang 設定畫面 5

Step 6 完成以上步驟後，左側選單會多出一個 Languages 項目，如圖 7-5-8-7 點選後選擇紅框處「Languages」，可另外設定語系及字串翻譯等等如圖 7-5-8-8。接下來會詳細教學如何製作多國語言網站。

▲ 圖 7-5-8-7 Polylang 設定畫面 6 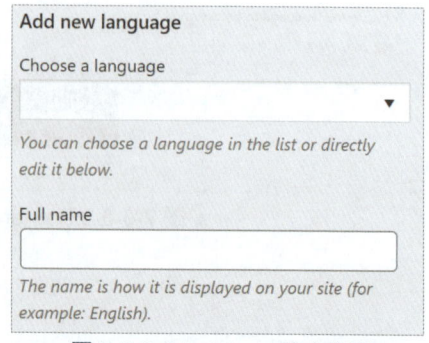　　▲ 圖 7-5-8-8 Polylang 設定畫面 7

7-184

7-5 管理及維護

Step 7 前往文章 / 新增文章如圖 7-5-8-9，即會出現如圖 7-5-8-10 的文章編輯頁面，您可以開始撰寫文章內容。

▲ 圖 7-5-8-9 Polylang 設定畫面 8 　　▲ 圖 7-5-8-10 Polylang 設定畫面 9

Step 8 當您完成文章後，在右側的文章頁籤中 language 設定這篇文章的語言為繁體中文如圖 7-5-8-11，Translations 處為空白，當您點下圖 7-5-8-11 紅框處的加號後便跳轉到如圖 7-5-8-12，此步驟為新增翻譯文章。

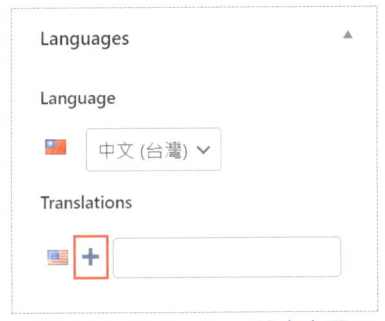

▲ 圖 7-5-8-11 Polylang 設定畫面 10 　　▲ 圖 7-5-8-12 Polylang 設定畫面 11

Step 9 您可以發現此時在右側的文章頁籤中 Language 看到 Translations 中的繁體中文文章為 ” 範例文章 ” 如圖 7-5-8-13，當您點按下鉛筆圖示時，即跳轉為原先的繁體文章如圖 7-5-8-14，而在繁體網頁的右側的文章頁籤中 Language 亦可看到英文翻譯頁面的文章標題為 Sample Article 而非空白。

7-185

CHAPTER 07 外掛

▲ 圖 7-5-8-13 Polylang 設定畫面 12　　▲ 圖 7-5-8-14 Polylang 設定畫面 13

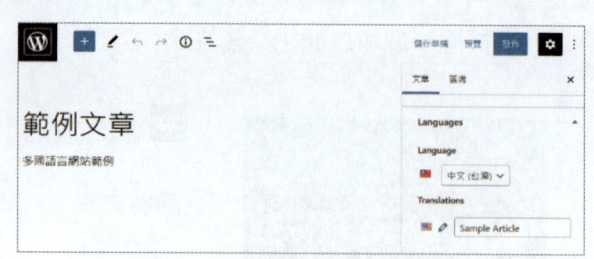

Step 10 接著可以至 外觀 / 小工具處將「Language switcher」小工具拖拉至欲想顯示位置如圖 7-5-8-15，可設定標題 (title)、樣式 (style) → 顯示為下拉式；顯示語言名稱；顯示旗幟；強制連結到首頁；隱藏當前語言，設定完成後可點選「儲存」按鈕，即可設定成功。

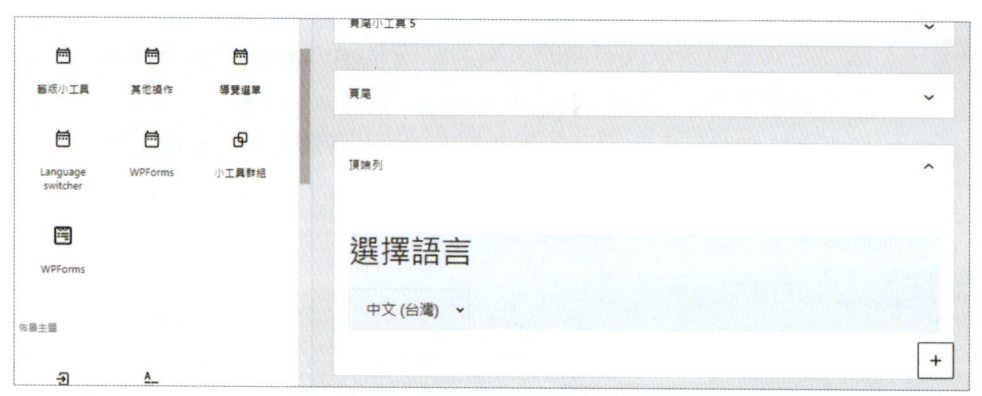

▲ 圖 7-5-8-15 Polylang 設定畫面 8

> 💡 貼心小提醒：
>
> 若您未在外觀列表下找到小工具，即代表此佈景主題並不支援此功能。所幸在熱門佈景主題中是有支援的佈景主題也不少，支援小工具的背景主題的含有：Twenty Twenty、Twenty Nineteen、Twenty Twenty-One、GeneratePress、Blocksy、Storefront、Sydney 等。

　　成果如下，可於下方點選更改為「zh_TW 中文」如圖 7-5-8-16 或「en_US 英文」如圖 7-5-8-17。

7-186

範例文章

20 3 月, 2022 由 Ming2

多國語言網站範例

中文 (台灣)

- Uncategorized
- 發表留言

▲ 圖 7-5-8-16 Polylang 成果畫面 1

Sample Article

March 20, 2022 by Ming2

Example of a multilingual website

English

- Uncategorized
- Leave a comment

▲ 圖 7-5-8-17 Polylang 成果畫面 2

CHAPTER 07 外掛

CHAPTER 08
範例

CHAPTER 08 範例

8-1 部落格

8-1-1 認識部落格網站

部落格網站是一種由個人管理、張貼文章、圖片或影片的網站，或是作為線上日記，用以紀錄、抒發情感或分享資訊的地方，而在部落格上的文章通常根據張貼的時間，由新到舊的方式呈現於網站中。

8-1-2 設定部落格首頁樣式

本範例將使用圖 8-1-2-1 的網站，作為部落格首頁樣式設定的實作範例。網址如下：http://www.masa.tw/。

本章節將參考頁面以四個部分來區分，並分別實作以下樣式，實作的區域如下：1. 網站標題、2. 導覽列、3. 張貼文章區域、4. 側邊連結。

▲ 圖 8-1-2-1 部落格首頁

🐾 **備註**：實作時會因為載入的佈景主題不同而有所差異，因此，本範例將會以實作功能為導向，進行首頁樣式的設定！

本範例將使用 Blog Diary 的佈景主題進行實作。實作的步驟如下：

點選側邊欄的外觀／佈景主題。

▲ 圖 8-1-2-2 側邊欄外觀按鈕

點選安裝佈景主題按鈕。

▲ 圖 8-1-2-3 安裝佈景主題

搜尋框輸入「Blog Diary」。

▲ 圖 8-1-2-4 搜尋佈景主題

點選安裝按鈕 / 啟用按鈕，即可完成套用佈景主題。

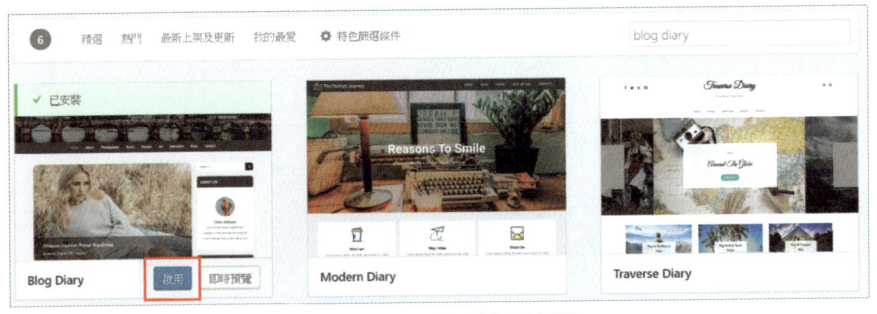

▲ 圖 8-1-2-5 套用佈景主題

CHAPTER 08 範例

首先更改網站的標題,參考頁面中的標題是使用圖片的方式來呈現,而本範例將使用文字進行代替,實作的步驟如下:

點選外觀 / 自訂 / 網站識別。

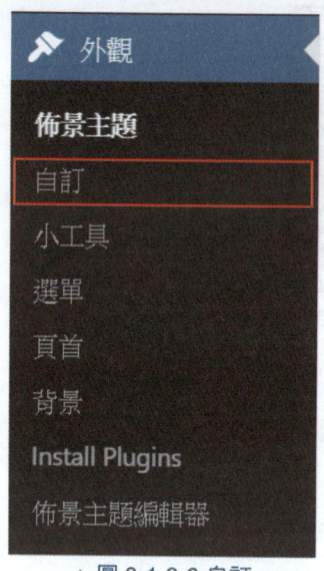

▲ 圖 8-1-2-6 自訂

▲ 圖 8-1-2-7 網站識別

將網站標題更換為自行輸入的內容後,點選發佈按鈕後即可完成,讀者也可以透過點選 選取標誌 來使用圖片的方式為網站加入網站標題。

▲ 圖 8-1-2-8 輸入網站標題

8-4

完成的結果如下。

▲ 圖 8-1-2-9 完成標題設定

> 💡 **小提示：**
>
> 網站標題的作用在於，使用者可以透過點選它來回到首頁，以減少使用者回到首頁的步驟。

首先，進行導覽列的設定，實作的步驟如下：

點選外觀按鈕 / 自訂 / 選單。

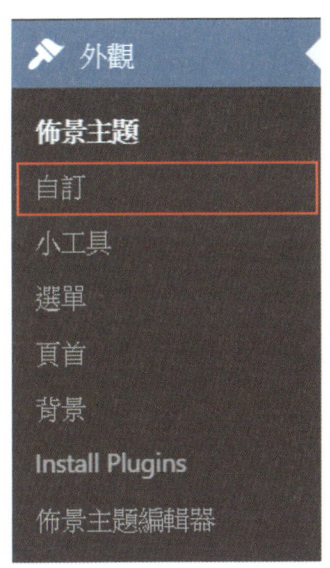

▲ 圖 8-1-2-10 自訂　　　　　　▲ 圖 8-1-2-11 選單

CHAPTER 08 範例

建立選單按鈕 / 輸入選單名稱 / 勾選 Primary / 點選下一步。

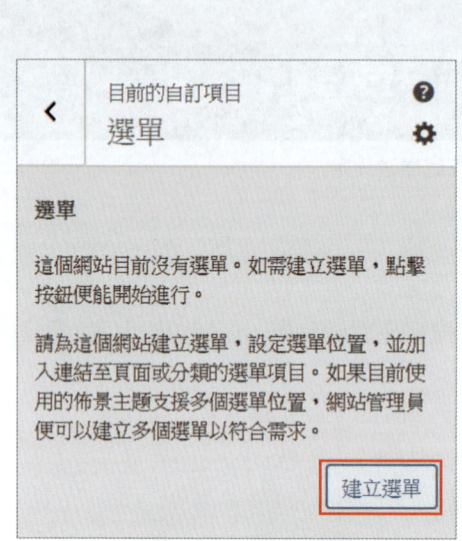

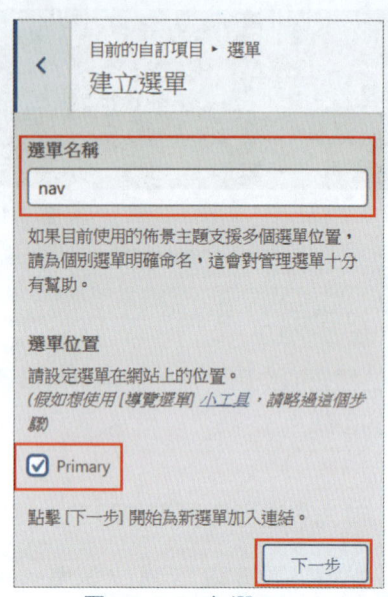

▲ 圖 8-1-2-12 建立選單　　　　　▲ 圖 8-1-2-13 勾選 Primary

點選新增選單項目按鈕,即可新增項目至選單列。接下來,我們將依照參考頁面的選單項目,依序加入以 # 字號為開頭的網址。

▲ 圖 8-1-2-14 新增選單項目　　　　▲ 圖 8-1-2-15 新增至選單

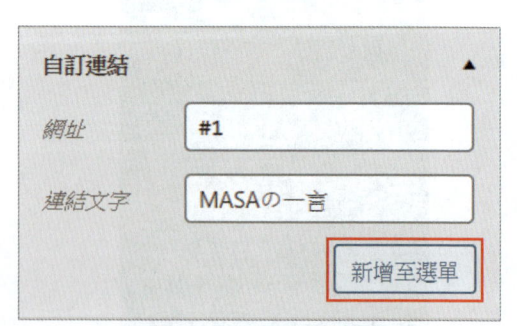

根據參考頁面,依序新增以下選單項目。

	網址	連結文字
自訂連結	#1	MASA の一言
	#2	幼兒食譜
	#3	影片
	#4	減肥食譜
	#5	畫畫
	#6	簡易料理食譜
	#7	簡易點心食譜

> **小提示：**
>
> 因本範例僅實作首頁的部分，因此網址的部分會以 # 字號為開頭的連結代替，讀者可以嘗試將網址更換為自己設定的連結哦。

完成的結果如圖 8-1-2-16。

▲ 圖 8-1-2-16 完成導覽列

接著下來，根據參考頁面，設定主頁右邊的連結項目，內容的組成如下：1. 社群平台、2. 站內搜尋、3. 圖片連結、4. 文字連結分享。

本範例將依序實作以上內容，實作的步驟如下：

CHAPTER 08 範例

▲ 圖 8-1-2-17 參考頁面側邊連結

點選外觀按鈕 / 自訂 / 小工具。

▲ 圖 8-1-2-18 自訂　　　　　　　▲ 圖 8-1-2-19 小工具

點選小工具標題 / Sidebar，即可展開該標題的內容，點選紅框區域的移除按鈕，即可將此工具移除如圖 8-1-2-20。

🛠 **備註**：預設的 Sidebar 會先放入部分小工具，由於大部分的小工具項目，不是本範例所需要使用到的，因此我們先將全部的小工具移除，之後在新增區塊中增加搜尋工具。

▲ 圖 8-1-2-20 移除工具

點選紅框處新增區塊，點選「搜尋」小工具或搜尋「搜尋」小工具，如圖 8-1-2-21。

▲ 圖 8-1-2-21 搜尋工具

首先，製作社群平台的連結，可以使用 Facebook 提供的「粉絲專頁外掛程式」，來進行建立。外掛程式網址如下：https://developers.facebook.com/docs/plugins/page-plugin

進入該頁面後，可以看到預設是連結至 Facebook 的粉絲專頁，讀者也可以將網址更改為自己 Facebook 首頁的網址，來建立客製化的連結。

▲ 圖 8-1-2-22 建立社群平台連結

根據參考頁面，我們只需要讓「社群平台」的連結以一小塊的區域來顯示即可，並提供按鈕來讓使用者按「讚」。因此，實作的步驟如下。

▲ 圖 8-1-2-23 社群平台連結

將頁籤的文字移除,並將「使用小型首頁」勾選後,點選「取得程式碼」按鈕,頁面即會顯示對應的程式碼。

▲ 圖 8-1-2-24 建立社群平台連結

選擇 Iframe 頁籤後,並將頁面的程式碼複製起來。

▲ 圖 8-1-2-25 連結程式碼

回到小工具的頁面後,選擇自訂 HTML 工具。

▲ 圖 8-1-2-26 文字工具

並將前面所複製的程式碼，直接貼入內容當中後，建立「社群平台」的連結功能就完成了。

```
<iframe
src="https://www.facebook.com
/plugins/page.php?
href=https%3A%2F%2Fwww.facebo
ok.com%2Ffacebook&tabs&width=
340&height=70&small_header=tr
ue&adapt_container_width=fals
e&hide_cover=false&show_facep
ile=false&appId" width="340"
height="70"
style="border:none;overflow:h
idden" scrolling="no"
```

▲ 圖 8-1-2-27 文字工具標題與內容設定

完成的結果如下。

▲ 圖 8-1-2-28 社群平台連結

接著下來，製作圖片連結的工具，根據參考頁面，因為圖片具有連結的功能，所以這邊要選擇的是圖片工具來進行，實作的步驟如下：

點選新增小工具 / 選擇圖片 工具。

▲ 圖 8-1-2-29 文字工具

　　任意選擇圖片媒體來源,點選插入連結圖示後,依輸入框提示貼上網址,也可以使用快捷鍵 Ctrl + K 來為圖片加入連結。

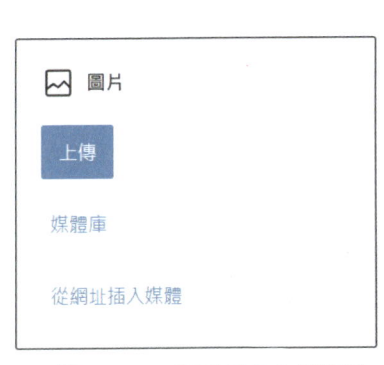

▲ 圖 8-1-2-30 圖片工具上傳媒體　　　　▲ 圖 8-1-2-31 加入連結

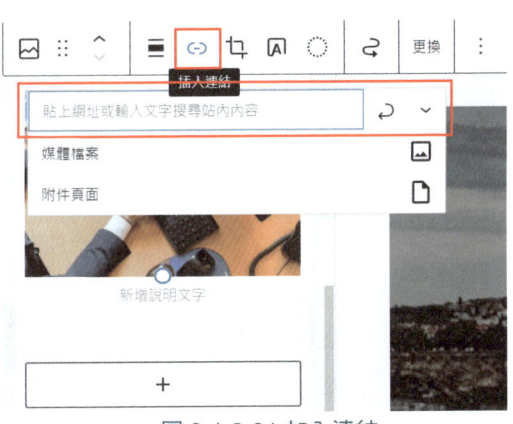

　　將插入的圖片加入連結後,也可以在圖片下方的輸入框打上說明文字,如圖 8-1-2-32。完成的結果如圖 8-1-2-33:

CHAPTER 08 範例

▲ 圖 8-1-2-32 圖片說明文字　　　　▲ 圖 8-1-2-33 圖片連結設定

接著下來，進行文字連結的設定，實作的步驟如下

點選新增小工具 / 選擇圖片 工具。

▲ 圖 8-1-2-34 文字工具

根據參考頁面，每一列內容，都有包含圖片與文字，並且都具有連結的功能。因此，實作的步驟如下：

任意選擇圖片媒體來源，並在圖片下方依照提示字輸入說明文字內容後，先將設定連結說明文字範圍選取起後，點按上方連結圖示，在紅框輸入網站的連結，使用者亦可用 Ctrl + K 快捷鍵為選取的文字範圍來加入連結。

8-14

▲ 圖 8-1-2-35 文字連結　　　　　▲ 圖 8-1-2-36 文字連結

完成的結果如下。

▲ 圖 8-1-2-37 文字連結設定

最後，為頁面加上背景圖片後，即可完成首頁樣式的設定。實作的步驟如下：

點選背景圖片 / 選取圖片。

▲ 圖 8-1-2-38 背景圖片

選擇「填滿畫面」，可以使背景圖片以「滿版」的方式顯示。

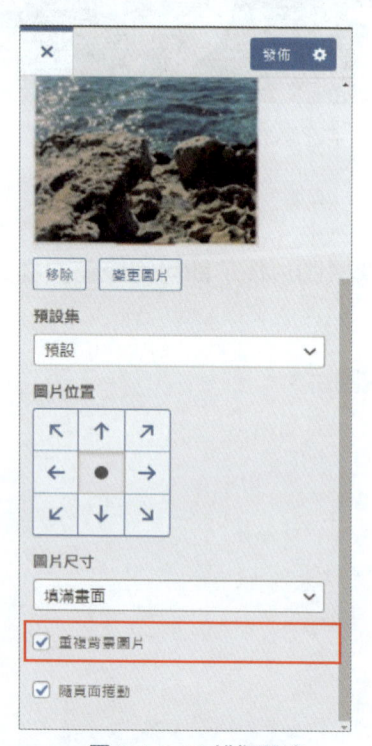

▲ 圖 8-1-2-39 排版設定

完成的結果如下。

▲ 圖 8-1-2-40 完成頁面

8-1-3 新增、修改、刪除文章

在 WordPress 中,建立文章只要點選幾個按鈕,就可完成文章的建立。實作的步驟如下:

點選文章 / 新增文章。

▲ 圖 8-1-3-1 新增文章

CHAPTER 08 範例

點選「使用 Elementor 編輯」來進行文章的編輯。

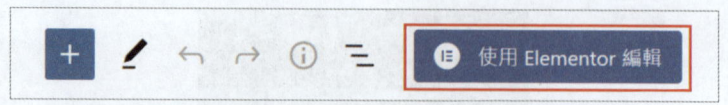

▲ 圖 8-1-3-2 使用 Elementor 編輯

點選紅框區域的設定。

▲ 圖 8-1-3-3 設定按鈕

選擇標題 / 修改標題內容。

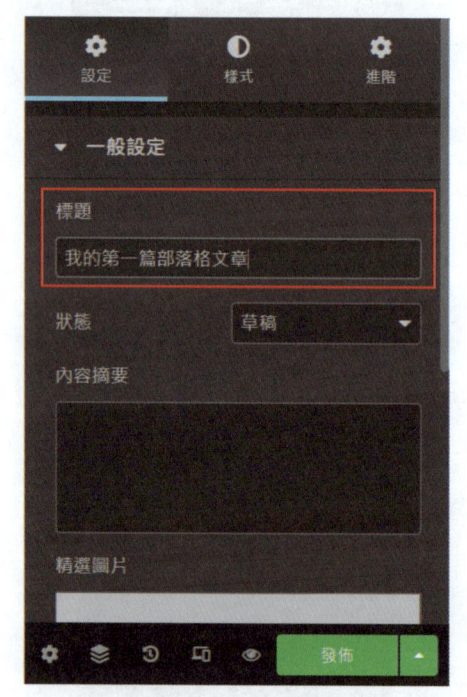

▲ 圖 8-1-3-4 文章設定

設定完成後，就可以進行文章內容的撰寫。實作的步驟如下：

點選紅框區域的新增段。

8-18

8-1　部落格

將小工具拖放至這裡

▲ 圖 8-1-3-5 新增段

選擇紅框區域的一欄架構。

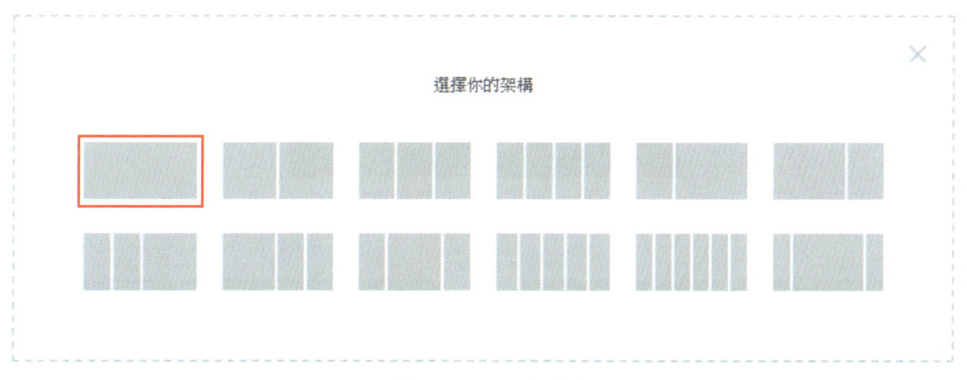

選擇你的架構

▲ 圖 8-1-3-6 選擇架構

讀者可以根據文章呈現的內容，拖曳元素來設計該篇文章，本範例將使用圖片和文本編輯器來呈現文章內容。因此，實作的步驟如下：

插入圖片 / 文本編輯器元素。

▲ 圖 8-1-3-7 內容元素

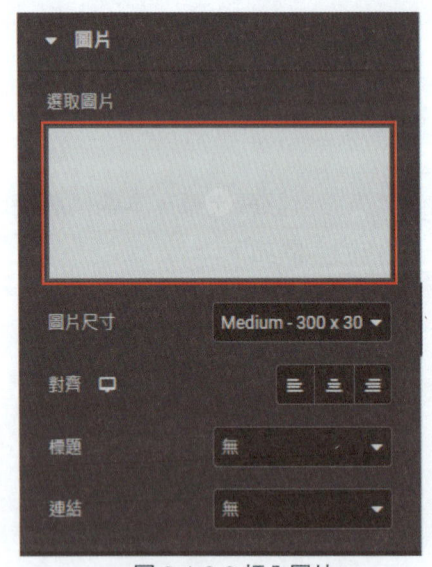

▲ 圖 8-1-3-8 插入圖片　　　　　　　　▲ 圖 8-1-3-9 圖片設定

下方圖片呈現的文本編輯器內容，讀者也能夠依照個人喜好自行輸入，本範例的文章內容呈現如下。

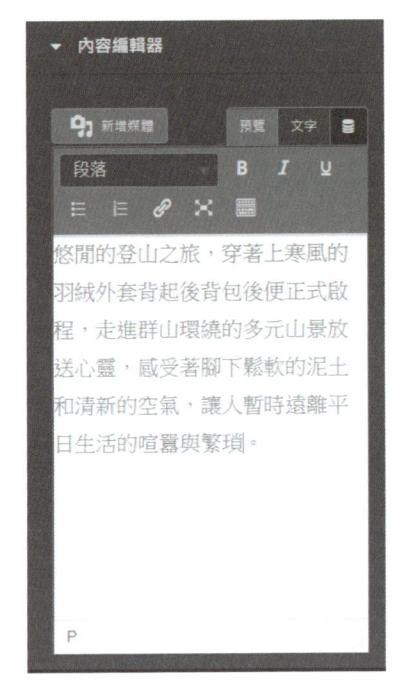

▲ 圖 8-1-3-10 文本編輯器內容

因為背景圖片的關係,預設的文字顏色將不易於讀者閱讀。

▲ 圖 8-1-3-11 文章內容

因此,我們將針對段結構來加入背景顏色,實作的步驟如下:

CHAPTER 08 範例

點選編輯段。

▲ 圖 8-1-3-12 編輯段

點選紅框區域的畫筆（經典）/ 顏色 / #FFFFFF。

▲ 圖 8-1-3-13 背景顏色

8-22

完成的結果如下。加入背景顏色後，文章的內容更易於讀者閱讀。

▲ 圖 8-1-3-14 文章內容

發佈文章後，即可點選文章標題，頁面即會顯示該篇文章的詳細內容。

我的第一篇部落格文章

By Ming7 | 25 3 月, 2022

悠閒的登山之旅，穿著上寒風的羽絨外套背起後背包後便 [...]

Read More

▲ 圖 8-1-3-15 點選文章標題

修改文章時，只要點選文章下方的 Edit（紅框區域），即可進入修改文章的頁面。

CHAPTER 08 範例

▲ 圖 8-1-3-16 修改文章

　　進入修改頁面後，可以變更標題及文章的分類、連結與標籤等等⋯，修改完成後，只要點選更新按鈕，即可完成文章的修改。或是點選「使用 Elementor 編輯」按鈕，進行文章內容的修改。

備註：這邊將以示範修改標題和內容為主！

▲ 圖 8-1-3-17 修改文章頁面

8-24

進入 Elementor 編輯頁面後，點選紅框區域即可變更內容。

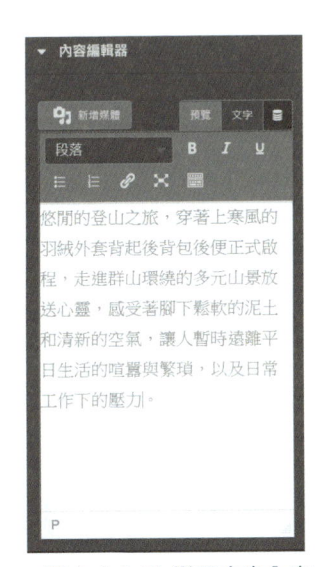

▲ 圖 8-1-3-18 變更內容

▲ 圖 8-1-3-19 變更文章內容

修改完文章後，記得要點選「更新」按鈕，才能完成對文章內容的修改。

▲ 圖 8-1-3-20 點選更新按鈕

CHAPTER 08 範例

完成的結果如下。

我變更的第一篇部落格文章

By Ming7 | 25 3月, 2022

悠閒的登山之旅，穿著上寒風的羽絨外套背起後背包後便 [...]

Read More

▲ 圖 8-1-3-21 點選更新按鈕

> 💡 小提示：
>
> 如果要在變更標題後再進入 Elementor 編輯器變更內容時，記得要點選「更新」按鈕後再點選「使用 Elementor 編輯」按鈕。

若要刪除該篇文章時，操作的方式與修改文章相同。實作的步驟如下：

點選紅框區域的 Edit，進入修改頁面。

▲ 圖 8-1-3-22 刪除文章

8-26

點選移至回收桶,即可將該篇文章刪除。

▲ 圖 8-1-3-23 刪除文章按鈕

點選移至回收桶後,可以看到原本建立的文章,已經不在文章列表上了,如果讀者不小心將文章刪除時,也可點選「復原」按鈕來還原該篇文章。

▲ 圖 8-1-3-24 文章列表

8-1-4 新增、修改、刪除留言

在 WordPress 中,對於新增留言的操作,只需要點選標題,進入該篇文章後,移至頁面下方,即可對該篇文章進行留言。實作的步驟如下:

點選文章標題,進入頁面後,移至文章內容下方。

CHAPTER 08 範例

▲ 圖 8-1-4-1 查看文章

於輸入區塊內輸入留言內容，並點選「發佈留言」，即可對該篇文章留下剛剛所輸入的文字內容。

▲ 圖 8-1-4-2 發佈留言

完成留言後，頁面上即會出現留言者、留言時間以及留言內容。

▲ 圖 8-1-4-3 發佈留言

8-1 部落格

　　如要變更留言的內容時，只要點選紅框區域的編輯，即可進入留言的編輯頁面。

▲ 圖 8-1-4-4 編輯留言

　　進入編輯頁面後，就可以修改自己所留言的內容，並於修改完成時，點選更新按鈕，來更新先前所留言的內容。

▲ 圖 8-1-4-5 變更留言內容

　　完成的結果如下。

▲ 圖 8-1-4-6 修改留言

8-29

如要刪除該則留言時，透過點選紅框區域的編輯，即可進入留言的編輯頁面。

▲ 圖 8-1-4-7 編輯留言

進入編輯頁面後，只要點選移至回收桶，就可以將這則留言刪除。

▲ 圖 8-1-4-8 刪除留言

點選移至回收桶後，可以看到原本的留言已經不在列表上了，僅剩下系統預設的示範留言。

▲ 圖 8-1-4-9 留言列表

8-1-5 社交網站帳號登入留言

本範例使用 WordPress Social Login 外掛，透過使用社交網站（例如：Facebook、Google、Twitter…等等）的帳號來進行留言。實作的步驟如下：

點選紅框區域的 miniOrange Social Login, Sharing。

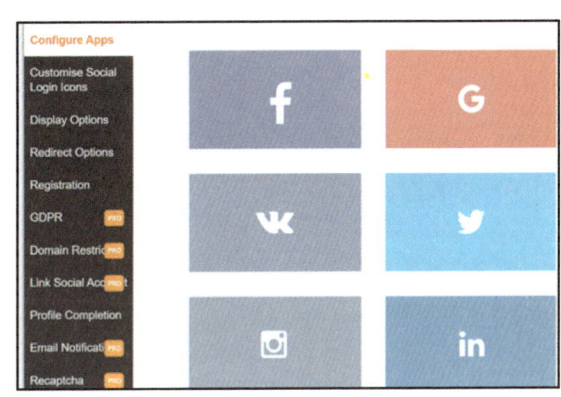

▲ 圖 8-1-5-1 WordPress Social Login　　▲ 圖 8-1-5-2 社群登入列表

本範例使用 Facebook 進行實作，點選紅框區域的圖示，即可進入該社群平台的頁面設定。

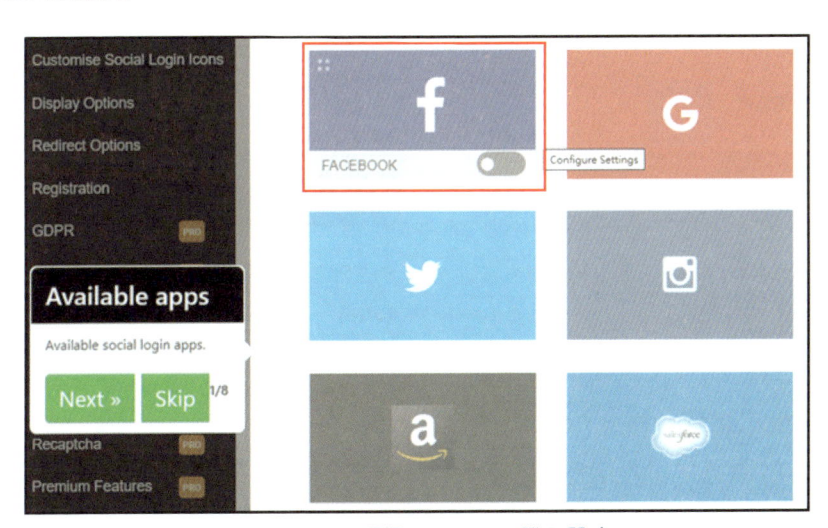

▲ 圖 8-1-5-3 選擇 Facebook 登入設定

CHAPTER 08 範例

進入頁面後，可以看到紅框區域的部分為應用程式編號、金鑰和存取範圍。右邊灰底部分，為 Facebook 的設定說明，以下將按照說明進行實作。實作的步驟如下：

▲ 圖 8-1-5-4 Facebook 登入設定

點選第一點設定中的網址 https://developers.facebook.com/apps/，進入頁面後，點選紅框區域中的「新增應用程式」，即會跳出建立新的應用程式編號的頁面。

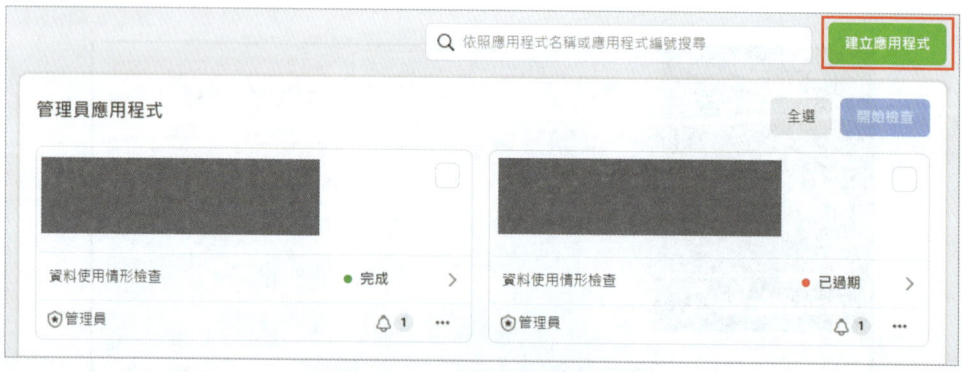

▲ 圖 8-1-5-5 開發者建立應用程式

選擇應用程式類型為消費者後，按下繼續。

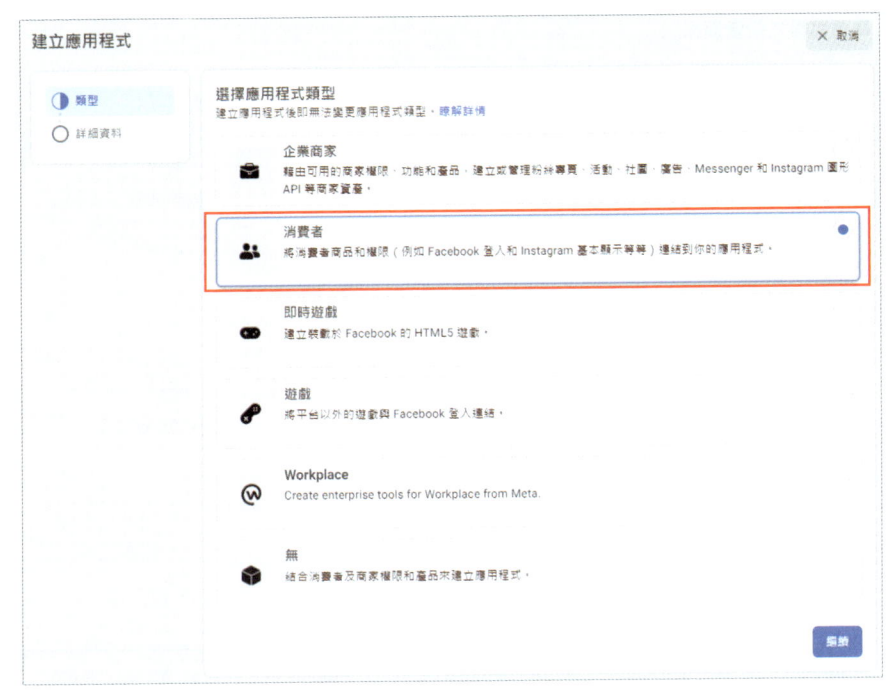

▲ 圖 8-1-5-6 選擇應用程式類型

依序輸入顯示名稱和聯絡電子信箱後，點選「建立應用程式編號」按鈕。

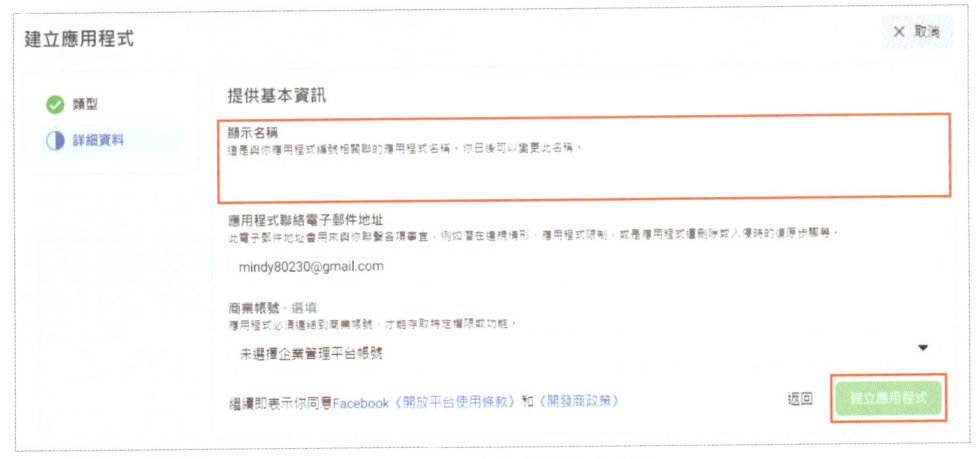

▲ 圖 8-1-5-7 建立應用程式名稱

當畫面跳轉至圖 8-1-5-7 時，點選紅框區域的「設定」按鈕，就可以進入設定畫面。

CHAPTER 08 範例

▲ 圖 8-1-5-8 設定社群平台登入

▲ 圖 8-1-5-9 選擇應用程式平台

點選紅框區域的 Save。

▲ 圖 8-1-5-10 輸入網站網址

點選左側紅框區域的 設定 / 基本資料，畫面會跳轉至圖 8-1-5-10，將圖 8-1-5-11 的第 6 點設定說明網址，貼入「應用程式網域」中。將第 5 點設定說明的網址貼入「隱私政策網址」。

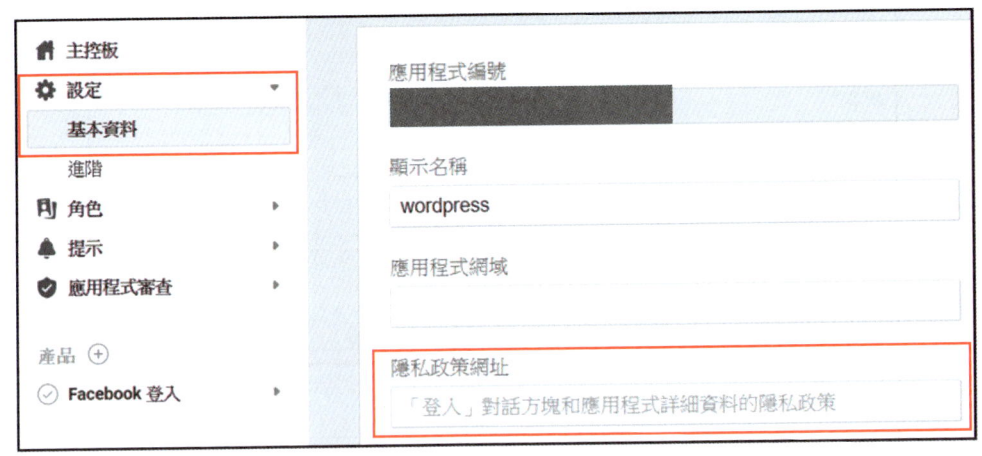

▲ 圖 8-1-5-11 基本資料設定

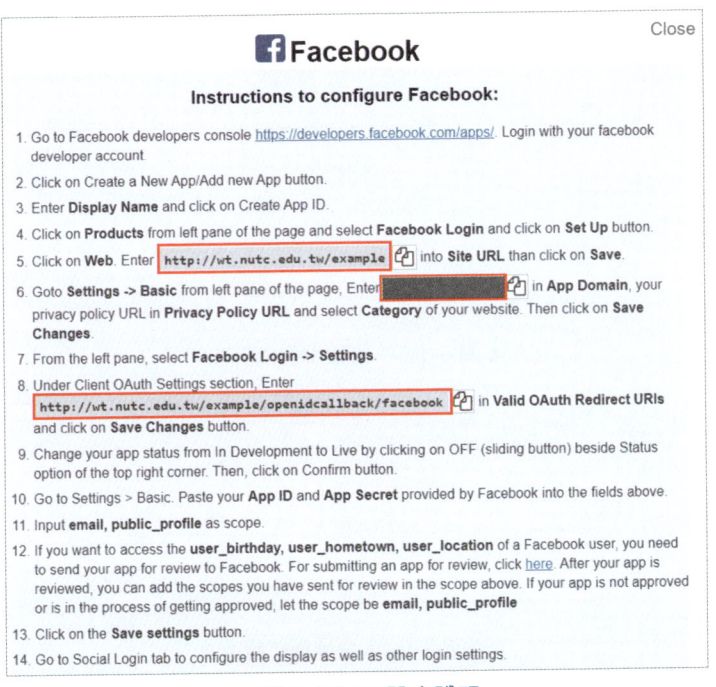

▲ 圖 8-1-5-12 設定說明

8-35

點選左側紅框區域的 Facebook 登入 / 設定，畫面會跳轉至圖 8-1-5-12，將圖 8-1-5-11 的第 8 點設定說明網址，貼入「有效的 OAuth 重新導向 URI」中。

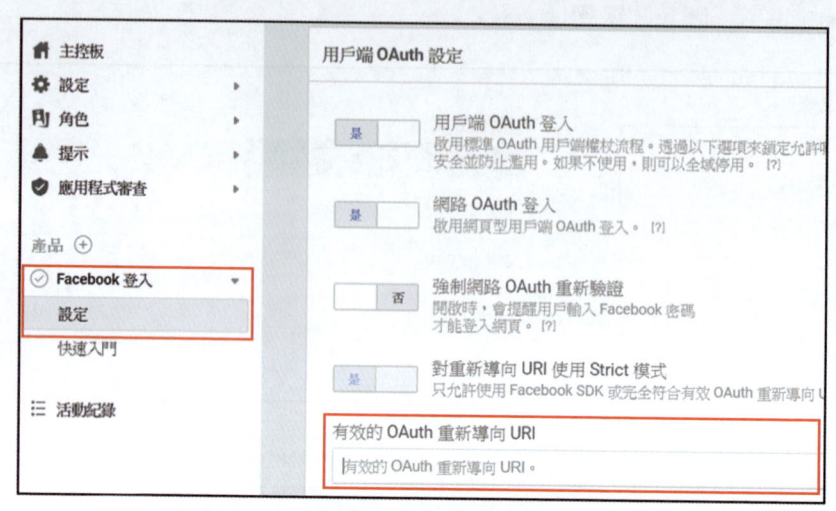

▲ 圖 8-1-5-13 OAuth 設定

點選左側紅框區域的應用程式審查 / 權限和功能，取得 public_profile 和 email 的進階存取權限。

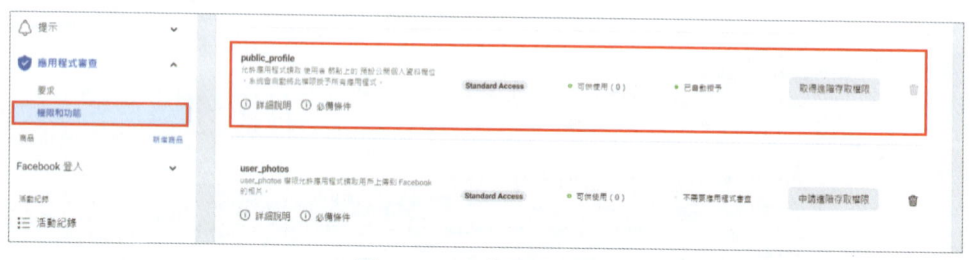

▲ 圖 8-1-5-14 應用程式審查 1

▲ 圖 8-1-5-15 應用程式審查 2

設定完成後，即可將紅框區域的調整中狀態，更換為「上線」。

8-1　部落格

▲ 圖 8-1-5-16 應用程式上線

　　首次切換模式時，系統會跳出完成資料檢查的視窗，目的是為了保護用戶的隱私，確保 API 存取權限和資料使用方式符合 Facebook 政策，點選開始檢查。

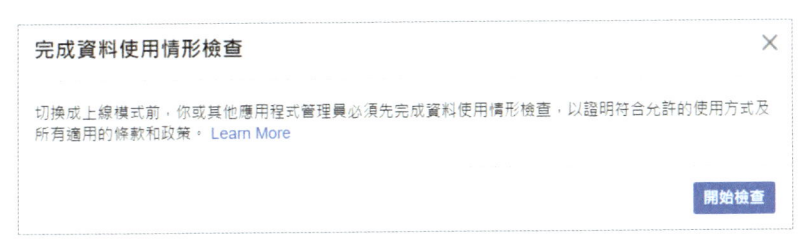

▲ 圖 8-1-5-17 完成資料使用情形檢查

　　點擊每個權限或功能旁邊的方塊使用情形皆符合允許的使用方式後按下繼續。

▲ 圖 8-1-5-18 資料使用情形檢查

8-37

CHAPTER 08 範例

▲ 圖 8-1-5-19 資料使用情形檢查 2

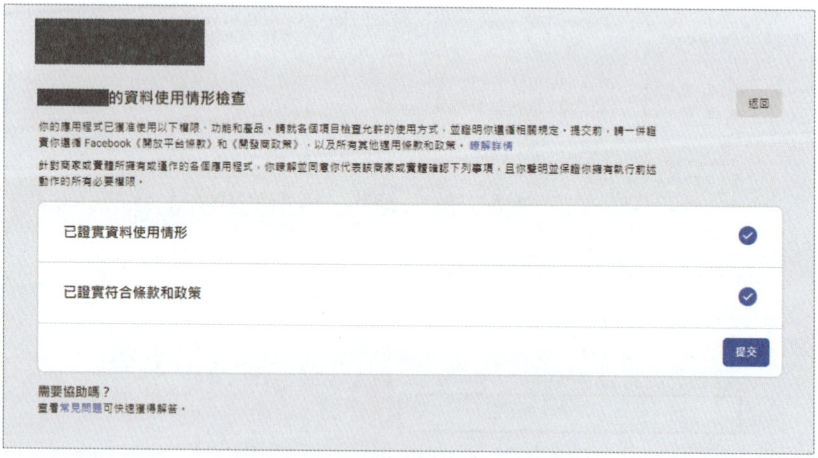

▲ 圖 8-1-5-20 資料使用情形檢查 3

點選左側紅框區域的 設定 / 基本資料，將紅框區域的應用程式編號和金鑰，貼入 WordPress 的設定頁面中。

8-38

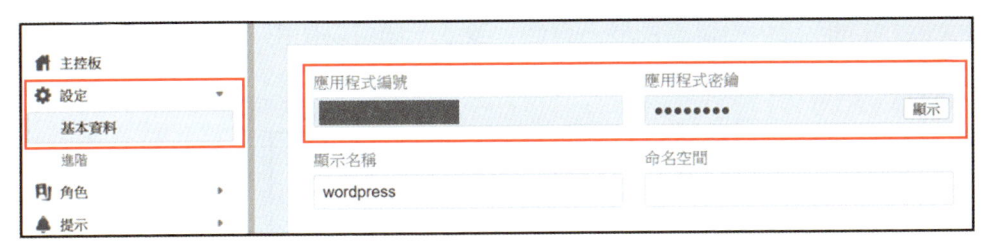

▲ 圖 8-1-5-21 應用程式編號與密鑰

將應用程式編號和應用程式密鑰分別貼入 App ID 與 App Secret，並點選「Save & Configuration」。若設定成功時，畫面會出現如圖 8-1-5-17，點選藍色按鈕，以確認授權資料給該網站，畫面出現 TEST SUCCESSFUL 就代表設定成功。

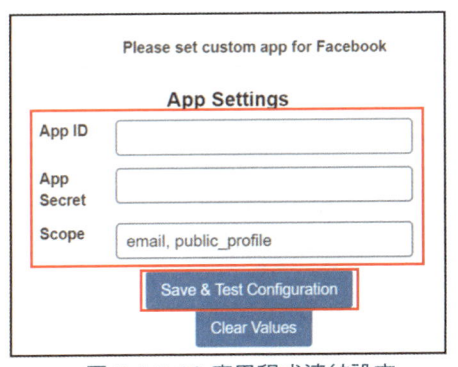

▲ 圖 8-1-5-22 應用程式連結設定　　▲ 圖 8-1-5-23 登入授權

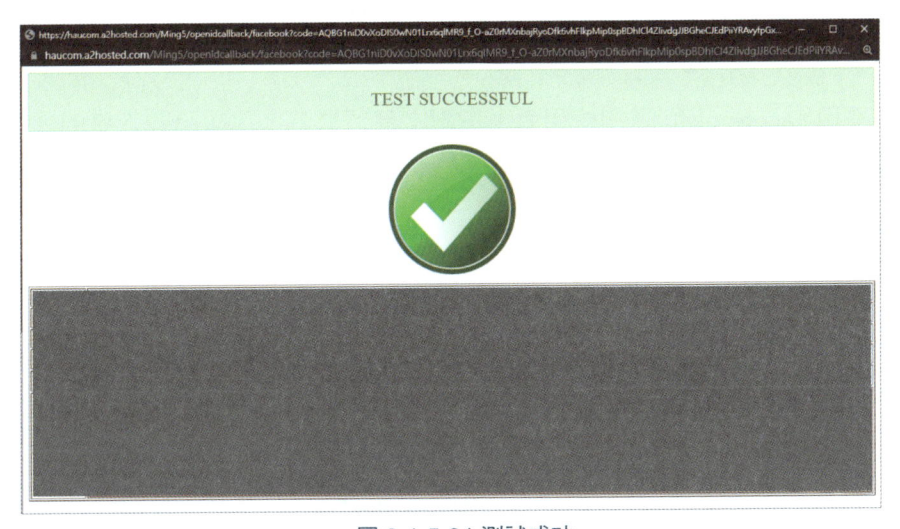

▲ 圖 8-1-5-24 測試成功

設定完成後,可以看到登入頁面,多了一個可以使用 Facebook 登入的方式。

▲ 圖 8-1-5-18 登入頁面

使用 Facebook 登入後,首頁右上方,即會顯示登入者社群網站中的資訊。

▲ 圖 8-1-5-19 登入資訊

使用 Facebook 登入的使用者,在對文章留言時,會顯示登入者的名字與大頭貼。

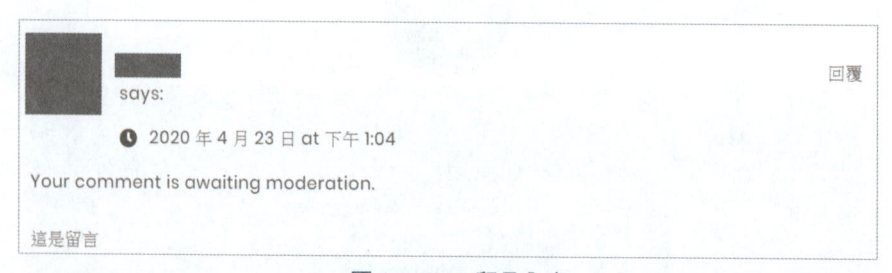

▲ 圖 8-1-5-20 留言內容

8-1-6 自動過濾網站垃圾留言

本範例使用 Akismet Anti-Spam 外掛來進行過濾垃圾訊息。實作的步驟如下：

點選 Jetpack 底下的 Akismet Anti-Spam。

▲ 圖 8-1-6-1 選擇 Akismet Anti-Spam

點選紅框區域的設定 Akismet 帳號。

▲ 圖 8-1-6-2 取得 API 金鑰

選擇紅框區域的非商業用途網站進行。

CHAPTER 08 範例

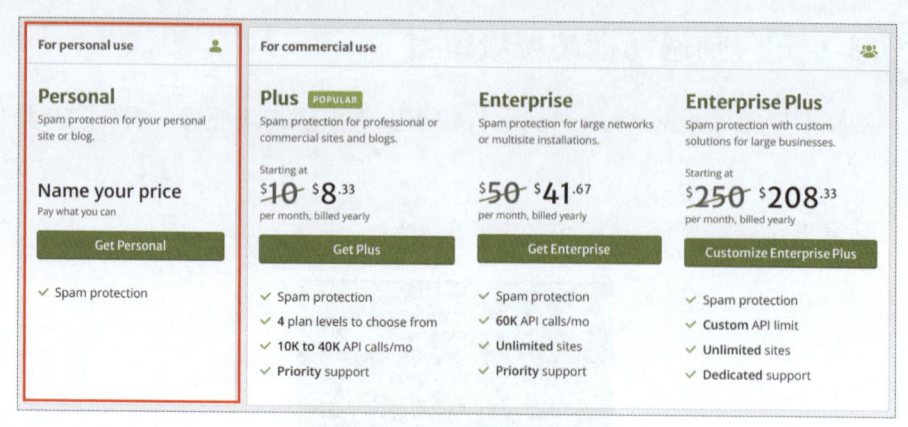

▲ 圖 8-1-6-3 選擇使用於個人

　　將紅框處的三個勾選區塊勾選，並將藍框處拉至 0 元，即可點選 CONTINUE WITH PERSIONAL SUBSCRIPTION。

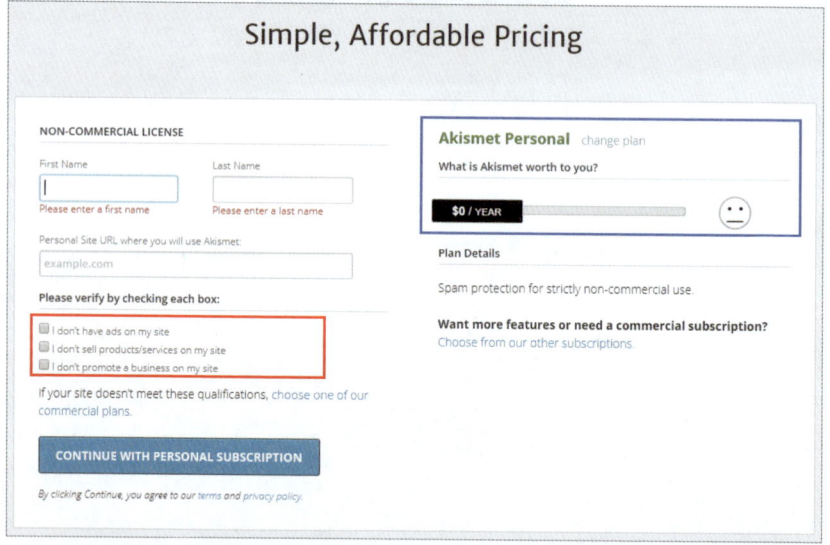

▲ 圖 8-1-6-4 點選 CONTINUE WITH PERSIONAL SUBSCRIPTION

　　完成後即會跳轉頁面，看到如圖 8-1-6-5 表示成功取得金鑰，緊接著按下紅框 AUTOMATICALLY SAVE YOUR AKISMET API KEY。

8-1 部落格

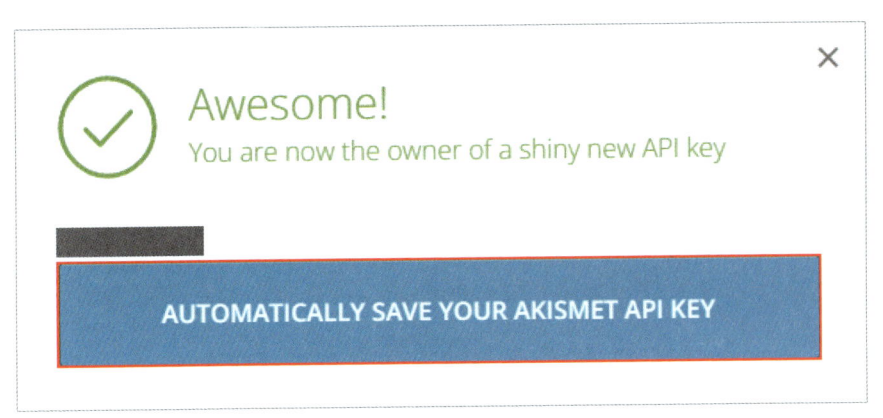

▲ 圖 8-1-6-5 取得金鑰

完成設定後出現以下頁面，代表設定成功。

▲ 圖 8-1-6-7 設定成功

8-2　一頁式網站 v.s. 多頁式網站

8-2-1 認識一頁式網站

　　一頁式網站又被稱為「單頁式網站」，因為在整個網站中就只會擁有一個單一的頁面，在此頁面中的樣式通常會使用各式各樣的圖片與動態效果來呈現網站的特殊效果，而網頁資訊的部分通常會運用簡潔明瞭的文字來做敘述，以此保持頁面的簡潔，除了讓使用者更易於瞭解網頁內容外，也讓設計可以更為集中與直觀。

　　本範例將使用圖 8-2-1-1 的網站作為實作的參考網站，以此做出類似於範例的網站，參考部分有網站樣式與互動 CSS 樣式，參考網址如下：https://2mcare.tw/。

　　本章節實作的範例如下：

- 8-2-2 設定一頁式網站樣式
- 8-2-3 設定互動 CSS 樣式

備註：本章節所使用到的圖片請詳見 8-2-1.jpg、8-2-2.jpg、8-2-3.jpg、8-2-4.jpg、8-2-5.jpg、8-2-6.jpg、8-2-7.jpg、8-2-8.jpg、8-2-9.jpg。

▲ 圖 8-2-1-1 一頁式網站

8-2-2 設定一頁式網站樣式

本範例使用 OnePress 的佈景主題來實作圖 8-2-1-1 一頁式網站，而該佈景主題也適合用於作品集展示 / 產品展示等…。

首先要進行佈景主題的設定，實作的步驟如下：

點選側邊欄的外觀按鈕 / 佈景主題。

▲ 圖 8-2-2-1 側邊欄外觀按鈕

點選安裝佈景主題按鈕。

▲ 圖 8-2-2-2 安裝佈景主題

搜尋框輸入「OnePress」。

▲ 圖 8-2-2-3 搜尋佈景主題

點選安裝按鈕 / 啟用按鈕，即可完成套用佈景主題。

▲ 圖 8-2-2-4 套用佈景主題

CHAPTER 08 範例

完成套用佈景主題後，就可以依照下列方式實作圖 8-2-1-1 的畫面，頁面的編輯本章節將使用 Elementor 外掛來進行。

首先實作圖 8-2-2-5 畫面，實作的步驟如下：

▲ 圖 8-2-2-5 區域（一）

點選 側邊欄頁面按鈕 / 全部頁面。

▲ 圖 8-2-2-6 頁面按鈕

點選新增頁面按鈕

▲ 圖 8-2-2-7 點選新增頁面按鈕

8-46

輸入標題後，先點選「發佈」按鈕，再點選上方的「使用 Elementor 編輯」按鈕，進入編輯頁面。

▲ 圖 8-2-2-8 輸入標題

> **小提示：**
> 只有使用 Elementor 編輯過的頁面，才能夠在全部頁面中，點選使用 Elementor 編輯按鈕！

發佈完成後，新增的頁面即會出現在全部頁面中的列表，這個時候就可以將游標移至新增的頁面上，並點選「使用 Elementor 編輯」按鈕，即可進入編輯頁面。由於一頁式網站的樣式都是以滿版的方式做呈現，所以在 Elementor 編輯器中的寬度需要選擇全寬。

為了將範例的頁面以「寬度」滿版的方式呈現，因此實作的步驟如下：

點選使用 Elementor 編輯按鈕。

▲ 圖 8-2-2-9 Elementor 編輯按鈕

進入頁面後，點選紅框區域的設定。

▲ 圖 8-2-2-10 設定按鈕

頁面佈局選擇 Elementor 全寬。

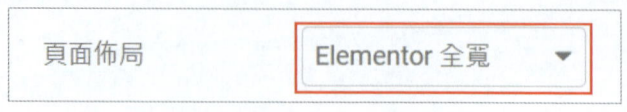

▲ 圖 8-2-2-11 Elementor 全寬

根據圖 8-2-2-5，這個區域是由背景圖片、標題文字和內容文字所組成，並且背景是固定的，不隨滾輪移動。

因此，這個區域的實作步驟如下：

點選紅框區域的新增段。

▲ 圖 8-2-2-12 新增段

選擇紅框區域的一欄架構。

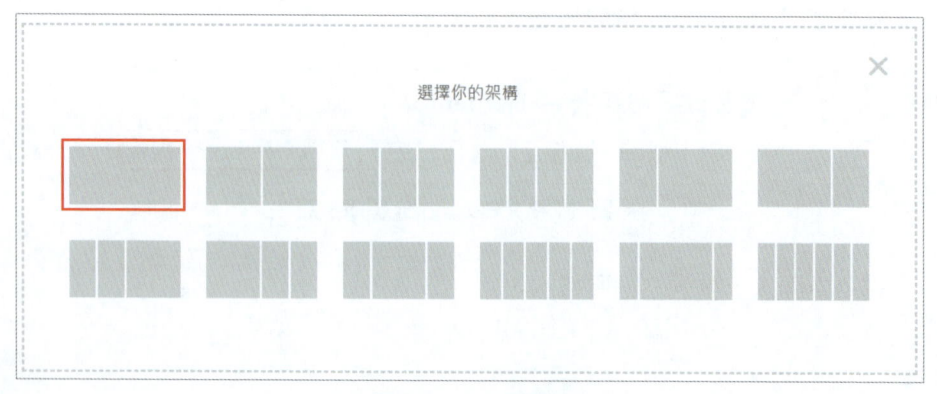

▲ 圖 8-2-2-13 選擇架構

8-48

此區域的段設定如下：

- 版面配置 / 內容寬度 / 全寬，如圖 8-2-2-14
- 高度 / 使適應螢幕，如圖 8-2-2-14
- 拉伸段 / 是，如圖 8-2-2-14
- 樣式 / 背景 / 經典 / 圖片，如圖 8-2-2-15
- 附件 / 固定，如圖 8-2-2-15
- 重複 / 不重複，如圖 8-2-2-15
- 尺寸 / 覆蓋全區，如圖 8-2-2-15

▲ 圖 8-2-2-14 版面配置設定　　▲ 圖 8-2-2-15 樣式設定

由於一頁式網站的頁面很長，為了減少滾動頁面的時間，通常會使用頁籤來連結每個段，因此在這邊需設定段的 CSS ID，如此一來就能透過這個 ID 來進行每個段之間的連結。

- 進階 / CSS ID / 1，如圖 8-2-2-16

CHAPTER 08 範例

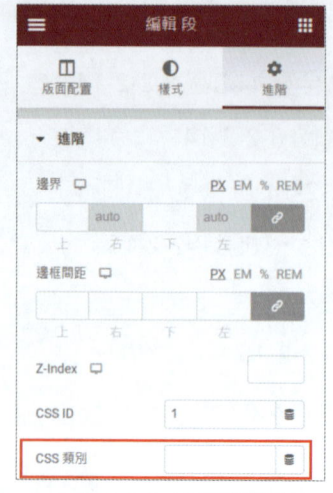

▲ 圖 8-2-2-16 進階設定

　　從該頁面的左側功能列插入標題元素與內容編輯器元素，由於此處顯示的文字大小與顏色皆不相同，因此需要插入三個標題元素。

　　插入的標題元素設定如下：

- 主標題 / 內容 / 尺寸 XXL / 置中對齊，如圖 8-2-2-17
- 主標題 / 樣式 / 文字色彩 #44504F / 重 300，如圖 8-2-2-18

▲ 圖 8-2-2-17 主標題內容　　　　▲ 圖 8-2-2-18 主標題樣式

8-50

8-2 一頁式網站 v.s. 多頁式網站

- 次標題 / 內容 / 置中對齊，如圖 8-2-2-19
- 次標題 / 樣式 / 文字色彩 #44504FAD / 尺寸 140 / 重 400，如圖 8-2-2-20

▲ 圖 8-2-2-19 次標題內容

▲ 圖 8-2-2-20 次標題樣式

- 小標題 / 內容 / 置中對齊，如圖 8-2-2-21
- 小標題 / 樣式 / 文字色彩 #01BCD4 / 尺寸 55，如圖 8-2-2-22

▲ 圖 8-2-2-21 小標題內容

▲ 圖 8-2-2-22 小標題樣式

CHAPTER 08 範例

內容編輯器的設定如下：

- 內容 / 工具列開關 / 置中對齊，如圖 8-2-2-23

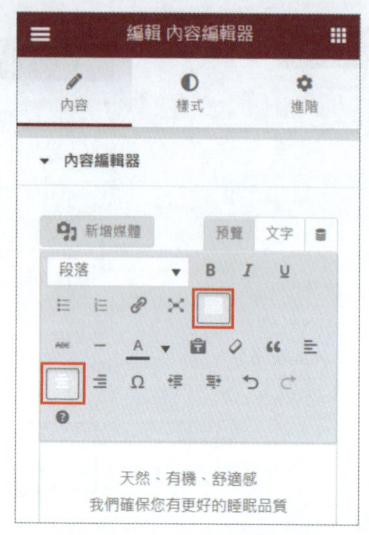

▲ 圖 8-2-2-23 內容編輯器內容

由於要將標題元素與內容編輯器元素的位置整體上移，因此需要在欄元素調整。

欄元素的設定如下：

- 進階 / 邊界 / 下 70，如圖 8-2-2-24

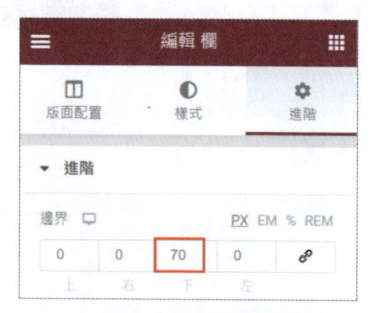

▲ 圖 8-2-2-24 欄進階

8-52

8-2 一頁式網站 v.s. 多頁式網站

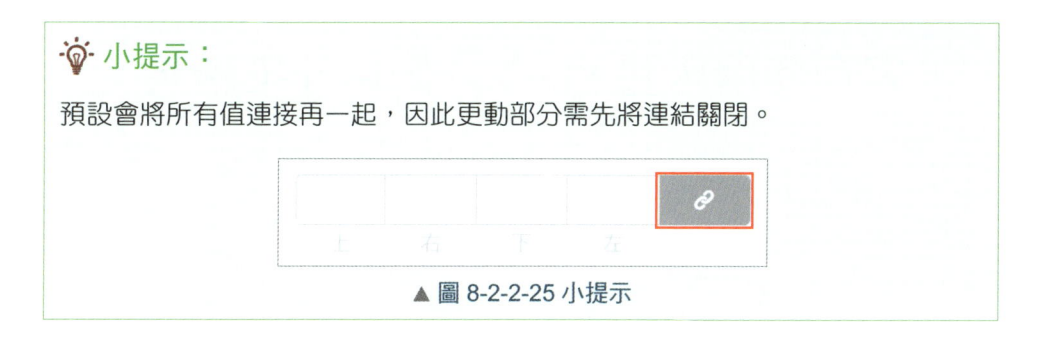

> 💡 小提示：
>
> 預設會將所有值連接再一起，因此更動部分需先將連結關閉。
>
> ▲ 圖 8-2-2-25 小提示

將以上步驟都設定完成如圖 8-2-2-26，畫面應如圖 8-2-2-5 區域（一）的部分。

▲ 圖 8-2-2-26 區域（一）設計

由於參考頁面中的區域（二）（圖 8-2-2-27）與區域（三）（圖 8-2-2-28）只是放置圖片來呈現，因此本範例將略過上述兩個區域的頁面設計。

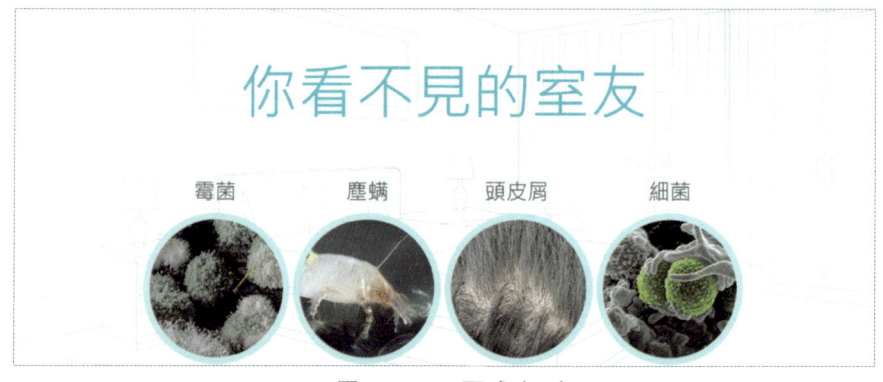

▲ 圖 8-2-2-27 區域（二）

8-53

CHAPTER 08 範例

▲ 圖 8-2-2-28 區域（三）

接著製作圖 8-2-2-29 的畫面，這個區域是由背景圖片和內容文字所組成，並且背景是固定的，不隨滾輪移動。

因此，這個區域的實作步驟如下：

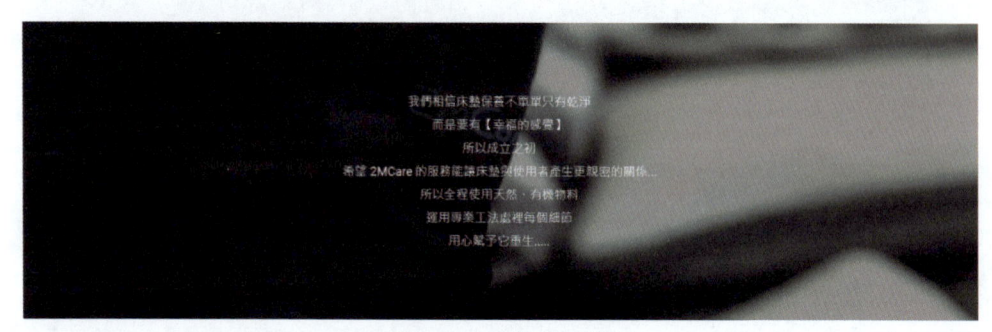

▲ 圖 8-2-2-29 區域（四）

點選紅框區域的新增段。

▲ 圖 8-2-2-30 新增段

8-54

選擇紅框區域的一欄架構。

▲ 圖 8-2-2-31 選擇架構

這個區域的段設定如下：

- 版面配置 / 內容寬度 / 全寬，如圖 8-2-2-32
- 高度 / 最小高度 / 390，如圖 8-2-2-32
- 拉伸段 / 是，如圖 8-2-2-32
- 樣式 / 背景 / 經典 / 圖片，如圖 8-2-2-33
- 附件 / 固定，如圖 8-2-2-33
- 重複 / 不重複，如圖 8-2-2-33
- 尺寸 / 覆蓋全區，如圖 8-2-2-33
- 從左側功能列插入內容編輯器元素

CHAPTER 08 範例

▲ 圖 8-2-2-32 版面配置設定

▲ 圖 8-2-2-33 樣式設定

- 進階 / CSS ID / 2，如圖 8-2-2-34

▲ 圖 8-2-2-34 進階設定

8-2 一頁式網站 v.s. 多頁式網站

🔖 **備註**：內容編輯器元素的內容只需將參考頁面的文字貼入內容編輯器內即可，完整內容詳見 8-2-1.txt。

內容編輯器的設定如下：

- 內容 / 工具列開關 / 置中對齊，如圖 8-2-2-35
- 樣式 / 文字色彩 #FFFFFF / 尺寸 16 / 重 400，如圖 8-2-2-36

▲ 圖 8-2-2-35 內容編輯器內容

▲ 圖 8-2-2-36 內容編輯器樣式

將以上步驟都設定完成如圖 8-2-2-37，畫面應如圖 8-2-2-29 區域（四）的部分。

8-57

CHAPTER 08 範例

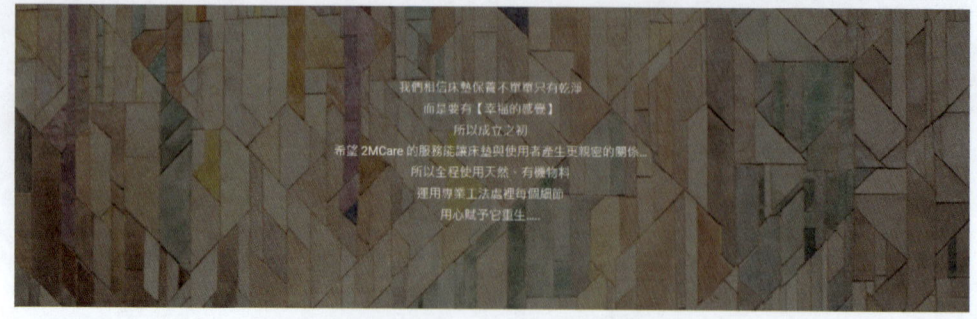

▲ 圖 8-2-2-37 區域（四）設計

接著，將實作圖 8-2-2-38 的畫面，這個區域的背景畫面為圖片，上面是文字以及圖片步驟和步驟說明，並且點擊圖片後會有燈箱效果。

因此，這個區域的實作步驟如下：

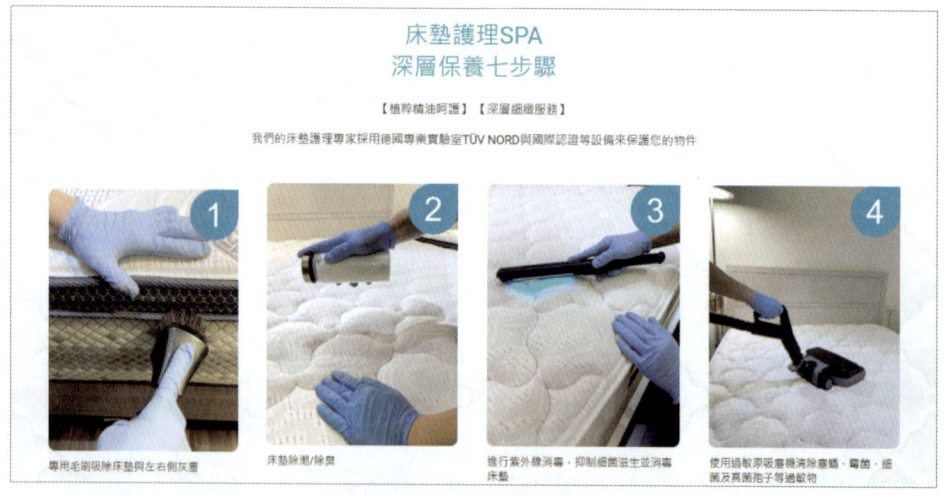

▲ 圖 8-2-2-38 區域（五）

點選紅框區域的新增段。

▲ 圖 8-2-2-39 新增段

8-58

選擇紅框區域的一欄架構。

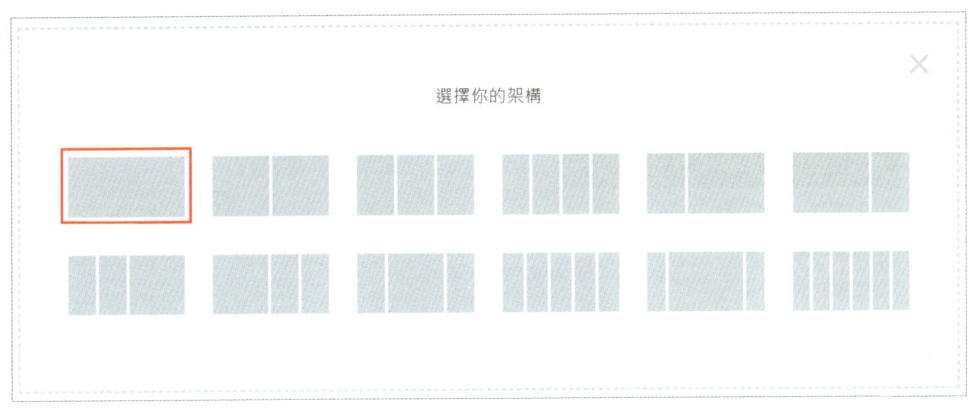

▲ 圖 8-2-2-40 選擇架構

這個區域的段設定如下：

- 版面配置 / 內容寬度 / 全寬，如圖 8-2-2-41
- 拉伸段 / 是，如圖 8-2-2-41
- 樣式 / 背景 / 經典 / 圖片，如圖 8-2-2-42
- 重複 / 不重複，如圖 8-2-2-42
- 尺寸 / 覆蓋全區，如圖 8-2-2-42
- 進階 / CSS ID / 3，如圖 8-2-2-43

CHAPTER 08 範例

▲ 圖 8-2-2-41 版面配置設定

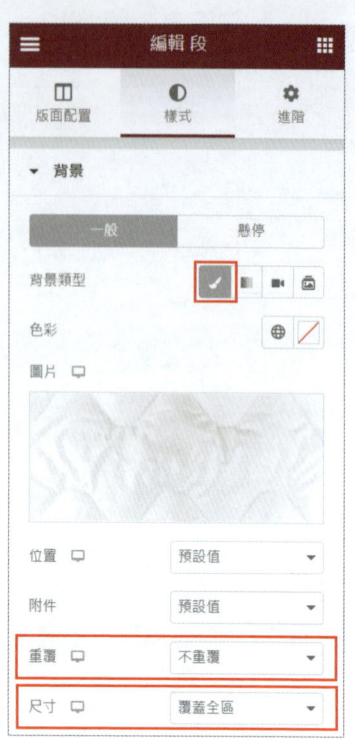

▲ 圖 8-2-2-42 樣式設定

▲ 圖 8-2-2-43 進階設定

8-2　一頁式網站 v.s. 多頁式網站

從該頁面的左側功能列插入內容編輯器元素,由於此處顯示的文字大小與顏色皆不相同,因此需要插入兩個內容編輯器元素。

內容編輯器的設定如下:

- 主內容編輯器 / 內容 / 工具列開關 / 置中對齊,如圖 8-2-2-44
- 主內容編輯器 / 樣式 / 文字色彩 #01BCD4 / 尺寸 32 / 重 400 / 行高 40,如圖 8-2-2-45

▲ 圖 8-2-2-44 主內容編輯器內容　　▲ 圖 8-2-2-45 主內容編輯器樣式

- 次內容編輯器 / 內容 / 工具列開關 / 置中對齊,如圖 8-2-2-46
- 次內容編輯器 / 樣式 / 文字色彩 #44504F / 尺寸 16 / 重 400 / 行高 20,如圖 8-2-2-47

8-61

CHAPTER 08 範例

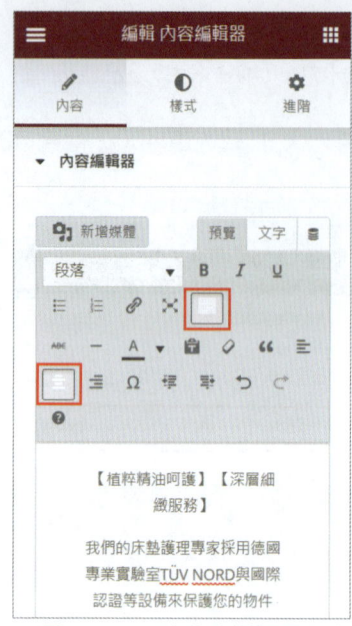

▲ 圖 8-2-2-46 次內容編輯器內容

▲ 圖 8-2-2-47 次內容編輯器樣式

這個區域的段再設定如下：

- 從左側功能列插入一個內部段元素，如圖 8-2-2-49

插入的內部段元素設定如下：

- 將欄位數新增至 4 欄

8-2　一頁式網站 v.s. 多頁式網站

▲ 圖 8-2-2-48 新增欄位

▲ 圖 8-2-2-49 導覽器

🖈 **備註**：將游標置於欄上，點選右鍵 / 新增欄位，即可增加欄位。

內部段元素的設定如下：

- 版面配置 / 內容寬度 / 全寬，如圖 8-2-2-50
- 進階 / 邊框間距 / 右 10 / 左 10，如，並在第一欄插入圖片元素，如圖 8-2-2-51

▲ 圖 8-2-2-50 版面配置設定

▲ 圖 8-2-2-51 進階設定

8-63

第一欄的圖片元素的設定如下：

- 內容 / 選取圖片 / 標題和媒體說明文字皆根據參考頁面的內容貼上一樣的文字，並加上題號即可，如圖 8-2-2-52

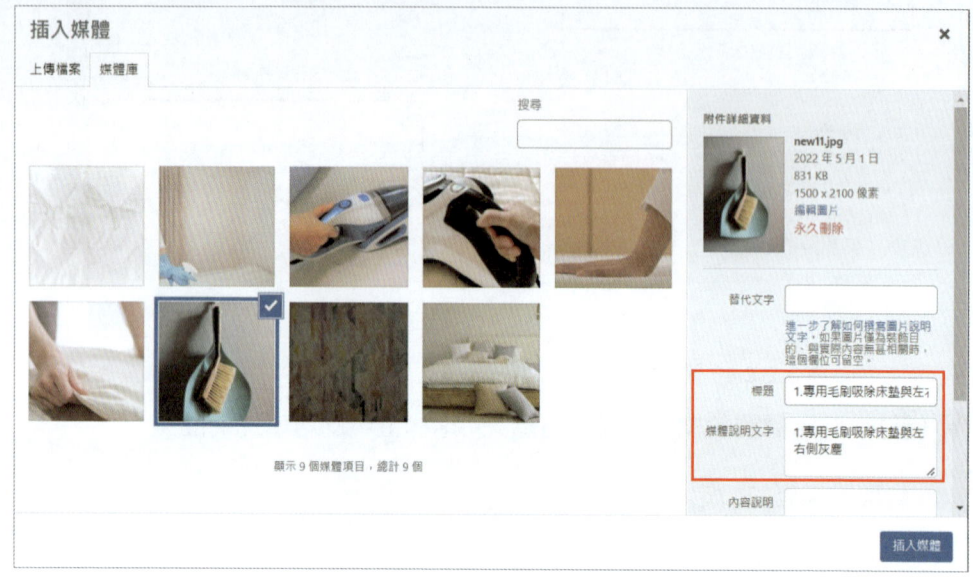

▲ 圖 8-2-2-52 插入媒體

- 圖片尺寸 / 自訂 / 寬度 300 / 套用，如圖 8-2-2-53
- 標題 / 附件標題，如圖 8-2-2-53
- 連結 / 媒體檔案，如圖 8-2-2-53
- 樣式 / 圖片 / 邊線圓角半徑 / 5，如圖 8-2-2-54
- 樣式 / 標題 / 對齊 / 左，如圖 8-2-2-55
- 文字色彩 #44504F / 尺寸 15，如圖 8-2-2-55

8-2　一頁式網站 v.s. 多頁式網站

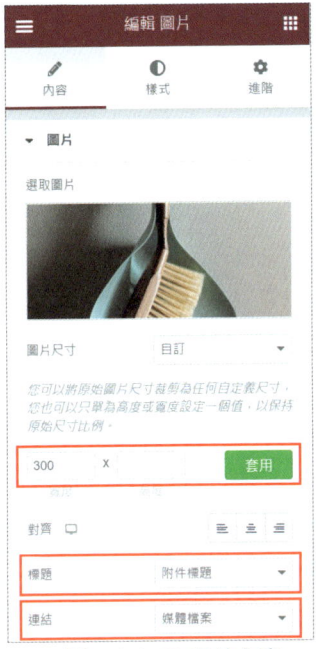

▲ 圖 8-2-2-53 圖片內容

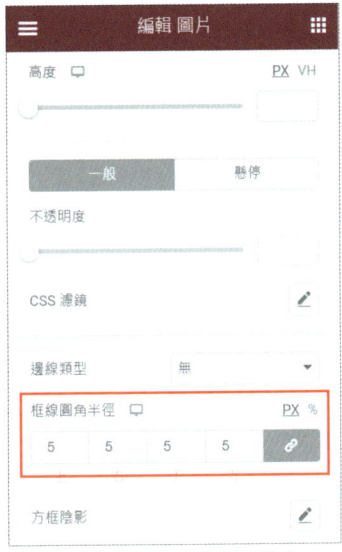

▲ 圖 8-2-2-54 圖片樣式

▲ 圖 8-2-2-55 圖片樣式

第二、三、四欄的元素設定如下：

- 將第一欄的圖片元素複製並貼上，如圖 8-2-2-56 和圖 8-2-2-57

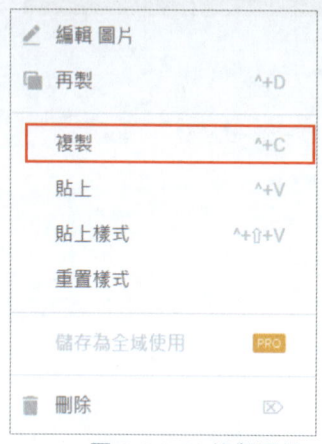

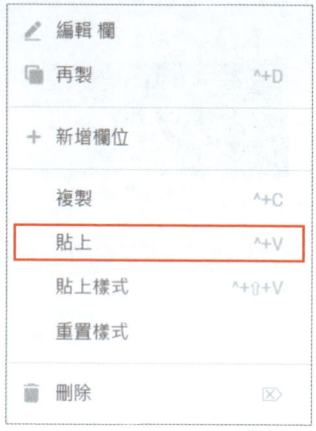

▲ 圖 8-2-2-56 複製圖片　　　　▲ 圖 8-2-2-57 貼上圖片

備註：將游標置於圖片元素上，點選右鍵 / 複製，再到要貼上的欄位點選右鍵 / 貼上，即可貼上圖片元素。

- 內容 / 選取圖片 / 標題和媒體說明文字皆根據參考頁面的內容貼上一樣的文字，並加上題號即可，如圖 8-2-2-58

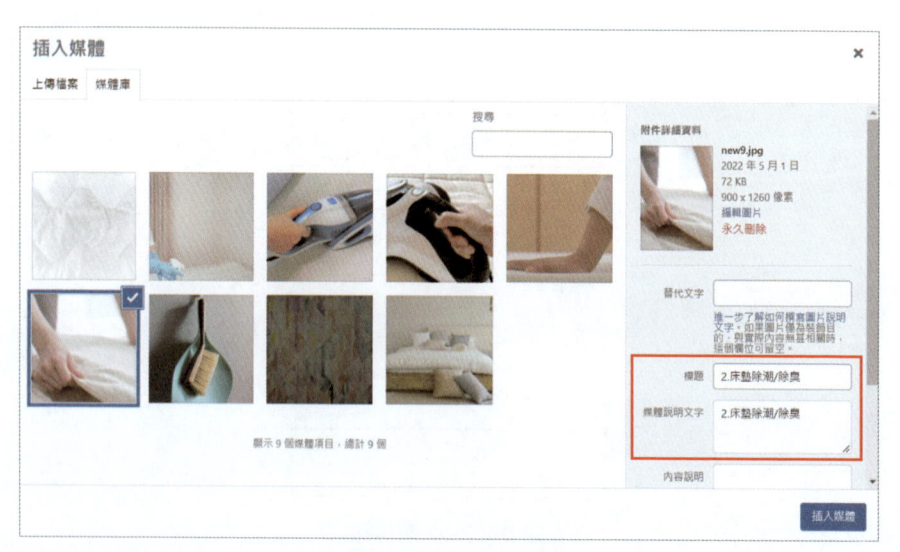

▲ 圖 8-2-2-58 插入媒體

8-66

8-2　一頁式網站 v.s. 多頁式網站

第二列的內部段元素設定如下：

- 將第一列的內部段元素再製，如圖 8-2-2-59 和圖 8-2-2-60

▲ 圖 8-2-2-59 再製內部段　　▲ 圖 8-2-2-60 導覽器

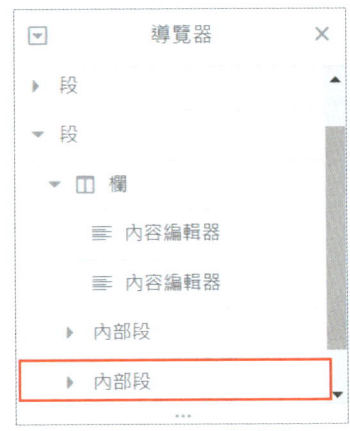

- 刪除第一、四欄的圖片元素，如圖 8-2-2-61 和圖 8-2-2-62

▲ 圖 8-2-2-61 刪除圖片　　▲ 圖 8-2-2-62 導覽器

8-67

CHAPTER 08 範例

第二、三欄的元素設定如下：

- 內容 / 選取圖片 / 標題和媒體說明文字皆根據參考頁面的內容貼上一樣的文字，並加上題號即可，如圖 8-2-2-63

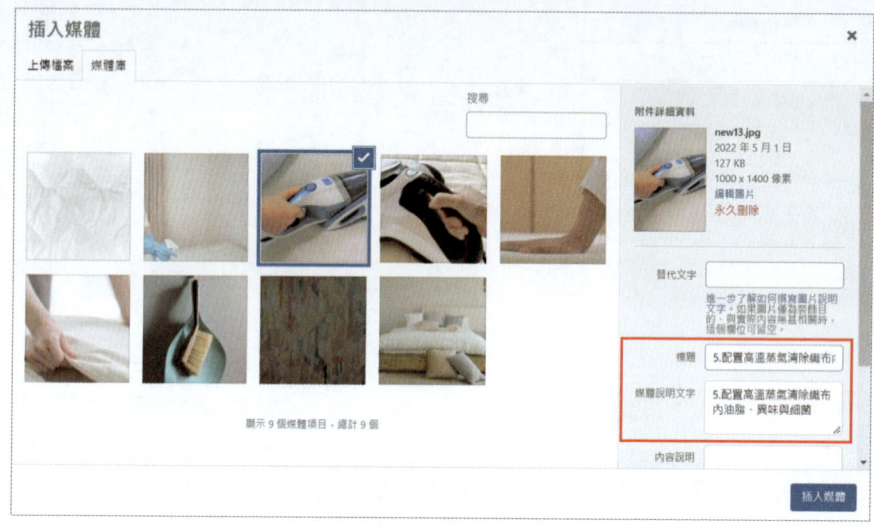

▲ 圖 8-2-2-63 插入媒體

由於要在內容編輯器元素與內部段元素整體的上下保留空白，因此需要在欄元素調整。

欄元素的設定如下：

- 進階 / 邊界 / 上 85 / 下 80，如圖 8-2-2-64

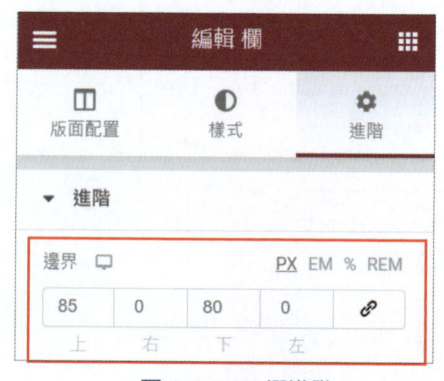

▲ 圖 8-2-2-64 欄進階

8-2 一頁式網站 v.s. 多頁式網站

將以上步驟都設定完成如圖 8-2-2-65，畫面應如圖 8-2-2-38 區域（五）的部分。

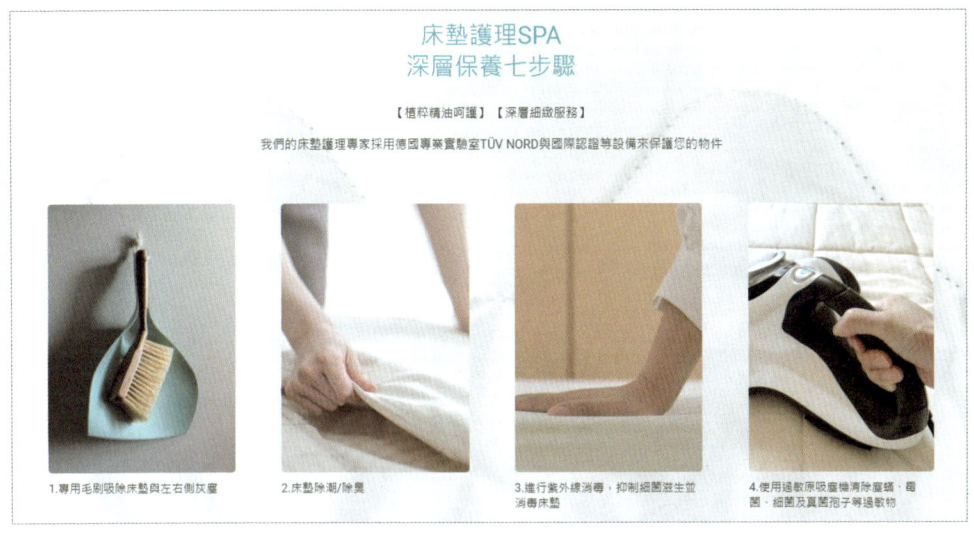

▲ 圖 8-2-2-65 區域（五）設計

由於參考頁面中的區域（六）（圖 8-2-2-66）只是放置圖片來呈現，因此本範例將略過上述區域的頁面設計。

▲ 圖 8-2-2-66 區域（六）

8-69

CHAPTER 08 範例

由於參考頁面中的區域（七）（圖 8-2-2-67）需要與其他外掛共同做使用，如需使用表單外掛，可以參考 8-4 的範例，因此本範例將略過上述區域的頁面設計。

▲ 圖 8-2-2-67 區域（七）

接著，將實作圖 8-2-2-68 的畫面，這個區域有標題文字、line 加入好友的連結、line 分享連結以及連繫方式，line 分享連結可以參考 7-4-1 的外掛使用，所以本範例將略過這部分。

因此，這個區域的實作步驟如下：

▲ 圖 8-2-2-68 區域（八）

8-70

8-2 一頁式網站 v.s. 多頁式網站

點選紅框區域的新增段。

▲ 圖 8-2-2-69 新增段

選擇紅框區域的一欄架構。

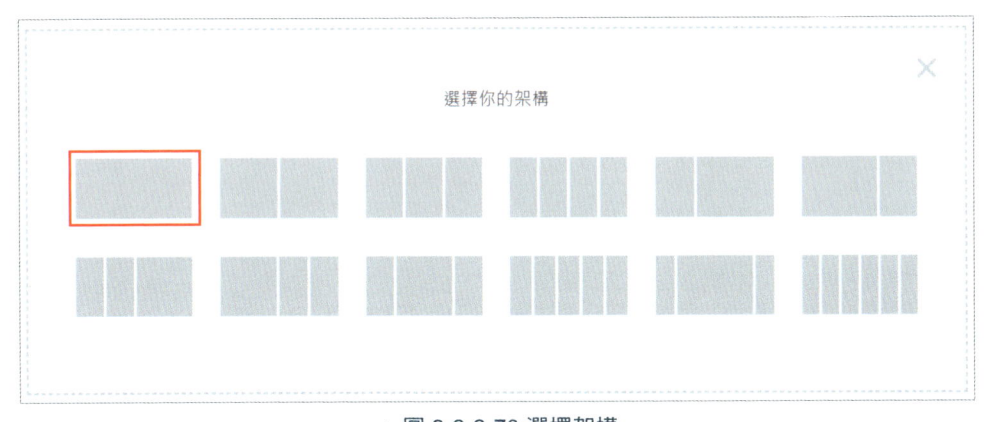

▲ 圖 8-2-2-70 選擇架構

段設定如下：

- 版面配置 / 內容寬度 / 全寬，如圖 8-2-2-71
- 拉伸段 / 是，如圖 8-2-2-71
- 插入標題、社交網路服務圖示、內容編輯器元素，如圖 8-2-2-72

CHAPTER 08 範例

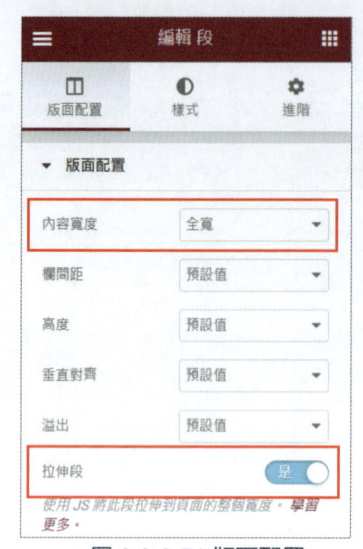

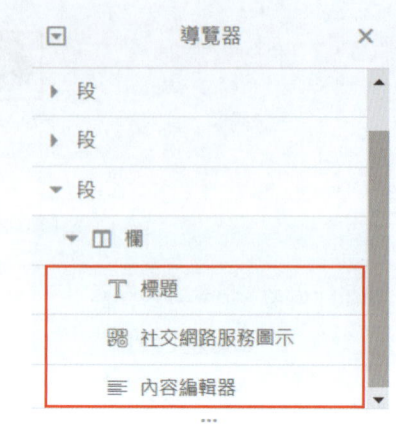

▲ 圖 8-2-2-71 版面配置

▲ 圖 8-2-2-72 導覽器

標題元素設定如下：

- 內容 / HTML 標籤 / H3，如圖 8-2-2-73
- 對齊 / 置中，如圖 8-2-2-73
- 樣式 / 文字色彩 #01BCD4 / 重 500，如圖 8-2-2-74

▲ 圖 8-2-2-73 標題內容

▲ 圖 8-2-2-74 標題樣式

8-72

8-2　一頁式網站 v.s. 多頁式網站

社交網路服務圖示設定如下：

- 將圖示刪除只留下一個，並點選圖示庫，如圖 8-2-2-75

▲ 圖 8-2-2-75 變更圖示

- 選擇全部圖示 / 輸入 line / 點選插入按鈕，如圖 8-2-2-76

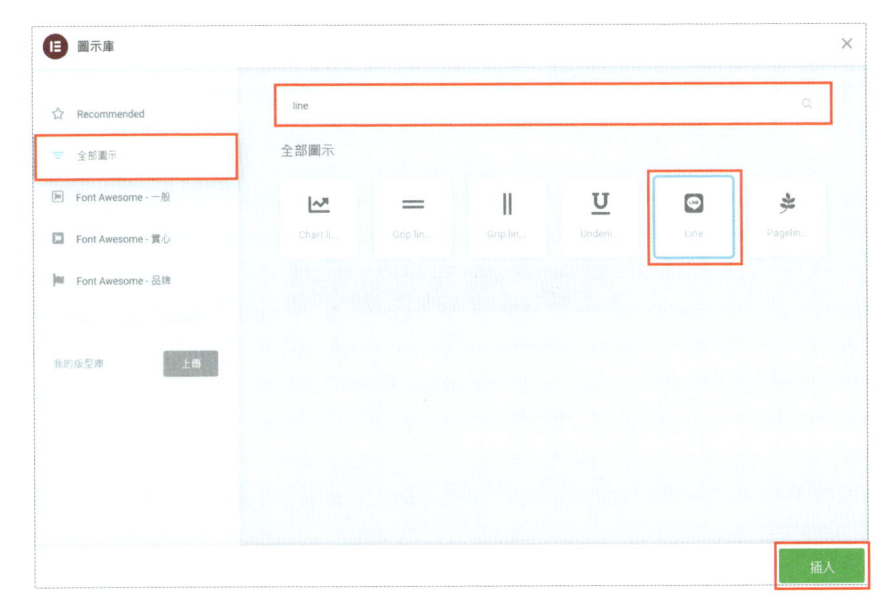

▲ 圖 8-2-2-76 插入圖示

8-73

- 連結 / 輸入加入好友的連結,如圖 8-2-2-77
- 色彩 / 自訂 / 主要顏色 #8BC34A,如圖 8-2-2-77
- 形狀 / 圓形,如圖 8-2-2-77
- 樣式 / 尺寸 25 / 邊框間距 1,如圖 8-2-2-78

▲ 圖 8-2-2-77 圖示內容

▲ 圖 8-2-2-78 圖示樣式

- 進階 / 邊界 / 上 15,如圖 8-2-2-79

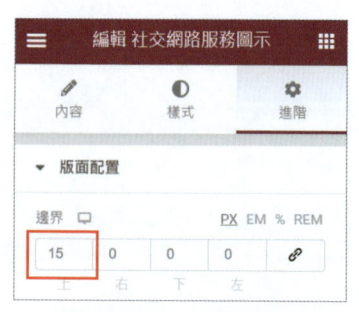

▲ 圖 8-2-2-79 圖示進階

8-2　一頁式網站 v.s. 多頁式網站

內容編輯器的設定如下：

- 內容 / 工具列開關 / 置中對齊，如圖 8-2-2-80
- 樣式 / 文字色彩 #44504F，如圖 8-2-2-81

▲ 圖 8-2-2-80 內容編輯器內容

▲ 圖 8-2-2-81 內容編輯器樣式

- 進階 / 邊界 / 上 30 / 下 50，如圖 8-2-2-82

▲ 圖 8-2-2-82 內容編輯器進階

由於要將標題、社交網路服務圖示以及內容編輯器元素的位置整體下移，因此需要在欄元素調整。

8-75

欄元素的設定如下：

- 進階 / 邊界 / 上 80，如圖 8-2-2-83

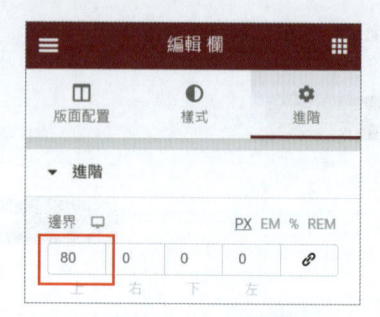

▲ 圖 8-2-2-83 欄進階

將以上步驟都設定完成如圖 8-2-2-84，畫面應如圖 8-2-2-68 區域（八）的部分。

▲ 圖 8-2-2-84 區域（八）設計

由於參考頁面中的導覽列是透明的，因此最後需要更改導覽列的背景顏色。

因此，這個區域的實作步驟如下：

點選外觀 / 自訂 / 附加的 CSS，如圖 8-2-2-87

```
.site-header{
    background-color:rgba(206,191,172, 0.1);
}
```

8-2　一頁式網站 v.s. 多頁式網站

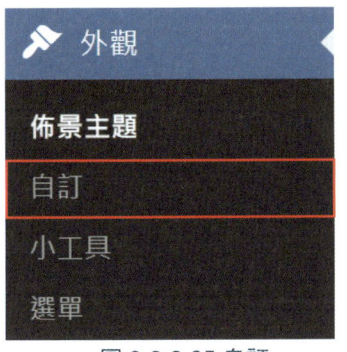

▲ 圖 8-2-2-85 自訂　　　　▲ 圖 8-2-2-86 附加的 CSS

```
1  .site-header{
2    background-color:rgba(206,191,172,
   0.1);
3  }
```

▲ 圖 8-2-2-87 CSS

8-2-3 設定互動 CSS 樣式

以參考頁面為例，選單的連結皆會對應至指定的區域，因此不需要花費太多的時間在捲動整個網頁上。因此我們需為網頁連結加上選單內容，並且設定連結。

🔖 備註：CSS 設定部分可以參考本書第四章節。

因此，這個區域的實作步驟如下：

點選外觀 / 自訂 / 選單 / 建立選單。

8-77

CHAPTER 08 範例

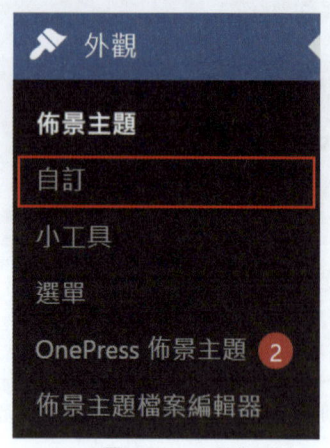

▲ 圖 8-2-3-1 外觀

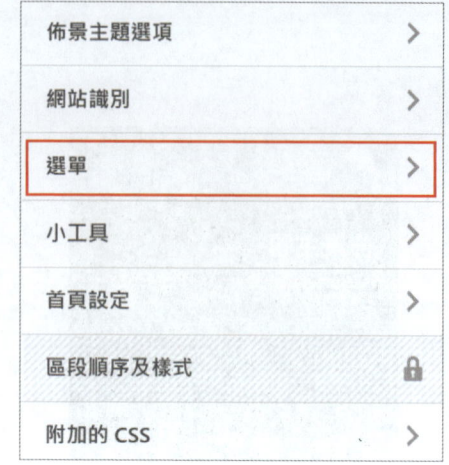

▲ 圖 8-2-3-2 選單

輸入選單名稱 / 勾選主要選單 / 點選下一步。

▲ 圖 8-2-3-3 新增選單

點選新增選單項目 / 自訂連結 / 輸入網址、連結文字 / 點選新增至選單。

8-78

▲ 圖 8-2-3-4 新增項目　　　　　▲ 圖 8-2-3-5 自訂連結

> 💡 小提示：
> 網址設定為 # 開頭 會對應至設定 CSS ID 的段結構。

選單內的自訂連結可依照下表內容依序將網址與連結文字加入。

網址	連結文字
#1	HOME
#2	BRAND
#3	EXPERT

將以上步驟都設定完成之後，就完成圖 8-2-3-6 選單畫面的部分了，由於本範例略過區域（二）、（三）、（六）、（七）的畫面，因此將順序調整如下。

▲ 圖 8-2-3-6 選單畫面

8-2-4 認識多頁式網站

多頁式網站與一頁式網站相反，擁有多個頁面，並透過頁面中的連結來呈現不同頁面給使用者，而與一頁式網站相同的地方在於，他們同樣使用各式各樣的圖片與動態效果來呈現網站，並搭配文字來呈現頁面的內容。

本範例將使用圖 8-2-4-1 的網站作為參考網站進行實作，範例的網址如下：https://knowicon.org/ecase/。

CHAPTER 08 範例

參考的網站包含主題首頁、網站選單以及其他頁面樣式。

本章節實作範例如下：

- 8-2-5 設定主題首頁樣式
- 8-2-6 設定網站選單
- 8-2-7 新增網頁頁面
- 8-2-8 Google Map 樣式教學

> 小提示：
>
> 新增頁面有其他種方式，例如：8-2-6 設定網站選單中提到新增頁面的方式，也可以建立頁面。

備註：本節所使用到的圖片請詳見 8-2-10.jpg、8-2-11.jpg、8-2-12jpg、8-2-13.jpg、8-2-14.jpg、8-2-15.jpg、8-2-16.jpg、8-2-17.jpg、8-2-18.jpg、8-2-19.jpg。

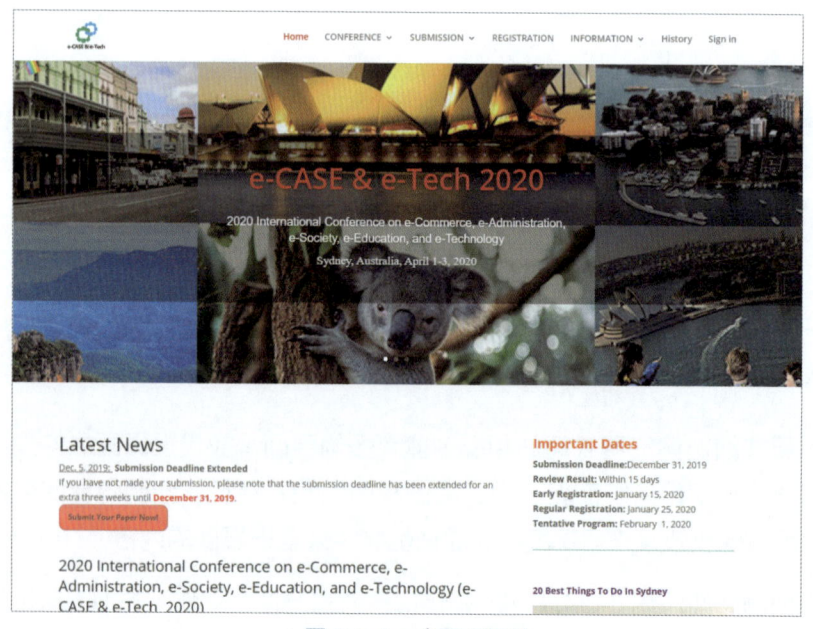

▲ 圖 8-2-4-1 多頁式網站

8-2-5 設定主題首頁樣式

本範例使用 Kotre 佈景主題來實作圖 8-2-4-1 的研討會網站,而該佈景主題也適合用於公司 / 商品網站等…。

首先進行佈景主題的設定,實作的步驟如下:

點選側邊欄的外觀按鈕 / 佈景主題。

▲ 圖 8-2-5-1 側邊欄外觀按鈕

點選安裝佈景主題按鈕。

▲ 圖 8-2-5-2 側邊欄外觀按鈕

搜尋框輸入「Kotre」。

▲ 圖 8-2-5-3 搜尋佈景主題

點選安裝按鈕 / 啟用按鈕,即可完成套用佈景主題。

CHAPTER 08 範例

▲ 圖 8-2-5-4 套用佈景主題

接著就可以開始按照範例製作圖 8-2-4-1 的畫面，頁面的編輯使用 Elementor 外掛來進行修改。

首先實作圖片輪播的效果，實作的步驟如下：

點選側邊欄頁面按鈕 / 全部頁面。

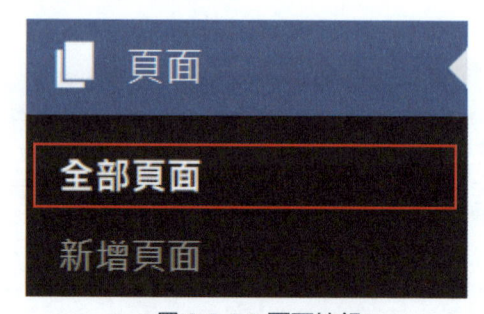

▲ 圖 8-2-5-5 頁面按鈕

點選新增頁面按鈕

▲ 圖 8-2-5-6 點選新增頁面按鈕

8-82

8-2 一頁式網站 v.s. 多頁式網站

輸入標題後,先點選「發佈」按鈕,再點選上方的「使用 Elementor 編輯」按鈕,進入編輯頁面。

▲ 圖 8-2-5-7 輸入標題

> 💡 **小提示:**
> 只有使用 Elementor 編輯過的頁面,才能夠在全部頁面中,點選使用 Elementor 編輯按鈕!

發佈完成後,新增的頁面即會出現在全部頁面中的列表,這個時候就可以將游標移至新增的頁面上,並點選「使用 Elementor 編輯」按鈕,即可進入編輯頁面。

因此,這個區域的實作步驟如下:

點選 使用 Elementor 編輯。

▲ 圖 8-2-5-8 Elementor 編輯按鈕

CHAPTER 08 範例

進入編輯頁面後,點選左下角紅框區域的設定。

▲ 圖 8-2-5-9 點選設定

頁面版面配置選擇 Elementor 全寬。

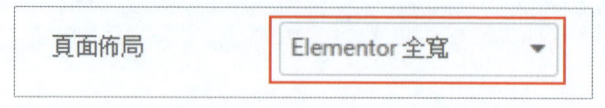

▲ 圖 8-2-5-10 Elementor 全寬

設定完成後,就可以進行導覽列下方圖片輪播區域的實作。

因此,這個區域的實作步驟如下:

點選紅框區域的新增段。

▲ 圖 8-2-5-11 新增段

選擇紅框區域的一欄架構。

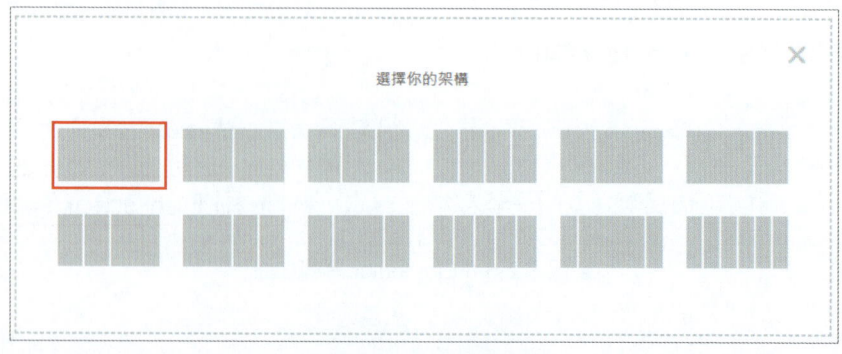

▲ 圖 8-2-5-12 選擇架構

8-84

8-2　一頁式網站 v.s. 多頁式網站

點選紅框區域的按鈕並拖曳。

▲ 圖 8-2-5-13 點選紅框區域按鈕

將段落拖曳至最上方。

▲ 圖 8-2-5-14 拖曳段落

這個區域的段設定如下：

- 版面配置 / 內容寬度 / 全寬，如圖 8-2-5-15
- 拉伸段 / 是，如圖 8-2-5-15

CHAPTER 08 範例

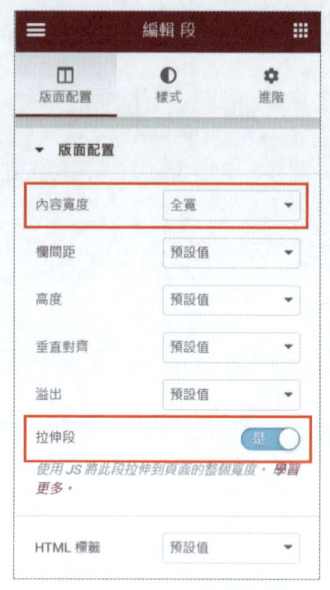

▲ 圖 8-2-5-15 段結構設定

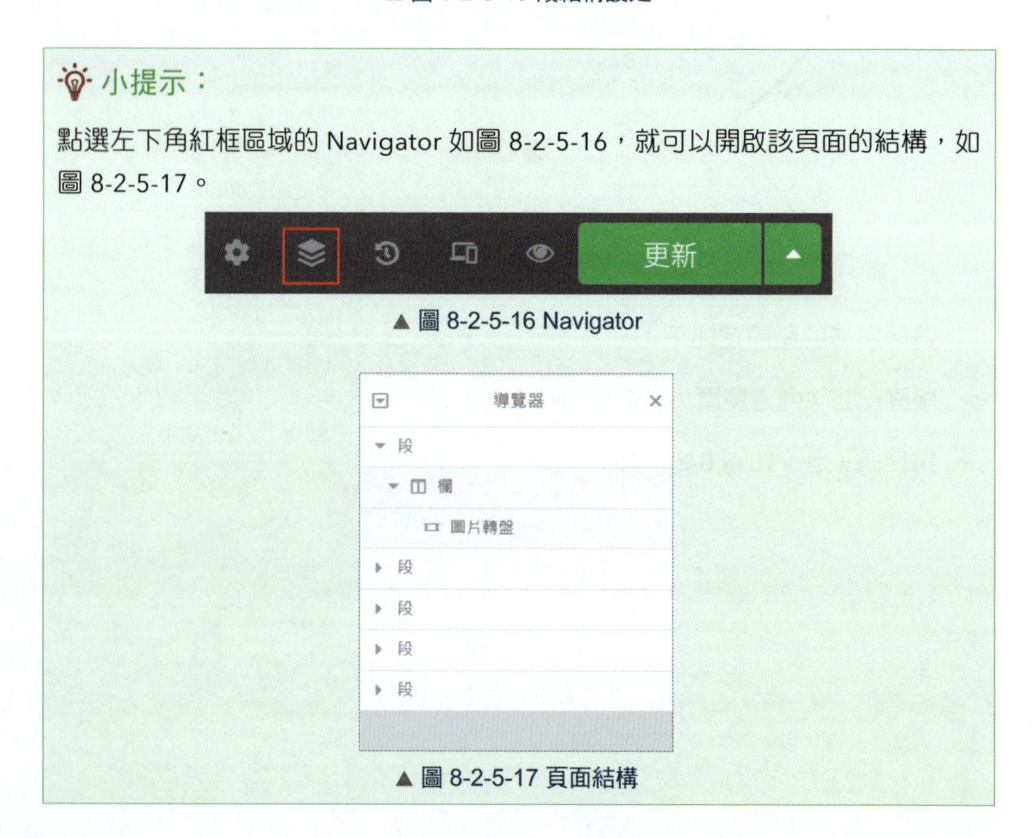

> **小提示：**
>
> 點選左下角紅框區域的 Navigator 如圖 8-2-5-16，就可以開啟該頁面的結構，如圖 8-2-5-17。
>
> ▲ 圖 8-2-5-16 Navigator
>
> ▲ 圖 8-2-5-17 頁面結構

8-86

8-2　一頁式網站 v.s. 多頁式網站

將圖片轉盤元素拖曳至欄位中。

▲ 圖 8-2-5-18 圖片轉盤元素

本範例於此處插入的圖片皆是使用網路服務所提供的圖片。

- 1140 x 600 的尺寸。
- 圖片服務網址：https://picsum.photos/1140/600。

💡 小提示：
圖片服務網址會隨機產生圖片，因此每次使用這個網址都會得到不同的圖片。

圖片轉盤元素的設定如下：

點選紅框區域，如圖 8-2-5-19。

▲ 圖 8-2-5-19 插入圖片

CHAPTER 08 範例

點選 上傳檔案頁籤 / 選取檔案 / 建立圖庫，如圖 8-2-5-20。

▲ 圖 8-2-5-20 建立圖庫

上傳檔案後，選取欲建立的圖片元素後，點選建立圖庫按鈕 / 插入圖庫，如圖 8-2-5-21。

▲ 圖 8-2-5-21 建立圖庫

8-88

8-2 一頁式網站 v.s. 多頁式網站

圖片內容設定如下：

- 內容 / 圖片尺寸 / 自訂 1903 X 500，如圖 8-2-5-22
- 內容 / 顯示幻燈片 / 1，如圖 8-2-5-22
- 內容 / 圖片拉伸 / 是，如圖 8-2-5-22
- 內容 / 其他選項 / 特效 / 淡化，如圖 8-2-5-23
- 內容 / 其他選項 / 自動播放速度 / 2000、動畫速度 / 2000，如圖 8-2-5-23

▲ 圖 8-2-5-22 圖片轉盤內容設定　　▲ 圖 8-2-5-23 圖片轉盤內容設定

- 樣式 / 箭頭位置 / 裡面、點位置 / 裡面，如圖 8-2-5-24。

> 💡 小提示：
> 速度 2000 代表間隔 2 秒。

8-89

CHAPTER 08 範例

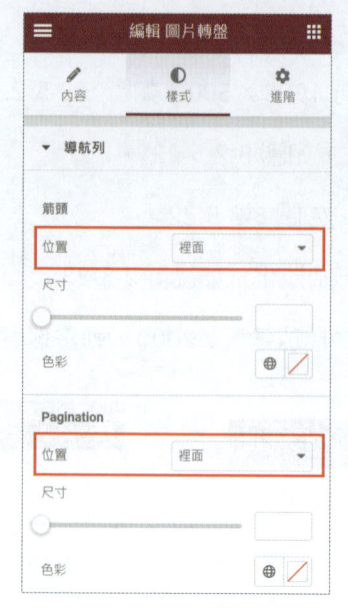

▲ 圖 8-2-5-24 圖片轉盤樣式設定

將以上步驟都設定完成圖片輪播，完成的結果如圖 8-2-5-25。

▲ 圖 8-2-5-25 圖片輪播

本範例將參考頁面以紅框來區分為兩個段落，並依序進行實作。

8-2 一頁式網站 v.s. 多頁式網站

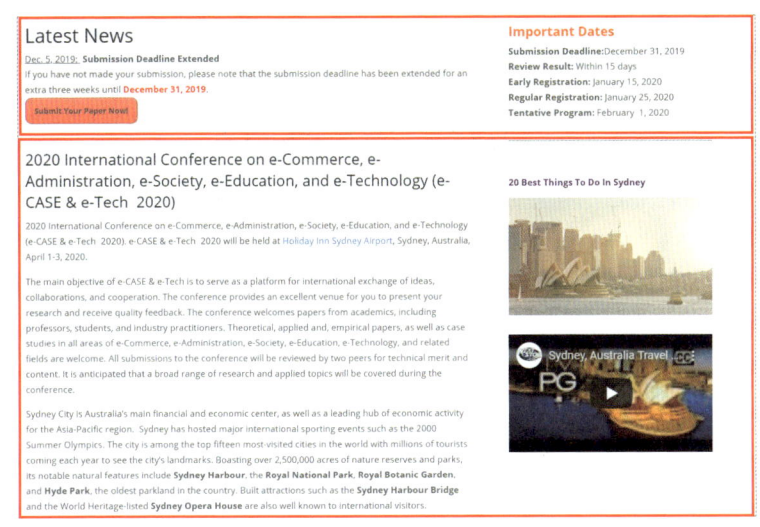

▲ 圖 8-2-5-26 區分段落

依照參考頁面來設計文字內容區域,首先插入兩欄的段結構。

因此,這個區域的實作步驟如下:

- 版面配置 / 拉伸段 / 是,如圖 8-2-5-27
- 左邊欄位依序插入標題、內容編輯器和按鈕元素,如圖 8-2-5-28
- 右邊欄位依序插入標題、內容編輯器和分隔線元素,如圖 8-2-5-28

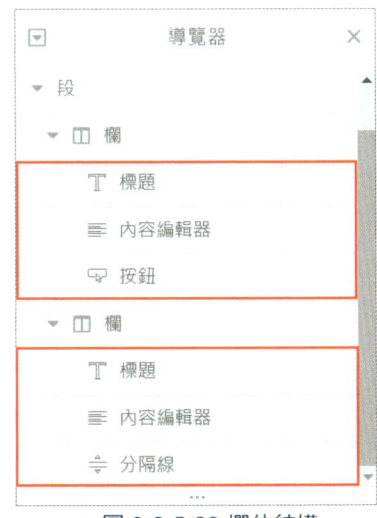

▲ 圖 8-2-5-27 段結構　　▲ 圖 8-2-5-28 欄位結構

8-91

CHAPTER 08 範例

▲ 圖 8-2-5-29 兩欄結構

參考頁面中的內容可直接透過複製文字後,並些微調整樣式即可。

備註:參考頁面中的完整內容詳見 8-2-4.txt。

因此,這個區域的實作步驟如下:

點選導覽器的標題。

▲ 圖 8-2-5-30 導覽器標題

左邊欄位元素設定如下:

- 標題 /「Latest News」,如圖 8-2-5-31
- 文字色彩 / #000000,如圖 8-2-5-32

8-92

8-2　一頁式網站 v.s. 多頁式網站

- 排版 / 重 / 300，如圖 8-2-5-32

▲ 圖 8-2-5-31 標題內容　　▲ 圖 8-2-5-32 標題樣式

點選導覽器的內容編輯器。

▲ 圖 8-2-5-33 導覽器內容編輯器

8-93

CHAPTER 08 範例

文本編輯器

- 文本編輯器 / 複製參考頁面中的內容並貼上，如圖 8-2-5-34
- 點選紅框區域或使用 Shift + Alt + Z 快捷鍵開啟工具列，如圖 8-2-5-34
- 將日期部分以紅字標示，如圖 8-2-5-35

▲ 圖 8-2-5-34 開啟工具列　　▲ 圖 8-2-5-35 紅字標識

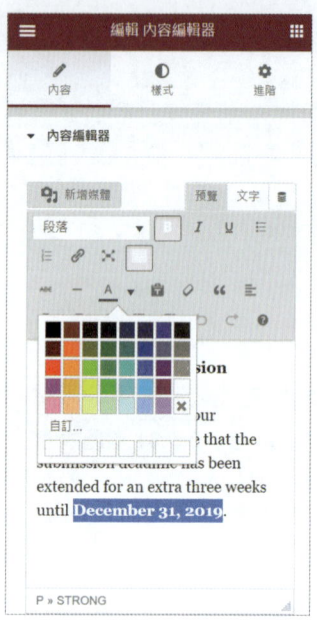

將以上步驟都設定完成之後，完成的結果如圖 8-2-5-36 調整結果。

▲ 圖 8-2-5-36 調整結果

8-94

8-2　一頁式網站 v.s. 多頁式網站

接著變更按鈕的樣式，由於參考頁面中的文字只有以三行文字的方式呈現，而且左右欄的寬度比例也不相同。

因此，這個區域的實作步驟如下：

點選段 / 結構 / 選擇 66,33 的佈局，如圖 8-2-5-38。

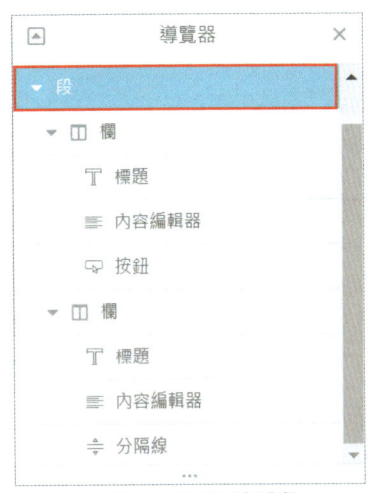

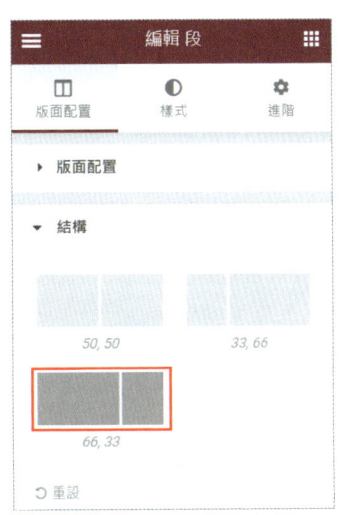

▲ 圖 8-2-5-37 點選段　　　　　　　▲ 圖 8-2-5-38 選擇佈局

點選欄 / 欄寬度 / 72，如圖 8-2-5-40。

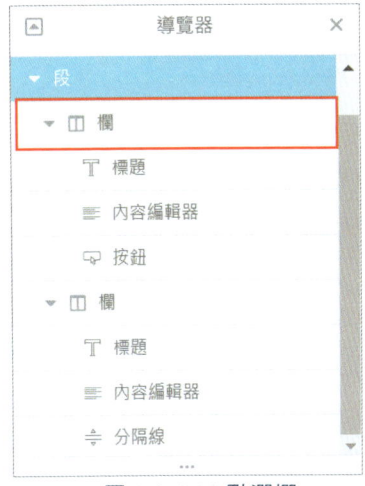

▲ 圖 8-2-5-39 點選欄　　　　　　　▲ 圖 8-2-5-40 欄寬度

8-95

按鈕元素的設定如下：

- 內容 / 類型 / 危險，如圖 8-2-5-42

- 內容 / 文字 / 輸入 / Submit Your Paper Now!，如圖 8-2-5-42

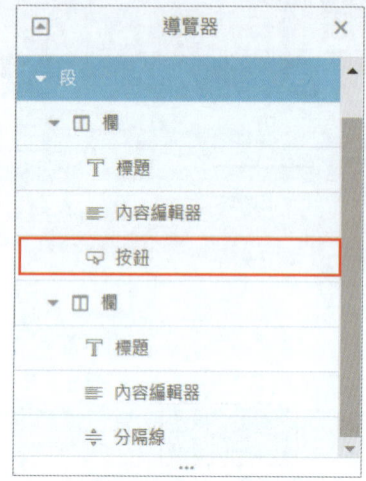

▲ 圖 8-2-5-41 點選按鈕　　▲ 圖 8-2-5-42 按鈕內容

點選樣式，實作的步驟如下：

- 樣式 / 文字色彩 / #9A3E3E，如圖 8-2-5-43

- 樣式 / 連線類型 / 實線，如圖 8-2-5-43

- 樣式 / 寬度 1，如圖 8-2-5-43

- 樣式 / 色彩 / #D85353，如圖 8-2-5-43

- 樣式 / 框線圓角半徑 / 10，如圖 8-2-5-43

- 進階 / 位置 / 絕對，如圖 8-2-5-44

- 進階 / 垂直方向 / 下，如圖 8-2-5-44

8-2 一頁式網站 v.s. 多頁式網站

▲ 圖 8-2-5-43 按鈕樣式

▲ 圖 8-2-5-44 按鈕位置

右邊欄位元素設定如下：

標題

- 標題 /「Important Dates」，如圖 8-2-5-45
- 內容 / 尺寸 / Large，如圖 8-2-5-45
- 樣式 / 文字色彩 / #FF9200，如圖 8-2-5-46
- 樣式 / 排版樣式 / 重 / 500，如圖 8-2-5-46

8-97

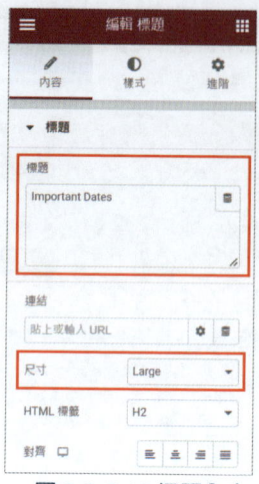

▲ 圖 8-2-5-45 標題內容　　　　▲ 圖 8-2-5-46 標題樣式

　　而將參考頁面的文字貼入後，如圖 8-2-5-47，會造成第一行顯示的文字會因為內容過長而換行，但這樣的呈現方式不是我們想要的結果，因此需要將右邊欄位的寬度做調整。

　　因此，這個區域的實作步驟如下：

欄寬度 / 28.63，如圖 8-2-5-48

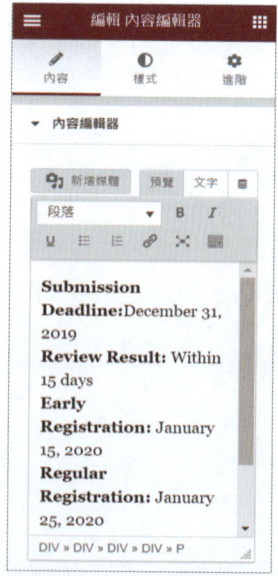

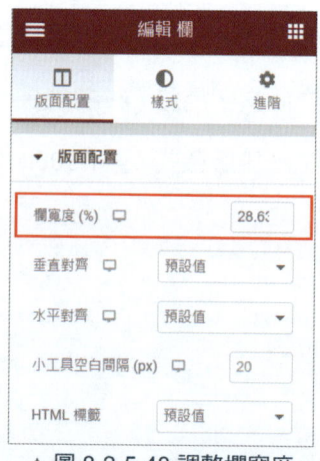

▲ 圖 8-2-5-47 貼入文字　　　　▲ 圖 8-2-5-48 調整欄寬度

8-98

8-2　一頁式網站 v.s. 多頁式網站

而當右邊欄位的寬度變動後，原先設定的按鈕位置也會跟著變動，因此這邊的按鈕位置也需要調整。

因此，這個區域的實作步驟如下：

點選按鈕 / 進階 / 版面配置 / 垂直方向 / 偏移量 / 70，如圖 8-2-5-49

▲ 圖 8-2-5-49 按鈕位置

接著進行分隔線的樣式設定。

分隔線元素的設定如下：

點選分隔線 / 樣式 / 顏色 / #7EBEC5，如圖 8-2-5-50

8-99

CHAPTER 08 範例

▲ 圖 8-2-5-50 分隔線樣式

將以上步驟都設定完成之後，完成的結果如下。

▲ 圖 8-2-5-51 完成結果

接下來，還需要將其他的段落結構，根據參考頁面的呈現內容進行設計。由於和前面設定的第一段和第二段的欄位寬度相同，因此，只需要將前面設計好的段落結構，複製並修改即可完成。

8-100

因此，這個區域的實作步驟如下：

點選紅框區域 / Ctrl + C(複製) / Ctrl + V(貼上)。

▲ 圖 8-2-5-52 複製段結構

並將剛剛設計的段結構元素進行修改。

因此，這個區域的實作步驟如下：

- 將左邊欄位的元素更換為標題、內容編輯器元素。
- 將右邊欄位的元素更換為標題、圖片和影音元素。

▲ 圖 8-2-5-53 段結構元素

左邊欄位元素設定如下：

標題

- 標題 / 根據參考頁面的內容貼入即可，如圖 8-2-5-54
- 尺寸 / Large，如圖 8-2-5-54
- 樣式 / 文字色彩 / #000000（黑色），如圖 8-2-5-55
- 樣式 / 排版 / 重 / 300，如圖 8-2-5-55

CHAPTER 08 範例

▲ 圖 8-2-5-54 標題內容 　　　▲ 圖 8-2-5-55 標題樣式

文本編輯器

- 內容 / 複製參考頁面中的內容並貼上
- 選取超連結文字 / 文字色彩 / 自訂 / #2EA3F2，如圖 8-2-5-56
- 樣式 / 文字色彩 #000000，如圖 8-2-5-57
- 樣式 / 排版樣式 / 尺寸 14PX，如圖 8-2-5-57
- 樣式 / 排版樣式 / 重 200，如圖 8-2-5-57

▲ 圖 8-2-5-56 內容編輯器內容 　　　▲ 圖 8-2-5-57 內容編輯器樣式

8-102

8-2 一頁式網站 v.s. 多頁式網站

右邊欄位元素設定如下：

- 標題 / 根據參考頁面的內容貼入即可，如圖 8-2-5-58

- 尺寸 / Small，如圖 8-2-5-58

- 樣式 / 文字色彩 #800080，如圖 8-2-5-59

▲ 圖 8-2-5-58 標題內容　　▲ 圖 8-2-5-59 標題樣式

本範例於此處插入的圖片皆是使用網路服務所提供的圖片。

- 320 x 180 的尺寸

- 圖片服務網址：https://picsum.photos/320/180

> **小提示：**
> 圖片服務網址會隨機產生圖片，因此每次使用這個網址都會得到不同的圖片。

點選紅框區域 / 上傳檔案頁籤 / 選取檔案 / 插入媒體。

CHAPTER 08 範例

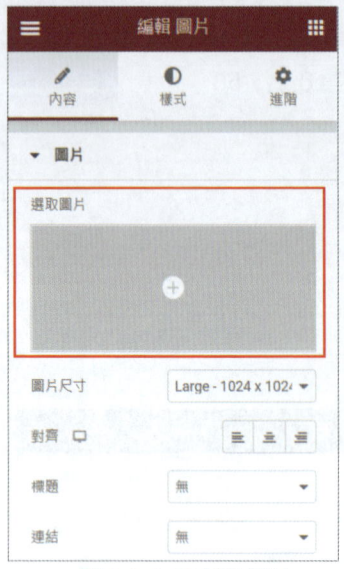

▲ 圖 8-2-5-60 插入圖片　　　　　　　▲ 圖 8-2-5-61 圖片設定

將影音元素放置在圖片元素下方，即可完成此段設計。完成的結果如圖 8-2-5-62 段結構設計。

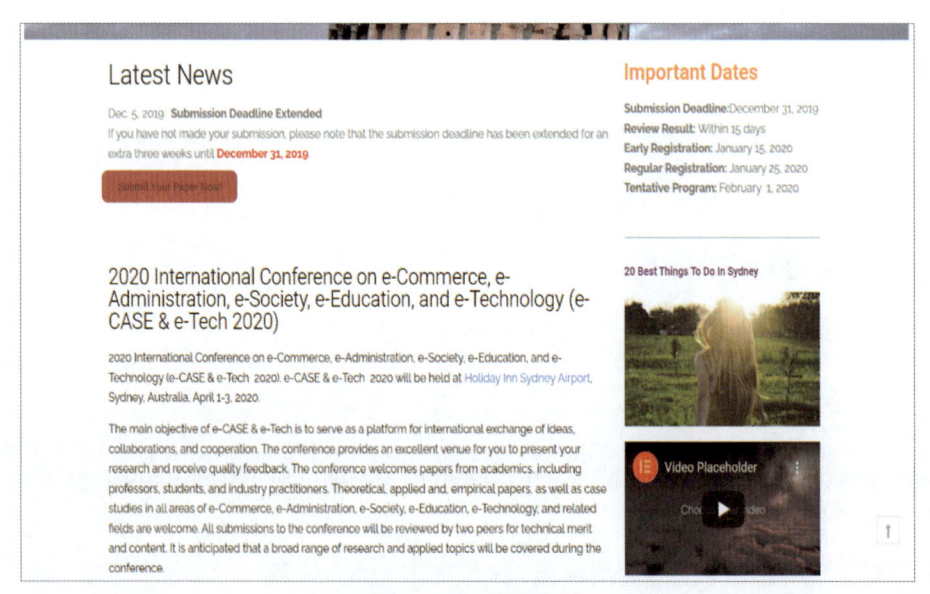

▲ 圖 8-2-5-62 段結構設計

8-104

接下來第三段的結構設計，只需要新增一欄的結構即可。

因此，這個區域的實作步驟如下：

- 點選導覽器的段 / 拉伸段 / 是，如圖 8-2-5-63

▲ 圖 8-2-5-63 段結構版面配置

接著，將分隔線元素插入此段結構後即可完成此段設計，完成的結果如圖 8-2-5-64 段結構設計。

▲ 圖 8-2-5-64 段結構設計

接下來，第四段的結構設計，需要兩個欄位的段結構。

因此，這個區域的實作步驟如下：

- 點選導覽器的段 / 拉伸段 / 是，如圖 8-2-5-65
- 左邊欄位插入標題元素
- 右邊欄位無須特別設定

▲ 圖 8-2-5-65 段結構版面配置

標題元素的設定如下：

- 標題 / Conference Chairs，如圖 8-2-5-66
- 樣式 / 文字色彩 #000000，如圖 8-2-5-67
- 樣式 / 排版樣式 / 重 / 300，如圖 8-2-5-67

8-2 一頁式網站 v.s. 多頁式網站

▲ 圖 8-2-5-66 標題內容

▲ 圖 8-2-5-67 標題樣式

將以上步驟都設定完成之後，完成的結果如下。

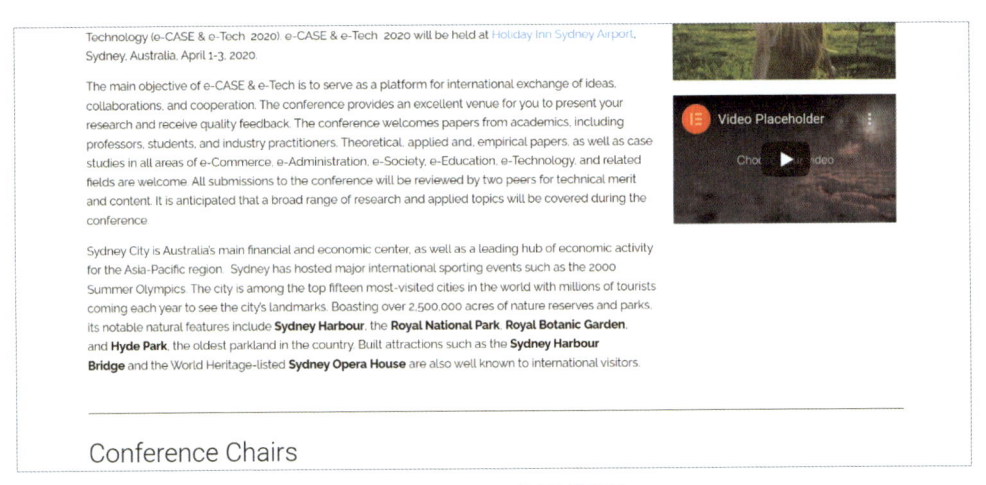

▲ 圖 8-2-5-68 段結構設計

接下來，第五段的結構設計，需要四個欄位的段結構。

這個區域的段設定如下：

- 點選導覽器的段 / 拉伸段 / 是，如圖 8-2-5-69

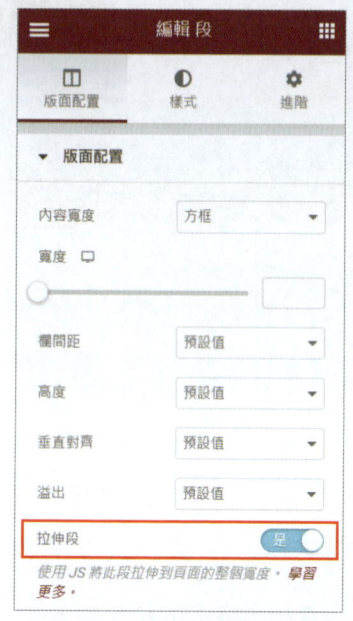

▲ 圖 8-2-5-69 段結構版面配置

本範例使用的圖片元素，皆使用網路服務所提供的圖片。

- 225 x 225 的尺寸。
- 圖片服務網址：https://picsum.photos/225/225。
- 第一欄插入圖片、內容編輯器
- 第二欄插入圖片、內容編輯器
- 第三欄無須設定
- 第四欄無須設定

> 💡 小提示：
>
> 圖片服務網址會隨機產生圖片，因此每次使用這個網址都會得到不同的圖片。

8-2 一頁式網站 v.s. 多頁式網站

圖片元素的設定如下：

點選紅框區域 / 上傳檔案頁籤 / 選取檔案 / 插入媒體，如圖 8-2-5-70

▲ 圖 8-2-5-70 插入圖片　　▲ 圖 8-2-5-71 圖片設定

將參考頁面中的內容依序貼入內容編輯器元素之後，即可完成此段的設計，完成的結果如下。

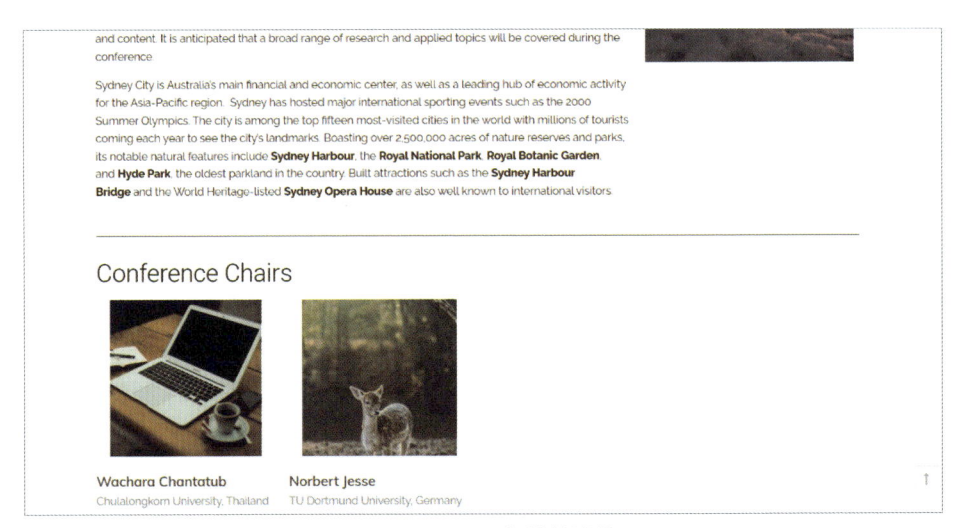

▲ 圖 8-2-5-72 段結構設計

8-109

CHAPTER 08 範例

第六段的結構設計，需要兩個欄位的段結構。

因此，這個區域的實作步驟如下：

- 點選導覽器的段 / 拉伸段 / 是，如圖 8-2-5-73
- 左邊欄位插入標題元素
- 右邊欄位無須設定

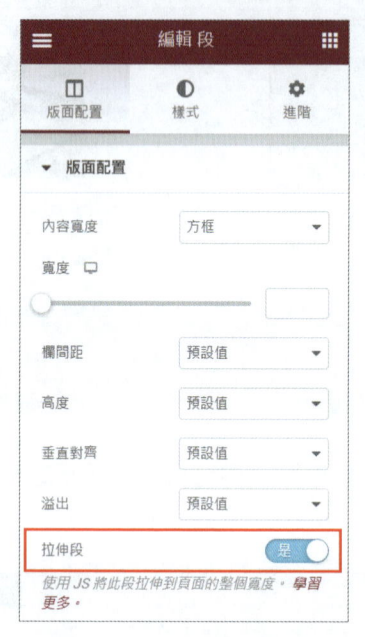

▲ 圖 8-2-5-73 段結構版面配置

標題元素的設定如下：

- 標題 / Invited Guests，如圖 8-2-5-74
- 樣式 / 文字色彩 #000000，如圖 8-2-5-75
- 排版樣式 / 重 / 300，如圖 8-2-5-75

▲ 圖 8-2-5-74 標題內容　　　▲ 圖 8-2-5-75 標題樣式

將以上步驟都設定完成之後，完成的結果如圖 8-2-5-76 段結構設計。

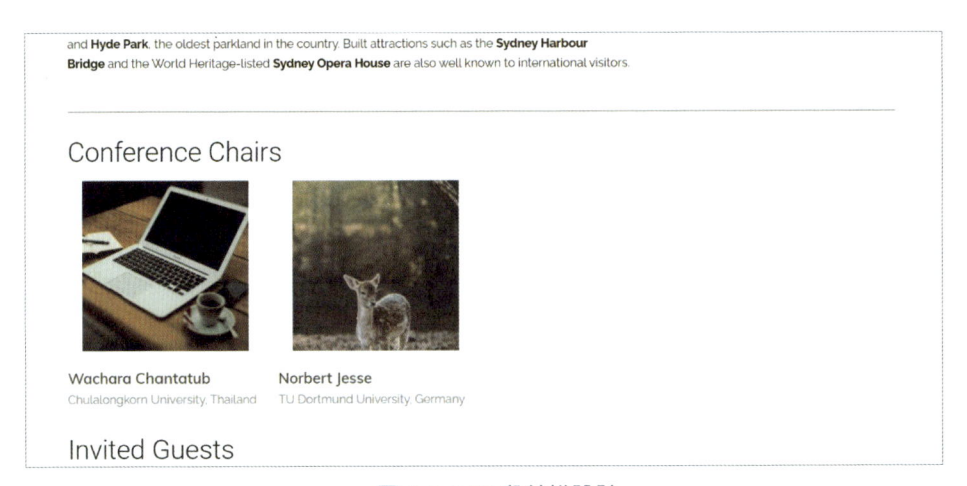

▲ 圖 8-2-5-76 段結構設計

第七段的結構設計，需要四個欄位的段結構。

因此，這個區域的實作步驟如下：

- 點選導覽器的段 / 拉伸段 / 是，如圖 8-2-5-77

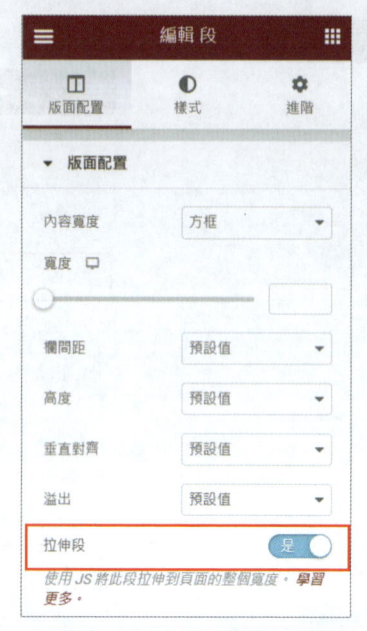

▲ 圖 8-2-5-77 段結構版面配置

- 第一欄插入圖片、內容編輯器元素
- 第二欄插入圖片、內容編輯器元素
- 第三欄插入圖片、內容編輯器元素
- 第四欄插入圖片、內容編輯器元素

本範例使用的圖片元素，皆使用網路服務所提供的圖片。

- 225 x 225 的尺寸。
- 圖片服務網址：https://picsum.photos/225/225。

> 💡 **小提示**：
>
> 圖片服務網址會隨機產生圖片，因此每次使用這個網址都會得到不同的圖片。

圖片元素的設定如下：

點選紅框區域 / 上傳檔案頁籤 / 選取檔案 / 插入媒體，如圖 8-2-5-78

8-2 一頁式網站 v.s. 多頁式網站

　　四個欄位的插入圖片步驟相同，因此圖片元素的設定重覆以上步驟進行即可。

▲ 圖 8-2-5-78 插入圖片　　　　▲ 圖 8-2-5-79 圖片設定

　　將參考頁面中的內容依序貼入內容編輯器元素之後，即可完成此段的設計，完成的結果如圖 8-2-5-80 段結構設計。

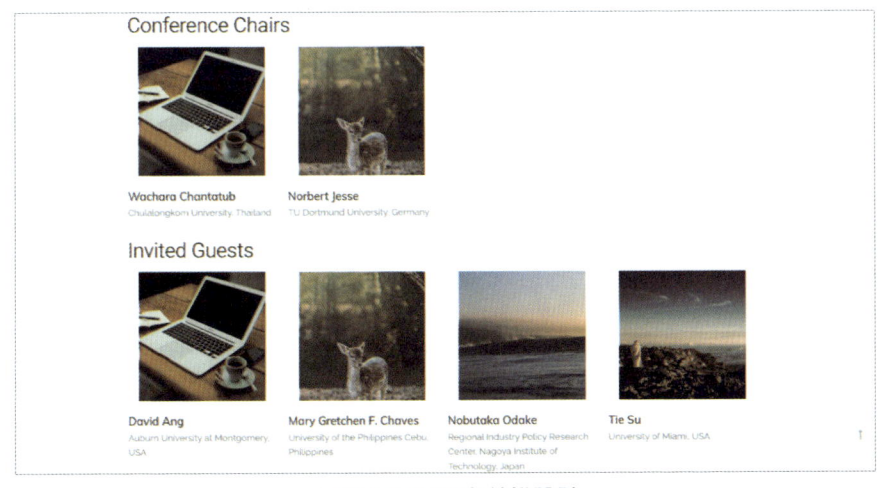

▲ 圖 8-2-5-80 段結構設計

8-113

CHAPTER 08 範例

頁面設計完成後,點選紅框區域的更新按鈕,即可將設計完成的頁面的更新。

▲ 圖 8-2-5-81 更新按鈕

再來點選左上角紅框區域,並點選退出回到儀表板按鈕即可返回控制台頁面。

▲ 圖 8-2-5-82 紅框區域

▲ 圖 8-2-5-83 返回儀表板按鈕

最後設定網站頁首的樣式,將背景與字型顏色進行更換,如圖 8-2-5-84

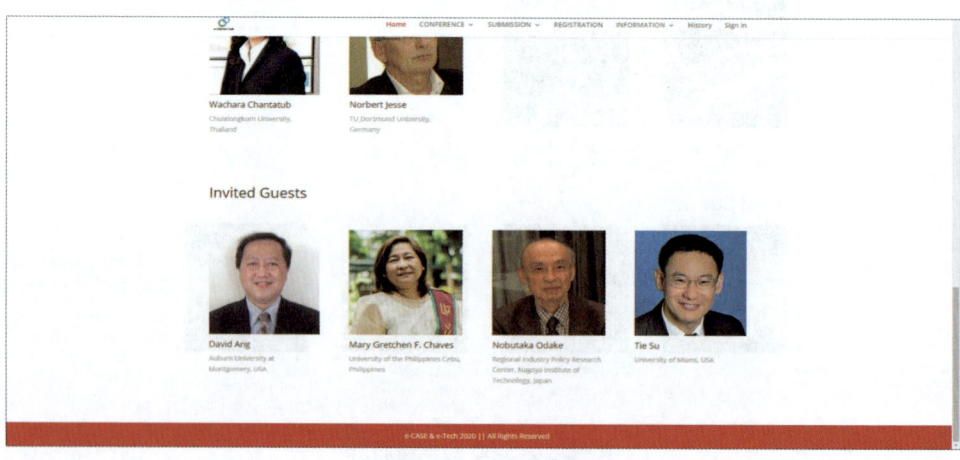

▲ 圖 8-2-5-84 頁首樣式

8-114

因此，這個區域的實作步驟如下：

點選外觀 / 佈景主題編輯器 / 點選佈景主題頁尾 (footer.php)，如圖 8-2-5-86。

> 💡 **小提示：**
> 若出現警告訊息，點選已瞭解這項操作的風險即可關閉。

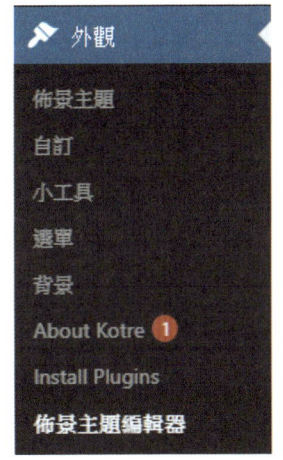

▲ 圖 8-2-5-85 佈景主題編輯器　　▲ 圖 8-2-5-86 佈景主題頁尾

進入後找到對應行數的程式碼，並將內容更換成紅框區域內的文字。

```php
21  <?php get_template_part( 'template-parts/footer-widgets' ); ?>
22
23  <footer id="colophon" class="site-footer" role="contentinfo">
24      <div class="container-full">
25          <div class="site-footer-wrap">
26              e-CASE & e-Tech 2020 || All Rights Reserved
27          </div>
28      </div><!-- .container -->
29  </footer><!-- #colophon -->
30  </div><!-- #page -->
```

▲ 圖 8-2-5-87 修改頁尾

點選外觀 / 自訂 / 附加的 CSS。並輸入以下 CSS 語法，即可修改頁首的樣式，如圖 8-2-5-89。

▲ 圖 8-2-5-88 自訂　　　　　　　　▲ 圖 8-2-5-89 附加的 CSS 連結

將以下 CSS 語法貼入 WordPress 提供的編輯器。

```
#colophon{
background:#e02b20;                // 設定背景顏色
    color:#ffffff;                 // 設定文字顏色
    padding-bottom:0;              // 設定與內距下方位置
    text-align:center;             // 設定文字位置 (center 置中)
    margin-top:50px                // 設定與外距上方位置
}
.site-footer-wrap{
    padding:15px 0 5px             // 設定與內距上、右、下方位置
}
```

點選發佈後，主題首頁樣式就設定完成了。

▲ 圖 8-2-5-90 附加 CSS 樣式

8-2 一頁式網站 v.s. 多頁式網站

將以上步驟都設定完成之後，完成的結果如圖 8-2-5-91 頁尾樣式。

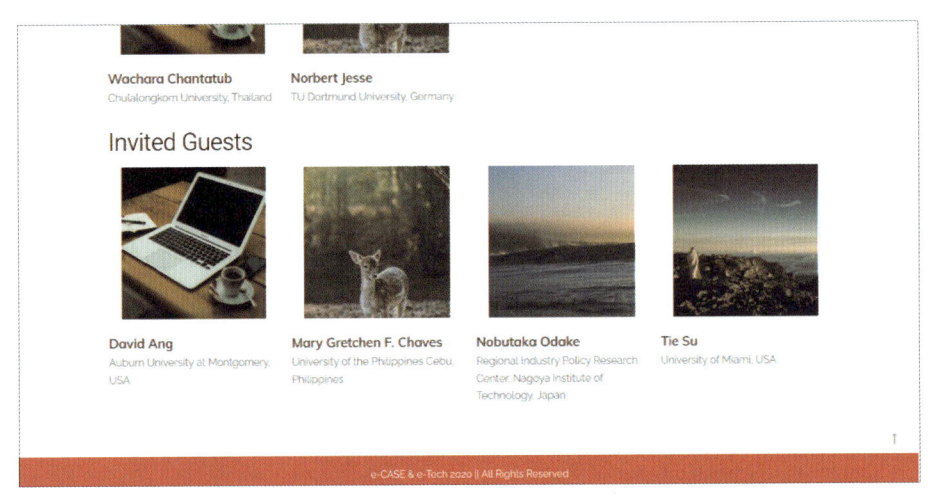

▲ 圖 8-2-5-91 頁尾樣式

8-2-6 設定網站選單

網站的選單往往能發揮帶領訪客的作用，清楚明瞭的網站選單能讓訪客不會在網站中迷路，並且能迅速帶領訪客至對應內容的頁面。

因此，這個區域的實作步驟如下：

點選外觀 / 自訂 / 選單 / 建立選單按鈕，如圖 8-2-6-2。

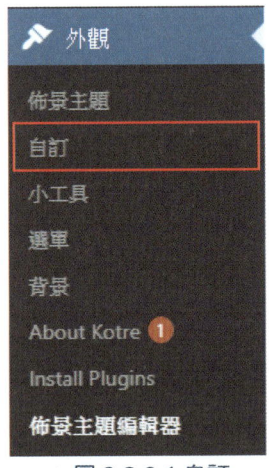

▲ 圖 8-2-6-1 自訂 　　　　　　▲ 圖 8-2-6-2 選單

CHAPTER 08 範例

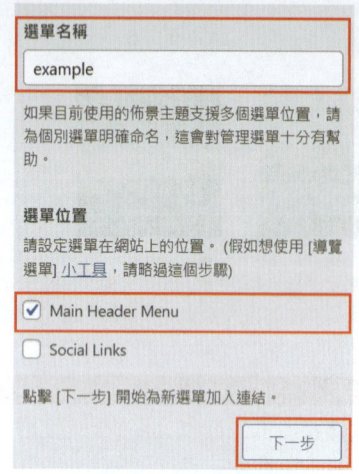

輸入選單名稱 / 勾選 Main Header Menu / 點選下一步 / 新增選單項目，如圖 8-2-6-3。

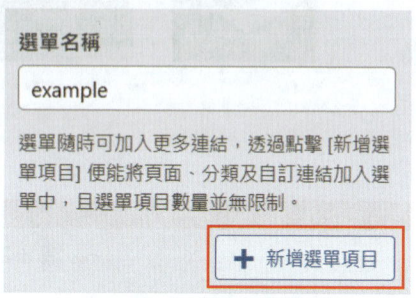

▲ 圖 8-2-6-3 建立選單　　　　▲ 圖 8-2-6-4 新增選單項目

- 選擇自訂連結 / 輸入網址、連結文字 / 新增至選單，如圖 8-2-6-5
- 選擇頁面 / 輸入頁面名稱 / 新增，如圖 8-2-6-6

▲ 圖 8-2-6-5 建立自訂連結　　　　▲ 圖 8-2-6-6 建立頁面

接下來，依照下表內容依序將自訂連結與頁面加入選單內。

	網址	連結文字	頁面名稱
自訂連結	#1	CONFERENCE	
頁面			Call for Papers
			International Committee
			Important Dates
			Awards and Proceedings
			Conference Schedule
	網址	連結文字	頁面名稱
自訂連結	#2	SUBMISSION	
頁面			Online Submissions
			Style Guide for Authors (Full Paper)
			Style Guide for Authors (Abstract)
	網址	連結文字	頁面名稱
自訂連結	#4	INFORMATION	
頁面			Conference Venue
			About Sydney
			Information for Presenters
			Contact Us
			頁面名稱
頁面			REGISTRATION
			History
			Sign in

將上表內容依序輸入完成後，點選重新排序按鈕即可移動選單項目的順序。

▲ 圖 8-2-6-7 重新排序

點選紅框區域的按鈕可調整選單順序，依箭頭順序的功能分別為排序往前、排序往後、階層往上、階層往下，如圖 8-2-6-8。

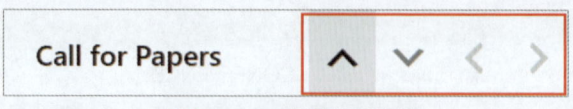

▲ 圖 8-2-6-8 調整選單順序

接下來為選單項目建立子選單項目。

因此，這個區域的實作步驟如下：

將選單項目移至選單項目下方後／點選紅框區域按鈕，即可設定該選單項目的子選單，如圖 8-2-6-9。

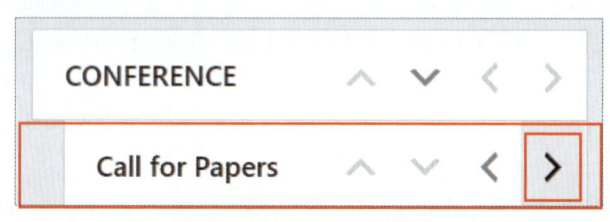

▲ 圖 8-2-6-9 設定子選單項目

依照順序將參考頁面中的選單加入並且排列後，完成的結果如下。

▲ 圖 8-2-6-10 導覽列

由於參考頁面中所呈現的導覽列，並不存在搜尋的功能，因此我們在這邊將搜尋的功能移除。

8-120

這個區域的實作步驟如下：

點選外觀 / 自訂 / Theme Options，如圖 8-2-6-11、圖 8-2-6-12。

▲ 圖 8-2-6-11 自訂

▲ 圖 8-2-6-12 Theme Options

接著點選 Main Header，如圖 8-2-6-13，並且取消 Show Search Form 的勾選狀態後如圖 8-2-6-14，即可將導覽列上的搜尋功能移除。

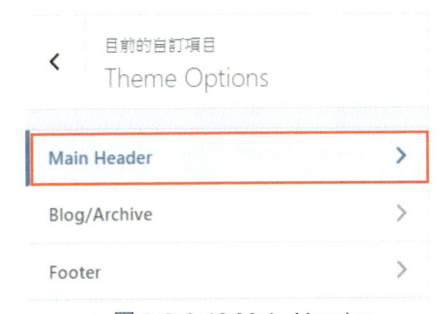

▲ 圖 8-2-6-13 Main Header

▲ 圖 8-2-6-14 取消勾選

根據參考頁面所示，網站左上方的區域放置標誌性的圖片，因此以下將進行網站標誌圖片的設定。

這個區域的實作步驟如下：

點選外觀 / 自訂 / 網站識別，如圖 8-2-6-16。

▲ 圖 8-2-6-15 自訂

▲ 圖 8-2-6-16 Theme Options

接著，點選選取標誌 / 紅框區域的選取標誌 / 上傳檔案頁籤。

本範例使用的圖片元素，皆使用網路服務所提供的圖片。

- 77 x 43 的尺寸
- 圖片服務網址：https://picsum.photos/77/43

> 小提示：
>
> 圖片服務網址會隨機產生圖片，因此每次使用這個網址都會得到不同的圖片。

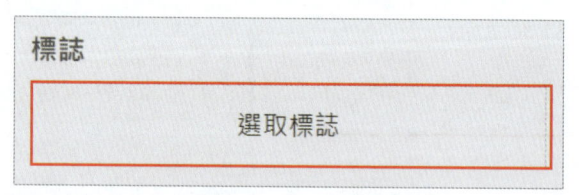

▲ 圖 8-2-6-17 選取標誌

如果需要截取特定區域的圖片內容作為標誌圖片，則可以透過拖曳虛線的方框部分，如圖 8-2-6-18，並點選裁剪圖片，即可完成裁剪圖片。

▲ 圖 8-2-6-18 拖曳虛線方框

▲ 圖 8-2-6-19 裁剪圖片

完成圖片的裁剪後，勾選 Logo Only 選項後，即可點選發佈，此處如果點選的設定不是 Logo Only 時，則網站不會顯示前面所設定的網誌圖片。

▲ 圖 8-2-6-20 Logo Only 選項

將以上步驟都設定完成之後，完成的結果如下。

▲ 圖 8-2-6-21 網站選單

8-2-7 新增網頁頁面

多頁式網站是由多個頁面所組合而成的,而本範例將會使用 Elementor 外掛進行頁面的新增與編輯。

因此,這個區域的實作步驟如下:

點選側邊欄頁面按鈕 / 全部頁面,如圖 8-2-7-1。

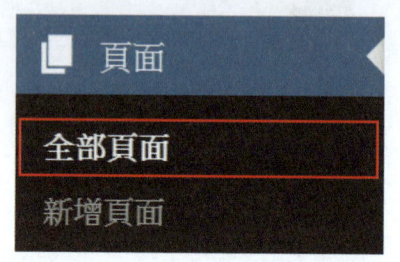

▲ 圖 8-2-7-1 側邊欄頁面按鈕

點選紅框區域的新增頁面 / 使用 Elementor 編輯按鈕,即可進入該頁面的編輯畫面。

▲ 圖 8-2-7-2 新增頁面　　▲ 圖 8-2-7-3 Elementor 編輯按鈕

將以上步驟都設定完成之後,新增成功的頁面如下。

> 💡 **小提示:**
> 後面的數字為系統亂數產生。

8-2　一頁式網站 v.s. 多頁式網站

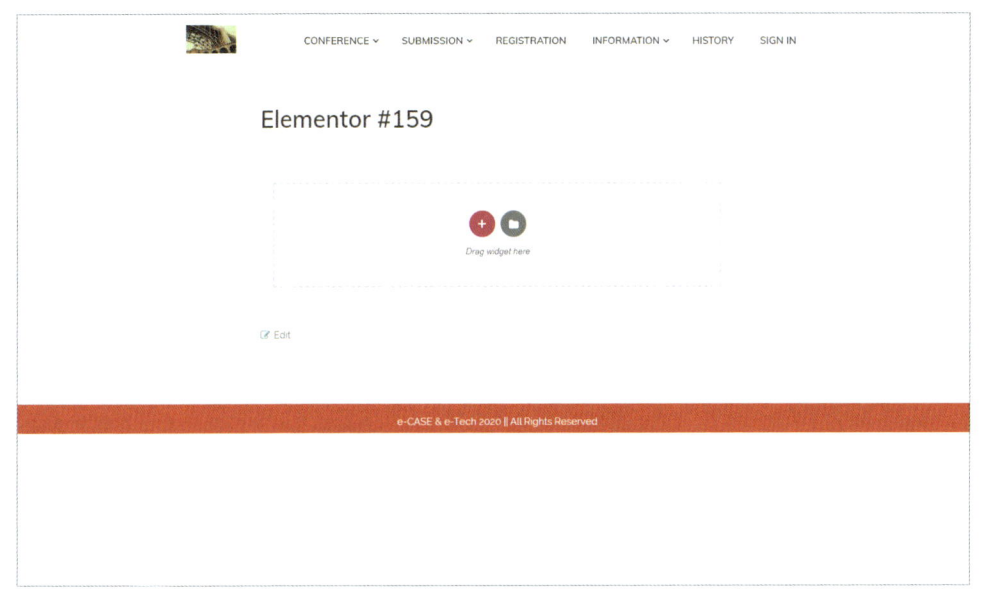

▲ 圖 8-2-7-4 編輯頁面

　　進入編輯頁面後，透過點選紅框區域的設定按鈕，即可至頁面設置更換標題名稱。

▲ 圖 8-2-7-5 設定按鈕

　　多頁式網站中的每個頁面都傳遞著不同的資訊，例如：關於我們、產品介紹…等等，因此為每個頁面設定精準的標題名稱，不但可以帶領訪客瀏覽網站外，對於管理者在管理網站上來說，也方便進行管理。

　　讀者在這邊可以根據該頁面傳遞的資訊，來決定輸入標題名稱。

CHAPTER 08 範例

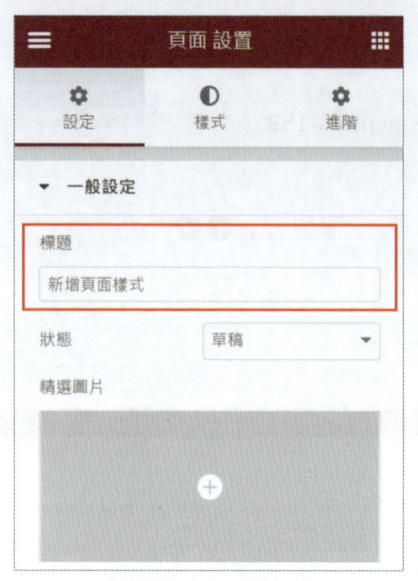

▲ 圖 8-2-7-6 頁面設定

點選發佈按鈕後,即可將剛剛新增的頁面顯示在首頁。

▲ 圖 8-2-7-7 發佈按鈕

將以上步驟都設定完成之後,完成的結果如下。

▲ 圖 8-2-7-8 發佈頁面

> 💡 小提示:
>
> 新增頁面有其他種方式,例如:8-2-6 設定網站選單中提到新增頁面的方式,也可以建立頁面。

8-2-8 Google Map 樣式教學

Google Map 對於現代人來說，是一項方便的工具，可以提供訪客瞭解活動地點的位置，並且可以根據活動地點規劃路線，而 Google Map 服務的出現，也讓很多網站能更方便的呈現活動地點給訪客。

因此，這個區域的實作步驟如下：

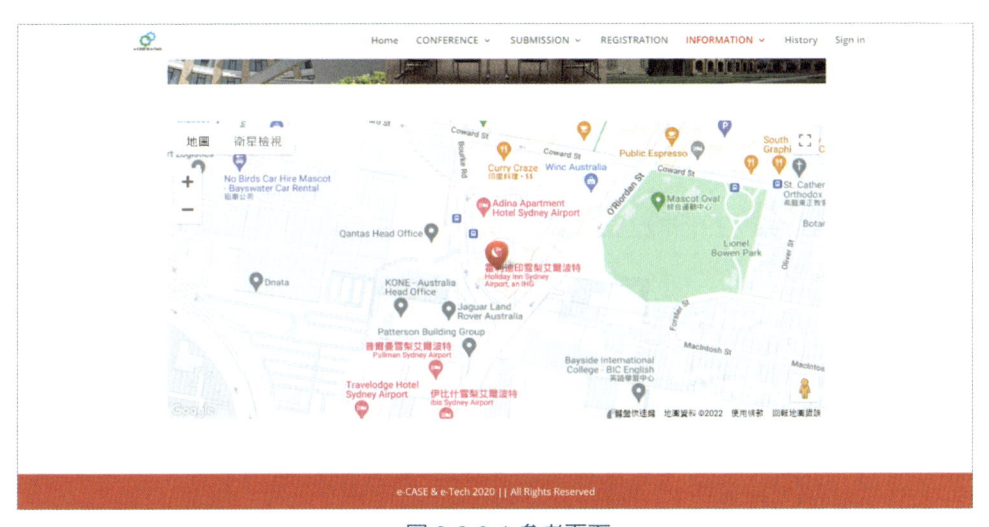

▲ 圖 8-2-8-1 參考頁面

點選紅框區域的新增段。

▲ 圖 8-2-8-2 新增段

選擇紅框區域中的一欄架構。

CHAPTER 08 範例

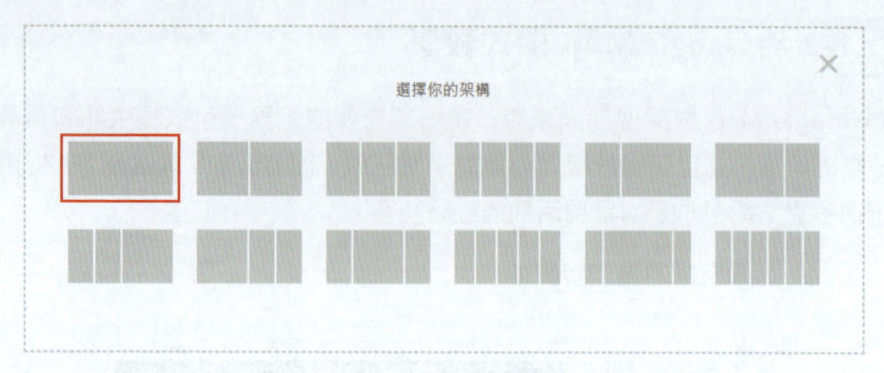

▲ 圖 8-2-8-3 選擇架構

這個區域的段設定如下：

點選版面配置 / 拉伸段 / 是，如圖 8-2-8-4

▲ 圖 8-2-8-4 段結構版面配置

從左側功能列插入 Google 地圖元素，如圖 8-2-8-5

Google 地圖元素的設定如下：

- 位置 / 霍利迪印雪梨艾爾波特，如圖 8-2-8-6

8-2　一頁式網站 v.s. 多頁式網站

- 放大 / 17，如圖 8-2-8-6
- 高度 / 500，如圖 8-2-8-6

▲ 圖 8-2-8-5 Google Map 元素　　　　▲ 圖 8-2-8-6 位置設定

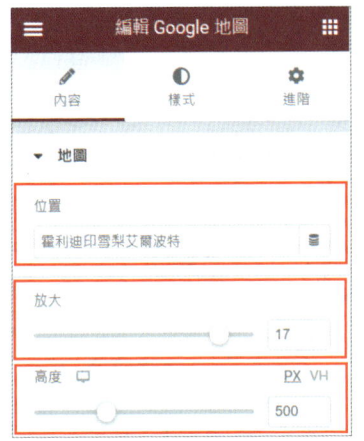

將以上步驟都設定完成之後，完成的結果如下。

▲ 圖 8-2-8-7 完成頁面

8-129

CHAPTER 08 範例

8-2-9 什麼網站適合使用一頁式

簡單的介紹完何謂一頁式網站，並實作過後相信各位讀者們也更加瞭解所謂的一頁式網站，接下來這個部份將再深入講解一頁式網站。

一頁式網站是現今設計的主要潮流之一，通常會使用一頁式網站都是用來宣傳活動、短期比賽、商品或者是公司形象網站等，像是 RAKUGEI KOBO、Grand Tour Florence 等網站，都是屬於一頁式網站的範圍內。一頁式網站以豐富的動態效果與頁籤的方式進行設計。

▲ 圖 8-2-9-1 RAKUGEI KOBO

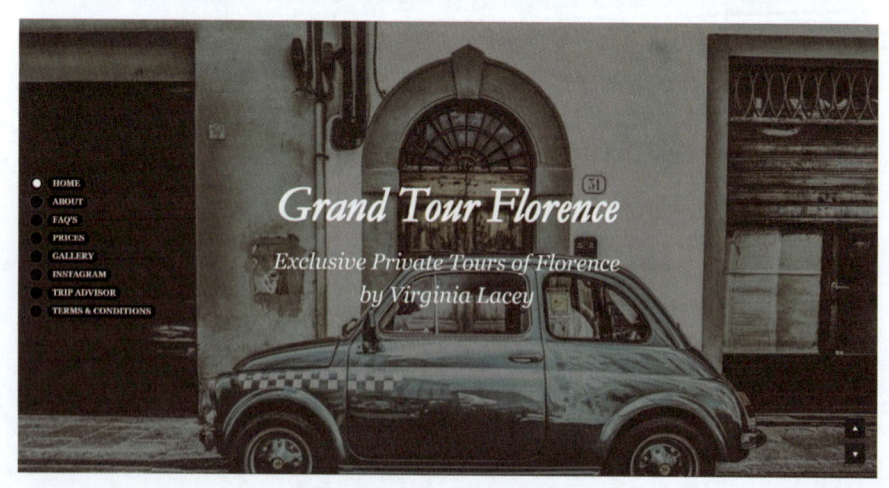

▲ 圖 8-2-9-2 Grand Tour Florence

8-2-10 什麼網站適合使用多頁式

多頁式網站的優勢在於，它擁有多個頁面可以進行切換，根據使用者點選的連結，透過不同的頁面來提供不同的資訊給使用者，而且可以使用 SEO（搜尋引擎優化）來增加網站在搜尋引擎中的排行，例如：部落格、電子商務網站。

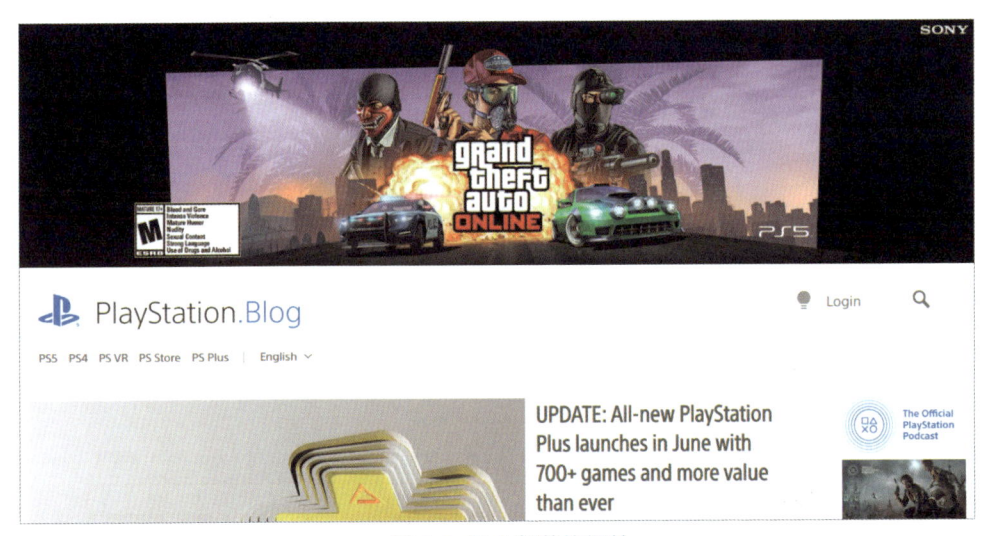

▲ 圖 8-2-10-1 部落格網站

▲ 圖 8-2-10-2 電子商務網站

CHAPTER 08 範例

8-3 新聞與雜誌網站

8-3-1 認識新聞與雜誌網站

新聞與雜誌主要是針對某些區域所發生或發現的事件加以介紹與報導，而與新聞不同的地方在於，新聞雜誌通常會對報導的事件做深入地追蹤。

8-3-2 設定新聞與雜誌網站樣式

本範例將使用圖 8-3-2-1 的網站，來當作新聞網站首頁樣式的實作範例。網址如下：https://udn.com/news/index

本章節將參考頁面以四個部分來區分，並分別實作以下樣式，實作的區域如下：1. 導覽列、2. 快訊跑馬燈、3. 新聞區域、4. 側邊新聞。

▲ 圖 8-3-2-1 新聞網站首頁

備註：實作時會因為載入的佈景主題不同而有所差異，因此本範例將會以實作功能為導向進行首頁樣式的設定！

8-132

本範例將使用 Purea Magazine 的佈景主題進行實作。實作的步驟如下：

點選側邊欄的外觀按鈕。

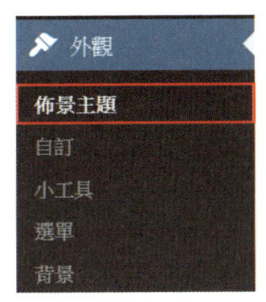

▲ 圖 8-3-2-2 側邊欄外觀按鈕

點選安裝佈景主題按鈕。

▲ 圖 8-3-2-3 安裝佈景主題

搜尋框輸入「Purea Magazine」。

▲ 圖 8-3-2-4 搜尋佈景主題

點選安裝按鈕 / 啟用按鈕，即可完成套用佈景主題。

▲ 圖 8-3-2-5 套用佈景主題

8-133

首先更改網站的標題,參考頁面中的標題是使用圖片的方式來呈現,而本範例將使用文字進行代替,實作的步驟如下:

點選外觀 / 自訂 / 網站識別。

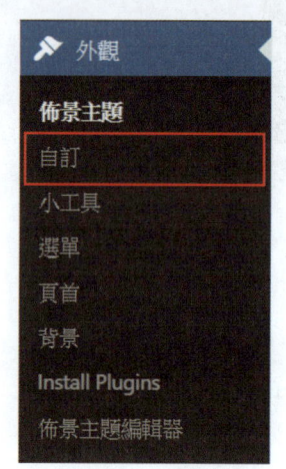

▲ 圖 8-3-2-6 自訂按鈕　　　　　　▲ 圖 8-3-2-7 網站識別

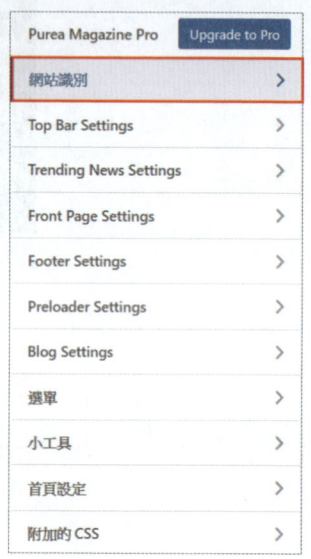

將網站標題更換為自行輸入的內容後,點選發佈按鈕後即可完成。

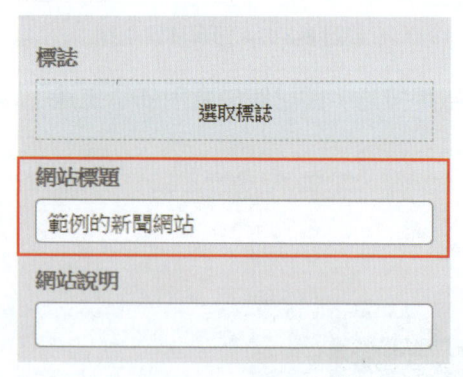

▲ 圖 8-3-2-8 網站標題

接著下來,進行更換快訊跑馬燈的設定。

點選 Trending News Settings / Title。

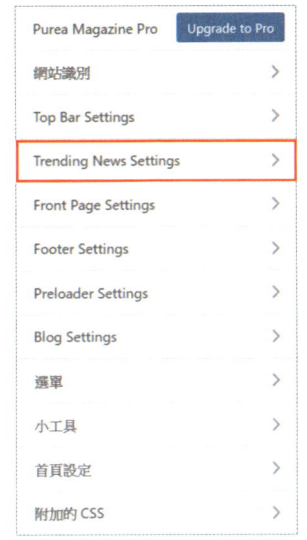

▲ 圖 8-3-2-9 Trending News Settings　　▲ 圖 8-3-2-10 Title

依照參考頁面，移除文章總覽上的建立日期、作者、評論等資訊，以及移除單一文章上的評論資訊。實作的步驟如下：

點選 Blog Settings / Posts / Posts Meta / 不顯示。

點選 Blog Settings / Single Post / Show Comments / 不顯示。

▲ 圖 8-3-2-11 Blog Settings　　▲ 圖 8-3-2-12 選擇項目

CHAPTER 08 範例

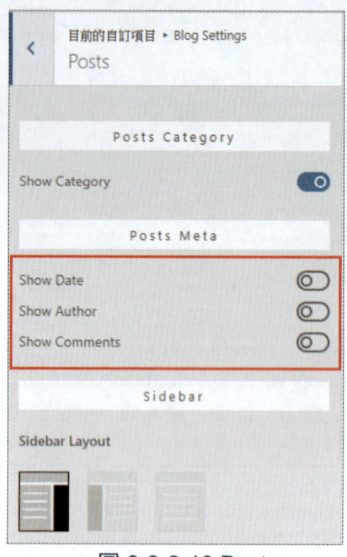

▲ 圖 8-3-2-13 Posts

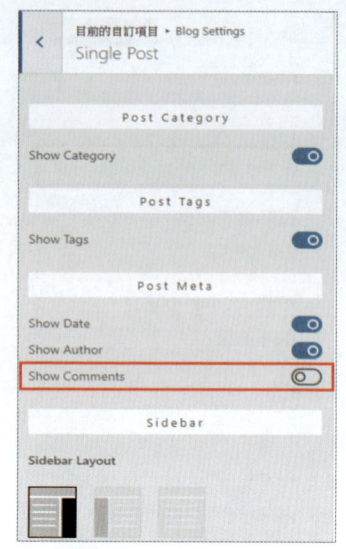

▲ 圖 8-3-2-14 Single Post

接著，為頁面加上導覽的選單。實作的步驟如下：

點選 選單 / 建立選單。

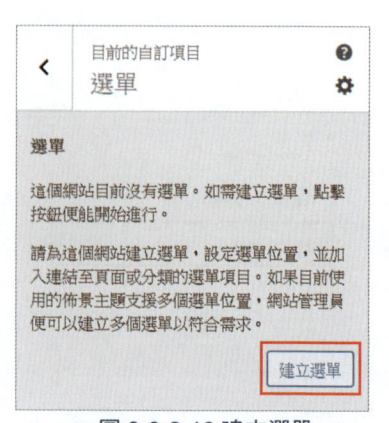

▲ 圖 8-3-2-15 選單

▲ 圖 8-3-2-16 建立選單

8-136

輸入選單名稱 / 勾選 Primary / 點選下一步 / 新增選單項目。

▲ 圖 8-3-2-17 主要選單　　▲ 圖 8-3-2-18 新增選單項目

選擇自訂連結，依序輸入網址和連結文字後，點選新增至選單，即可將選單新增至導覽列上。

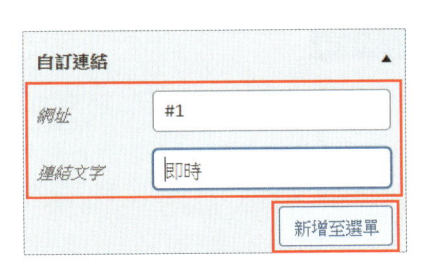

▲ 圖 8-3-2-19 自訂連結

根據參考頁面，依照表格內容，新增自訂連結至選單項目中。

	網址	連結文字
自訂連結	#2	娛樂
	#3	要聞
	#4	運動
	#5	全球

8-137

CHAPTER 08 範例

網址	連結文字
#6	社會
#7	產業經濟
#8	股市
#9	房市
#10	健康
#11	生活
#12	文教

完成的結果如下

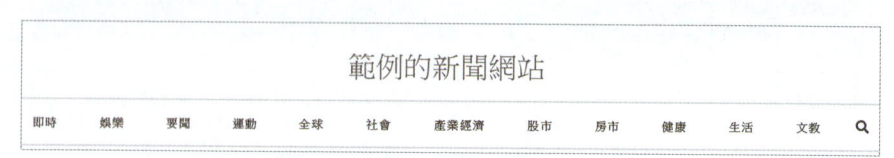

範例的新聞網站

即時　娛樂　要聞　運動　全球　社會　產業經濟　股市　房市　健康　生活　文教

▲ 圖 8-3-2-20 導覽列

　　根據參考頁面，側邊新聞的內容，是根據發佈的時間來顯示，因此將實作設定側邊新聞的內容。實作的步驟如下：

點選小工具 / Blog Sidebar。

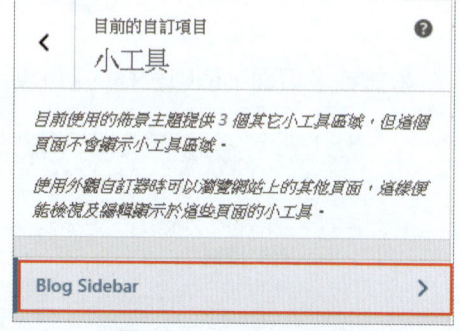

▲ 圖 8-3-2-21 小工具　　　　　▲ 圖 8-3-2-22 Blog Sidebar

8-138

8-3 新聞與雜誌網站

點選新增小工具 / 近期文章。

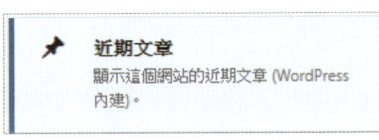

▲ 圖 8-3-2-23 小工具　　　　　　▲ 圖 8-3-2-24 近期文章

根據參考頁面，側邊新聞的內容，只會列出 7 筆發佈時間較早的新聞，因此，設定文章的顯示數量。設定如紅框區域所示。

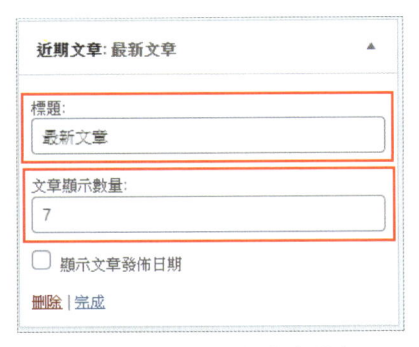

▲ 圖 8-3-2-25 最新文章設定

除了顯示最新文章之外，參考頁面也會以「縮圖」和「標題」的形式，在側邊顯示文章內容。實作的步驟如下：

點選 Purea Magazine:Latest Posts Widget / 依照紅框區域設定。

▲ 圖 8-3-2-26 Purea Magazine:Latest Posts Widget　　▲ 圖 8-3-2-27 紅框區域設定

8-139

CHAPTER 08 範例

> 💡 **小提示：**
> 設定新聞類別將會在備註：本範例只有三篇文章，因此側邊的新聞內容，顯示的數量只有三篇！

8-3-3 設定新聞與雜誌類別 介紹，讀者可以先選擇以未分類的類別進行。

最後，根據參考頁面，設定新聞首頁的樣式。實作的步驟如下：

點選首頁設定 / 更改為靜態首頁。

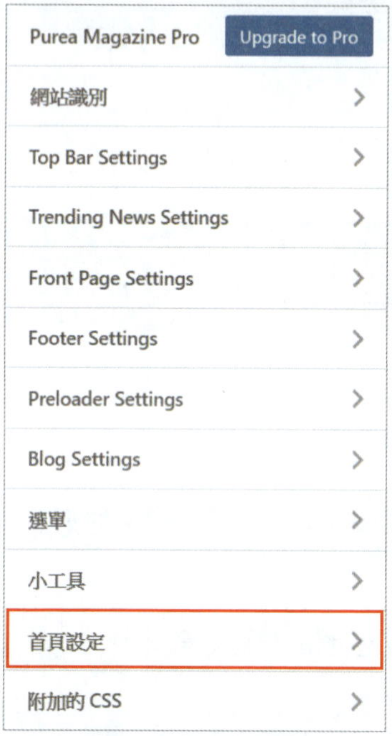

▲ 圖 8-3-2-28 首頁設定 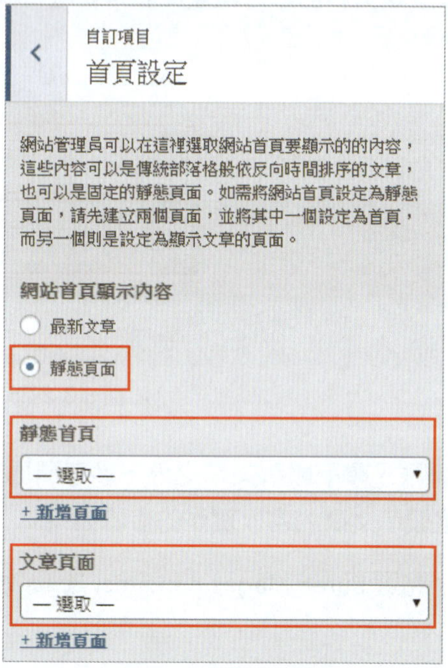　　▲ 圖 8-3-2-29 靜態頁面

完成的結果如下。

8-140

8-3 新聞與雜誌網站

▲ 圖 8-3-2-30 新聞首頁

備註：本範例只有三篇文章，因此側邊的新聞內容，顯示的數量只有三篇！

8-3-3 設定新聞與雜誌類別

新聞網站通常會使用類別，來分類所發佈的新聞內容，將文章作分類不僅可以方便管理之外，也能讓讀者透過分類來點閱新聞內容。因此本章節將實作新增分類的方式，實作的步驟如下：

點選文章 / 分類。

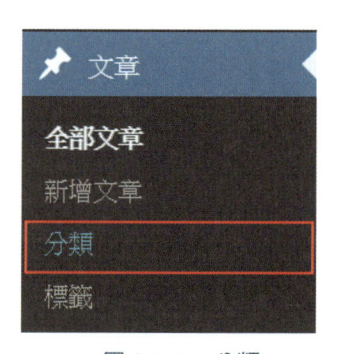

▲ 圖 8-3-3-1 分類

8-141

由下圖顯示，預設只有「未分類」的類別。

▲ 圖 8-3-3-2

因此，我們將建立類別，依序輸入紅框區域的內容，即可點選新增分類按鈕。

▲ 圖 8-3-3-3 新增分類

> 💡 小提示：
>
> 上層的分類為「無」，代表該分類的類別為第一層，即新增的分類名稱為獨立的類別，並不屬於其他的子分類。

新增分類後，原先的分類列表上多了一項剛剛建立好的分類名稱。

8-142

名稱	內容說明	代稱	項目數量
即時	具有即時性的新聞內容。	realtime	0
未分類	—	uncategorized	1
名稱	內容說明	代稱	項目數量

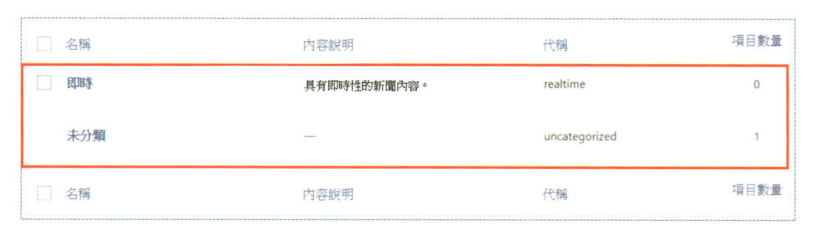

▲ 圖 8-3-3-4 分類列表

當分類的類別有歸類於文章時,就無法將該分類刪除,只能使用編輯來修改分類名稱。

備註:因為系統預設的第一篇文章會歸類於未分類,因此預設的分類不能直接刪除!

名稱	內容說明	代稱	項目數量
即時	具有即時性的新聞內容	realtime	0
未分類 編輯 快速編輯 檢視	—	uncategorized	1
名稱	內容說明	代稱	項目數量

▲ 圖 8-3-3-5 編輯分類

依序將內容更換為紅框區域,即可點選更新按鈕來變更該分類內容。編輯分類的設定如下。

▲ 圖 8-3-3-6 更新分類

CHAPTER 08 範例

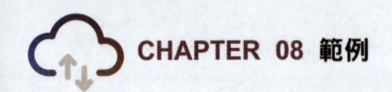

根據參考頁面，依序新增以下分類項目。

名稱	代稱	上層分類
要聞	news	無
運動	motion	無
全球	global	無
社會	social	無
產業經濟	industrial economy	無
股市	stock	無
房市	house	無
健康	health	無
生活	life	無
文教	culture education	無
評論	comment	無
地方	local	無
購物	shopping	無

完成的結果如下。

	名稱	說明	代稱	數量
☐	購物	具有購物資訊的新聞內容	shopping	0
☐	地方	具有地方性的新聞內容	local	0
☐	評論	具有評論性的新聞內容	comment	0
☐	文教	具有文化教育性的新聞內容	culture-education	0
☐	生活	具有生活性的新聞內容	life	0
☐	健康	具有健康的新聞內容	health	0
☐	房市	具有房地產的新聞內容	house	0
☐	股市	具有股市投資的新聞內容	stock	0
☐	產業經濟	具有產業經濟的新聞內容	industrial-economy	0
☐	社會	具有社會性的新聞內容	social	0

▲ 圖 8-3-3-7 分類項目

☐ 全球	具有全球性的新聞內容	global	0
☐ 運動	具有運動賽事的新聞內容	motion	0
☐ 要聞	具有知性的新聞內容	news	0
☐ 即時	具有即時性的新聞內容	realtime	0
娛樂	具有娛樂性的新聞內容	entertainment	1

▲ 圖 8-3-3-8 分類項目

> 💡 **小提示：**
>
> 佈景主題的選單會因為內容長度而換行，為了使選單列以一行顯示，因此在選單的部分將評論、地方及購物的選單移除。

8-3-4 設定共用文章樣式

本範例使用 Yoast Duplicate Post 外掛，進行共用文章樣式的設定。實作的步驟如下：

點選 設定 / Duplicate Post，就可以選擇需要複製的文章元素，本範例使用系統預設的元素進行。

▲ 圖 8-3-4-1 Duplicate Post　　　　▲ 圖 8-3-4-2 設定畫面

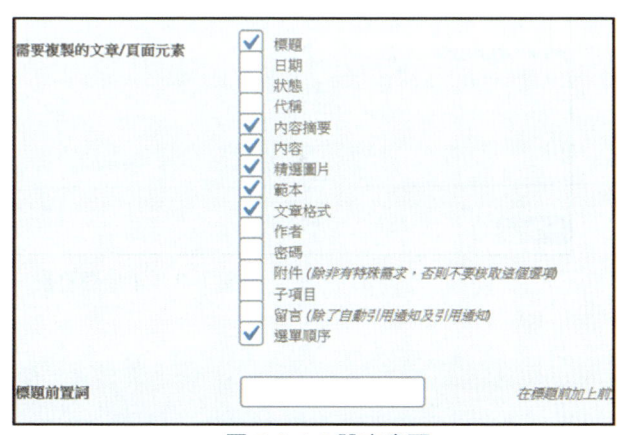

8-145

CHAPTER 08 範例

頁籤的設定有以下三種可以選擇，依序為：1. 複製項目、2. 權限、3. 顯示方式。

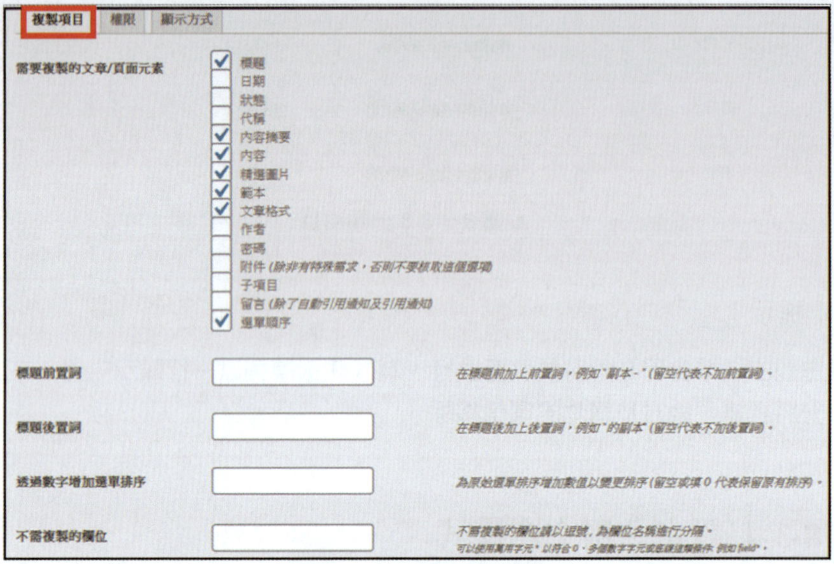

▲ 圖 8-3-4-3 複製項目頁籤

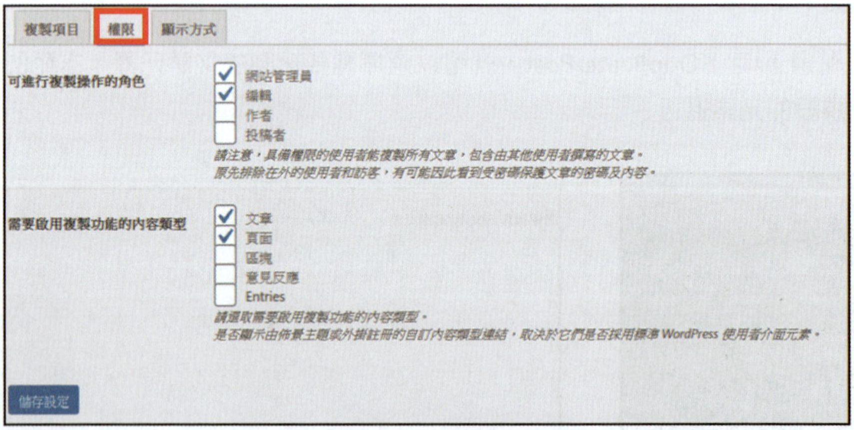

▲ 圖 8-3-4-4 權限頁籤

▲ 圖 8-3-4-5 顯示方式頁籤

進入文章列表，將游標移至文章列，點選複製後，文章列表即會依照剛剛使用 Duplicate Post 外掛所設定的條件顯示。

▲ 圖 8-3-4-6 複製

▲ 圖 8-3-4-7 文章列表

CHAPTER 08 範例

最後，只要編輯複製的文章內容，點選發佈，即可在首頁中看到剛剛複製的文章。

完成的結果如下。

▲ 圖 8-3-4-8 首頁畫面

8-3-5 會員管理權限

本範例使用 Profile Builder 外掛來進行會員的權限管理，會員權限的管理，可以根據登入者的身分，指定登入者可視的網站內容與可執行的操作，這樣一來，就可以避免未經許可的操作。因此，實作的步驟如下：

點選 Profile Builder / View Form Pages。

▲ 圖 8-3-5-1 Profile Builder   ▲ 圖 8-3-5-2 View Form Pages

▲ 圖 8-3-5-3 Create Form Pages

8-148

🦎 **備註**：首次開啟外掛時會顯示「Create Form Pages」，

點選後即會顯示「View Form Pages」！

點選 Profile Builder / Settings。

▲ 圖 8-3-5-4 Settings

　　選擇 Admin Bar 頁籤，這邊可以根據登入者的身份，選擇顯示在首頁的管理列。本範例將限制訂閱者僅能查看文章與修改個人資料的功能。

勾選完成後，點選儲存設定。

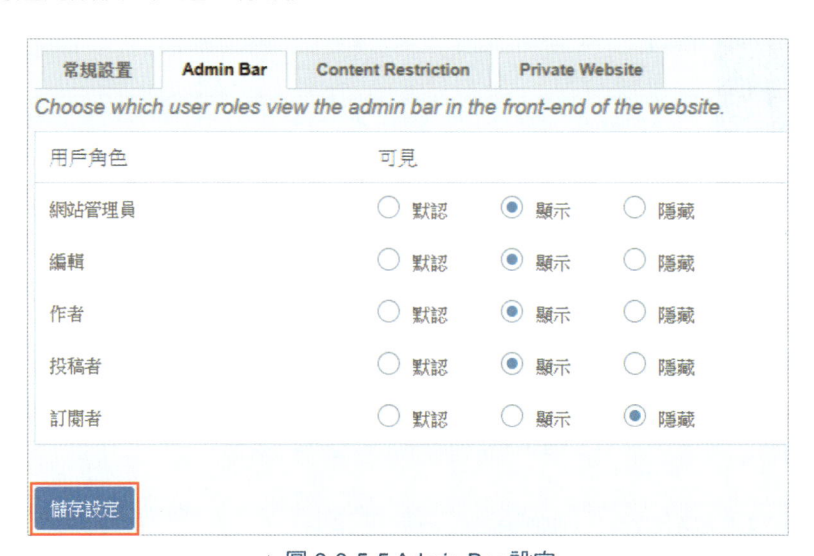

▲ 圖 8-3-5-5 Admin Bar 設定

🦎 **備註**：默認與顯示的功能一致，因此選擇哪一項皆可！

CHAPTER 08 範例

用戶角色為網站管理員，可以顯示出上方的管理列。

▲ 圖 8-3-5-6 網站管理員首頁

點選網站標題，進入控制台後，網站管理員身份也能操作所有功能。

▲ 圖 8-3-5-7 網站管理員控制台畫面

用戶角色為訂閱者，則會隱藏上方的管理列。

8-150

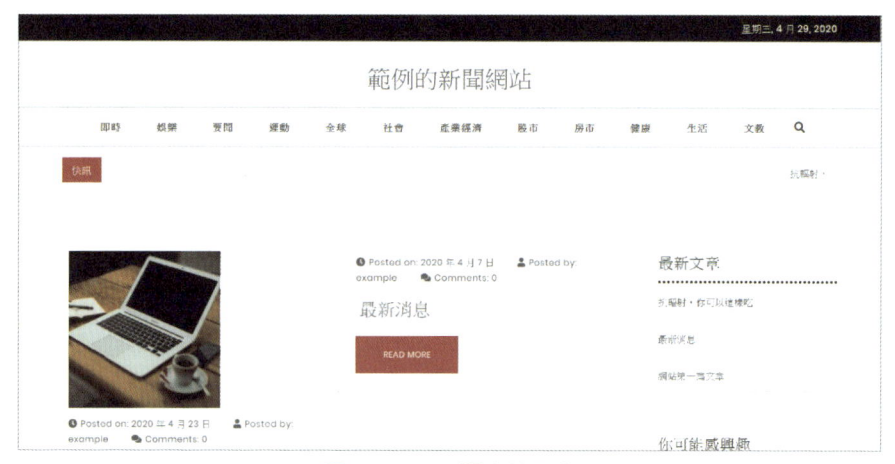

▲ 圖 8-3-5-8 訂閱者首頁畫面

進入控制台後，訂閱者身份只有查看個人資料的功能。

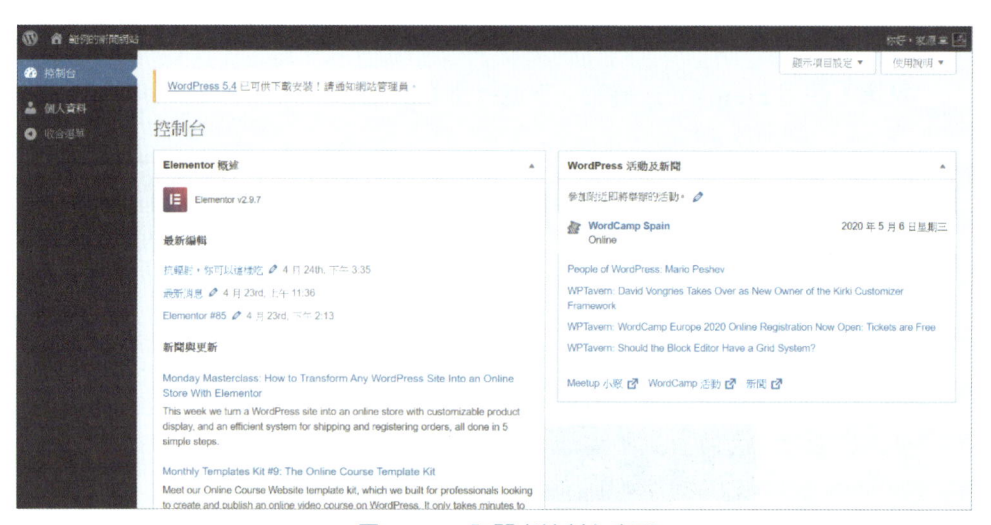

▲ 圖 8-3-5-9 訂閱者控制台畫面

🐾 **備註**：在沒有管理列的情況下，用戶還是能在網址後方輸入 /admin 進入控制台！

▲ 圖 8-3-5-10 輸入 admin

8-3-6 新增一篇新聞文章

在 WordPress 中,建立文章只要點選幾個按鈕,就可完成文章的建立。實作的步驟如下:

點選文章 / 新增文章。

▲ 圖 8-3-6-1 新增文章

點選「使用 Elementor 編輯」來進行文章的編輯。

▲ 圖 8-3-6-2 使用 Elementor 編輯

點選紅框區域的設定。

▲ 圖 8-3-6-3 設定按鈕

輸入標題以及選擇特色圖片。

8-3 新聞與雜誌網站

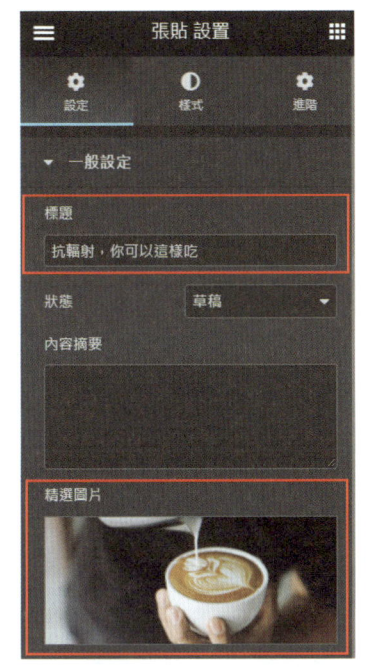

▲ 圖 8-3-6-4 文章設定

🔖 **備註**：這邊使用的特色圖片將會以縮圖形式顯示在首頁！

設定完成後，就可以進行文章內容的撰寫。實作的步驟如下：

點選紅框區域的新增段。

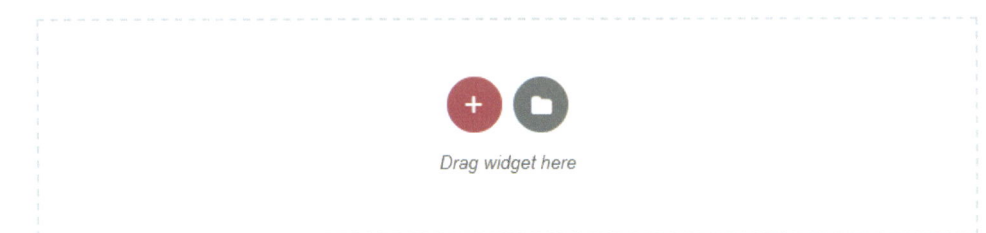

▲ 圖 8-3-6-5 新增段

選擇紅框區域的一欄架構。

8-153

CHAPTER 08 範例

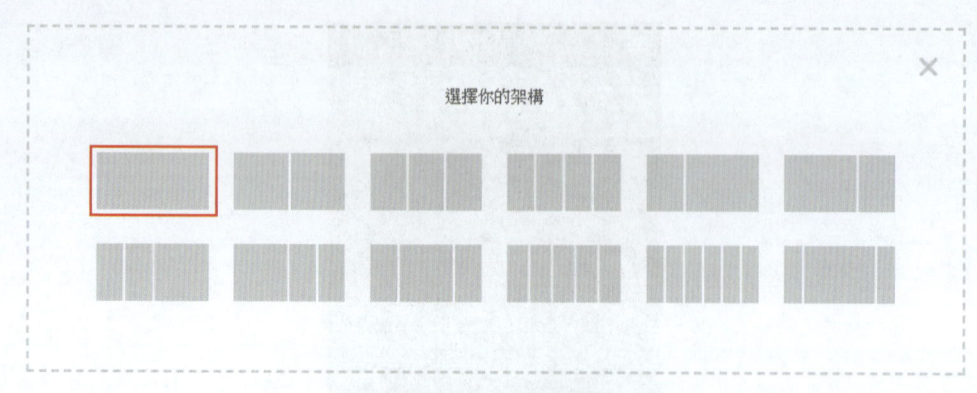

▲ 圖 8-3-6-6 選擇架構

根據新聞文章欲呈現的內容，拖曳元素來設計該篇文章，本範例將使用圖片和文本編輯器來呈現文章內容。因此，實作的步驟如下：

插入圖片 / 文本編輯器元素。

▲ 圖 8-3-6-7 內容元素

8-154

8-3 新聞與雜誌網站

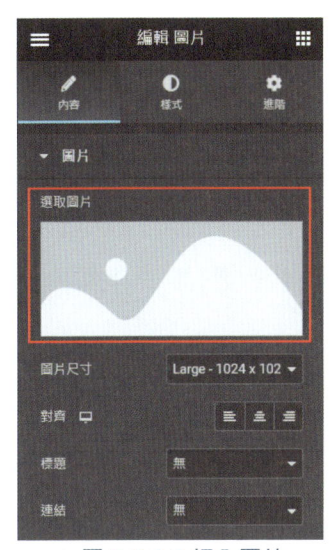

▲ 圖 8-3-6-8 插入圖片　　　　▲ 圖 8-3-6-9 圖片設定

下方圖片呈現的文本編輯器內容，讀者也能夠依照個人喜好自行輸入，本範例的文章內容呈現如下。

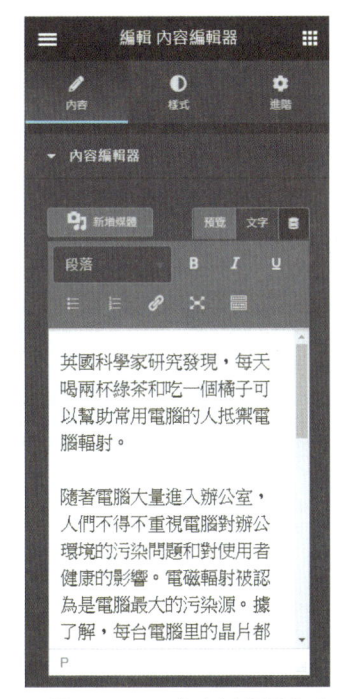

▲ 圖 8-3-6-10 文本編輯器內容

8-155

CHAPTER 08 範例

> 英國科學家研究發現，每天喝兩杯綠茶和吃一個橘子可以幫助常用電腦的人抵禦電腦輻射。
>
> 隨著電腦大量進入辦公室，人們不得不重視電腦對辦公環境的污染問題和對使用者健康的影響。電磁輻射被認為是電腦最大的污染源。據了解，每台電腦里的晶片都以不同的頻率振盪，記憶體條工作時，也有各自固有的振動頻率。這些不同頻率的電磁振動，沿直線向外傳播，就形成了電腦輻射。
>
> 電腦輻射可以阻止人體中一種酶的合成，這種酶會破壞腦細胞間傳遞信息的媒介物質。
>
> 常用電腦的人除了不可避免地要接觸到電磁輻射外，電腦螢光幕的頻繁閃動對眼睛也有較強的S刺激作用，讓人出現流淚、視力減退、頭昏腦漲等不適症狀，科學家表示。
>
> 現代醫學研究證實，茶中含有豐富的營養物質和藥理功能，如茶鹼、兒茶素、胺基酸、脂多糖、礦物質及維生素等。

▲ 圖 8-3-6-11 文本編輯器內容

設定完成後，即可點選發佈按鈕，發佈剛剛設計的新聞文章。

▲ 圖 8-3-6-12 發佈文章

8-3-7 社群分享功能

本範例使用 AddThis 外掛來使用社群網站（Facebook、Twitter、WeChat 等等）的帳號進行分享。實作的步驟如下：

點選 AddThis 底下的 Share Buttons / 點選紅框區域的 Add New 按鈕，即可新增社群分享的按鈕功能。

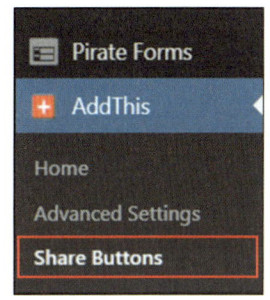

▲ 圖 8-3-7-1 分享按鈕　　▲ 圖 8-3-7-2 新增按鈕

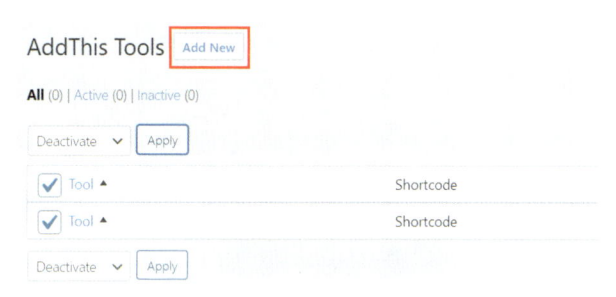

選擇 Inline 的樣式進行。

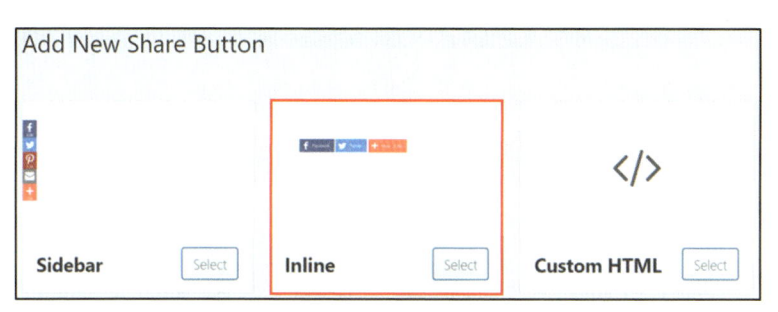

▲ 圖 8-3-7-3 按鈕樣式

點選 Publish，就可以將選擇好的社群分享標籤，顯示在每篇文章上。

▲ 圖 8-3-7-4 發佈按鈕

CHAPTER 08 範例

完成的結果如下，社群分享的標籤皆會顯示在每一篇文章前後位置。

▲ 圖 8-3-7-5 分享標籤

8-4　電子商務網站WooCommerce (商務網站+ 金流)

8-4-1 實際演練

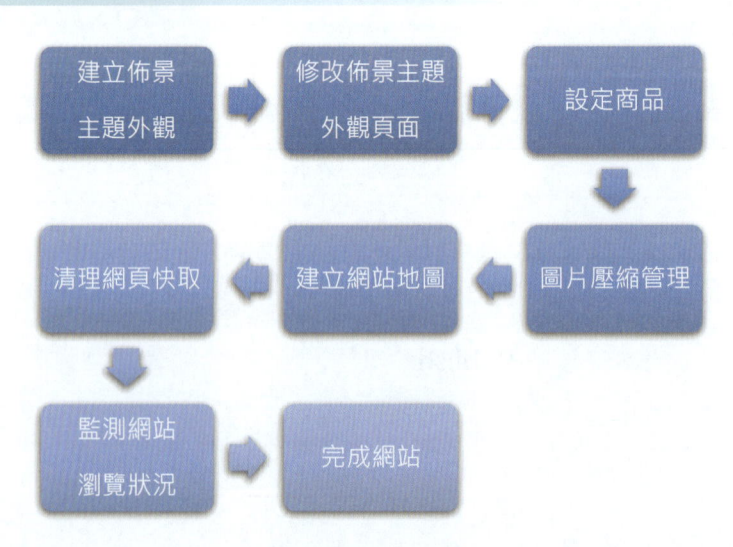

建立佈景主題外觀 → 修改佈景主題外觀頁面 → 設定商品 → 圖片壓縮管理 → 建立網站地圖 → 清理網頁快取 → 監測網站瀏覽狀況 → 完成網站

8-4-2 建立主題外觀

本範例使用 Themesinfo 網站 (https://themesinfo.com/) 的免費佈景主題進行實作進入 WordPress 控制台後，在左方選單裡選擇 " 外觀 "，並按照以下步驟。

▲ 圖 8-4-2-1 佈景主題頁面

點選 " 安裝佈景主題 " 圖 8-4-2-1 佈景主題頁面→上傳佈景主題①→選擇檔案 (選擇之前下載的 ZIP 檔案)②→立即安裝 圖 8-4-2-2 安裝佈景主題與上傳頁面。

▲ 圖 8-4-2-2 安裝佈景主題與上傳頁面

安裝完成後點選啟用，這時頁面將會跳回佈景主題頁面，在網頁的左選單列表中會出現 "About Zakra" 的選項圖 8-4-2-3 外觀選項 -About Zakra，點選後會出現圖 8-4-2-4 Welcome to Zakra 頁面，並依照以下步驟把主題套到網頁上。

CHAPTER 08 範例

▲ 圖 8-4-2-3 外觀選項 -About Zakra

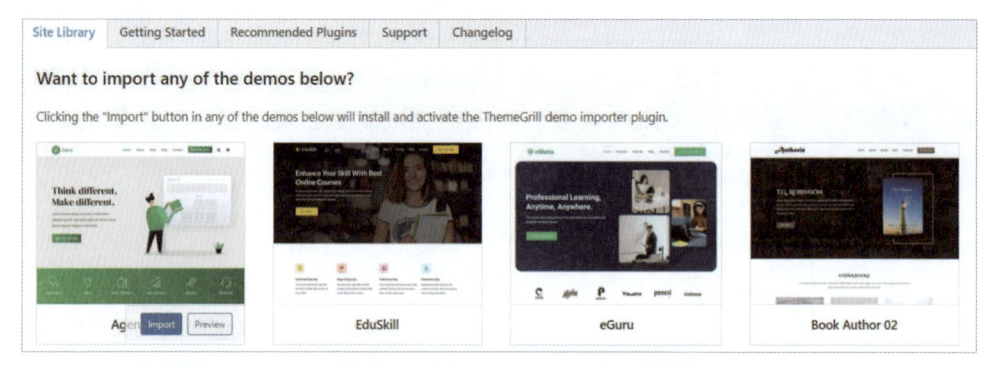

▲ 圖 8-4-2-4 Welcome to Zakra 頁面

　　點選之前所下載的佈景主題樣式，或者在這個頁面再選擇一個佈景主題，選擇完畢後點選 圖 8-4-2-4 的 "Import" 按鈕，安裝完成後會跳轉至 " 示範內容匯入程式 " 頁面。

　　這時候可以在 "About Zakra" 或者 " 示範內容匯入程式 " 這 2 個頁面中選擇，要在哪個頁面匯入主題，這 2 個頁面比較主要的差別在於 " 示範內容匯入程式 " 頁面有將佈景主題頁面做分類，另一個 "About Zakra" 比較像是如何開始使用的介紹。

8-4　電子商務網站 WooCommerce (商務網站 + 金流)

　　本書這裡使用的頁面為 " 示範內容匯入程式 " 頁面，再次選擇想要匯入的佈景主題 (本書選擇 Restaurant 佈景主題)，這時可以先點選佈景主題的預覽 圖 8-4-2-5 Restaurant 佈景主題預覽，此頁面會將需要的外掛資訊顯示在左方，之後便點選下方藍色按鈕 " 匯入示範內容 "，出現 圖 8-4-2-1 佈景主題頁面時，點選紅色按鈕 " 確認匯入示範內容 "，安裝完畢後，點選 " 即時預覽 " 的按鈕，這時就可以看見匯入好的佈景主題了。

▲ 圖 8-4-2-5 Restaurant 佈景主題預覽

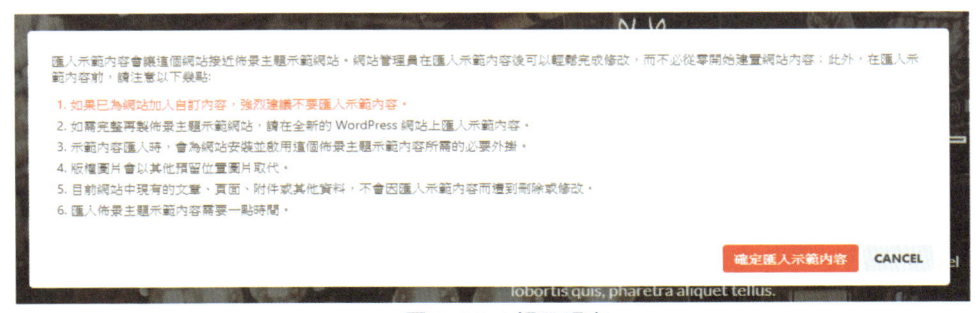

▲ 圖 8-4-2-4 提示視窗

8-161

CHAPTER 08 範例

🔍 知識補給站

1. 在 Themesinfo 網站中如有使用其他的佈景主題，匯入時像是 "About Zakra"Zakra 這個名字是會更改的，要特別注意哦！
2. 在網頁頁面中，如果出現了 2 種主題混合或者匯入後卻還是出現前一個主題的問題時，可以在示範內容匯入程式頁面中，選擇執行 [重新設定小幫手]，再匯入一次就可以了。

示範內容匯入程式

重新設定小幫手 – 如需將目前的 WordPress 網站重新設定回安裝佈景主題後的預設狀態，請按一下下方按鈕 :)

執行 [重新設定小幫手]　隱藏這項通知

14　All　Blog　Business　eCommerce　Others

>> 8-4-3 修改佈景主題外觀頁面

將佈景主題建立完成後，就可以開始設定要做的主題了，此次要做的主題為「花店」，第一步會先從首頁開始製作，再依序到其他頁面。

從首頁→ 圖 8-4-3-1 點選紅框 " 自訂 " →圖 8-4-3-2 點選紅框處 " 選單 " →選擇 Primary 圖 8-4-3-3 ①→ 之後在 圖 8-4-3-4 ② 進行選單的修改

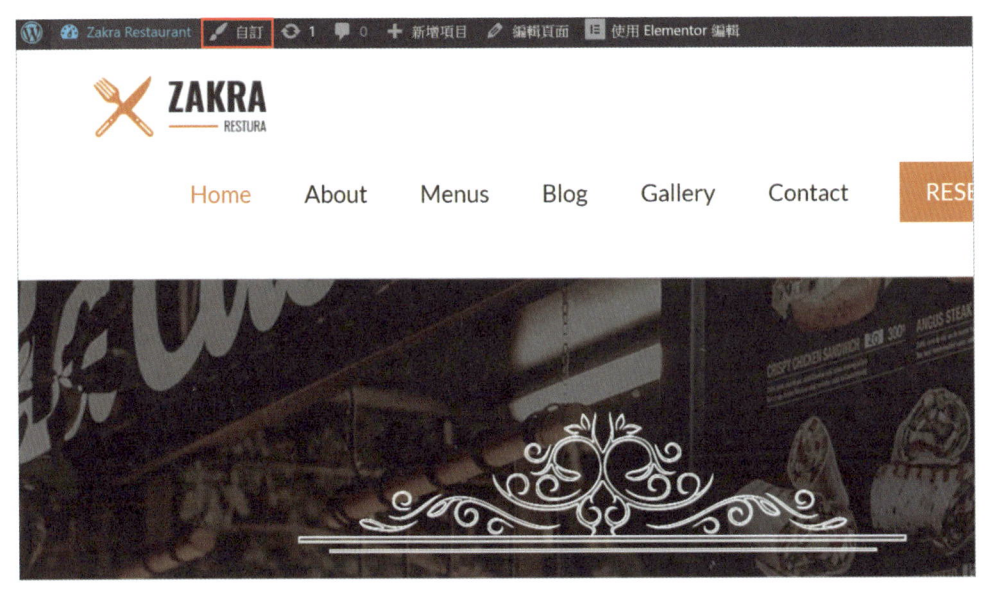

8-4 電子商務網站 WooCommerce (商務網站 + 金流)

▲ 圖 8-4-3-1 首頁

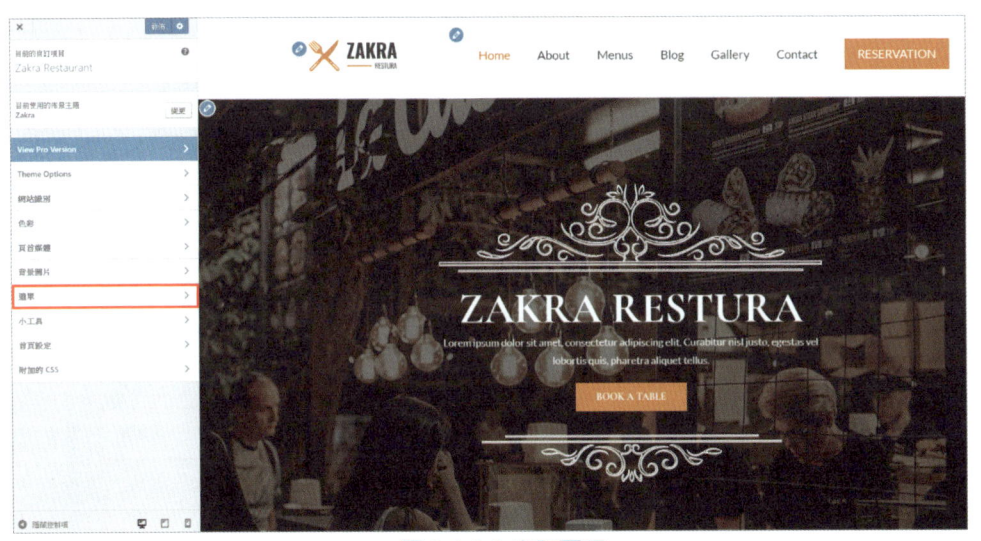

▲ 圖 8-4-3-2 自訂頁面

8-163

CHAPTER 08 範例

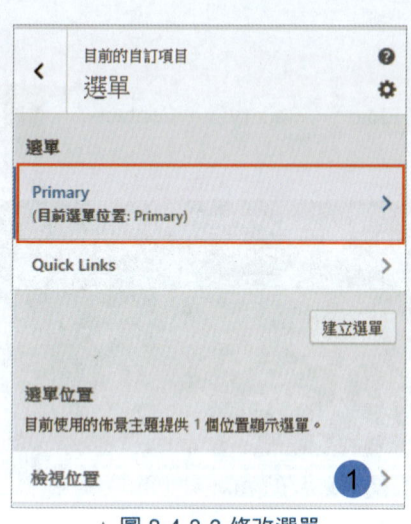

▲ 圖 8-4-3-3 修改選單　　　　　▲ 圖 8-4-3-4 修改選單

此頁面將會進行三步驟：

Step 1 新增選單項目

選單操作中點選圖 8-4-3-4 ②中的 " 新增選單項目 " 按鈕，會呈現圖 8-4-3-5 ①，並點選紅框處，並在輸入框裡填寫「花的介紹」，並點選新增按鈕，就會把選單項目自動新增到頁面選單中，像是圖 8-4-3-5 ②。

▲ 圖 8-4-3-5 新增選單項目畫面

8-164

Step 2　刪除頁面

選單操作中，將不必要的頁面做刪除的動作，像是 Menus、Blog、Gallery 這三個頁面，先點選圖 8-4-3-4 ②紅框處的第一個 "Menus"，展開後會像圖 8-4-3-6 ①，然後點選最下方的紅色 " 移除 "，就可以將此選項做刪除，後面 2 個頁面也照此動作刪除。

Step 3　修改頁面

如要更改頁面的名字則可以在圖 8-4-3-6 ①的紅框處做更改，要將此些頁面更改成 Home → 首頁、About → 店家介紹、Contact → 店家資訊，最後的成果如圖 8-4-3-6 ②。

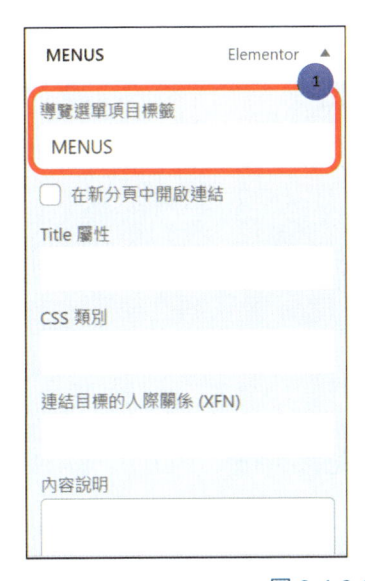

▲ 圖 8-4-3-6 Menus 展開

🔍 知識補給站

如果想要更改選單中項目的順序，有 2 種方式：
1. 點選圖 8-4-3-6 ② 的紅框處，利用點選的方式進行排序。
2. 用拖拉的方式，點選要移動的頁面，然後放置到想要的位置就可以了。

CHAPTER 08 範例

修改完選單，接下來就是修改 Logo 了，這時點選圖 8-4-3-2 自訂頁面中的 Logo" 鉛筆圖示 "，之後便會出現圖 8-4-3-7 Logo 修改頁面，之後將花店的 Logo 下載下來→點選 " 更換標誌 " 按鈕→圖 8-4-3-8 選擇 " 上傳檔案 " 頁籤→點選 " 選取檔案 " 按鈕→選擇 "Luns flowers2.png" →開啟→便會跳回 " 媒體庫 " 頁籤→將圖片的詳細內容照著圖 8-4-3-9 填寫→完成以後點選 " 選取 " 按鈕

▲ 圖 8-4-3-7 Logo 修改頁面

▲ 圖 8-4-3-8 上傳檔案

8-166

8-4 電子商務網站 WooCommerce (商務網站 + 金流)

▲ 圖 8-4-3-9 圖片詳細資料

→便會跳轉到圖 8-4-3-10 裁剪圖片頁面→這時點選 " 略過裁剪 " → Logo 就更換完成→圖 8-4-3-11 是完成後的畫面，記得紅框標示處也要記得改哦。

▲ 圖 8-4-3-10 裁剪圖片

8-167

CHAPTER 08 範例

▲ 圖 8-4-3-11 Logo 更換完成

　　做完以上步驟先點選網頁側邊欄最上方的 " 發布 " 按鈕，先將網頁做第一次的儲存，之後再點選側邊欄左上角的 " 叉叉 "，由於接下來要更改的是首頁裡面的圖片及文字，所以在這裡要使用到的外掛為 "Elementor"，在前面的 7-1 章如何安裝外掛的地方有寫到。點選頁面的上方 " 使用 Elementor 編輯 "，便會出現圖 8-4-3-12 Elementor 畫面。

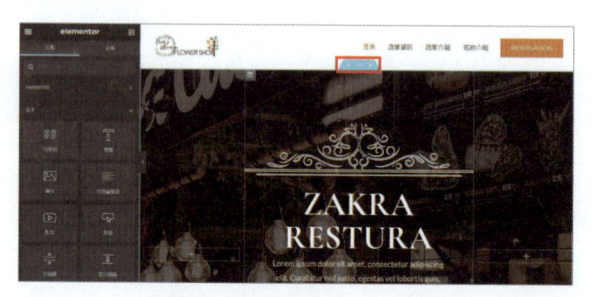

▲ 圖 8-4-3-12 Elementor 畫面

　　接下來會通過幾個步驟把網頁改造成一個與花相關的電子商務網站。

Step 1　更改首頁圖

　　點選圖 8-4-3-12 Elementor 畫面紅色方框處，中間的 →之後在左側的選單欄便會變成圖 8-4-3-13 ①的頁面並點選上方紅色框 " 樣式 "→跳轉至②的頁面→點選②紅色框的圖片→在 " 插入媒體庫 " 中選擇 " 上傳檔案 "→選取花店首

8-168

8-4 電子商務網站 WooCommerce（商務網站 + 金流）

頁圖上傳→將圖 8-4-3-14 ①的文字打上→完成後點選下方的 " 插入媒體 " 按鈕→便完成網頁首頁的圖片更改圖 8-4-3-14 ②。

▲ 圖 8-4-3-13 Elementor 編輯段

▲ 圖 8-4-3-14 首頁圖更改

CHAPTER 08 範例

Step 2 更改首頁標題與下方文字按鈕

點選 "ZAKRA RESTURA" 標題文字→在左側選單會顯示標題，並將標題內的文字 (紅色方框) 改成 "Lun Lun's Flower Shop" 圖 8-4-3-15 ①→首頁的標題文字便會跟著更改。如果文字在排版上有超出範圍進入到下一行，可以在樣式-尺寸的地方做修改圖 8-4-3-15 ②。

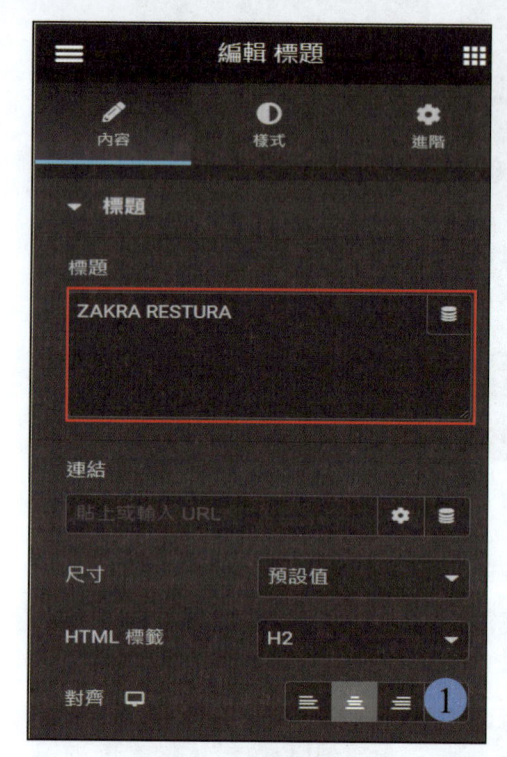

▲ 圖 8-4-3-15 首頁標題文字修改

更改完標題後，緊接著需要更改的為下方敘述文字。點選下方文字，在左側編輯欄填上 8-4-1.txt 檔案中的文字圖 8-4-3-16 ①，或直接選取更改，畫面便會跟著一起更改。

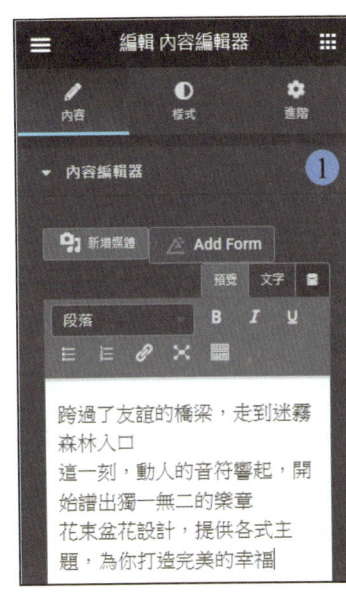

8-4 電子商務網站 WooCommerce (商務網站 + 金流)

▲ 圖 8-4-3-16 首頁文字與按鈕編輯

之後便是更改按鈕中的文字，點選按鈕並將左側欄中的文本改成 " 預定一束花 " 圖 8-4-3-16 ②，如要更改按鈕的顏色則是點選樣式 - 背景顏色那更改像是圖 8-4-3-17 ①，此時就完成了本範例首頁一開始出現的畫面了。接著點選下方的 " 更新 " 按鈕圖 8-4-3-17 ② 的紅框處，當按鈕變成灰色就算儲存成功了，緊接著你可以點選旁邊的 " 預覽變更 " 就可以看到圖 8-4-3-18 首頁完成圖囉。

8-171

▲ 圖 8-4-3-17 按鈕修改與更新

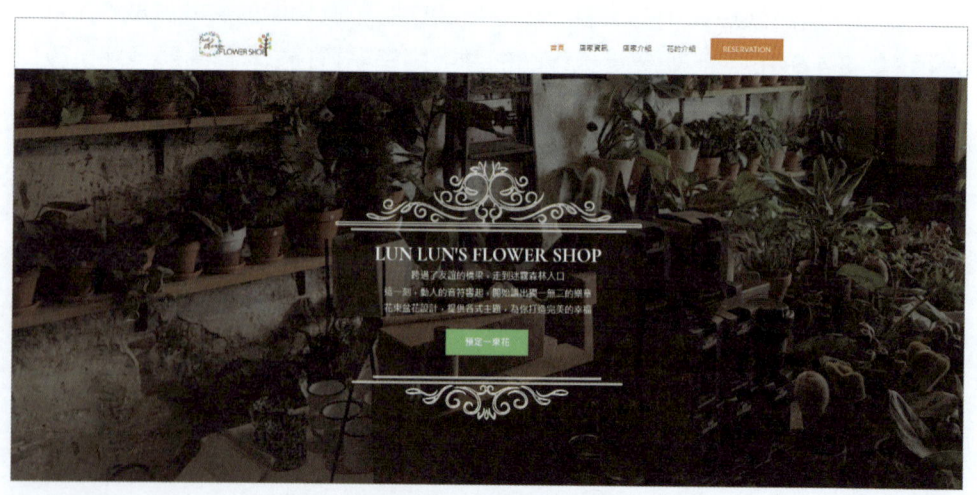

▲ 圖 8-4-3-18 首頁完成圖

Step 3 更改首頁下方的區塊

做好首頁上方後，我們就要開始處理下方區塊，這個區塊要做的是介紹這家花店，首先需要將原始圖片換成與花店相關的圖片，在這裡我們如果直接點選圖片的話你會發現是無法選擇到圖片的那一個區塊，所以在這裡要先將左側欄最下方的導覽器 叫出來，出現畫面會如圖 8-4-3-19 ①，之後便點選整個區段的 ，在 Navigator 中就會選取到當前的區段，這時候你再將選中的區段展開，並點選第一欄，就可以在編輯 欄 的地方看見更改圖片的地方如圖 8-4-3-19 ②，之後便照著之前的步驟再做一遍就可以了，點選圖片→上傳檔案 8-4-3.jpg →在右方的詳細資料填寫 Flower-home →選取圖片並點選 " 插入媒體 " 按鈕→圖片變更改成功了。

▲ 圖 8-4-3-19 導覽器

右方文字的部分先點選 "ABOUT US" →並將文字改成 " 關於 Lun Lun 花店 " →選擇 8-4-2.txt 將文字複製進下方的標題文字中，並將下方多餘的標題進行刪

除→點選下方標題的 ✎ 並按下鍵盤的 "Delete" →這一個區塊就完成囉。在下一個區塊的地方由於重複了所以這邊我們選擇刪除，點選整個區段→並點選 ✕ 進行刪除，此區段的完成樣子如圖 8-4-3-20。

★記得如果做完每一個段落最好要按一下更新，這樣才可以確保有儲存哦。

▲ 圖 8-4-3-20 關於花店完成圖

之後的 OUR SPECIALITY 區塊與上方流程一樣，可以照著上方流程嘗試一遍。如圖 8-4-3-21 便是完成後的畫面。在下方我們所會使用到的檔案和文字都放在 8-4 資料夾裡。

▲ 圖 8-4-3-21 我們的專長完成圖

8-4 電子商務網站 WooCommerce（商務網站 + 金流）

　　之後要做的區塊為 GALLERY 區塊，在之前的區域因為不會用到所以會進行刪除的動作，刪除完畢後，首先我們先更改標題文字為 " 花樣 "，然後再點選下方區段，在 Navigator 中點選到 "Basic Gallery" 左側欄就會出現如圖 8-4-3-22 ① 的樣子，之後點選紅框處就會跳出編輯圖庫的彈跳視窗像是圖 8-4-3-22 ②，在這裡我們先點選新增至圖庫→上傳檔案→將 8-4 資料夾中的 8 個圖片全部選取上傳→回編輯圖庫→將不用的圖片點選 " 叉叉 " →點選 " 插入圖庫 " →完成後如圖 8-4-3-23 →之後要做的部分為 Footer，在這之前要先記得把 SUBSCRIPTION 區塊刪掉。

▲ 圖 8-4-3-22 Basic Gallery

8-175

CHAPTER 08 範例

▲ 圖 8-4-3-23 花樣

Step 4 頁尾

　　在進入頁尾之前要先記得在 Elementor 那裡按更新，點選更新後→點選 ≡ → View Page 回到網頁後→點選自訂 ✏ 自訂 →滑到頁尾的地方進行修改，在頁尾的部分我們分為 7 塊進行修改。

1. 點選 Logo 的鉛筆 ✏ 更換圖片→點選 " 更換圖片 " 按鈕→上傳檔案 8-4-15→點選 " 新增至小工具 " →完成 Logo 的更改

2. 點選 Logo 下方文字總共有兩段，先點選第二段進行刪除，一樣先點選鉛筆，然後點選下方紅色字的移除，這樣就可以把多餘的部分進行刪除了，接下來就是將花店的一些簡述放在第一段文字中，點選鉛筆圖示後，就可以將文字輸入進去更改。

3. 點選 Quick Links 的鉛筆，將標題改成 " 網站導覽 "，並將下方選取選單改成 "Primary"，如圖 8-4-3-24 ①。

4. 點選 Contact 的鉛筆，會出現如圖 8-4-3-24 ②→我們主要更改的地方為紅色方框標示處，先將標題更改為 " 聯繫資料 "，然後再更改下方文字，更改完成後會如圖 8-4-3-25。

　　完成後如圖 8-4-3-26，這樣首頁的部分就都完成囉。

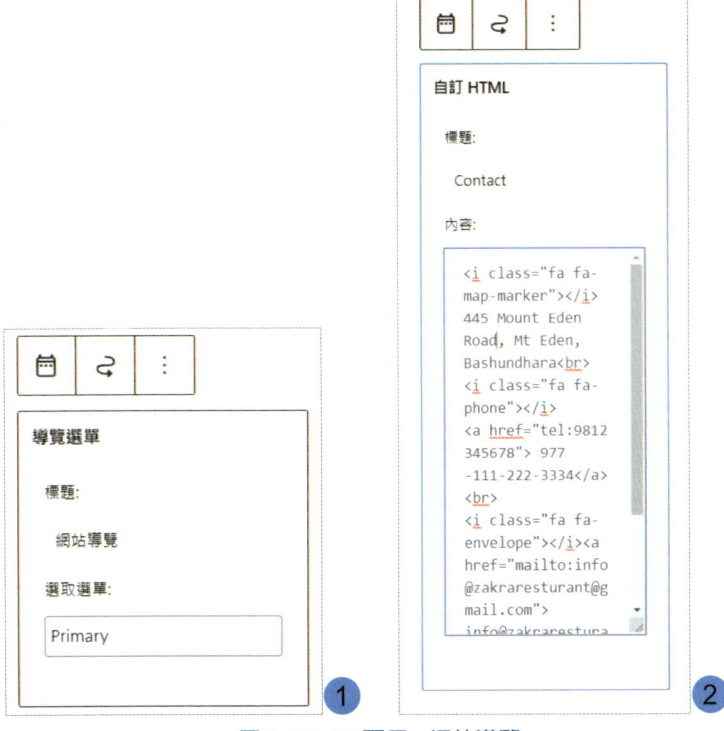

8-4 電子商務網站 WooCommerce（商務網站＋金流）

▲ 圖 8-4-3-24 頁尾 - 網站導覽

▲ 圖 8-4-3-25 聯繫資料程式碼

8-177

CHAPTER 08 範例

▲ 圖 8-4-3-26 頁尾

🔍 知識補給站

1. 在首頁上方的右側有一個橘色的 "RESERVATION" 按鈕，如有想把它拿掉，可以從首頁的自訂→點選 Theme Options → Header →進入 Header Button 裡→將 Button Text 裡面的字拿掉→就可以將按鈕拿掉了→記得要按發布存檔。

做完首頁後，接下來我們要做的是 " 店家介紹 "，首先要更換的是此頁面最上方的圖，所以點選自訂→ Content → Page Header →點選 Colors →裡面的 Background 裡的 Background Image 下方 Select File 的按鈕→上傳檔案→ 8-4-16.jpg →點下 " 選取 " 按鈕→完成後圖 8-4-3-27 ①→點選 " 發布 " 後並按下旁邊的 " 叉叉 " 退出 " 自訂 " 狀態，之後便是要更改網頁裡面的內容。

8-178

8-4　電子商務網站 WooCommerce (商務網站 + 金流)

　　點選 " 使用 Elementor 編輯 " → 將 "ABOUT US" 改成 " 關於 LUN LUN 花店 " → 點選下方圖→在 " 編輯 圖片 " 中點選 " 選擇圖片 " → 上傳檔案 Flower-About.jpg → 並按下 " 插入媒體 " 按鈕→圖片就更改完成了，之後要更改的為右方文字，將 "EXPLORE MORE ABOUT US" 更改為 "Lun Lun's Flower Shop"，之後的動作在前面已講述過，所以請按照下方圖片做更改。

▲ 圖 8-4-3-27 店家介紹

　　接下來要更改的區域為 "OUR VALUES" →將文字改成 " 我們的服務 " →在下方的區塊中使用的圖案為圖示，由於在圖示裡找尋不到我們需要的圖案，所以在這裡我們會將圖示移除並將圖案移入，點擊圖示→右鍵選擇刪除→在左側選單中尋找圖片如圖 8-4-3-28 →點選並將它拖入進原本圖示的位置→在 " 編輯圖片 " 裡選擇圖片→上傳檔案 service-flower-1.jpg →點選 " 插入媒體 " 按鈕→

8-179

CHAPTER 08 範例

完成畫面如圖 8-4-3-29，緊接著我們要做的 "OUR TEAM" → 將文字改成 " 關於店長 "，如覺得 " 關於店長 " 這個區塊與上方的區塊太遠，可以將他們之間的空白進行刪除，由於之後我們只會使用到中間的圖案，所以需要將旁邊左右 2 個圖示進行刪除，一樣是點擊圖片並按右鍵選擇刪除，刪除圖片後會有一個橘色的方塊往上跑，這時候你只需將鼠標移到上方點選 × 即可刪除，之後便是重複之前的動作，完成畫面如圖 8-4-3-30，最後再將最後的 2 個區塊進行刪除，此頁面就完成囉，之後點選 " 更新 " 按鈕並返回到網頁就可以了。

▲ 圖 8-4-3-28 我們的服務

▲ 圖 8-4-3-29 我們的服務完成圖

8-180

8-4 電子商務網站 WooCommerce (商務網站 + 金流)

▲ 圖 8-4-3-30 關於店長

由於 " 花的介紹 " 相對其他頁面比較不同，所以在這裡先進行 " 店家資訊 " 的頁面，點選 " 店家資訊 " →點選 " 使用 Elementor 編輯 " →將 "CONTACT" 改成 " 店家資訊 " →點選下方 google 地圖→將 Location 中的文字改成 "Taichung, Taiwan" 如圖 8-4-3-31 ①輸入完成後，旁邊的 google 地圖也會自動更新，之後將橘色區塊按照下方圖進行更改如圖 8-4-3-31 ②。

▲ 圖 8-4-3-31 店家資訊

8-181

CHAPTER 08 範例

完成上方動作後要更改的區域為回饋問題，此區域的更改需要以下幾個步驟。

Step 1 更改標題

先將下方的 "KEEP IN TOUCH" 更改成 " 回饋問題 "，之後點選下方的表單區塊，可以在左側欄看到一個短碼 "984" 如圖 8-4-3-32-1，記下這個號碼後，先點選更新，並返回到主控台裡的 Everest Forms 選單並點選 Shortcode 欄位為 984 的表單 (紅框處) 如圖 8-4-3-32-2。

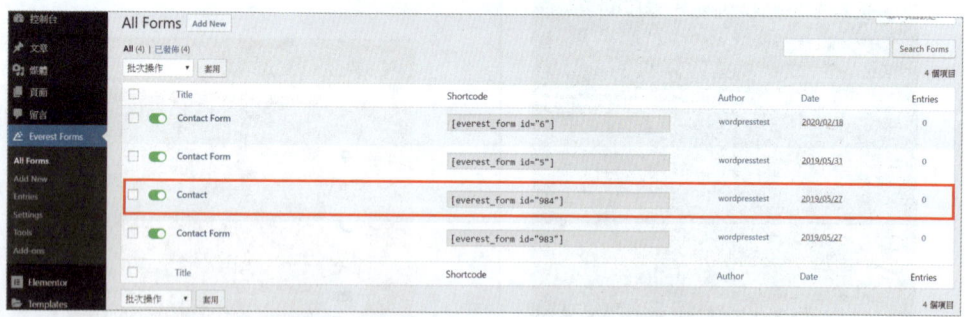

▲ 圖 8-4-3-32-1 短碼

▲ 圖 8-4-3-32-2 Everest Forms 表單列表

Step 2 修改表單

進入到表單列表，選擇短碼為 984 的表單頁面如圖 8-4-3-32-3，首先新增一行用來放所遇到的問題選項，點選 Add Row 按鈕並將那一行拖拉到 Message

上方如圖 8-4-3-32-4，之後便點選紅色框中的鉛筆，會出現如圖 8-4-3-32-5 在 Row Settings 的浮動視窗中選擇紅色框的單欄選項，變成一整行以後再將圖 8-4-3-32-3 左方欄位中的 Dropdown 拖拉進此方框中，並點選 Dropdown 這時左方頁籤將會跳至 Field Options，可以在此頁籤中將文字改成網站需要的文字，此頁籤基礎欄位介紹如下：

Label：上方標題文字。

Choices：可新增或刪除選項，前面圓圈為預設按鈕，中間則可以改選項文字，在選項下方還可以勾選是否要使用照片做選擇選項。

Description：為描述此表單，將會顯示在選項。

Required：將此選項打勾，則此欄位為必填。

Layout 版面樣式：在版面裡有分為單欄、雙欄、三個欄位與一直線排列。

Placeholder Text：此區塊為提示文字，主要出現在方塊中灰色的文字。

之後的文字方面就依照圖 8-4-3-32-7 去做更改，更改完成後要記得點選右上角的 SAVE 按鈕，完成表單的修改即可返回店家資訊頁面查看完成樣式，之後便將下方不會用到的區塊進行刪除。

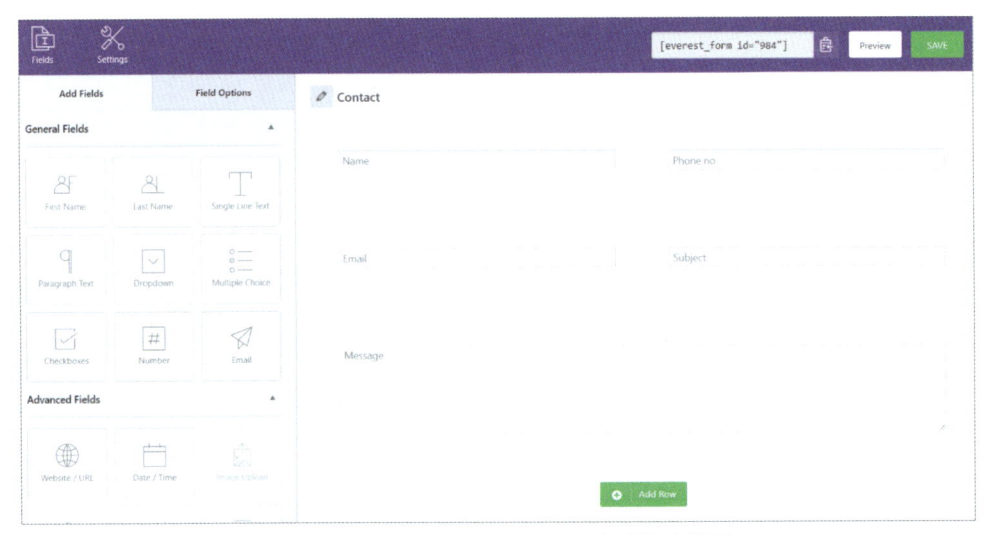

▲ 圖 8-4-3-32-3 Everest Forms 表單修改頁面

CHAPTER 08 範例

▲ 圖 8-4-3-32-4 Everest Forms 修改內容 -1

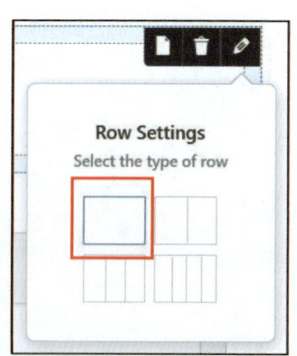

▲ 圖 8-4-3-32-5 Everest Forms 修改內容 -2　　▲ 圖 8-4-3-32-6 Everest Forms 修改內容 -3

8-4 電子商務網站 WooCommerce (商務網站 + 金流)

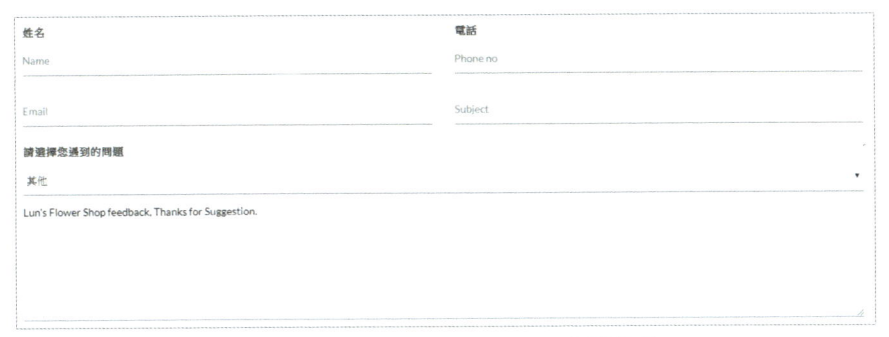

▲ 圖 8-4-3-32-7 Everest Forms 表單完成

8-4-4 設定商品

頁面都建立好以後，接下來要做的動作為設定商品，這裡先從設定 WooCommerce 開始。

Step 1 WooCommerce 設定

點選 WooCommerce 選單→設定頁面→一般頁籤→從國家開始依序往後設定，設定完成畫面如圖 8-4-4-1-1 和圖 8-4-4-1-2 安的紅色框，藍色框為依照個人需求做設定，都設定完成後記得要在最下方按儲存修改按鈕。

▲ 圖 8-4-4-1 設定 - 一般頁籤 -1

8-185

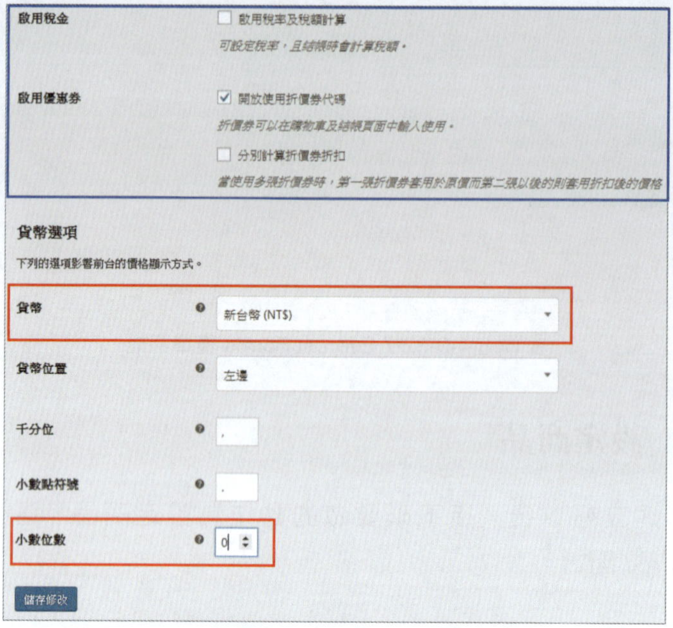

▲ 圖 8-4-4-2 設定 - 一般頁籤 -2

Step 2 WooCommerce 頁面建立

建立 WooCommerce 頁面有 2 種方法，第一種為進入到設定→進階頁籤→然後將在頁面選單中建立好的頁面一頁一頁填入到適當的位置如圖 8-4-4-3。第二種方法為點選狀態頁面→工具頁籤下方的→" 建立預設 WooCommerce 頁面 " 圖 8-4-4-4 →點選 " 建立頁面 " 按鈕→如有成功會在頁面的上方出現圖 8-4-4-5 →這時點選左方選單的 " 頁面 " 滑到全部頁面的下方就可以看到剛剛所新增的頁面。

8-4 電子商務網站 WooCommerce（商務網站 + 金流）

▲ 圖 8-4-4-3 設定 - 進階頁籤

▲ 圖 8-4-4-4 狀態頁面

▲ 圖 8-4-4-5 狀態頁面 - 成功創建提示文字

8-187

CHAPTER 08 範例

▲ 圖 8-4-4-6 頁面 - 全部頁面

> 🔍 **知識補給站**
>
> 通常在建立 WooCommerce 頁面時如果沒有特殊要求，會建議利用第二種方法，因為如果有誤刪頁面的時候也可以利用第二種方法快速把頁面新增回來。

Step 3 WooCommerce 商品建立

　　點選左方選單中的商品如圖 8-4-4-7，這時可以點選下方 " 建立產品 " 按鈕，或者點選選單中的新增，就會跳轉至圖 8-4-4-8，第一次使用時會有簡單的介紹，可以查看每個欄位所代表的意思，接下來就是新增產品了，先在商品名稱的地方打上 " 向日葵經典花束 "，這時在下方會出現永久連結，這串網址的後方會是上方的商品名稱，這裡建議要更改成英文較好，點選永久連結後方的編輯按鈕如圖 8-4-4-9，將紅色框中的文字改成 "Sunflower bouquet" 並點選確定按鈕就可以更改完成了。

▲ 圖 8-4-4-7 商品 - 所有商品頁面

8-188

8-4 電子商務網站 WooCommerce (商務網站 + 金流)

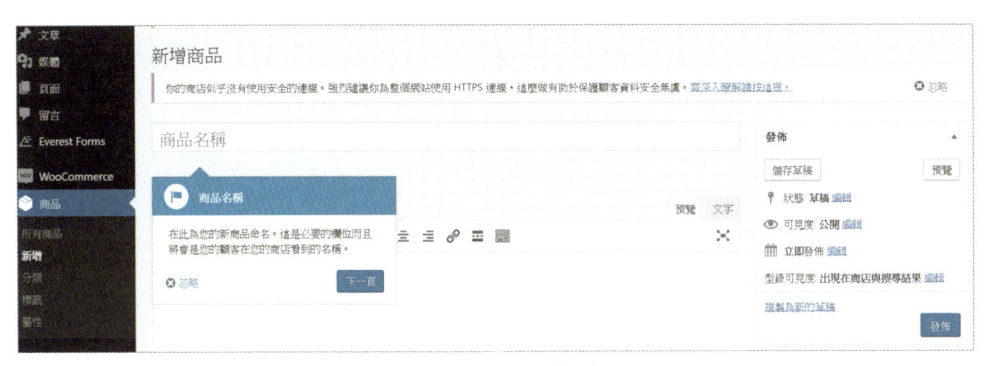

▲ 圖 8-4-4-8 商品 - 新增頁面

▲ 圖 8-4-4-9 商品 - 新增 - 永久連結編輯

將上方都更改完畢後，就可以開始填入商品的內容，在下方的編輯器中填入 8-4-7.txt 檔案中的文字圖 8-4-4-10，填入完畢後接下來要進行的是商品資料的區塊。

▲ 圖 8-4-4-10 商品 - 新增 - 文字編輯器

接下來的區塊會依序填入，在商品資料 - 一般的區塊中，將原價填入 550、折扣價 490 並點選下方的時間表填入折扣價的日期如圖 8-4-4-11。

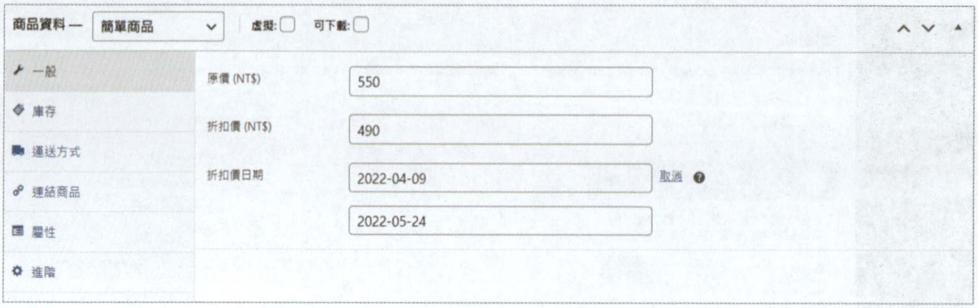

CHAPTER 08 範例

▲ 圖 8-4-4-11 商品 - 新增 - 商品資料 (一般)

商品資料 - 庫存的區塊中，貨號類似唯一值，這樣在補貨時才不會出問題，下方的欄位可以依照需求作填寫，本範例填寫如圖 8-4-4-12。

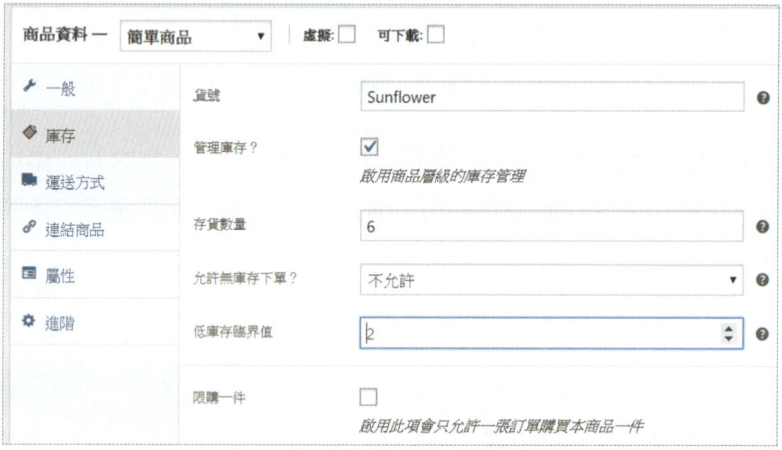

▲ 圖 8-4-4-12 商品 - 新增 - 商品資料 (庫存)

之後的四個頁籤暫時不會用到，接下來要填寫的為商品簡短說明，在編輯器中填入 8-4-7.txt 檔案中的文字，填入完畢後接下來要進行的右方區塊的商品分類，由於要轉至別的頁面，所以可以先按儲存草稿按鈕，做一個暫時儲存的動作。

8-190

8-4 電子商務網站 WooCommerce (商務網站 + 金流)

▲ 圖 8-4-4-13 商品 - 新增 - 商品簡短說明

在左方選單欄中選擇商品選單中的分類頁面如圖 8-4-4-14，並按照圖片上的文字做填寫，填寫完畢後點選下方的增加新分類按鈕，就可以在右側的表格中看見，如圖 8-4-4-15。

▲ 圖 8-4-4-14 商品 - 分類頁面 -1

8-191

CHAPTER 08 範例

☐	圖片	名稱	內容說明	代稱	項目數量
☐		花束	綜合花束與單種花束	bouquet	0 ≡
❓		未分類	—	未分類	0 ≡
☐	圖片	名稱	內容說明	代稱	項目數量

▲ 圖 8-4-4-15 商品 - 分類頁面 -2

新增完分類後緊接著要新增的是標籤，在左方選單欄中選擇商品選單中的標籤頁面如圖 8-4-4-16，並按照圖片上的文字做填寫，填寫完畢後點選下方的新增標籤按鈕，就可在右側表格中看見，在這裡總共新增了三個標籤 (向日葵、紫羅蘭、滿天星)，如圖 8-4-4-17。

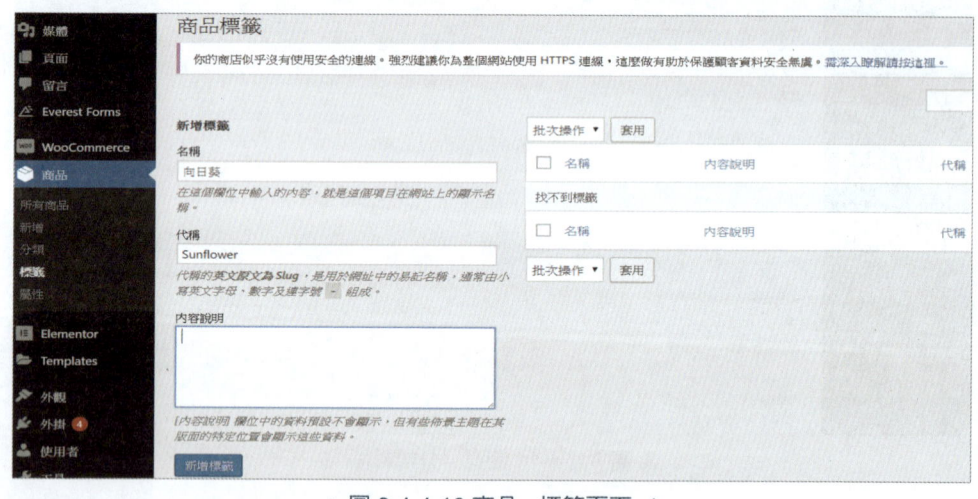

▲ 圖 8-4-4-16 商品 - 標籤頁面 -1

8-192

8-4 電子商務網站 WooCommerce (商務網站 + 金流)

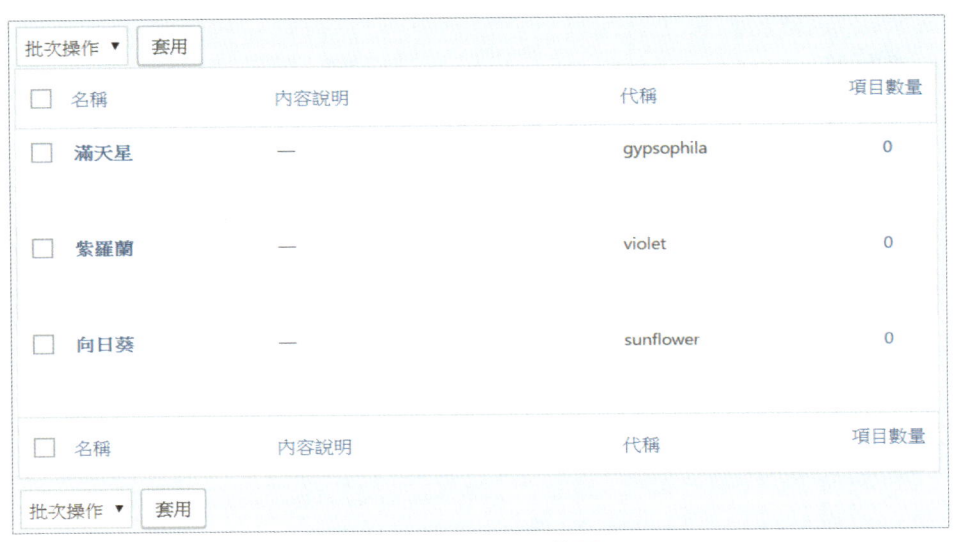

	名稱	內容說明	代稱	項目數量
	滿天星	—	gypsophila	0
	紫羅蘭	—	violet	0
	向日葵	—	sunflower	0
	名稱	內容說明	代稱	項目數量

▲ 圖 8-4-4-17 商品 - 標籤頁面 -2

新增完分類與標籤後就可以返回剛剛的商品頁面了，點選所有商品圖 8-4-4-18 →點選紅框處名稱進行商品的修改。

▲ 圖 8-4-4-18 商品 - 所有商品

進入頁面後看向右邊區塊，這時就可以看到剛剛新增的分類並打勾此分類如圖 8-4-4-19，在下方商品標籤區塊輸入剛所新增之標籤並點選新增按鈕如圖 8-4-4-20。

8-193

CHAPTER 08 範例

▲ 圖 8-4-4-19 商品 - 新增 - 商品分類　　　▲ 圖 8-4-4-20 商品 - 新增 - 商品標籤

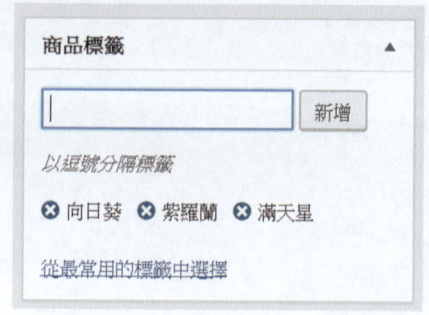

🔍 知識補給站

在新增商品標籤時，每打完一個標籤要先等待確認是否正確，如果標籤正確它會在下方在顯示一次標籤的名字，要記得點選哦。

在下一個區塊為商品圖片，點選設定商品圖片的超連結會出現一個彈跳視窗如圖 8-4-4-21，點選上傳檔案頁籤→選取檔案→ commodity1.jpg →開啟→點選設定商品圖片按鈕→完成後如圖 8-4-4-22。

接下來新增的是商品圖庫，一樣點選超連結，並選擇上傳檔案頁籤→選取檔案→ commodity1-1.jpg~ commodity1-3.jpg →點選新增到圖庫按鈕→完成後如圖 7-2-11-3-23，記得每張圖片都需要打替代文字哦。

這樣商品的設定到這裡就完成了，可以到頁面的最上方點選發布按鈕，從永久連結跳轉至商品頁面，完成畫面如圖 8-4-4-24。

8-4 電子商務網站 WooCommerce（商務網站 + 金流）

▲ 圖 8-4-4-21 商品 - 新增 - 商品圖片

▲ 圖 8-4-4-22 商品 - 新增 - 商品圖片 　　　▲ 圖 8-4-4--23 商品 - 新增 - 商品圖庫

CHAPTER 08 範例

▲ 圖 8-4-4-24 商品頁面完成圖

Step 4 WooCommerce 貨品運送和付款方式設定

下一步要進行的是貨物運送的設定，先回控制台→ WooCommerce →設定→運送方式頁籤如圖 8-4-4-25，並點選紅框處。

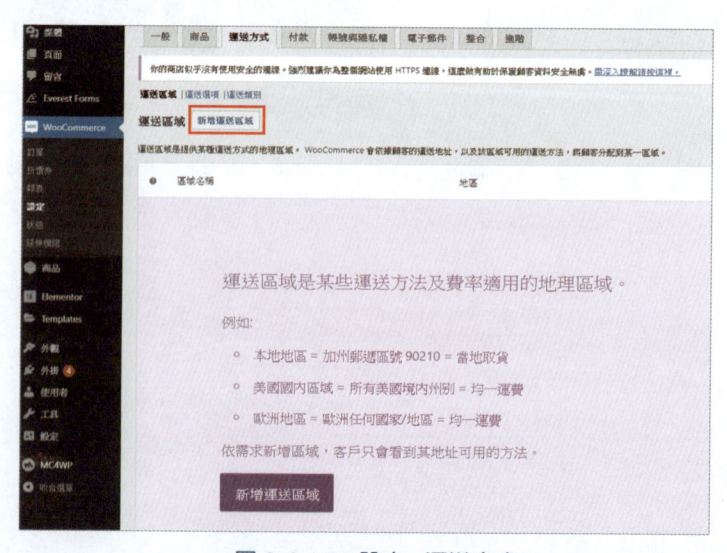

▲ 圖 8-4-4-25 設定 - 運送方式

8-196

8-4 電子商務網站 WooCommerce (商務網站 + 金流)

　　由於在前面設定的時候只有選擇台灣地區，所以在 " 區域中的地區 " 的下拉式選單中只有台灣可以做選擇，之後點選新增運送方式按鈕 (紅框處)，便會出現圖 8-4-4-27 的提示視窗，在下拉式選單中選擇單一費率，並按下新增運送方式按鈕，新增完畢後就可以在運送方式的欄位看到了如圖 8-4-4-28，之後點選紅框處，進行編輯畫面的設定如圖 8-4-4-29，設定完成後點選儲存修改按鈕，外面的列表也會跟著更改如圖 8-4-4-30。

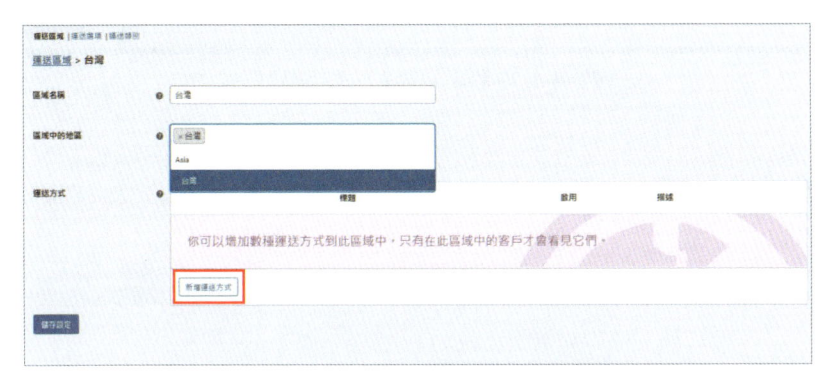

▲ 圖 8-4-4-26 設定 - 運送方式 - 運送區域 -1

▲ 圖 8-4-4-27 設定 - 運送方式 - 運送區域 (新增運送方式)

▲ 圖 8-4-4-28 設定 - 運送方式 - 運送區域 -2

8-197

CHAPTER 08 範例

▲ 圖 8-4-4-29 設定 - 運送方式 - 運送區域 -3

▲ 圖 8-4-4-30 設定 - 運送方式 - 運送區域 -4

貨物運送設定完成後接下來為付款方式的設定，點選上方付款頁籤如圖 8-4-4-31，通常會使用到的付款方式有銀行轉帳和貨到付款這 2 個選項，在這裡先將貨到付款的啟用先打開並點選儲存修改按鈕。

▲ 圖 8-4-4-31 設定 - 付款

8-4　電子商務網站 WooCommerce (商務網站 + 金流)

　　在這裡基本的 WooCommerce 都設定完畢，可以開始一次購物流程，首先進入到商品頁面，點選左方選單欄中的頁面→點選商店頁面→進入頁面後點選右上角的預覽按鈕，就可以看到圖 7-2-11-3-33 的畫面，此時可以點選花的圖片，進入到商品畫面如圖 7-2-11-3-34，並點選加入購物車按鈕，這時上方會出現提示文字如圖 7-2-11-3-35，之後點選提示文字中的查看購物車按鈕，畫面如圖 8-4-4-36，再點選前往結帳按鈕 (紅色框)，結帳頁面如圖 8-4-4-37。

▲ 圖 8-4-4-32 頁面 - 全部頁面

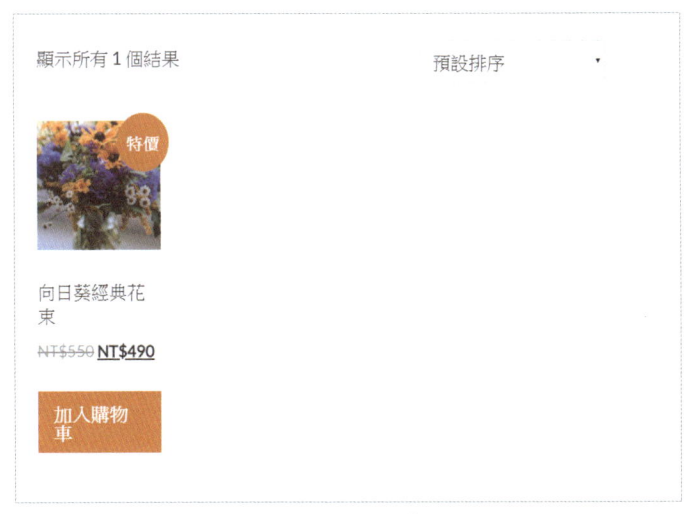

▲ 圖 8-4-4-33 商店頁面

8-199

CHAPTER 08 範例

▲ 圖 8-4-4-34 商店 - 產品 (向日葵經典花束)

▲ 圖 8-4-4-35 商店 - 產品 (向日葵經典花束)- 購物車提示文字

8-200

8-4　電子商務網站 WooCommerce (商務網站 + 金流)

▲ 圖 8-4-4-36 購物車頁面

▲ 圖 8-4-4-37 結帳頁面

　　在結帳頁面中可以看到剛設定的運送方式與付款方式都是有設定成功，但在購物車與結帳頁面中都可以看見如藍色方框中的選單欄，如不喜歡此區塊，是可以經由頁面調整將此區塊移除，同樣進入到控制台→頁面→點選購物車頁

8-201

面如圖 8-4-4-38 →點選紅框處的頁面屬性→將範本的預設範本改成 Elementor 全寬→點選右上方的更新按鈕並預覽→完成畫面如圖 8-4-4-39，而結帳頁面也照此步驟進行。

▲ 圖 8-4-4-38 購物車頁面

▲ 圖 8-4-4-39 購物車頁面 (網頁板)

Step 5 WooCommerce 第三方金流

做完購物車與結帳頁面後，就只剩下付款的部分了，上述有提過除了貨到

8-4 電子商務網站 WooCommerce（商務網站 + 金流）

付款以外，大眾最常使用的就是使用信用卡付費，此區塊會利用串接金流的方式進行演示，在開始實作前需要先安裝第三方金流的外掛「RY WooCommerce Tools」。

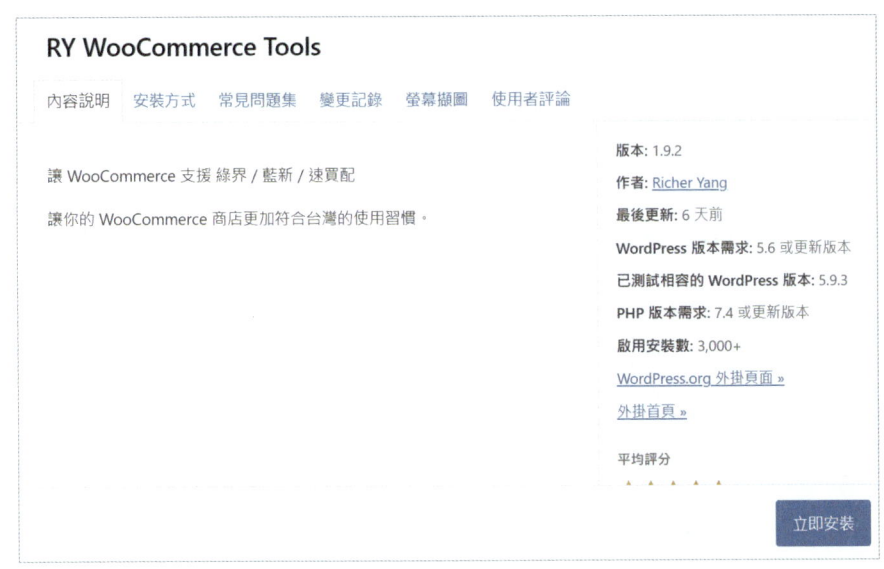

▲ 圖 8-4-4-40 RY WooCommerce Tools 外掛畫面

可於控制台→外掛→安裝外掛頁面的搜尋框中輸入「RY WooCommerce Tools」，並在圖 8-4-4-41 搜尋畫面紅色框點選「立即安裝」，安裝完畢後再次點選出現在同一位置的「啟用」按鈕，詳細安裝畫面可參考 7-1 章。

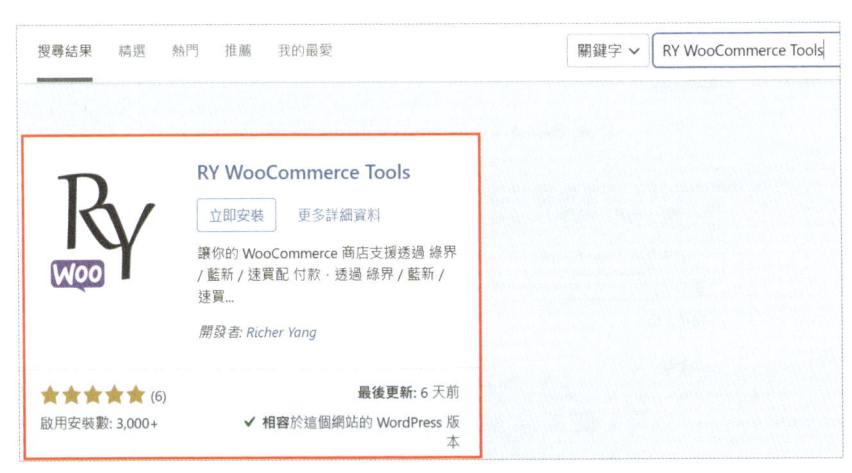

▲ 圖 8-4-4-41 搜尋畫面

8-203

CHAPTER 08 範例

啟用完畢後便可以在 WooCommerce → 設定頁面中看到 → RY Tools 如圖 8-4-4-42，此範例將要使用的是藍新支援，由於是金流部分的使用，所以先將紅框處打勾並點選儲存修改按鈕，之後先重新整理此頁面，就可以看到此頁面上方出現如圖 8-4-4-43，並點選紅框處跳轉至

▲ 圖 8-4-4-42 設定 -RY Tools 頁籤 -1

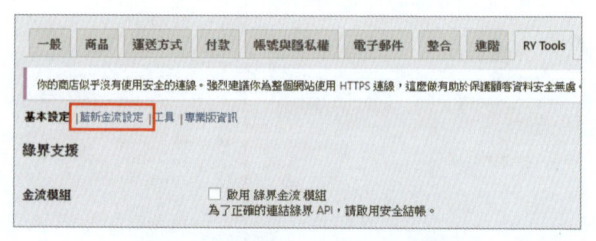

▲ 圖 8-4-4-43 設定 -RY Tools 頁籤 -2

8-4　電子商務網站 WooCommerce (商務網站 + 金流)

▲ 圖 8-4-4-44 設定 -RY Tools 頁籤 (藍新金流設定)

藍新金流註冊如下：

　　先進入到藍新測試金流的網站 (https://cwww.newebpay.com/)，點選頁面右上方的註冊按鈕，這時會跳轉至圖 8-4-4-45 註冊頁面，依照需求做申請，本範例是使用個人會員做註冊，點選免費註冊後便會跳到圖 8-4-4-46，便依照上面所需的資料做填寫，完畢後點選確定送出按鈕，之後便會跳到隱私權的同意表，點選註冊會員後便可以登入如圖 8-4-4-48，登入後會轉跳至會員中心 - 基本資料設定頁面，這時先點選右上角的選單會員中心→商店管理→因還未建立商店所以會出現如圖 8-4-4-49 的畫面，點選確定按鈕後將會跳至圖 8-4-4-50，並依照欄位填寫資料或填寫圖 8-4-4-50 上的資料，填寫完成後點選最下方的 " 資料正確，商店建立 " 按鈕。

CHAPTER 08 範例

▲ 圖 8-4-4-45 藍新金流註冊 -1

▲ 圖 8-4-4-46 個人會員 - 會員註冊

8-4 電子商務網站 WooCommerce（商務網站 + 金流）

▲ 圖 8-4-4-47 個人會員 - 隱私條款

▲ 圖 8-4-4-48 藍新金流 - 登入頁面

8-207

CHAPTER 08 範例

▲ 圖 8-4-4-49 提示視窗

▲ 圖 8-4-4-50 會員註冊

商店建立完成後可以在會員中心→商店管理→商店資料設定頁面看到剛剛所建立的資料如圖 8-4-4-51。

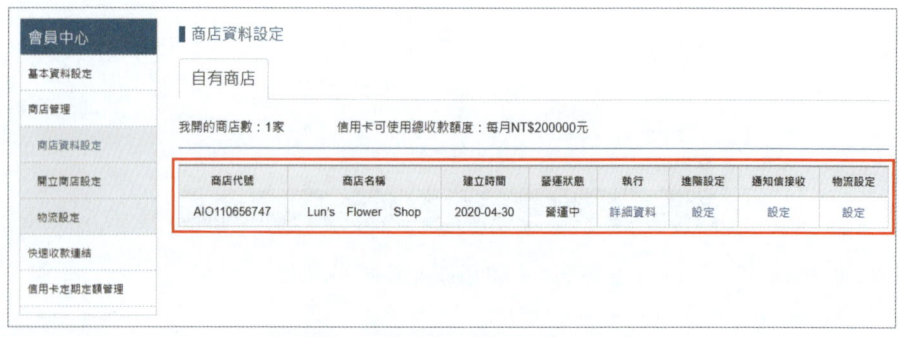

▲ 圖 8-4-4-51 商店管理 - 商店資料

8-208

8-4 電子商務網站 WooCommerce (商務網站 + 金流)

接下來記下商店代號，然後返回 WordPress 控制台→ WooCommerce 設定→ RY Tools 頁面在下方填入商品代號，剩下的 HashKey 和 HashIV 則可以在圖 8-4-4-51 中點選詳細資料超連結，跳轉頁面到商店的基本資料，在此頁面的下方有一個區塊為 API 串接金鑰，就是商店所需要的資料如圖 8-4-4-52。

▲ 圖 8-4-4-52 API 串接金鑰

並將上方金鑰依序填入 RY Tools 頁面中，填完後如圖 8-4-4-53 點選儲存修改按鈕，之後便將頁面再轉回圖 8-4-4-51 商店管理 - 商店資料再度點選詳細資料頁面。

▲ 圖 8-4-4-53 設定 -RY Tools(藍新金流設定)

8-209

CHAPTER 08 範例

　　在詳細資料頁面中右方的金流特約商店區塊，此表格先將 " 信用卡一次付清 " 申請啟用，填完資料後便會如圖 8-4-4-54，啟用完畢後便可以返回 WordPress 控制台→ WooCommerce 設定→付款頁籤將藍新信用卡的選項啟用並點選設定按鈕，進入藍新信用卡設定頁面後將標題改為信用卡後點選儲存修改按鈕如圖 8-4-4-55，再度點選付款頁籤，最後頁面樣子會如圖 8-4-4-56。

▲ 圖 8-4-4-54 商店詳細資料 - 金流特約商店

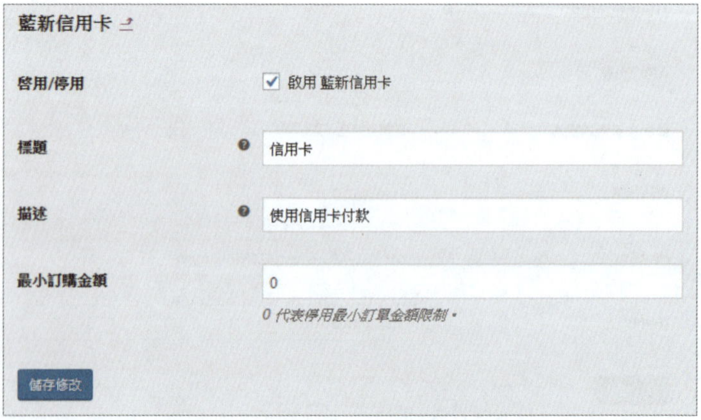

▲ 圖 8-4-4-55 設定 - 付款 (藍新信用卡)

8-210

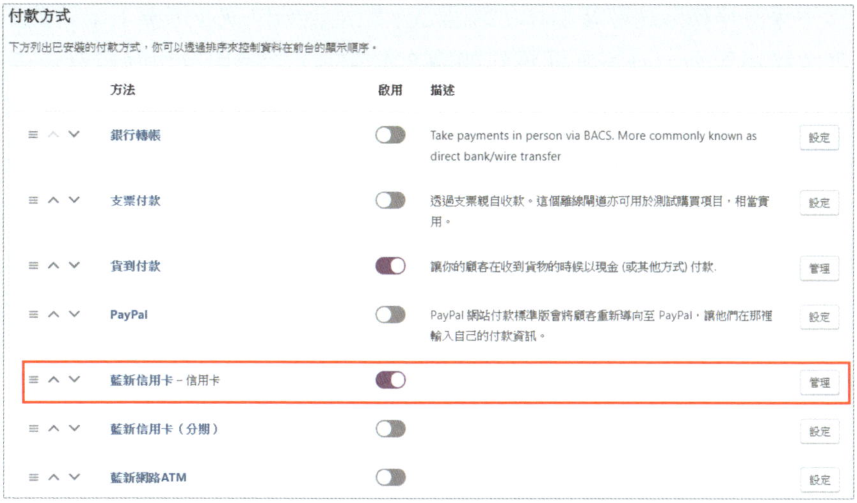

8-4　電子商務網站 WooCommerce (商務網站 + 金流)

▲ 圖 8-4-4-56 設定 - 付款方式頁籤

都設定完成後便可以看在結帳頁面中查看是否有出現信用卡付費的選項，點選頁面→結帳頁面→點選右上角的預覽→滑到最下方就可以看到如圖 8-4-4-57。

▲ 圖 8-4-4-57 結帳頁面

8-211

CHAPTER 08 範例

　　接下來就是實際付款後訂單的流程了，點選貨到付款並選擇下單購買按鈕，這時就會跳轉頁面，訂單詳細資料如圖 8-4-4-58，這時可以返回控制台查看訂單的訊息。

▲ 圖 8-4-4-58 訂單詳細資料

　　在控制台 WooCommerce 訂單頁面列表如圖 8-4-4-59，此頁面可以查看到網站中所訂購商品的訂單，也可以由此進行管理。

▲ 圖 8-4-4-59 訂單頁面

CHAPTER 09

網頁轉 App

經過了前面的章節，相信大家已經對於 WordPress 有一定的了解，也做出不少網站成果了，接著就來教導大家該如何將網頁轉換成行動應用程式，並且將自己的網站上架至眾所皆知的平台上供人下載，此章節就是將你所設計好的網頁同時轉成 App 並上架，讓一個網頁可以達到兩個成果

CHAPTER 09 網頁轉 App

9-1 認識 App

9-1-1 什麼是 App？

App 為「Application」的縮寫是指「應用程式」、「應用軟體」，是源自於 2007 Apple 公司在第一代 iPhone 上市後，並同時建立發布平台 App Store，因此「App」變成了手機、平板電腦應用程式的代名詞。所謂的行動應用程式就像是電腦安裝軟體一樣，只需要透過 Play 商店或 App Store 即可下載安裝，舉例來說，2019年最受歡迎兩款熱門應用程式「SleepTown 睡眠小鎮」與「Plant Nanny 植物保姆」為幫助使用者建立健康生活習慣；另外，恐怖冒險解謎遊戲「返校」也獲選「最佳獨立製作遊戲」，讓玩家在懸疑、恐怖與緊張的氛圍下，體驗以台灣六零年代背景的故事。

9-1-2 Web 與 App 開發方式

目前手機版網頁的開發方法以響應式網站 (RWD) 為主；App 應用程式開發的方法可分為原生型（Native App）、網頁型（Web App）、混合型（Hybrid App）等三種類型，說明如下：

1. **響應式網站 (Responsive Web Design)**

    響應式網站 (Responsive Web Design) 簡稱「RWD」，主要運用 HTML5、CSS3 等程式語言讓網站因應不同的螢幕大小 (手機、平板)、不同裝置自動縮放成適合瀏覽的樣式。有別於傳統的手機版網頁模式須考慮到資料更新、同步的問題，而現在的響應式網頁模式只需要設計一種版型即可滿足不同裝置的瀏覽方式。

2. **原生型（Native App）**

    原生型 (Native App) 是專為特定作業平台所開發的應用程式，依照不同的開發方式 (Xcode、Android Studio) 及程式語言 (Swift、Java) 進行開發，透過程式編譯為可被安裝及執行的應用程式，但因為必須要針對不同的平台個別開發，因此開發及維護成本相對較高，且程式版本更新皆須透過所屬商店審核及部署。

3. **網頁型（Web App）**

網頁型（Web App）是利用前端網頁技術 (HTML5、JavaScript、CSS) 來進行開發，只需要透過瀏覽器輸入網址就可以瀏覽相關網站，是不需要安裝於行動裝置上，相對門檻較低、具有跨平台優勢。由於只需要維護網頁程式碼即可適用於各種作業平台，因此開發成本也較低，但卻有所限制，因為是透過瀏覽器連接網頁，需要網路才可以提供服務，且執行效能也不比原生型好。

4. **混合型（Hybrid App）**

混合型（Hybrid App）是指使用 Web App 的開發方式，並利用 Native App 將其包裝成能夠進行離線操作的應用程式，除了可以存取手機功能外，還可以快速封裝成不同作業系統使用版本，在維護方面與 Web App 相同，只需維護同一組程式碼，因此可以將低開發成本並提高版本更新的即時性。WordPress 所提供的外掛就是使用此方法，將原生程式碼直接封裝為 App。

9-1-3 Web 與 App 不同之處

Web 網頁與 App 應用程式是兩種不同的應用，依照不同的需求目的選擇該使用哪種方式，但兩者卻是可以互相結合使用的，舉例來說，應用程式本身不可被 Google 搜尋到，但如果結合網頁就可以搜尋到應用程式的介紹說明、下載資訊，提供更多的下載方式，主要差異如下：

1. 功能→網頁主要的是給予使用者「功能需求」，並要給予使用者什麼的「內容資訊」，內容是可以自行經營與維護；應用程式則是依照使用者需求「客製化」、「專屬性」。

2. 搜尋→網頁可透過搜尋引擎搜尋內容；應用程式則無法被搜尋引擎查詢內容資訊，但可以利用網頁與應用程式互相結合應用，透過網頁搜尋應用程式下載位置。

3. 環境→網頁屬於「開放式」環境，可透過超連結互相串連；應用程式則屬於「封閉式」環境，比較無法互動、交易。

4. 維護→網頁可以透過 WordPress 自行設計開發，不用學習程式相關能力也可以輕易做出網站；應用程式則需要有學習相關程式經驗才可以開發出來。

CHAPTER 09 網頁轉 App

9-2 利用Android Studio 將網站轉換APP

本章將會介紹如何使用 Android Studio 網頁轉 App，在目前網路快速發展的時代中，常常都會看到企業公司的官方網站介紹、部落格等等都是透過網站來呈現，但現在每個人都會有一台手機、平台、電腦等等，如果無法使用單一網站套用在各個裝置上，還花費其他心力刻出一個網站就太不符合成本效益了，只要搭配響應式網站功能就可以不需要花費大量的維護時間，相同的，可以將含有響應式功能的網頁透過軟體轉換 App，讓使用者安裝於自己的手機當中，只要點選 App 就可以開啟網頁，不需要再透過瀏覽器搜尋。

9-2-1 開發環境介紹、安裝

安裝 Android Studio 編譯所需要的環境如下：

安裝環境	說明
Java Development Kit(JDK)	由於 Android 是以 Java 語言來開發，所以需要安裝 Java 的軟體開發套件
Android Studio	安裝 Android Studio 會安裝 Android 所需要的 Android SDK(Android 開發套件)，開發與測試執行 Android 應用程式

Java Development Kit(JDK)

Java Development Kit(JDK) 是昇陽電腦針對 Java 開發人員所發佈的免費軟體。自從推出以來，已經成為使用最廣泛的 Java SDK(簡稱 JDK)，由於 JDK 的一部分特性採用商業許可證，所以並非開源程式碼，它包括了用於程式環境的各種庫類，如基礎類別館、給開發人員使用的補充庫等。

Step 1 首先至 Oracle 的官方網站中找到下載地方：https://www.oracle.com/java/technologies/javase-jdk8-downloads.html，本書以 Windows X86 第八版 JDK 為範例，可依照個人需求安裝所屬版本，如圖 9-2-1-1 紅框處後，會彈跳出「我查看並接受了 Oracle Java SE 的 Oracle 技術許可協議」如圖 9-2-1-2，勾選後可點選綠色按鈕「Download jdk-8u251-windows-i586.exe」，接著畫面會跳

9-2 利用 Android Studio 將網站轉換 APP

轉至 Oracle 登入畫面如圖 9-2-1-3，若無 Oracle 帳號可先註冊，登入後即可下載安裝檔案。

Solaris x64 (SVR4 package)	133.64 MB	jdk-8u251-solaris-x64.tar.Z
Solaris x64	91.9 MB	jdk-8u251-solaris-x64.tar.gz
Windows x86	201.17 MB	jdk-8u251-windows-i586.exe
Windows x64	211.54 MB	jdk-8u251-windows-x64.exe

▲ 圖 9-2-1-1 JDK 環境安裝 1

▲ 圖 9-2-1-2 JDK 環境安裝 2

▲ 圖 9-2-1-3 JDK 環境安裝 3

9-5

CHAPTER 09 網頁轉 App

Step 2 點選剛剛所下載的執行檔，如圖 9-2-1-4，將會一步步帶領您安裝 JDK 8，紅字的部分代表「此軟體的版本的許可條款已更改」，可直接點選紅框處「Next」按鈕進行下一步。

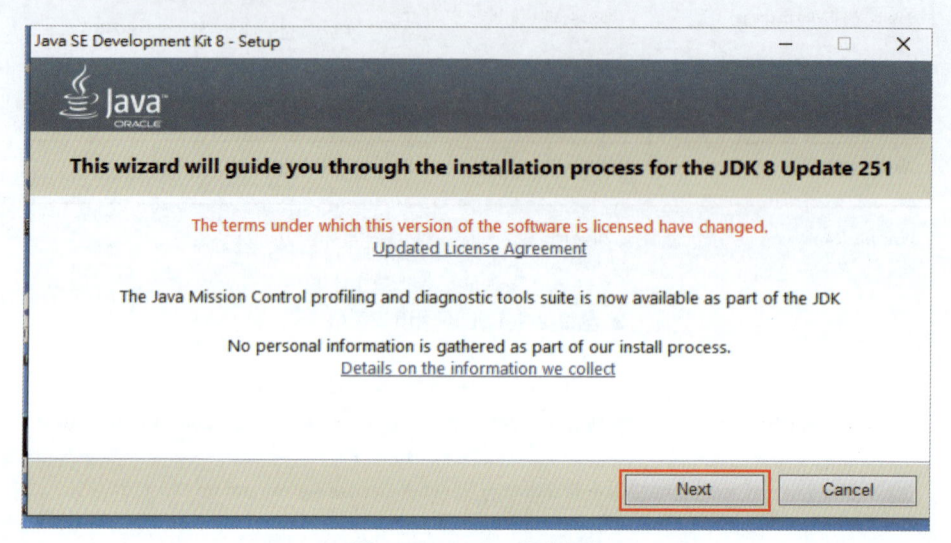

▲ 圖 9-2-1-4 JDK 環境安裝 4

Step 3 確認 JDK 安裝路徑及內容後如圖 9-2-1-5，點選紅框處「Next」按鈕進行下一步，等待 JDK 安裝完成如圖 9-2-1-6，中途會顯示「變更…」Java 安裝資料夾，如圖 9-2-1-7 點選紅框處「下一步」會繼續 JDK 安裝過程。

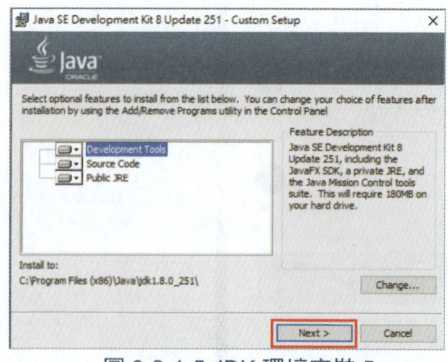

▲ 圖 9-2-1-5 JDK 環境安裝 5 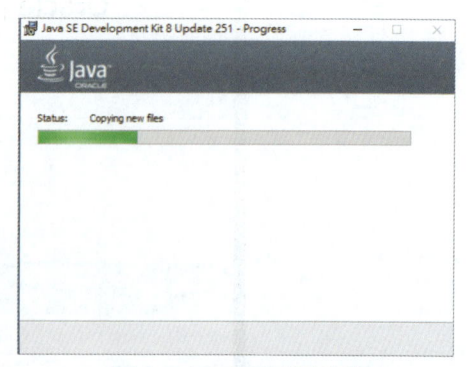　　　　▲ 圖 9-2-1-6 JDK 環境安裝 6

9-2　利用 Android Studio 將網站轉換 APP

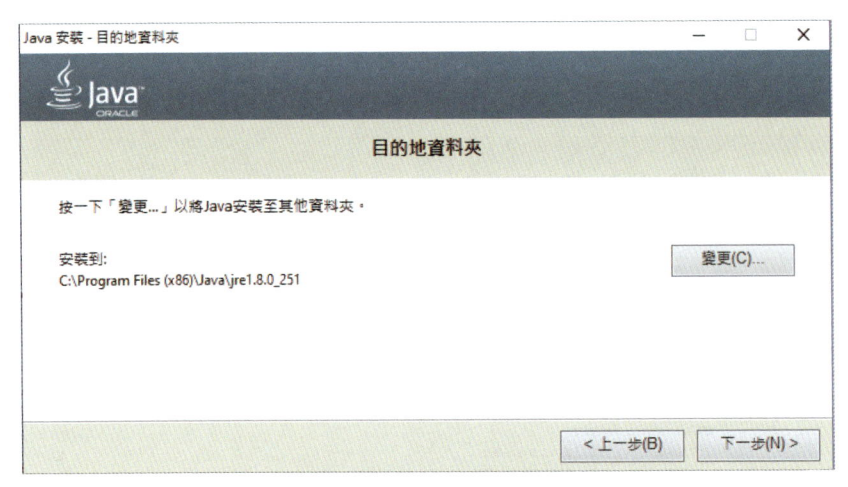

▲ 圖 9-2-1-7 JDK 環境安裝 7

Step 4 看到畫面如圖 9-2-1-8 代表安裝完成，按下紅框處「Close」即可關閉安裝程式。

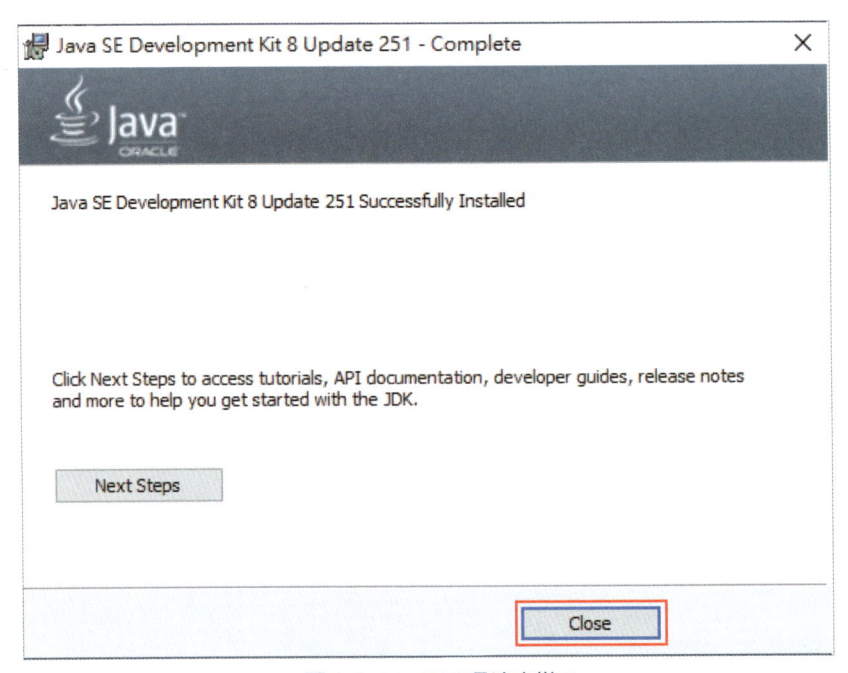

▲ 圖 9-2-1-8 JDK 環境安裝 8

9-7

CHAPTER 09 網頁轉 App

Step 5 安裝完成後，需將 JDK 中的 bin 目錄加入環境變數中，首先至 控制台 / 系統及安全性 / 系統點選「進階系統設定」如圖 9-2-1-9。

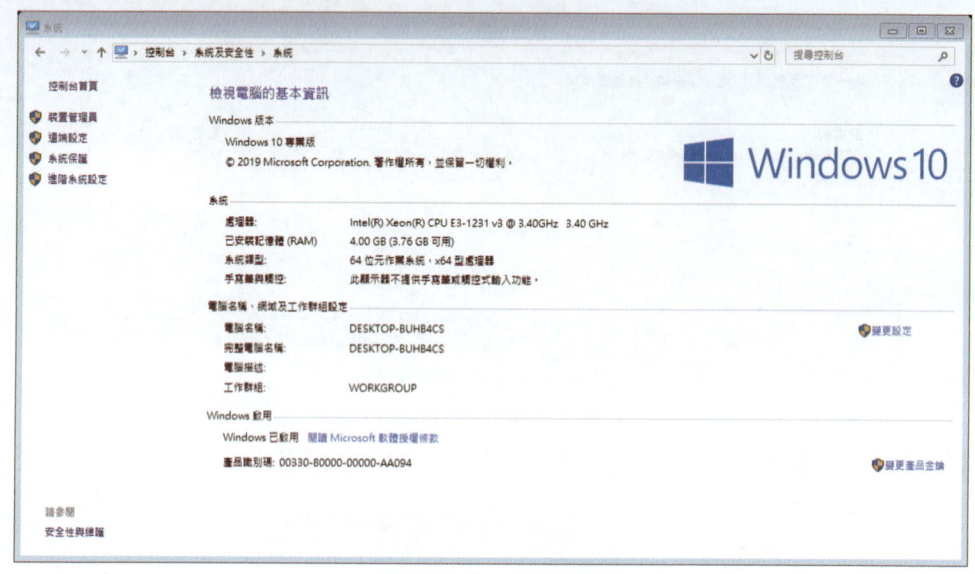

▲ 圖 9-2-1-9 JDK 環境設定 1

Step 5 點選「進階系統設定」會出現系統內容如圖 9-2-1-10，點選紅框處按鈕「環境變數」，會出現圖 9-2-1-11 可新增使用者變數或系統變數，本次為編輯「使用者變數」中的「PATH」，接著點選紅框處按鈕「編輯」，會出現圖 9-2-1-12 點及旁邊按鈕「新增」，將 bin 所屬路徑貼入新增處如圖 9-2-1-13，即可將環境設定完成。

9-2 利用 Android Studio 將網站轉換 APP

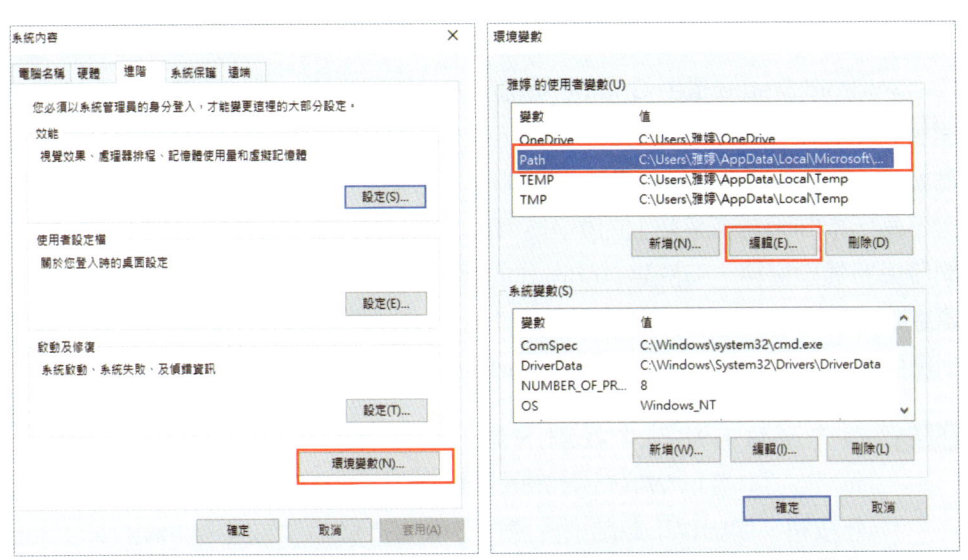

▲ 圖 9-2-1-10 JDK 環境設定 2

▲ 圖 9-2-1-11 JDK 環境設定 3

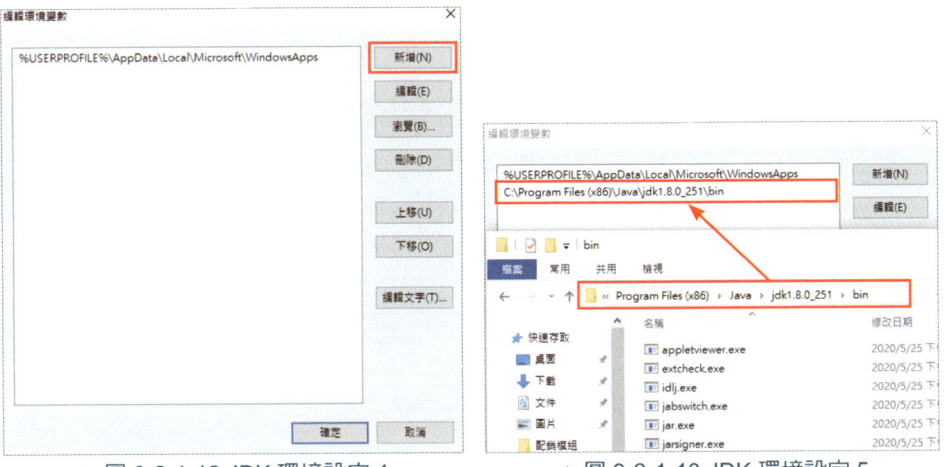

▲ 圖 9-2-1-12 JDK 環境設定 4

▲ 圖 9-2-1-13 JDK 環境設定 5

CHAPTER 09 網頁轉 App

Android Studio

Android Studio 是由 Google 所推出的新開發環境，是一個整合開發工具，開發者在編寫程式的同時可以看見自己的網頁在不同螢幕尺寸的樣子，他的特點如下，具有視覺化布局、開發者控制台、內建 Android SDK 和 AVD 管理器等，且不同版本間因為有系統上的更正，所以每個版本都有獨立的 SDK，用於程式開發與新建虛擬機，但隨著 Android 的版本越來越大，SDK 越來越大，意味著電腦容量與等級也需要跟著升級提高，才會有較良好的執行效率，且需要安裝對應的 SDK，否則無法使用該版本 Android。

Step 1 首先至官方網站中找到下載地方：https://developer.android.com/studio，本書以 Windows X86 為範例介紹如圖 9-2-1-14 點選紅框處綠色按鈕，會出現下載前須同意以下條款及條件，勾選「I have read and agree with the above terms and conditions」即可出現下載按鈕如圖 9-2-1-15，點選藍色按鈕後即可直接下載執行檔，下載時間會比較長屬於正常。

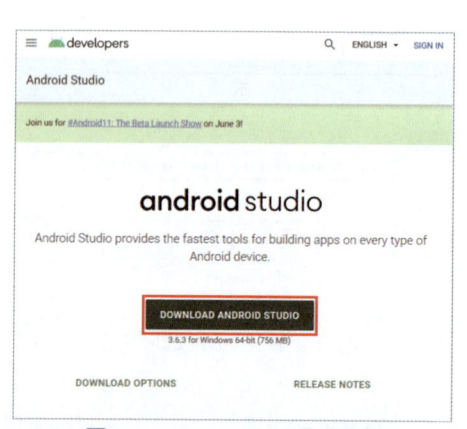

▲ 圖 9-2-1-14 Android 環境安裝 1 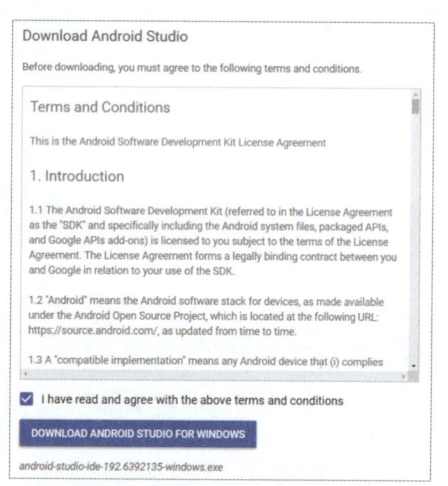　　▲ 圖 9-2-1-15 Android 環境安裝 2

Step 2 點選剛剛所下載的執行檔，首先會先歡迎你使用 Android Studio 如圖 9-2-1-16，可直接點選紅框處「Next」，接下來確認所需要安裝的軟體如圖 9-2-1-17，可直接點選紅框處「Next」，接著確認 Android Studio

9-10

9-2 利用 Android Studio 將網站轉換 APP

安裝路徑及內容如圖 9-2-1-18、確認名稱如圖 9-2-1-19 可點選「Install」開始安裝，下方可自由勾選是否建立快捷鍵於桌面，本書為「不勾選」可由讀者自由選擇，安裝過程如圖 9-2-1-20，最後如圖 9-2-1-21 點選「Finish」代表 Android Studio 安裝成功。

▲ 圖 9-2-1-16 Android 環境安裝 3

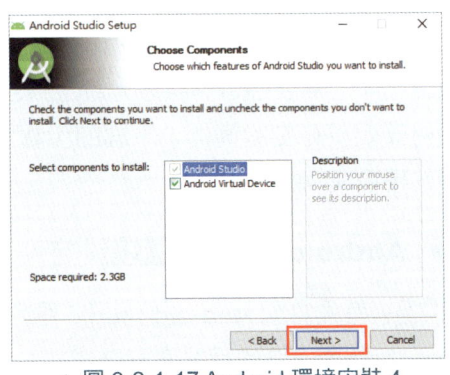

▲ 圖 9-2-1-17 Android 環境安裝 4

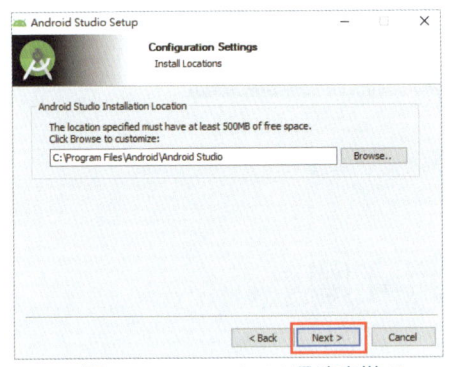

▲ 圖 9-2-1-18 Android 環境安裝 5

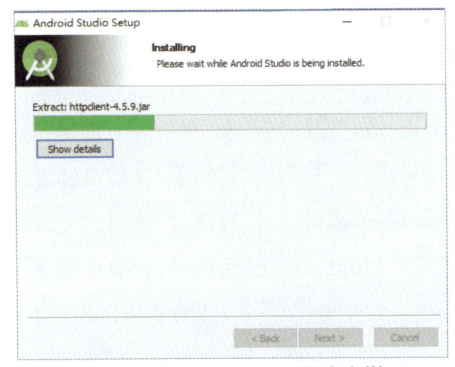

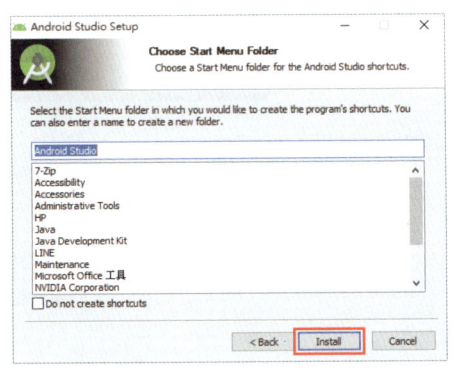

▲ 圖 9-2-1-19 Android 環境安裝 6

▲ 圖 9-2-1-20 Android 環境安裝 7

▲ 圖 9-2-1-21 Android 環境安裝 8

CHAPTER 09 網頁轉 App

9-2-2 轉換 Android APK 執行檔

Android 應用程式套件 (Android application package) 簡稱「APK」，是 Android 作業系統使用的一種套件檔案格式，用於發佈和安裝行動應用，若想要一個應用程式可用於 Android 的手機裝置當中，需要先進行編譯，然後被打包成為一個可以被 Android 所能辨識的檔案才可被執行，APK 被分成認證與未認證兩類，需要透過認證才允許上架至 Google Play，未認證將無法上架，但依然可安裝於行動設備上，下面的步驟將一一介紹該如何利用 Android Studio 將網站轉換成 APK。

Android studio 環境設定

Step 1 首先打開 Android Studio 應用程式會先看見畫面如圖 9-2-2-1，代表剛剛所安裝的程式已安裝成功，可直接點選「Next」按鈕進入下一步。

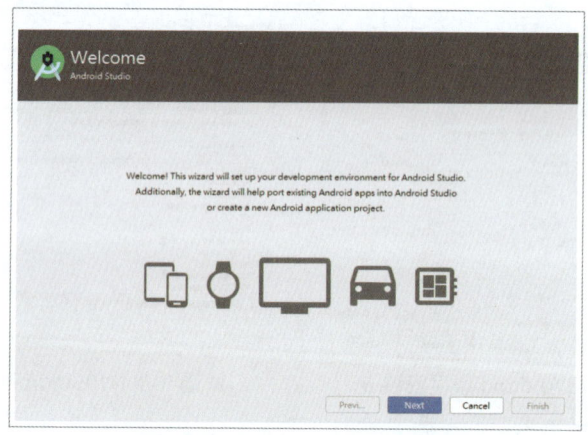

▲ 圖 9-2-2-1 Android Studio 環境設定 1

Step 2 安裝類型可選擇「標準型 (Standard)」或「習慣型 (Custom)」如圖 9-2-2-2，標準型是將會推薦大多數使用者最常用的設定和選項進行安裝；習慣型是可以自定義安裝設定或以安裝的套件，本書則以選擇上方紅框「標準型」為範例，設定完成後點選「Next」按鈕進入下一步。接著設定 Android UI 畫面可選擇「深色系」、「淺色系」如圖 9-2-2-3，本書則以選擇「淺色系」為範例。

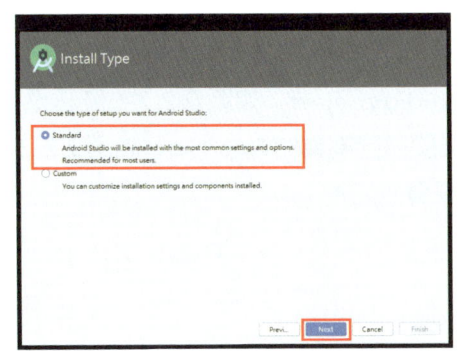

9-2 利用 Android Studio 將網站轉換 APP

▲ 圖 9-2-2-2 Android Studio 環境設定 2 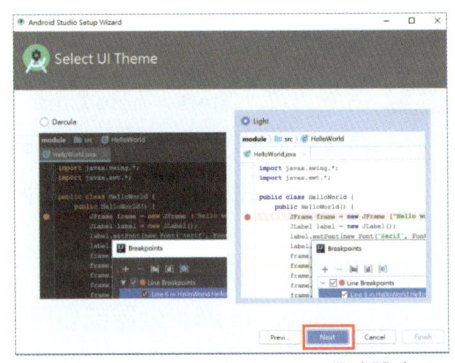　　▲ 圖 9-2-2-3 Android Studio 環境設定 3

Step 3 設定 SDK 安裝路徑如圖 9-2-2-4，可直接點選「Next」進行下一步，若出現「Your sdk location contains non-ascii characters」代表路徑不可有包含中文字，須重新設定路徑，接著出現最後的確認訊息如圖 9-2-2-5，可直接點選「Finish」將會開始安裝相關設定。

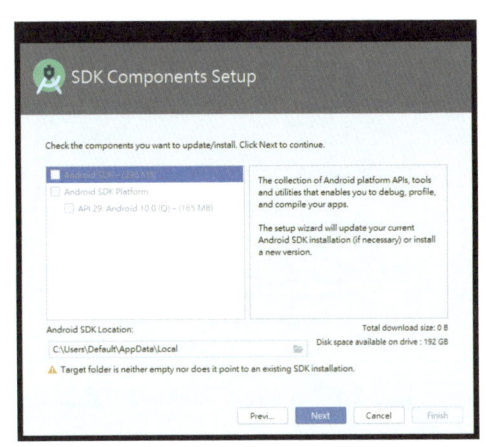

▲ 圖 9-2-2-4 Android Studio 環境設定 4 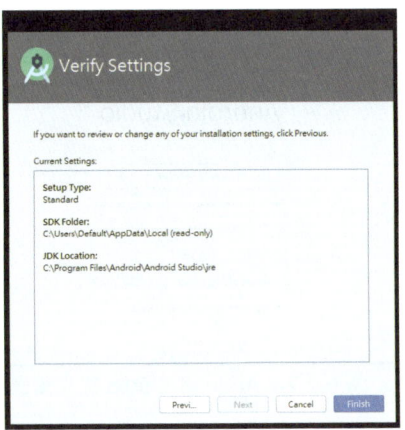　　▲ 圖 9-2-2-5 Android Studio 環境設定 5

CHAPTER 09　網頁轉 App

🔺 建立專案

Step 1 首先選擇「Start a new Android Studio project」如圖 9-2-2-6 紅框處，建立一個 Project(專案)準備開發屬於自己網頁的 App，接著如圖 9-2-2-7 會出現新增 Android Project 所需要資訊如下：

- Application name：你的 App 名稱

- Company Domain：公司或你自己的 domain 名稱

- Project location：專案的儲存位置，建議可以建立一個專門存放 APP 專案的資料夾

- Package name：專案的 Java 套件名稱，預設為 Company Domain 加 Application name 組合，也可以點擊右方按鈕 Edit 修改自己喜歡的名稱

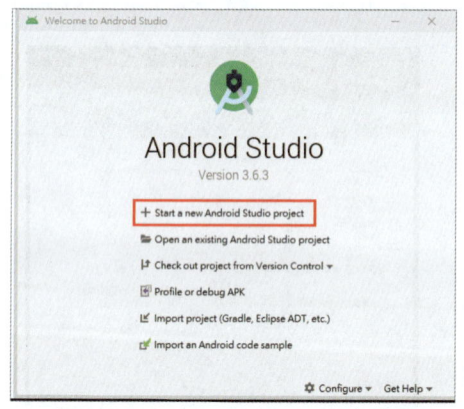

▲ 圖 9-2-2-6 Android Studio 建立畫面 1 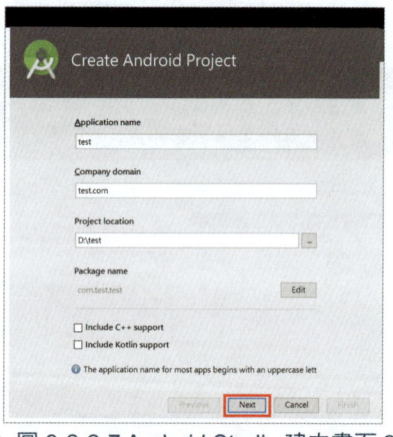　　▲ 圖 9-2-2-7 Android Studio 建立畫面 2

Step 2 選擇行動設備最低版本限制如圖 9-2-2-8，下方的提示會顯示你目前所選擇的 Android 版本限制符合人數，本書建議可直接選擇 Android 2.3 或 3.0 來進行開發，設定完成後點選「Next」下一步按鈕，接著設定預想開 Activity 類型(版面類型)如圖 9-2-2-9，本書建議可選擇「Blank Activity」或「Empty Activity」，設定完成可點選「Next」下一步按鈕，設置完畢後點選「Finsh」代表專案建立成功。

9-2 利用 Android Studio 將網站轉換 APP

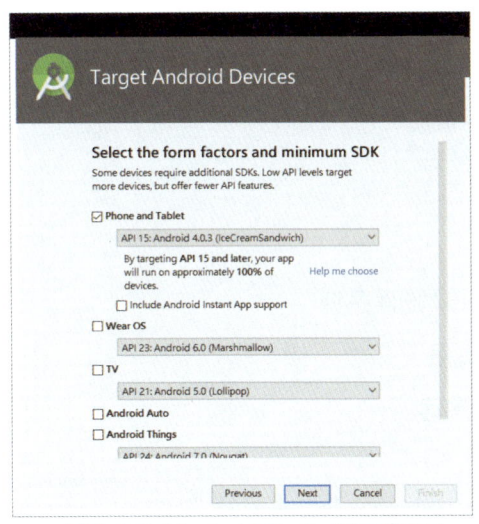

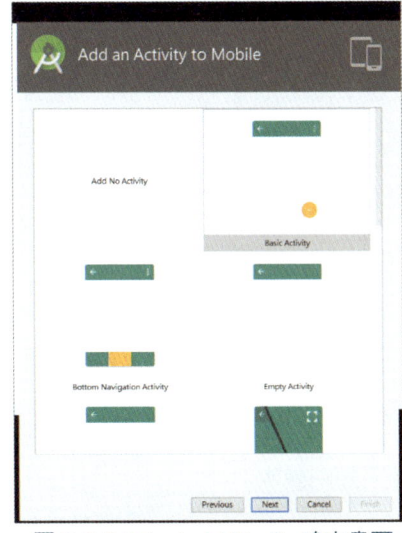

▲ 圖 9-2-2-8 Android Studio 建立畫面 3　　▲ 圖 9-2-2-9 Android Studio 建立畫面 4

Step 3 首先至 res/layout/activity_main.xml 左邊為 App 設計界面，可自由拖拉功能進手機版面；右邊為檔案資料夾位置。由於本次範例為將 Web 轉換為 App，把原本的內容清除，並將如圖 9-2-2-10 紅框處 Widgets/WebView 物件拉入介面當中，可於籃框處切換程式碼，程式內容如下所示：

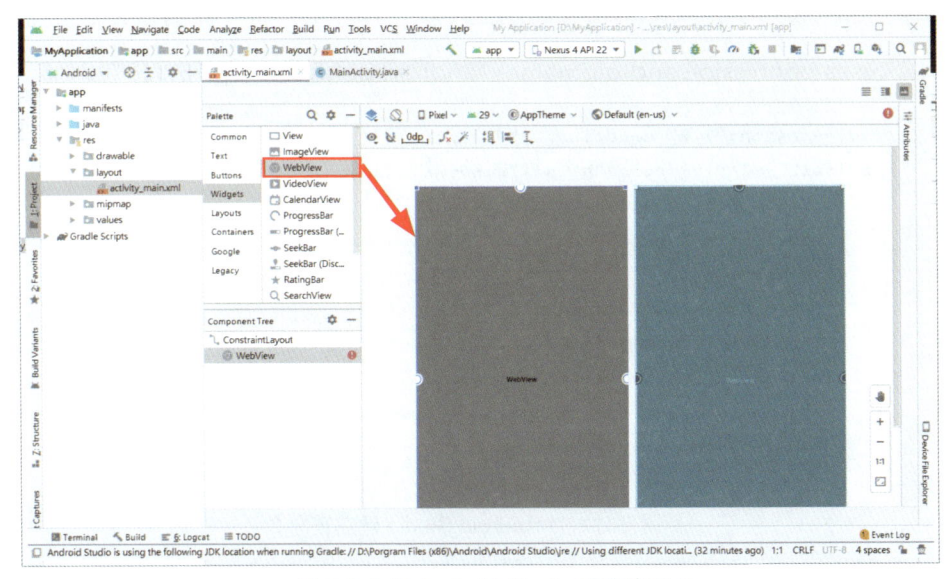

▲ 圖 9-2-2-10 Android Studio 建立畫面 5

9-15

CHAPTER 09 網頁轉 App

重新設定 res/layout/activity_main.xml
```xml
<?xml version="1.0" encoding="utf-8"?>
<WebView xmlns:android=http://schemas.android.com/apk/res/android
    android:id="@+id/web_view"
    android:layout_width="match_parent"
    android:layout_height="match_parent">
</WebView>
```

說明：

▸ android:id 表示設定物件名稱 ex:@+id/ 物件名稱

▸ android:layout_width 表示設定物件寬度

▸ android:layout_height 表示設定物件高度

▼ 版面類別說明

wrap_content	依照裝置大小去做改變
match_parent	依照內容物件 (下層物件) 的大小去做改變
fill_parent	與 match_parent 功能是相同的，新版 Android 版本已刪除此功能

Step 4 接著設定網路權限，因為 Internet 許可權為自動生成，主要應用於除錯，為了解決問題，所以必須手動設置，可於 Android 請求 Internet 許可權，程式內容如下所示：

編輯 manifests/AndroidManifest.xml 加入以下 permission，如圖 9-2-2-11

`<uses-permission android:name="android.permission.INTERNET" />`

```xml
<?xml version="1.0" encoding="utf-8"?>
<manifest xmlns:android="http://schemas.android.com/apk/res/android"
    package="com.example.myapplication">
    <uses-permission android:name="android.permission.INTERNET" />
    <application
        android:allowBackup="true"
        android:icon="@mipmap/ic_launcher"
        android:label="My Application"
        android:roundIcon="@mipmap/ic_launcher_round"
        android:supportsRtl="true"
        android:theme="@style/AppTheme">
```

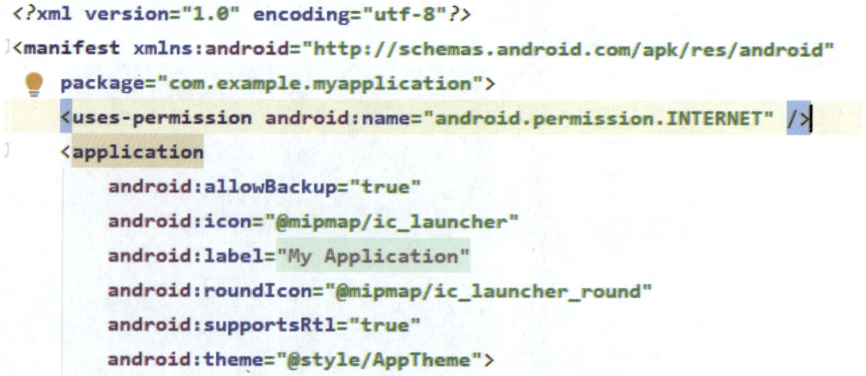

▲ 圖 9-2-2-11 Android Studio 建立畫面 6

9-16

9-2 利用 Android Studio 將網站轉換 APP

Step 5 需修改主程式，程式內容如下所示：

編輯 java/com.example.myapplication/MainActivity.java 檔案，如圖 9-2-2-12

```
WebView web = (WebView) findViewById(R.id. web_view);
web.getSettings().setJavaScriptEnabled(true);
web.setWebViewClient(new WebViewClient());
web.loadUrl("yahoo.com.tw");
```

說明：

- 加入 WebView、WebViewClient 函式庫
- WebView web = (WebView) findViewById(R.id.web_view); // 宣告方式

      物件 物件名稱 = (物件)　函式　(R.id. 物件名稱)

- web.loadUrl(" 網站網址 ")　雙引號中間為網站網址 ex:yahoo.com.tw

```java
import android.webkit.WebView;
import android.webkit.WebViewClient;

public class MainActivity extends AppCompatActivity {
    @Override
    protected void onCreate(Bundle savedInstanceState) {
        super.onCreate(savedInstanceState);
        setContentView(R.layout.activity_main);

        //宣告 web 為 WebView物件名稱
        WebView web = (WebView) findViewById(R.id.web_view);
        //為了讓JavaScript 能順利執行, 因此呼叫setJavaScriptEnabled
        web.getSettings().setJavaScriptEnabled(true);
        //載入網站
        web.setWebViewClient(new WebViewClient());
        web.loadUrl("yahoo.com.tw");
    }
```

▲ 圖 9-2-2-12 Android Studio 建立畫面 7

CHAPTER 09 網頁轉 App

Step 6 設定監聽使用者手機返回鍵，程式內容如下所示：

編輯 java/com.example.myapplication/MainActivity.java 檔案，如圖 9-2-2-13

```java
public boolean onKeyDown(int keyCode, KeyEvent event) {
    WebView web= (WebView) findViewById(R.id.web_view);
    if (keyCode == KeyEvent.KEYCODE_BACK && web.canGoBack())
    {
        web.goBack();
        return true;
    }
    return super.onKeyDown(keyCode, event);
}
```

說明：

- 加入 keyEvent 函式庫
- keycode == keyEvent.KEYCODE_BACK 判斷功能鍵 (keycode) 是否與對應的二進制的 ASCII 相同
- web.canBack()、web.goBack() 返回上一頁
- return super.onKeyDown(keyCode, event); 當回到第一頁時再點選返回會直接退出程式

```java
import android.view.KeyEvent;
import android.webkit.WebView;
import android.webkit.WebViewClient;

public class MainActivity extends AppCompatActivity {
    @Override
    //監聽手機上的按鍵
    protected void onCreate(Bundle savedInstanceState) {...}
    @Override
    public boolean onKeyDown(int keyCode, KeyEvent event) {
        //宣告 web 為 WebView物件名稱
        WebView web = (WebView) findViewById(R.id.web_view);
        //如果按下返回鍵(KEYCODE_BACK)時
        if (keyCode == KeyEvent.KEYCODE_BACK && web.canGoBack()) {
            //返回上一頁
            web.goBack();
            return true;
        }
        return super.onKeyDown(keyCode, event);
    }
}
```

▲ 圖 9-2-2-13 Android Studio 建立畫面 8

Step 7 移除標題欄，程式內容如下所示：

編輯 res/values/style.xml 檔案，如圖 9-2-2-14

```xml
<resources>
    <!--Base application theme. -->
    <style name="AppTheme" parent="Theme.AppCompat.Light.NoActionBar">
        <!--Customize your theme here. -->
        <item name="colorPrimary">@color/colorPrimary</item>
        <item name="colorPrimaryDark">@color/colorPrimaryDark</item>
        <item name="colorAccent">@color/colorAccent</item>
    </style>
</resources>
```

說明：

- 將 DarkActionBar 更改為 NoActionBar，差別如圖 9-2-2-15 啟動標題欄、圖 9-2-2-16 隱藏標題欄。

```
<!-- Base application theme. -->
<style name="AppTheme" parent="Theme.AppCompat.Light.NoActionBar">
    <!-- Customize your theme here. -->
    <item name="colorPrimary">@color/colorPrimary</item>
    <item name="colorPrimaryDark">@color/colorPrimaryDark</item>
    <item name="colorAccent">@color/colorAccent</item>
</style>
```

▲ 圖 9-2-2-14 Android Studio 建立畫面 9

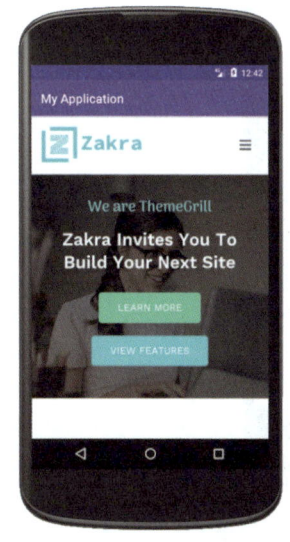

▲ 圖 9-2-2-15 Android Studio 啟動標題欄　　▲ 圖 9-2-2-16 Android Studio 隱藏標題欄

CHAPTER 09 網頁轉 App

Step 8 更改狀態列顏色，程式內容如下所示：

編輯 res/values/style.xml 檔案，如圖 9-2-2-17

```xml
<resources>
    <color name="colorPrimary">#6200EE</color>
    <color name="colorPrimaryDark">#4AC6D6</color>
    <color name="colorAccent">#03DAC5</color>
</resources>
```

說明：

- \<color name="colorPrimary"\> 更改標題列顏色
- \<color name="colorPrimaryDark "\> 更改狀態列顏色
- \<color name="colorAccent"\> 更改物件被選起時的顏色

```xml
<resources>
    <color name="colorPrimary">#6200EE</color>
    <color name="colorPrimaryDark">#4AC6D6</color>
    <color name="colorAccent">#03DAC5</color>
</resources>
```

▲ 圖 9-2-2-17 Android Studio 建立畫面 10

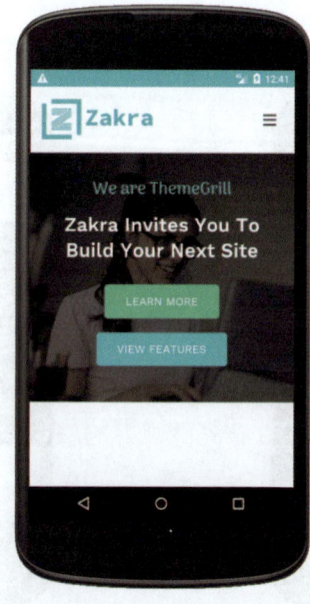

▲ 圖 9-2-2-18 Android Studio 成果畫面

9-2 利用 Android Studio 將網站轉換 APP

Step 9 更改 APP 名稱及 icon 圖示，修改程式內容如下所示：

首先將 icon 圖片附檔名更改為 .png，並將圖片放入 專案名稱 \ app\src\ main res\drawable 中如圖 9-2-2-17。

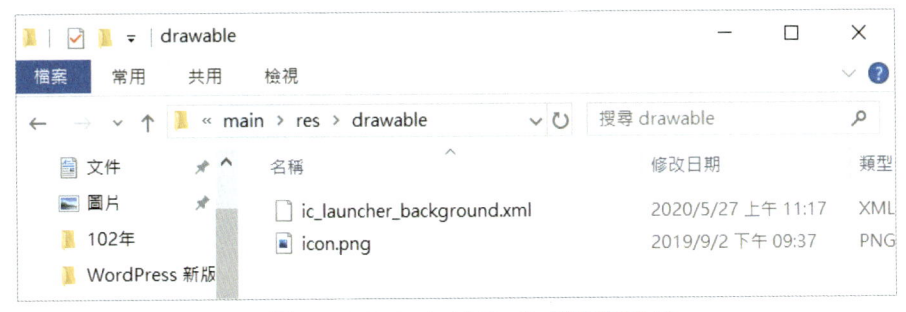

▲ 圖 9-2-2-19 Android Studio 建立畫面 11

編輯 manifests/AndroidManifest.xml

```xml
<application
        android:allowBackup="true"
        android:icon="@drawable/icon"
        android:label="App"
```

說明：

- android:icon="@drawable/icon" 更改圖片位置，@ 檔案資料夾 / 檔案名稱
- android:label="App" 更改 App 名稱

▲ 圖 9-2-2-20 Android Studio 建立畫面 8

9-21

CHAPTER 09 網頁轉 App

▲ 圖 9-2-2-21 Android Studio 成果畫面

建立測試用模擬器

Step 1 上方選單 Tools/AVD Manager 可看到目前所建立虛擬手機清單如圖 9-2-2-22，點選下方「+ Create Virtual Device…」按鈕可建立新的模擬器。

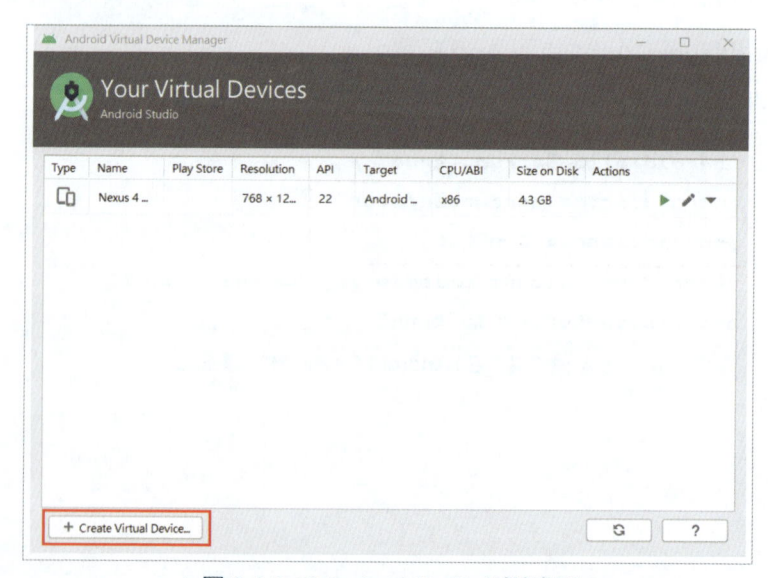

▲ 圖 9-2-2-22 Android Studio 測試畫面 1

9-22

9-2 利用 Android Studio 將網站轉換 APP

Step 2 由於本次建立虛擬機的主要原因為測試網站轉換 App，因此本書認為模擬裝置可以以 Pixel 2 為主如圖 9-2-2-23，位置於 Phone 底下點選 Pixel 2 大小為 1080*1902，設定完成後可直接點選「Next」按鈕進入下一步。

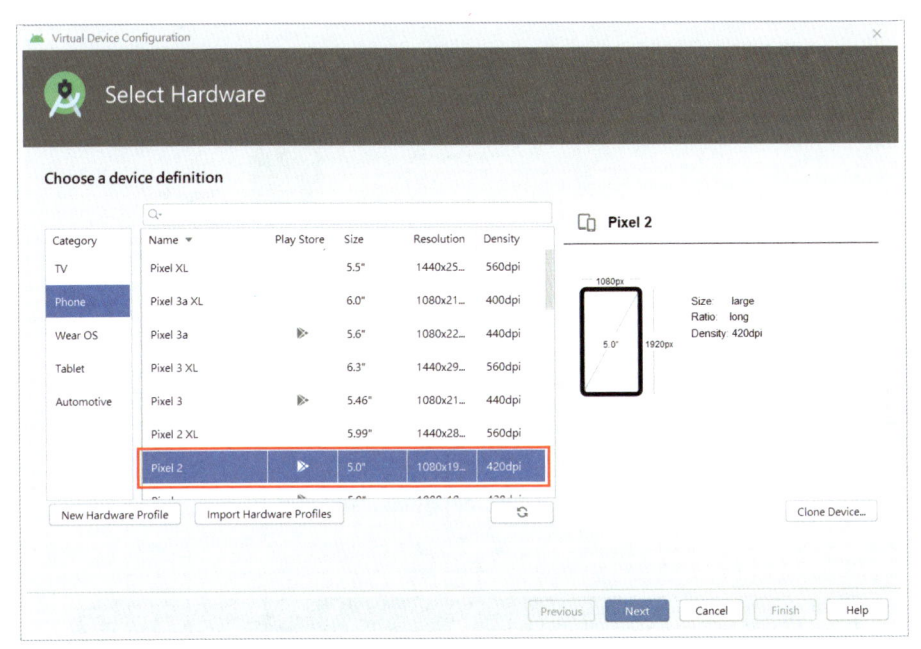

▲ 圖 9-2-2-23 Android Studio 測試畫面 2

Step 3 接著下載 Android 系統檔如圖 9-2-2-24，點選紅框處最新版本旁邊的「Download」即可下載 (目前最新版本是 R：Android 11)，需先同意用戶許可協議，選擇「Accept」後即可點選「Next」按鈕開始下載，下載完成如圖 9-2-2-25 點選「Finish」後，可直接點選「Next」按鈕進入下一步。

9-23

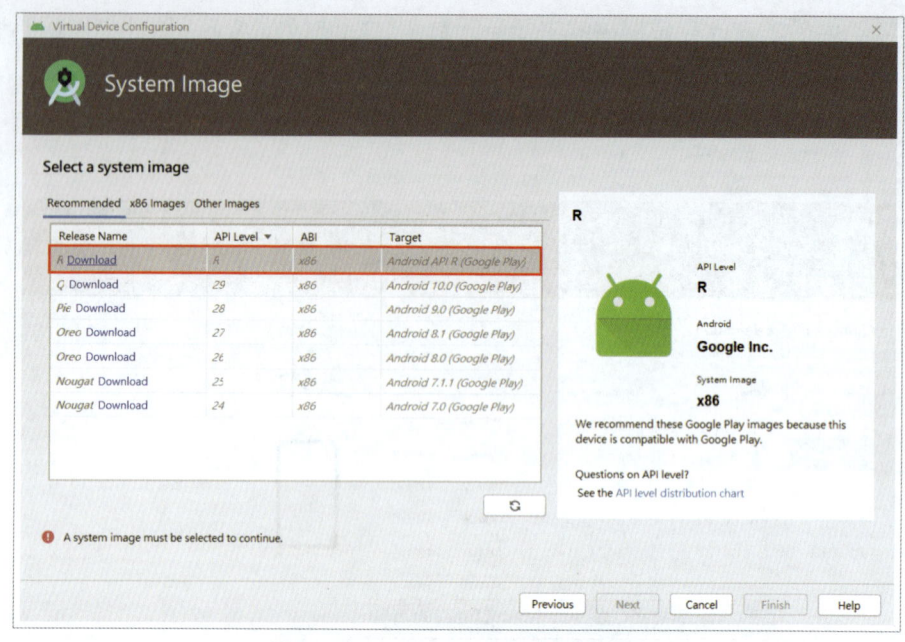

CHAPTER 09 網頁轉 App

▲ 圖 9-2-2-24 Android Studio 測試畫面 3

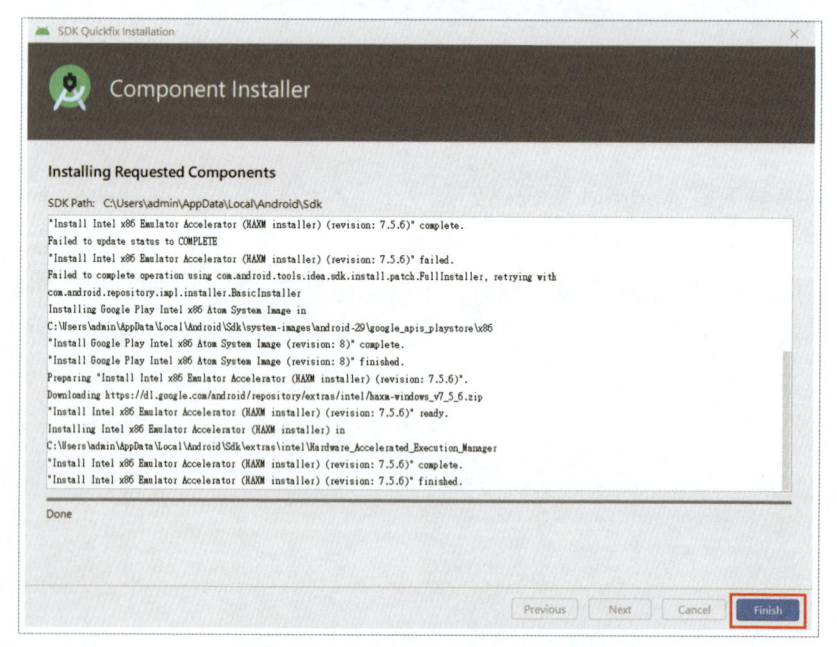

▲ 圖 9-2-2-25 Android Studio 測試畫面 4

9-2　利用 Android Studio 將網站轉換 APP

Step 4 可自訂模擬器名稱 (AVD Name)、手機方向 (Startup orientation) 如圖 9-2-2-26，除了修改模擬器名稱外，其他可以按照原本設定，最後點選「Finish」即可新增成功。

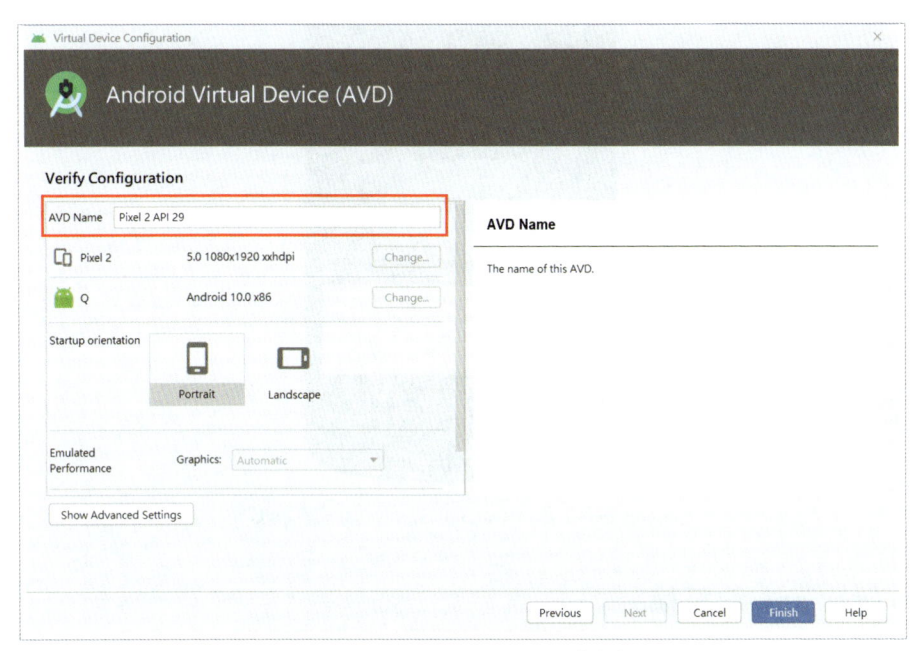

▲ 圖 9-2-2-26 Android Studio 測試畫面 5

Step 5 最後回到 Android Studio 點選上方工具列如圖 9-2-2-27 紅框處，即可以虛擬器方式測試程式，成果如圖 9-2-2-28 代表程式執行成功。

▲ 圖 9-2-2-27 Android Studio 測試畫面 6

9-25

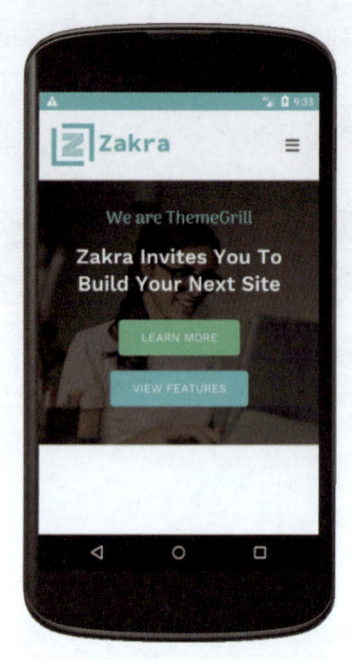

CHAPTER 09　網頁轉 App

▲ 圖 9-2-2-28 Android Studio 測試畫面 6

🧭 匯出 apk 執行檔

> **Step 1** 點選上方選單 Build/Generate Signed APK… 後，可選擇匯出為「Android App Bundle(.aab)」或「APK」如圖 9-2-2-29，由於本書後面會教導如何上架至 Google Play，因此以匯出 .aab 格式為範例，兩者匯出檔案差別如下：

1. **Android App Bundle**：Android App Bundle (.aab) 是一種能包含所有程式碼與資源檔的 Android App 發佈格式，以往不同不是使用 APK 發佈到 Google Play 上，APP 大小限制到 150MB。

2. **Android application package**：Android application package(APK) 是一種可直接安裝於行動設備上的應用程式，需透過認證才可上架至 Google Play。

　　附檔名為 .aab 格式與 APK 最大的不同之處是 .aab 不可直接安裝於行動裝置上，而是需要透過上傳的所有程式碼和資源，再加上簽章過的 app bundle 才可上架於 APP 平台 (如 Google Play、AppStore…)，而 APP 平台會針對來下載 App 的使用者建置適合的 APK。

使用 .aab 匯出的好處可以使下載較快、安裝率提高、提供使用者符合的設定功能、簡化編譯 App 時須維護不同版本的 APKs 組件 (包含 APK、認證)，舉例來說：與傳統的 APK 發佈方式上傳到 APP 平台相比，大小約減少百分之二十以上，不需要再另外處理 APK 擴充檔案。

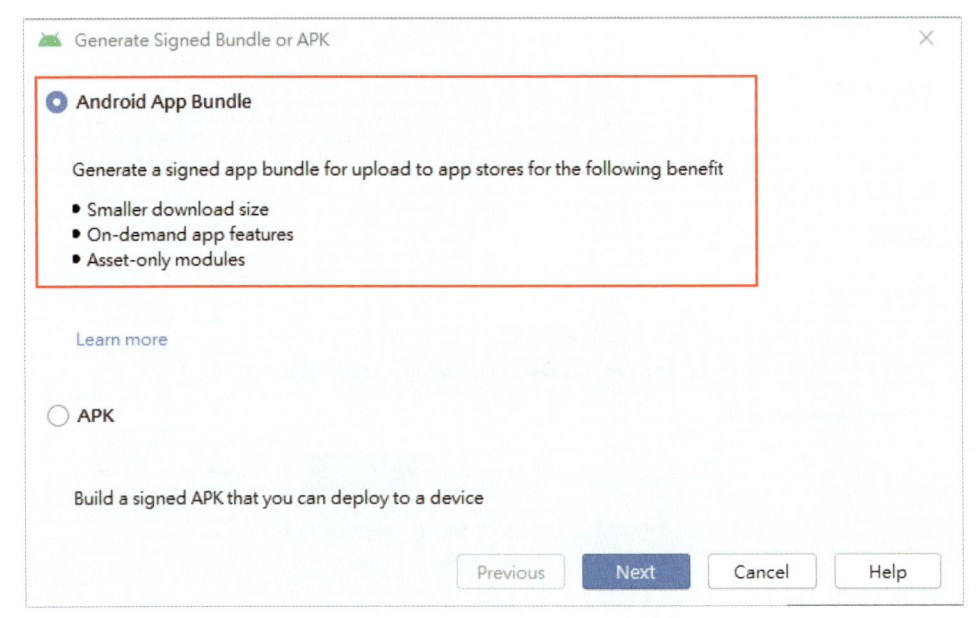

▲ 圖 9-2-2-29 Android Studio 匯出設定 1

Step 2 下一步為產生認證檔案如圖 9-2-2-30，填寫完成後可直接點選「Next」按鈕進入下一步，下方將一一介紹各個填寫欄位所代表涵義：

1. Key Store path：產生或選擇簽名檔案，如果沒有可點選「Create new…」按鈕新增頁面如圖 9-2-2-31(請參考下一步驟)，而之前曾經建立過的可直接點選「Choose existing…」按鈕選擇檔案。
2. Key store password：輸入簽名檔案所設定密碼。
3. Key alias：輸入簽名別名。
4. Key alias password：輸入簽名別名密碼，可自由勾選是否記得密碼、設定加密的密鑰以在其中註冊已發佈的應用程式當中。
5. Encrypted key export path：可另外儲存加密的密鑰。

CHAPTER 09 網頁轉 App

※ Key Store 與 Key alias 差別：一個 Store 可以擁有多個 alias 別名，每個別名都可用於不同 App project。

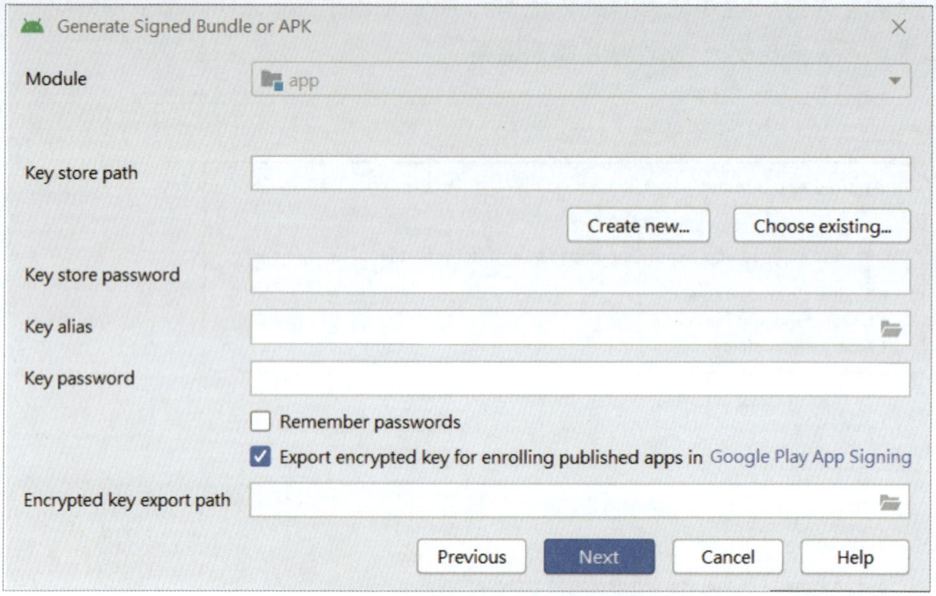

▲ 圖 9-2-2-30 Android Studio 匯出設定 2

Step 3 若專案為之前沒有新增簽名檔，可點選如圖 9-2-2-30 紅框處 Create new…」按鈕，會出現如圖 9-2-2-31 新增簽名檔視窗，填寫完成可直接點選「OK」按鈕，畫面將回到如圖 9-2-2-30，下方將一一介紹各個填寫欄位所代表涵義：

1. Key store path：選擇儲存簽名檔位置，點選欄位旁邊資料夾可選擇檔案位置，並於下方「File Name」輸入簽名檔名稱，接著點選「OK」按鈕。
2. Password：輸入設定簽名檔密碼。
3. Confirm：重複輸入設定簽名檔密碼。
4. Alias：輸入簽名檔別名。
5. Password：輸入簽名檔別名密碼。
6. Confirm：重複輸入簽名檔別名密碼。
7. Validity(years)：選擇簽名檔有效期限 (可直接使用原本預設 25 年)。

8. First and Last Name：輸入作者姓名，此欄位為必填。
9. Organizational Unit：輸入作者公司單位，此欄位為非必填。
10. Organization：輸入作者公司名稱，此欄位為非必填。
11. City or Locality：輸入作者公司所在城市，此欄位為非必填。
12. State or Province：輸入作者公司所在區域或省，此欄位為非必填。
13. Country Code(XX)：輸入作者國家代碼，此欄位為非必填。

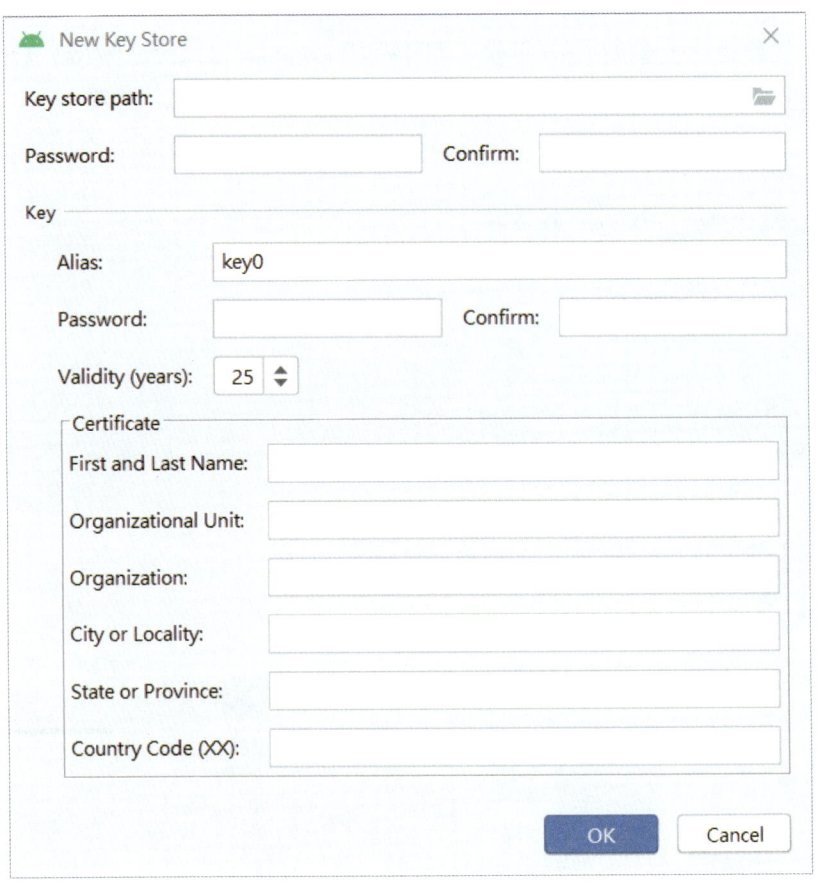

▲ 圖 9-2-2-31 Android Studio 匯出設定 3

CHAPTER 09 網頁轉 App

Step 4 接著選擇要將檔案包裝成 APK 檔案版本，主要分為 Debug 和 Releae 版如圖 9-2-2-32，最後點選「Finish」即可匯出檔案成功，下方將一一介紹兩者所代表涵義：

1. Debug：是指除錯版，可直接安裝至行動裝置或模擬器中進行測試但無法上架於 App 平台 (如 Google Play、AppStore...)。

2. Release：是指發行版，可直接安裝至行動裝置或模擬器內進行測試也可以上架於 App 平台 (如 Google Play、AppStore...)。

由於最後要上架於 App 平台，因此選擇 Release 作為匯出選擇，最後匯出的檔案位置在 app\release 資料夾中，會有一個 .aab 的附檔名檔案。

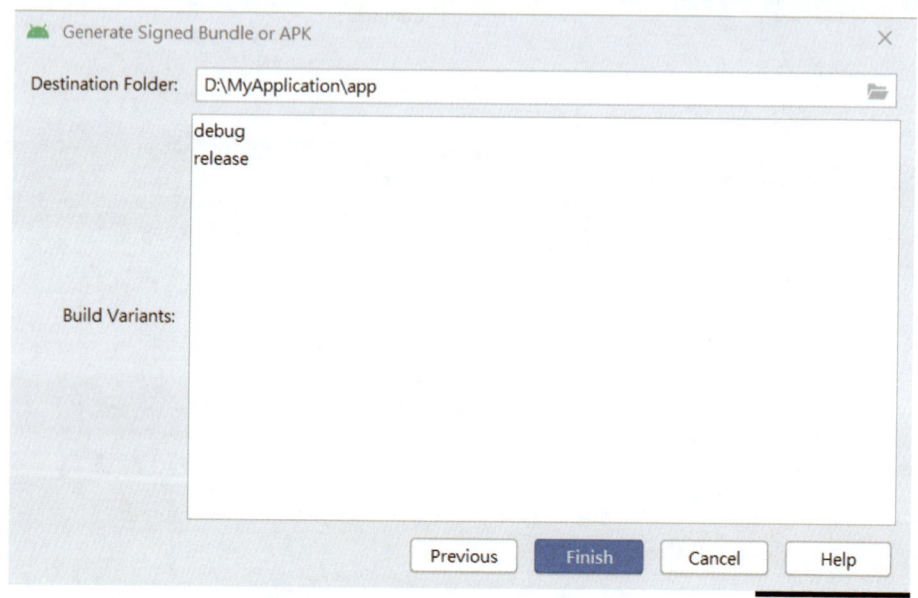

▲圖 9-2-2-32 Android Studio 匯出設定 4

> 💡 貼心小提醒：
>
> 如果要更新 APK 時，請點選選單 Build/Build APK(s) 直接更新，不然有可能會造成套件名稱相同而衝突。

9-3　Android App上架流程

Android 這個由 Google 所發表的，從 2007 年年底發表至今，已經是全球市佔率最大的智慧型裝置平台。Android 系統不僅使用於平板或是智慧型手機中，也可以看到許多廠商利用 Android 製作出許多有趣出色的硬體，例如電視機上盒、智慧型電視等等。

Google Play 商店 (Google Play Store) 是 Android 平台上最大的應用程式商店，而且是由 Google 官方建立的。一般來說，只要是取得 Google 正式授權的 Android 裝置都會內建。Google Play 商店提供的服務會因為不同的國家地區而有所差異，裡面提供免費與付費的應用程式 (App) 供使用者下載使用，在這裡可以找到各種對生活有幫助的工具或是有趣的小程式，下面的章節將一一介紹如何成功上架自己所開發的應用程式至 Google Play 上提供大家下載。

▶ 9-3-1　註冊 Google Play 開發人員帳戶

Google Play 商店上架並非免費，需要支付一次性付 25 美元就可以永久使用，可以上架多個 App，不限次數時間，與 ios 上架相比 (每年需要 99 美元) 真的是很便宜很多，只需填妥好相關付費資訊後，就可以上架自己的 App 了。

Step 1 首先至 google play console 創建帳號，可用自己的 google 帳號登入，登入後畫面如圖 9-3-1-1，需先勾選同意遵循《Google Play 開發人員發布協議》、《Google Play 管理中心服務條款》，後可點選「繼續付款」按鈕進入下一步。

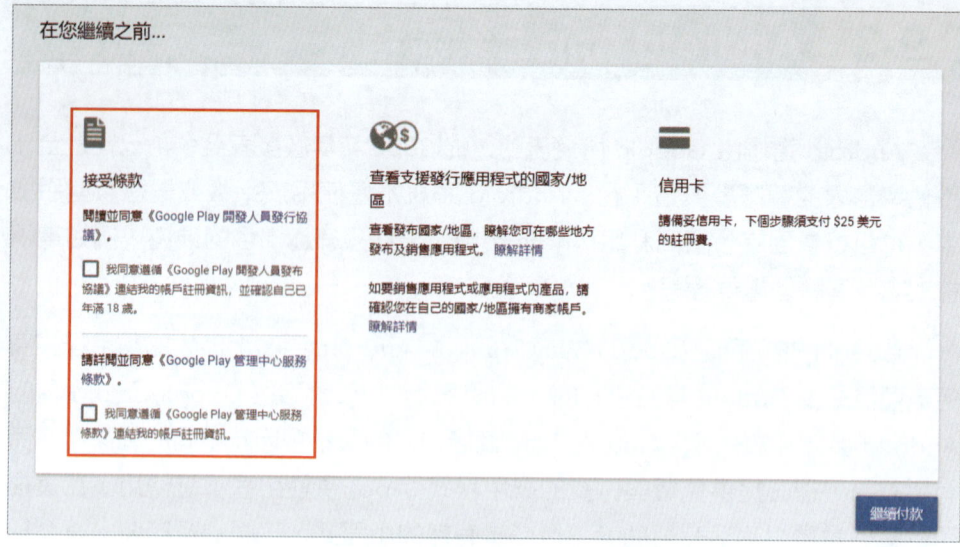

CHAPTER 09 網頁轉 App

▲ 圖 9-3-1-1 Google Play 註冊畫面 1

Step 2 下一步為支付註冊費 (一次性 US$25.00) 如圖 9-3-1-2，輸入信用卡相關資訊及帳單地址後，可直接點選「結帳」按鈕。

▲ 圖 9-3-1-2 Google Play 註冊畫面 2

9-3　Android App 上架流程

Step 3 最後一步為設定帳戶詳細資料如圖 9-3-1-3，輸入開發人員名稱、電子郵件地址、電話號碼後，可直接點選「完成註冊」按鈕，畫面會跳轉至圖 9-3-1-4 代表 Google Play 開發人員帳戶註冊成功。

▲ 圖 9-3-1-3 Google Play 註冊畫面 3

▲ 圖 9-3-1-4 Google Play 註冊畫面 4

9-33

CHAPTER 09 網頁轉 App

》 9-3-2 在商店創建一個屬於自己 App

Step 1 創建好 Google Play 開發者帳號後如圖 9-3-2-1，可點選「建立應用程式」，會談跳出建立應用程式視窗如，選擇預設語言 (本書建議選擇中文版) 及輸入 App 名稱後如圖 9-3-2-2，可點選「建立」按鈕進入下一步。

▲ 圖 9-3-2-1 Google Play 應用程式建立 1

▲ 圖 9-3-2-2 Google Play 應用程式建立 2

9-34

9-3　Android App 上架流程

Step 2 畫面會跳轉至商品資訊如圖 9-3-2-3，首先可先填寫 App 詳細資訊，例如：名稱、簡短說明、完整說明。接著圖片和影片方面如圖 9-3-2-4、圖 9-3-2-5，需上傳 ICON、各類行動裝置螢幕截圖、主題圖片，並且需符合上方規格 (例如：512*512) 及格式 (PNG)。

▲ 圖 9-3-2-3 Google Play 應用程式建立 3

▲ 圖 9-3-2-4 Google Play 應用程式建立 4

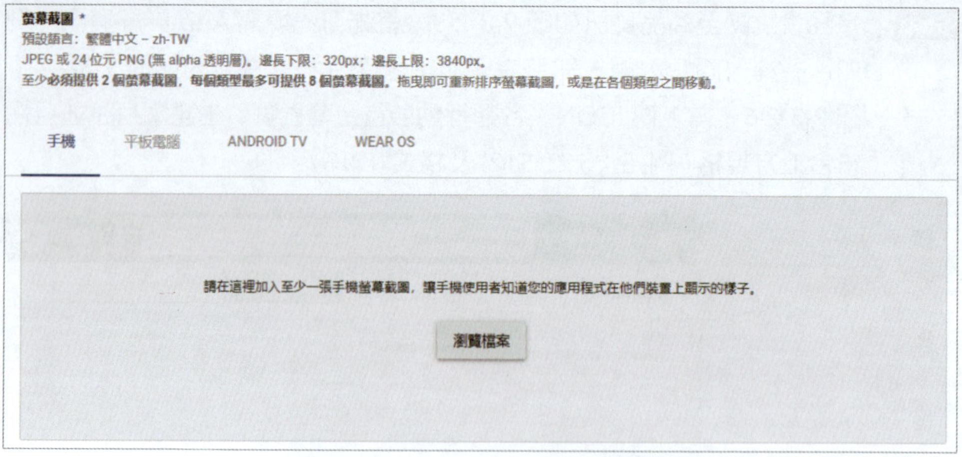

CHAPTER 09 網頁轉 App

▲ 圖 9-3-2-5 Google Play 應用程式建立 5

Step 3 接著下方分類部分如圖 9-3-2-6，可選擇應用程式類型、類別、內容分級。特別是內容分級，需先上傳 APK 檔案才可填選內容分級問卷，在離開頁面前記得先點選下方「儲存草稿」按鈕。

▲ 圖 9-3-2-6 Google Play 應用程式建立 6

Step 4 選單「應用程式版本」處可上傳 APK 檔案如圖 9-3-2-7，主要分成正式版測試、開放式測試、封閉式測試，本書會建議可直接將檔案上傳至「正式版測試」，下方將會一一介紹其中差別：

1. 正式版測試：可快速發佈應用程式來進行內部測試及品管檢查。
2. 開放式測試：如果想針對一群使用者先進行測試的話可選擇建立開放式測試版，任何人都能參與您的測試計劃並提交私人意見給您。
3. 封閉式測試：將提供一個 Alpha 測試版群組，供首次進行封閉式測試時使用，可以視需求建立其他封閉式測試群組，並指定該群組的名稱。

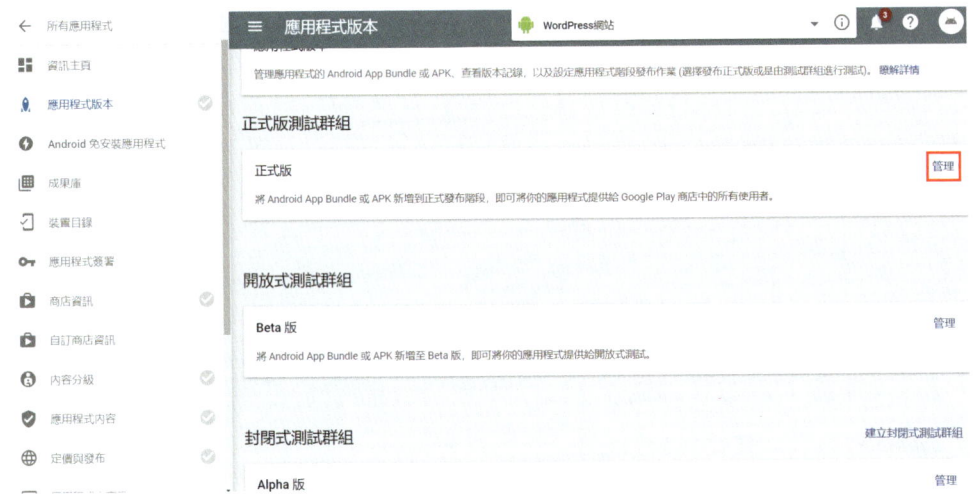

▲ 圖 9-3-2-7 Google Play 應用程式建立 7

Step 5 如圖 9-3-2-7 點選正式版測試群組「管理」後畫面如圖 9-3-2-8，可點選「建立新版本」按鈕頁面將跳轉如圖 9-3-2-9，首先會詢問是否簽署金鑰於應用程式，若選則「不採用」將會無法使用 Android App Bundle。這個格式能自動縮減應用程式大小，並支援動態功能，因此本書建議選擇「繼續」。接著，上傳要新增的 Android App Bundle、輸入版本名稱、新版本有哪些新功能如圖 9-3-2-10，填寫完成後點選「儲存」，選單「應用程式版本」旁邊出現綠勾勾代表成功。

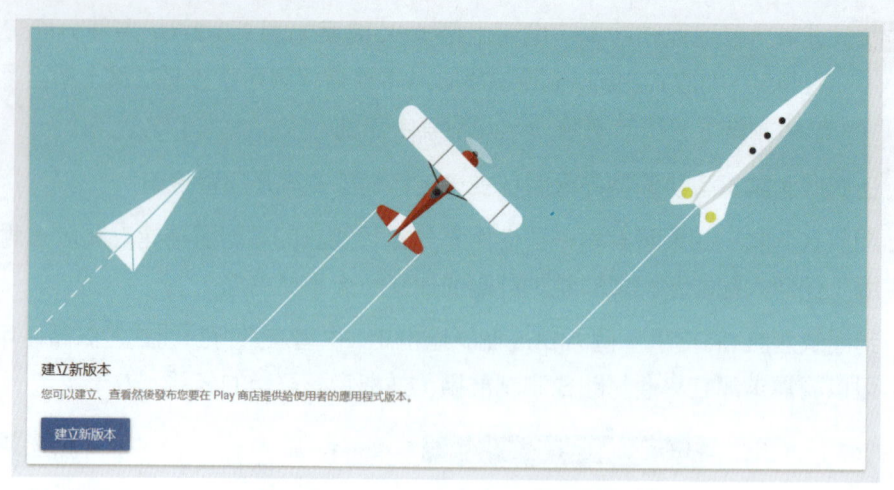

CHAPTER 09 網頁轉 App

▲ 圖 9-3-2-8 Google Play 應用程式建立 8

▲ 圖 9-3-2-9 Google Play 應用程式建立 9

9-3　Android App 上架流程

▲ 圖 9-3-2-10 Google Play 應用程式建立 10

Step 6　接著可回到選單「內容分級」如圖 9-3-2-11，Google Play 的應用程式和遊戲內容分級系統採用國際年齡分級聯盟 (IARC) 及其參與機構的官方分級標準，點選「繼續」按鈕即可開始填問卷畫面如圖 9-3-2-12，輸入有效電子郵件、再次確認電子郵件及選擇應用程式類別，接著如圖 9-3-2-13 將會針對暴力內容、色情內容、語言、受管制物品來評判分級，填寫完成後可直接點選「儲存問卷」後直接點選「判定分級」按鈕，畫面將會顯示應用程式等級即可直接到用於應用程式當中。

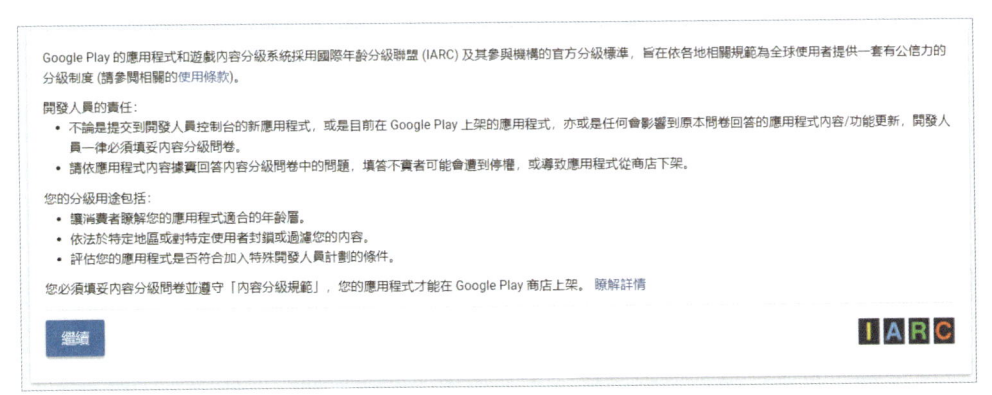

▲ 圖 9-3-2-11 Google Play 應用程式建立 11

9-39

CHAPTER 09 網頁轉 App

▲ 圖 9-3-2-12 Google Play 應用程式建立 12

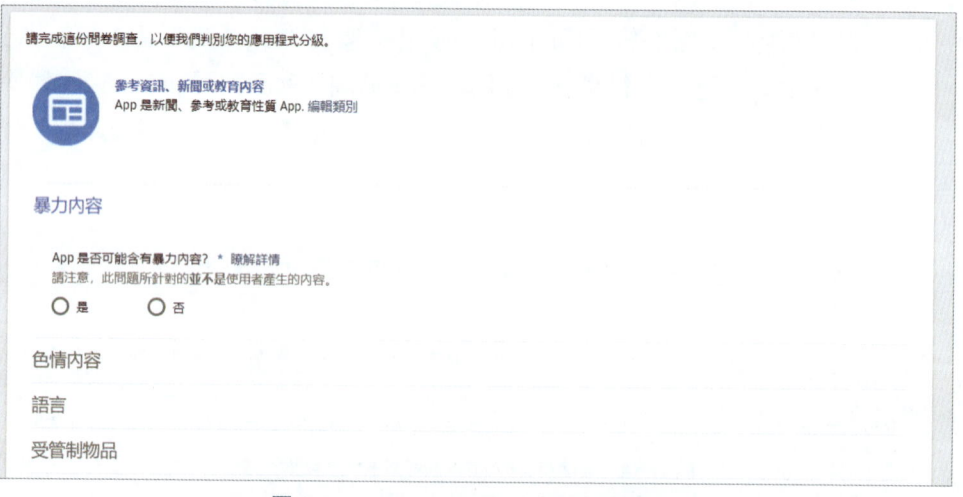

▲ 圖 9-3-2-13 Google Play 應用程式建立 13

Step 7 回到選單「商店資訊」首先先確認內容分級是否有套用至分類當中如圖 9-3-2-14，接著繼續填寫詳細聯絡資訊，包含網站、電子郵件，填寫完成可直接點選「儲存草稿」，在選單「商店資訊」的旁邊出現綠勾勾代表填寫完成。

9-40

▲ 圖 9-3-2-14 Google Play 應用程式建立 14

Step 8 選單「應用程式內容」處有分為隱私權政策、廣告、應用程式存取權、目標對象和內容,最後在選單「應用程式內容」的旁邊出現綠勾勾代表設定完成,下方將會一一介紹其中功能:

1. 隱私權政策:可協助使用者瞭解您如何使用者資料和裝置資料,點選下方「開始」畫面會轉跳至如圖 9-3-2-15,於隱私權政策網址輸入網站所建立的隱私權相關文件,最後點選「儲存」按鈕。

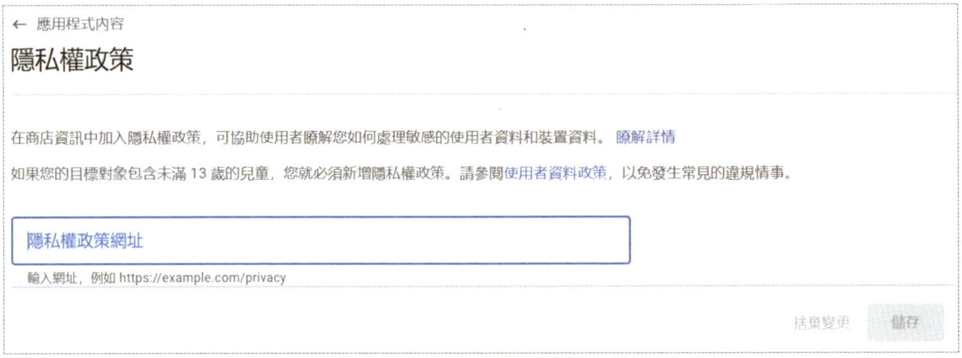

▲ 圖 9-3-2-15 Google Play 應用程式建立 15

CHAPTER 09　網頁轉 App

2. 廣告：應用程式是否包含廣告內容，會於應用程式旁邊顯示「含廣告內容」標籤，點選下方「開始」畫面會轉跳至如圖 9-3-2-16，可選擇「是，我的應用程式內含廣告」或「否，我的應用程式不含廣告」。本書所上架 App 無包含廣告，因此選擇不含廣告，最後點選「儲存」按鈕。

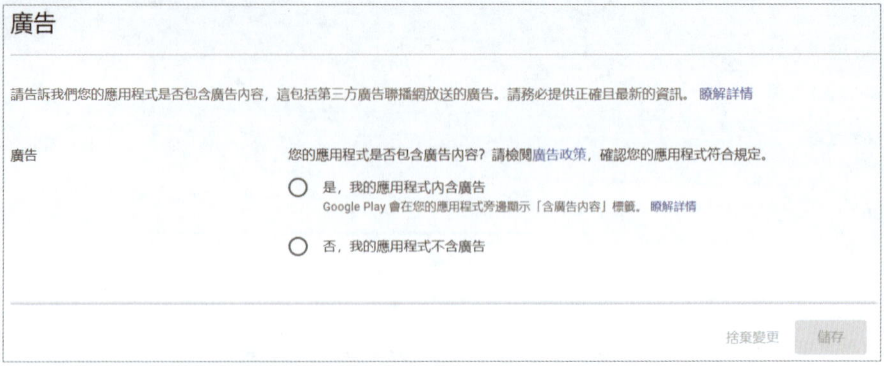

▲ 圖 9-3-2-16 Google Play 應用程式建立 16

　　應用程式存取權：應用程式的部分功能是否需要使用者進行驗證，點選下方「開始」畫面會轉跳至如圖 9-3-2-17，可選擇「開放使用完整功能」或「全部或部分功能有使用限制」。本書所上架 App 不需要啟用使用這驗證，因此選擇「開放使用完整功能」，最後點選「儲存」按鈕。

▲ 圖 9-3-2-17 Google Play 應用程式建立 17

應用程式存取權：設定應用程式的目標年齡層，並提供有關其內容的其他資訊，點選下方「開始」畫面會轉跳至如圖 9-3-2-18，可勾選 App 適合年齡層，最後點選「儲存」按鈕。

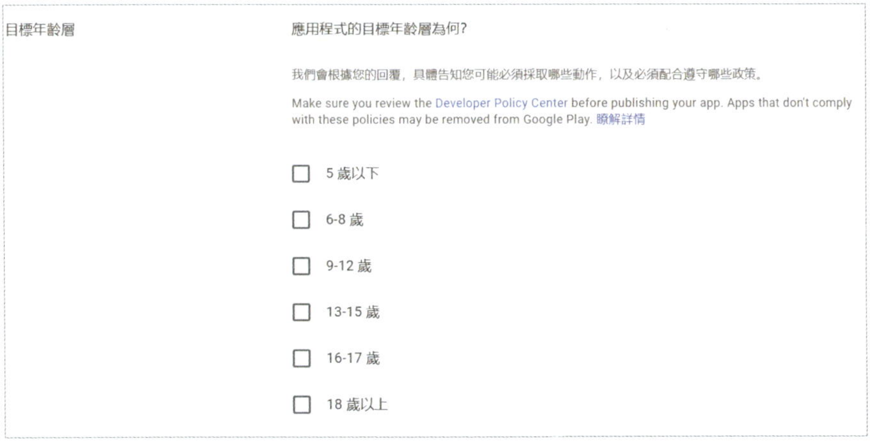

▲ 圖 9-3-2-18 Google Play 應用程式建立 18

Step 9 選單「定價與發佈」可設定應用程式是否免費或付費程式、設定應用程式適合國家、裝置類別……等等如圖 9-3-2-19。本書所上架 App 為免費，因此選擇「免費」，另外應用程式適用國家本書設定只有「台灣」可下載。

▲ 圖 9-3-2-19 Google Play 應用程式建立 19

CHAPTER 09 網頁轉 App

Step 10 接著下方還有「同意」部分，有針對宣傳、內容指南、美國出口法律等等如圖 9-3-2-20，本書所上架 App 建議可勾選「停止宣傳」、「內容指南」、「美國出口法律」。

同意	
Actions on Google	☐ 使用 Actions on Google 將我的服務與 App Actions 整合。我已詳閱政策並接受《Actions on Google 服務條款》。瞭解詳情
停止宣傳	☐ 除了 Google Play 及其他 Google 自己的線上或行動產品之外，請勿在其他任何地方宣傳或推廣我的應用程式。我瞭解，這項偏好設定可能需要 60 天的時間才會生效。
內容指南 *	☐ 這個應用程式符合《Android 內容指南》的規定。 請查看這些提示，瞭解如何建立符合政策規範的應用程式說明，以免因為一些常見原因而導致應用程式遭到停權。如果您的應用程式或商店資訊含有特殊內容，需要預先通知 Google Play 應用程式審查小組，請在發布之前與我們聯絡。
美國出口法律 *	☐ 我瞭解，無論我的所在地區或國籍為何，我的軟體應用程式皆須遵守美國出口法律。我同意，我遵守了所有相關法律規定，包括對於具備加密功能的軟體的任何要求。我特此聲明，根據上述法律，我的應用程式已獲准從美國出口。瞭解詳情

▲ 圖 9-3-2-20 Google Play 應用程式建立 20

Step 11 最後確認旁邊選單皆為「綠勾勾」，回到「應用程式版本」如圖 9-3-2-21，點選紅框處按鈕「編輯版本」，最下面可點選「審核」按鈕如圖 9-3-2-22，所上架的 App 將進入審核階段，原本 Android App 送 Google 審查僅需 3 天，Google 為了防止 App 包含惡意程式碼或盜版，因此有延長審查期到 7 天以上。

正式版測試群組	
您有一個在正式發布階段的版本尚未發布	編輯版本
正式版	管理

▲ 圖 9-3-2-21 Google Play 應用程式建立 21

9-44

9-3　Android App 上架流程

▲ 圖 9-3-2-22 Google Play 應用程式建立 22

Step 12 送出審核後，最後可於所有應用程式中看狀態是否變成「已發布」，以本書之前所發布 App 舉例紅框處看見狀態為「已發布」如圖 9-3-2-23，並且可點選選單「資訊主頁」中的「前往 Google Play 查看」如圖 9-3-2-24，可以看見自己所製作的 App 在 Google Play 提供大家下載。

▲ 圖 9-3-2-23 Google Play 應用程式建立 23

▲ 圖 9-3-2-24 Google Play 應用程式建立 24

9-45

Note

Deepen Your Mind

Deepen Your Mind